EDIUS专业级视频、音频制作从入门到精通（实战200例）

袁诗轩　编著

清华大学出版社
北　京

内容简介

这是一本 EDIUS 专业级视频、音频制作从入门到精通宝典。

本书共分 6 大篇 19 章，具体内容包括视音频编辑基础知识、EDIUS 9 快速入门、认识 EDIUS 9 工作界面、调整与管理窗口显示、导入与编辑视频素材、精确剪辑视频素材、标记素材入点与出点、制作视频转场效果、制作视频滤镜效果、制作合成运动特效、制作标题字幕效果、制作字幕运动特效、添加与编辑音频素材、制作音频声音特效、输出与刻录视频文件、制作字幕特效——广告宣传、制作延时视频——湘江风光、制作卡点视频——儿童相册、制作宣传视频——大美长沙等内容，读者学后可以融会贯通、举一反三，制作出更多精彩的视频与音频特效。

本书内容丰富，循序渐进，理论与实践相结合，既适合广大影视制作、音频处理相关人员，如广电的新闻编辑、节目栏目编导、影视制作人、婚庆视频编辑、独立制作人、音频处理人员、后期配音人员、录音师、DJ、音乐人、作曲师等，也可作为高等院校动画影视相关专业的辅导教材。另外，本书除了纸质内容之外，随书资源包中还给出了书中案例的素材文件、效果文件、教学视频以及 PPT 电子教案，读者可扫描图书封底的“文泉云盘”二维码，获取其下载方式。

图书在版编目（CIP）数据

EDIUS专业级视频、音频制作从入门到精通：实战200例 /袁诗轩编著. —北京：清华大学出版社，2021.5

ISBN 978-7-302-57871-0

I. ①E… II. ①袁… III. ①视频编辑软件 ②音乐软件 IV. ①TN94 ②J618.9

中国版本图书馆CIP数据核字（2021）第056506号

责任编辑：贾小红
封面设计：飞鸟互娱
版式设计：文森时代
责任校对：马军令
责任印制：杨 艳

出版发行：清华大学出版社
网 址：http://www.tup.com.cn，http://www.wqbook.com
地 址：北京清华大学学研大厦A座 **邮 编**：100084
社 总 机：010-62770175 **邮 购**：010-62786544
投稿与读者服务：010-62776969，c-service@tup.tsinghua.edu.cn
质 量 反 馈：010-62772015，zhiliang@tup.tsinghua.edu.cn
印 装 者：三河市铭诚印务有限公司
经 销：全国新华书店
开 本：185mm×260mm **印 张**：22.25 **字 数**：568千字
版 次：2021年7月第1版 **印 次**：2021年7月第1次印刷
定 价：118.00元

产品编号：089848-01

PREFACE

前言

EDIUS 是日本 Canopus 公司优秀的非线性编辑软件，EDIUS 拥有完善的基于文件的工作流程，提供了实时、多轨道、多格式混编、合成、色键、字幕以及时间线输出功能等。EDIUS 9 因其迅捷、易用的特点和可靠的稳定性，为广大专业制作者和电视人所广泛使用，是混合格式编辑的绝佳选择。该非线性编辑软件专为广播和后期制作环境而设计，特别针对新闻记者、无带化视频制播和存储。

本书的主要特色

全面的功能应用：工具、按钮、菜单、命令、快捷键、理论、实战演练等应有尽有，内容详细、具体，是一本自学手册。

海量的实战案例：书中安排了 200 个精辟范例，以实例讲理论的方式，进行了非常全面、细致的讲解，读者可以边学边用。

精简的技能解析：1100 多个操作步骤详解，让读者可以掌握软件的核心与高效处理各种视频和音频的技巧。

配套的资源文件：200 多分钟书中实例的演示视频，200 多款与书中同步的素材和效果源文件，可以随时调用。

本书的细节特色

- 6 大篇幅内容安排：本书结构清晰，全书共分 6 大篇幅：软件入门篇＋窗口调整篇＋视频剪辑篇＋专业特效篇＋后期处理篇＋案例实战篇，让读者可以学习到本书中精美实例的设计与制作方法，掌握 EDIUS 软件的核心技巧。

- 15 章软件技术精解：本书体系完整，通过多个使用方向对 EDIUS 9 进行了 15 章专题的软件技术讲解，内容包括视音频编辑基础知识、EDIUS 9 快速入门、认识 EDIUS 9 工作界面、调整与管理窗口显示、导入与编辑视频素材、精确剪辑视频素材、标记素材入点与出点、制作视频转场效果、制作视频滤镜效果、制作合成运动特效、制作标题字幕效果、制作字幕运动特效、添加与编辑音频素材、制作音频声音特效、输出与刻录视频文件等内容。

- 200 多分钟教学视频：对书中的部分技能实例的操作，录制了带语音讲解的演示视频，时长达 200 多分钟，读者在学习 EDIUS 9 精选实例时，可以结合书本和视频一起学习，轻松方便，达到事半功倍的效果。

- 200 个精辟实例演练：全书将软件各项内容细分，通过讲解 200 个精辟范例的设计与制作方法，帮助读者在掌握 EDIUS 9 基础知识的同时，灵活运用各选项进行相应实例的制作，从而提高读者在学习与工作中的效率。

- 1100 张图片全程图解：本书采用了 1100 张图片，对 EDIUS 9 的技术、实例进行了全程式的讲解，通过这些大量的辅助图片，让实例的内容变得更加通俗易懂，使读者一目了然，

快速领会。

本书的主要内容

- 软件入门篇：第 1~2 章，介绍了视音频编辑基础、EDIUS 视频音频入门等内容。
- 窗口调整篇：第 3~4 章，介绍了 EDIUS 9 工作界面、调整与管理窗口等内容。
- 视频剪辑篇: 第 5~7 章，介绍了导入 / 编辑 / 剪辑视频素材、标记素材入点与出点等内容。
- 专业特效篇：第 8~12 章，介绍了制作视频转场、滤镜、合成运动、字幕等内容。
- 后期处理篇：第 13~15 章，介绍了添加与编辑音频、输出与刻录视频文件等内容。
- 案例实战篇：第 16~19 章，介绍了字幕特效、延时视频、卡点视频、宣传视频等内容。

本书的作者信息

本书由袁诗轩编著，参加编写的人员还有禹乐。由于时间仓促，书中难免存在疏漏与不足之处，欢迎广大读者批评指正，读者可扫描封底文泉云盘二维码获取作者联系方式，与我们交流、沟通。

本书的版权声明

本书及资源所采用的图片、动画、模板、音频、视频和创意等素材，均为所属公司、网站或个人所有，本书仅为说明（教学）之用，绝无侵权之意，特此声明。

编 者

2021.6

CONTENTS

目 录

第1章

视音频编辑基础知识

1.1 了解视频编辑常识 2

1.1.1 剪辑 ······ 2
1.1.2 帧和场 ······ 3
1.1.3 获取与压缩 ······ 3
1.1.4 复合视频信号 ······ 3
1.1.5 分辨率 ······ 3
1.1.6 “数字 / 模拟”转换器 ······ 4
1.1.7 电视制式 ······ 4

1.2 了解支持的视频格式 4

1.2.1 MPEG 格式 ······ 4
1.2.2 AVI 格式 ······ 5
1.2.3 QuickTime 格式 ······ 6
1.2.4 WMV 格式 ······ 6
1.2.5 ASF 格式 ······ 6

1.3 了解支持的音频格式 6

1.3.1 MP3 格式 ······ 6
1.3.2 WAV 格式 ······ 7
1.3.3 MIDI 格式 ······ 7
1.3.4 WMA 格式 ······ 7
1.3.5 MP4 格式 ······ 7
1.3.6 AAC 格式 ······ 8

1.4 本章小结 8

第2章

EDIUS 9 快速入门

2.1 熟悉 EDIUS 9 新增功能 9

2.1.1 灵活的用户界面 ······ 9
2.1.2 立体 3D 编辑 ······ 9
2.1.3 高清 / 标清的实时特效 ······ 10

2.2 系统配置和 EDIUS 基本操作 11

2.2.1 了解系统配置 ······ 11
2.2.2 实例——启动 EDIUS ······ 12
2.2.3 实例——退出 EDIUS ······ 14

2.3 EDIUS 基本设置 14

2.3.1 EDIUS 系统设置 ······ 15
2.3.2 EDIUS 用户设置 ······ 19
2.3.3 EDIUS 工程设置 ······ 22
2.3.4 EDIUS 序列设置 ······ 24

2.4 本章小结 24

PART TWO

窗口调整篇

第3章

认识 EDIUS 9 工作界面

3.1 EDIUS 工作界面 26

3.1.1 菜单栏 ······ 27
3.1.2 播放窗口 ······ 27
3.1.3 录制窗口 ······ 28
3.1.4 素材库面板 ······ 29
3.1.5 特效面板 ······ 30
3.1.6 序列标记面板 ······ 30
3.1.7 信息面板 ······ 31
3.1.8 轨道面板 ······ 31

3.2 EDIUS 基本操作 32

3.2.1 实例——新建工程文件 ······ 32
3.2.2 实例——打开工程文件 ······ 33
3.2.3 实例——保存工程文件 ······ 34
3.2.4 退出工程文件 ······ 35
3.2.5 实例——导入序列文件 ······ 35

3.3 视频编辑模式 36

3.3.1 常规模式 ······ 37
3.3.2 实例——剪辑模式 ······ 37
3.3.3 多机位模式 ······ 40

3.4 本章小结 41

第4章

调整与管理窗口显示

4.1 应用窗口模式 42

4.1.1 实例——应用单窗口模式 ······ 42
4.1.2 实例——应用双窗口模式 ······ 43
4.1.3 实例——全屏预览窗口 ······ 44

4.2 编辑窗口布局 45

4.2.1 实例——使用常规布局 ······ 45
4.2.2 实例——保存当前布局 ······ 47
4.2.3 实例——更改布局名称 ······ 48
4.2.4 实例——删除多余布局 ······ 48

4.3 预览旋转窗口 49

4.3.1 使用标准屏幕模式 ······ 50
4.3.2 向右旋转 90 度 ······ 50

4.4 本章小结 50

PART THREE 视频剪辑篇

第5章

导入与编辑视频素材

5.1 导入素材文件 52

5.1.1 实例——导入静态图像 …… 52
5.1.2 实例——导入视频素材 …… 53
5.1.3 实例——导入 PSD 素材 …… 55

5.2 创建素材文件 56

5.2.1 实例——创建彩条素材 …… 56
5.2.2 实例——创建色块素材 …… 58

5.3 管理素材文件 60

5.3.1 实例——将素材添加到素材库 …… 60
5.3.2 实例——在素材库中创建静帧 …… 61
5.3.3 实例——作为序列添加到素材库 …… 62

5.4 编辑素材文件 63

5.4.1 实例——复制粘贴素材 …… 63
5.4.2 实例——剪切素材文件 …… 65
5.4.3 实例——波纹剪切素材 …… 65

5.5 本章小结 67

第6章

精确剪辑视频素材

6.1 精确删除视频素材 68

6.1.1 实例——直接删除视频素材 …… 68
6.1.2 实例——波纹删除视频素材 …… 70
6.1.3 实例——删除视频部分内容 …… 71
6.1.4 实例——删除入 / 出点间内容 …… 72
6.1.5 实例——删除素材间的间隙 …… 74

6.2 精确剪辑视频素材 75

6.2.1 实例——设置素材持续时间 …… 75
6.2.2 实例——设置视频素材速度 …… 76
6.2.3 实例——设置时间重映射 …… 78
6.2.4 实例——将视频解锁分解 …… 80
6.2.5 实例——将素材进行组合 …… 82
6.2.6 实例——将素材进行解组 …… 83
6.2.7 实例——调整视频中的音频均衡化 … 85
6.2.8 实例——调整视频中的音频偏移 …… 86

6.3 查看剪辑的视频素材 87

6.3.1 实例——在播放窗口中显示 …… 87
6.3.2 实例——查看剪辑的视频属性 …… 89

6.4 本章小结 90

第7章

标记素材入点与出点

7.1 设置素材入点与出点 91

7.1.1 实例——设置素材入点 ………………… 91
7.1.2 实例——设置素材出点 ………………… 92
7.1.3 实例——为选定的素材设置入 / 出点… 93

7.2 清除素材入点与出点 95

7.2.1 实例——分别清除素材入点与出点 … 95
7.2.2 实例——同时清除素材入点与出点 … 97
7.2.3 实例——快速跳转至入点与出点 …… 99

7.3 为素材添加标记 100

7.3.1 实例——添加标记 ……………………… 100
7.3.2 实例——添加标记到入 / 出点 ……… 102
7.3.3 实例——添加注释内容 ………………… 103
7.3.4 实例——清除素材标记 ………………… 104

7.4 导入与导出标记 106

7.4.1 实例——导入标记列表 ………………… 106
7.4.2 实例——导出标记列表 ………………… 108

7.5 本章小结 110

第8章

制作视频转场效果

8.1 认识转场效果 112

8.1.1 转场效果简介 ……………………………… 112
8.1.2 转场特效面板 ……………………………… 113

8.2 编辑转场效果 114

8.2.1 实例——手动添加转场 ………………… 114
8.2.2 实例——设置默认转场 ………………… 115
8.2.3 实例——复制转场效果 ………………… 116
8.2.4 实例——移动转场效果 ………………… 118
8.2.5 实例——替换转场效果 ………………… 120
8.2.6 实例——删除转场效果 ………………… 122

8.3 设置转场属性 123

8.3.1 实例——改变转场路径轨迹 ………… 124
8.3.2 实例——柔化转场的边缘 …………… 125

8.4 转场效果精彩应用 127

8.4.1 实例——2D 特效：春意盎然 ……… 127
8.4.2 实例——3D 特效：狗狗 …………… 128
8.4.3 实例——单页特效：寒梅 …………… 129
8.4.4 实例——双页特效：花苞 …………… 130
8.4.5 实例——四页特效：秋收季节 ……… 131
8.4.6 实例——扭转特效：山间夕阳 ……… 133
8.4.7 实例——旋转特效：桃花 …………… 134
8.4.8 实例——爆炸特效：余光 …………… 134
8.4.9 实例——管状特效：紫色小花 ……… 135
8.4.10 实例——SMPTE 特效：黄花 …… 136

8.5 本章小结 137

第 9 章
制作视频滤镜效果

9.1 视频滤镜简介 138

9.1.1 滤镜效果简介 …………………………… 138
9.1.2 滤镜特效面板 …………………………… 139

9.2 添加与删除滤镜 139

9.2.1 实例——添加视频滤镜 ………………… 140
9.2.2 实例——添加多个视频滤镜 ………… 141
9.2.3 实例——删除视频滤镜 ………………… 142

9.3 应用色彩校正滤镜 144

9.3.1 实例——应用“YUV 曲线”滤镜 … 144
9.3.2 实例——应用“三路色彩校正”滤镜 …………………………………… 146
9.3.3 实例——应用“单色”滤镜 ………… 148
9.3.4 实例——应用“色彩平衡”滤镜 …… 150
9.3.5 实例——应用“颜色轮”滤镜 ……… 151

9.4 视频滤镜精彩应用 153

9.4.1 实例——“光栅滚动”滤镜：晚霞艺术 …………………………………… 153
9.4.2 实例——“浮雕”滤镜：距瓣豆 …… 155
9.4.3 实例——“老电影”滤镜：电影画面 …………………………………… 156
9.4.4 实例——“镜像”滤镜：格桑花 …… 159
9.4.5 实例——“铅笔画”滤镜：山水美景 …………………………………… 160

9.5 本章小结 161

第 10 章
制作合成运动特效

10.1 实例——关键帧动画 162

10.2 视频布局动画 165

10.2.1 视频布局概述 ………………………… 165
10.2.2 实例——裁剪图像 …………………… 166
10.2.3 实例——二维变换 …………………… 167

10.3 三维空间动画 169

10.3.1 实例——三维空间变换 …………… 169
10.3.2 实例——三维空间动画 …………… 171

10.4 混合模式 173

10.4.1 实例——变暗混合模式 …………… 173
10.4.2 实例——叠加混合模式 …………… 174

10.5 抠像 176

10.5.1 实例——色度键 ……………………… 176
10.5.2 实例——亮度键 ……………………… 177

10.6 遮罩 179

10.6.1 实例——创建遮罩 …………………… 179
10.6.2 实例——轨道遮罩 …………………… 181

10.7 本章小结 182

第 11 章
制作标题字幕效果

11.1 添加标题字幕 183

11.1.1 实例——创建单个标题字幕 ········· 183
11.1.2 实例——创建模板标题字幕 ········· 185
11.1.3 实例——创建多个标题字幕 ········· 187

11.2 设置标题字幕的属性 189

11.2.1 实例——变换标题字幕 ··············· 190
11.2.2 实例——设置字幕间距 ··············· 191
11.2.3 实例——设置字幕行距 ··············· 192
11.2.4 实例——设置字体类型 ··············· 193
11.2.5 实例——设置字号大小 ··············· 195
11.2.6 实例——更改字幕方向 ··············· 196
11.2.7 实例——添加文本下画线 ············ 198
11.2.8 实例——调整字幕时间长度 ········· 199

11.3 制作标题字幕特殊效果 200

11.3.1 实例——运用颜色填充字幕 ········· 201
11.3.2 实例——制作字幕描边效果 ········· 203
11.3.3 实例——制作字幕阴影效果 ········· 204

11.4 本章小结 206

第 12 章

制作字幕运动特效

12.1 制作划像运动效果 207

12.1.1 实例——向上划像运动效果 ········· 207
12.1.2 实例——向下划像运动效果 ········· 209
12.1.3 实例——向右划像运动效果 ········· 210
12.1.4 实例——垂直划像运动效果 ········· 211

12.2 制作柔化飞入运动效果 212

12.2.1 实例——向上软划像运动效果 ······ 212
12.2.2 实例——向下软划像运动效果 ······ 213
12.2.3 实例——向右软划像运动效果 ······ 214
12.2.4 实例——向左软划像运动效果 ······ 215

12.3 制作淡入淡出飞入运动效果 216

12.3.1 实例——向上淡入淡出运动效果 ··· 216
12.3.2 实例——向下淡入淡出运动效果 ··· 217
12.3.3 实例——向右淡入淡出运动效果 ··· 218
12.3.4 实例——向左淡入淡出运动效果 ··· 219

12.4 制作激光运动效果 220

12.4.1 实例——上面激光运动效果 ········· 220
12.4.2 实例——下面激光运动效果 ········· 221
12.4.3 实例——右面激光运动效果 ········· 222
12.4.4 实例——左面激光运动效果 ········· 223

12.5 本章小结 224

PART FIVE 后期处理篇

第13章 添加与编辑音频素材

13.1 添加音频文件 226
13.1.1 实例——通过命令添加音频文件 ··· 226
13.1.2 实例——通过轨道添加音频文件 ··· 227
13.1.3 实例——通过素材库添加音频文件 ··· 228
13.2 修剪音频素材 230
13.2.1 实例——分割音频文件 ················ 230
13.2.2 实例——通过区间修整音频 ········· 231
13.2.3 实例——改变音频持续时间 ········· 232
13.2.4 实例——改变音频播放速度 ········· 233
13.3 管理音频素材库 234
13.3.1 实例——在素材库中重命名素材 ··· 234
13.3.2 实例——删除素材库中的素材 ······ 235
13.4 调整音频音量 236
13.4.1 实例——调整整个音频音量 ········· 236
13.4.2 实例——使用调节线调整音量 ······ 238
13.4.3 实例——设置音频文件静音 ········· 240
13.5 本章小结 241

第14章 制作音频声音特效

14.1 为视频录制声音 242
14.1.1 实例——设置录音属性 ················ 242
14.1.2 实例——将声音录进轨道 ············ 244
14.1.3 实例——将声音录进素材库 ········· 245
14.1.4 实例——删除录制的声音文件 ······ 247
14.2 制作音频声音特效 248
14.2.1 实例——低通滤波特效 ················ 248
14.2.2 实例——参数平衡器特效 ············ 249
14.2.3 实例——图形均衡器特效 ············ 251
14.2.4 实例——音调控制器特效 ············ 252

14.2.5 实例——变调特效 …………………… 254
14.2.6 实例——延迟特效 …………………… 255
14.2.7 实例——高通滤波特效 ……………… 256

14.3 本章小结 258

第 15 章

输出与刻录视频文件

15.1 输出视频文件 259

15.1.1 实例——设置视频输出属性 ……… 259
15.1.2 实例——输出 AVI 视频文件 ……… 261
15.1.3 实例——输出 MPEG 视频文件 … 263
15.1.4 实例——输出入 / 出点间视频 …… 264
15.1.5 实例——批量输出视频文件 ……… 266

15.2 渲染视频文件 268

15.2.1 实例——渲染全部视频 …………… 268
15.2.2 实例——渲染入 / 出点视频 ……… 269
15.2.3 实例——删除渲染文件 …………… 270

15.3 刻录 DVD 光盘 270

15.3.1 实例——刻前准备事项 …………… 270
15.3.2 实例——导入影片素材 …………… 271
15.3.3 实例——设置画面样式 …………… 272
15.3.4 实例——编辑图像文本 …………… 273
15.3.5 实例——刻录 DVD 光盘 ………… 275

15.4 本章小结 276

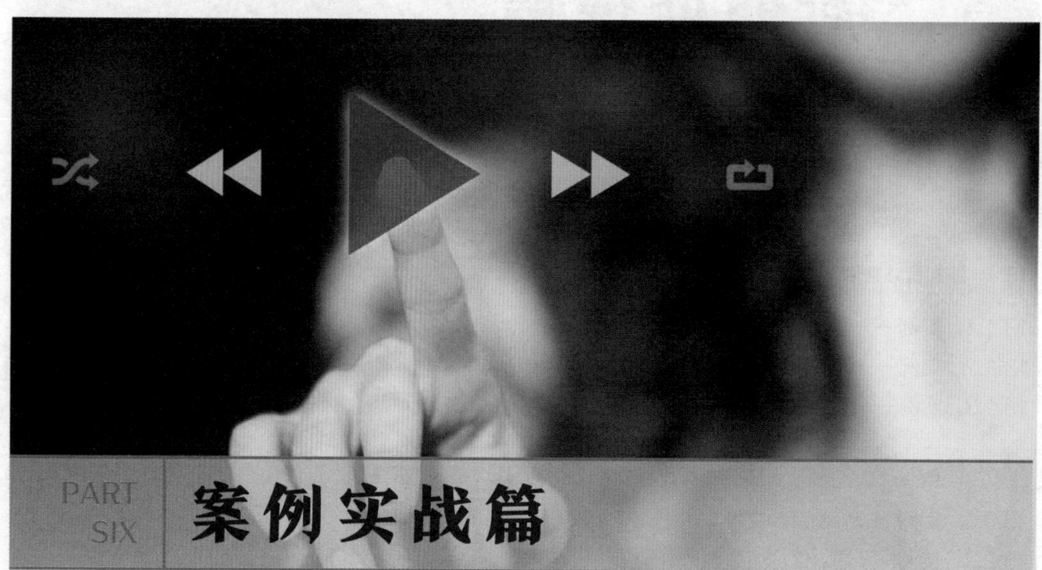

PART SIX 案例实战篇

第 16 章

制作字幕特效——广告宣传

16.1 效果欣赏与技术提炼 278

16.1.1 效果赏析 …………………………… 278
16.1.2 技术提炼 …………………………… 279

16.2 字幕制作过程 279

16.2.1 导入字幕背景素材 ………………… 279
16.2.2 制作视频画面效果 ………………… 280
16.2.3 制作静态字幕效果 ………………… 281
16.2.4 制作字幕运动效果 ………………… 286
16.2.5 输出标题字幕文件 ………………… 288

16.3 本章小节 289

第17章 制作延时视频——湘江风光

17.1 效果欣赏与技术提炼 290

17.1.1 效果赏析 …… 290
17.1.2 技术提炼 …… 291

17.2 视频制作过程 291

17.2.1 导入延时视频素材 …… 291
17.2.2 制作视频标题字幕 …… 292
17.2.3 制作开场拉伸片头 …… 296
17.2.4 输出延时视频文件 …… 300

17.3 本章小结 302

第18章 制作卡点视频——儿童相册

18.1 效果欣赏与技术提炼 303

18.1.1 效果赏析 …… 303
18.1.2 技术提炼 …… 304

18.2 视频制作过程 304

18.2.1 导入卡点视频素材 …… 304
18.2.2 设置素材时间长度 …… 305
18.2.3 添加视频背景音乐 …… 312
18.2.4 输出卡点视频文件 …… 313

18.3 本章小结 314

第19章 制作宣传视频——大美长沙

19.1 效果欣赏与技术提炼 315

19.1.1 效果赏析 …… 315
19.1.2 技术提炼 …… 316

19.2 视频制作过程 316

19.2.1 导入宣传视频素材 …… 316
19.2.2 设置视频播放速度 …… 318
19.2.3 制作视频片头效果 …… 320
19.2.4 制作视频字幕效果 …… 325

19.3 后期编辑与输出 329

19.3.1 添加视频背景音乐 …… 329
19.3.2 输出宣传视频文件 …… 330

19.4 本章小节 331

附录A EDIUS 插件的安装与使用 332

附录B EDIUS 快捷键速查 336

附录C 50 个 EDIUS 常见问题解答 338

PART ONE

01

软件入门篇

CHAPTER 01

第 1 章 视音频编辑基础知识

~ 学前提示 ~

使用非线性影视编辑软件编辑视频和音频文件之前，首先需要掌握视频和音频编辑的基础知识，如了解视频编辑术语、支持的视频格式与音频格式、线性与非线性编辑、数字素材的获取方式等，从而为制作绚丽的影视作品奠定良好的基础，希望读者可以熟练掌握本章的基础内容。

~ 本章重点 ~

- MPEG 格式
- MP3 格式
- MIDI 格式
- QuickTime 格式
- WAV 格式
- MP4 格式

1.1 了解视频编辑常识

进入一个新的软件领域前，用户必须了解在这个软件中经常需要用到的专业术语。在 EDIUS 9 中，最常见的专业术语有剪辑、帧和场、分辨率以及获取与压缩等，只有了解这些专业术语，才能更好地掌握 EDIUS 9 软件的精髓。本节主要介绍视频编辑术语的基本知识。

1.1.1 剪辑

剪辑可以说是视频编辑中最常提到的专业术语，一部完整的好电影通常都需要经过无数次的剪辑操作，才能完成。视频剪辑技术在发展过程中经历了几次变革，最初传统的影像剪辑采用的是机械和电子剪辑两种方式。

- 机械剪辑是指直接对胶卷或者录像带进行物理的剪辑，并重新连接起来。因此，这种剪辑相对比较简单，也容易理解。随着磁性录像带的问世，这种机械剪辑的方式逐渐显现出其缺陷，因为剪辑录像带上的磁性信息除了需要确定和区分视频轨道的位置外，还需要精确切割两帧视频之间的信息，这就增加了剪辑操作的难度。

- 电子剪辑的问世，让这一难题得到了解决。电子剪辑也称为线性录像带电子剪辑，它按新的顺序来重新录制信息过程。

1.1.2　帧和场

帧是视频技术常用的最小单位，一帧是由两次扫描获得的一幅完整图像的模拟信号；而将视频信号的每次扫描称为场。视频信号扫描的过程是从图像左上角开始，水平向右到达图像右边后迅速返回左边，并另起一行重新扫描。

将这种从一行到另一行的返回过程称为水平消隐。每一帧扫描结束后，扫描点从图像的右下角返回左上角，再开始新一帧的扫描。将从右下角返回左上角的时间间隔称为垂直消隐。一般行频表示每秒扫描多少行，场频表示每秒扫描多少场，帧频表示每秒扫描多少帧。

1.1.3　获取与压缩

获取是将模拟的原始影像或声音素材数字化，并通过软件存入计算机的过程。例如，拍摄电影的过程就是典型的实时获取。

压缩是用于重组或删除数据，以减小剪辑文件大小的特殊方法。在压缩影像文件时，可在第一次获取到计算机时进行压缩，或者在 EDIUS 9.0 中进行编辑时再压缩。

1.1.4　复合视频信号

复合视频信号包括亮度和色度的单路模拟信号，即从全电视信号中分离出伴音后的视频信号，色度信号间插在亮度信号的高端。这种信号一般可通过电缆输入或输出至视频播放设备上。由于该视频信号不包含伴音，与视频输入端口、输出端口配套使用时，还设置音频输入端口和输出端口，以便同步传输伴音，因此复合式视频端口也称为 AV 端口。

1.1.5　分辨率

分辨率即帧的大小（Frame Size），表示单位区域内垂直和水平的像素数值，一般单位区域中像素数值越大，图像显示越清晰，分辨率也就越高。不同电视制式的不同分辨率，其用途也会有所不同，如表 1-1 所示。

表 1-1　不同电视制式分辨率的用途

制　　式	行　　帧	用　　途
NTSC	352×240	VDC
	720×480、704×480	DVD
	480×480	SVCD
	720×480	DV
	640×480、704×480	AVI 视频格式

续表

制　式	行　帧	用　途
PAL	352×288	VCD
	720×576、704×576	DVD
	480×576	SVCD
	720×576	DV
	640×576、704×576	AVI 视频格式

1.1.6　“数字 / 模拟”转换器

“数字 / 模拟”转换器是一种将数字信号转换成模拟信号的装置。“数字 / 模拟”转换器的位数越高，信号失真越小，图像也更清晰。

1.1.7　电视制式

电视信号的标准称为电视制式。目前各国的电视制式各不相同，制式的区分主要在于其帧频（场频）、分辨率、信号带宽及载频、色彩空间转换的不同等。电视制式主要有 NTSC 制式、PAL 制式和 SECAM 制式 3 种。

1.2　了解支持的视频格式

数字视频是用于压缩图像和记录声音数据及回放过程的标准，同时包含了 DV 格式的设备和数字视频压缩技术本身。在视频捕获的过程中，必须通过特定的编码方式对数字视频文件进行压缩，在尽可能地保证影像质量的同时，应有效地减少文件大小，否则会占用大量的磁盘空间，对数字视频进行压缩编码的方法有很多，也因此产生了多种数字视频格式。本节主要介绍 EDIUS 9 支持的视频格式。

1.2.1　MPEG 格式

MPEG（Motion Picture Experts Group）类型的视频文件是由 MPEG 编码技术压缩而成的视频文件，被广泛应用于 VCD/DVD 及 HDTV 的视频编辑与处理中。MPEG 标准的视频压缩编码技术主要利用了具有运动补偿的帧间压缩编码技术以减小时间冗余度，利用 DCT 技术以减小图像的空间冗余度，利用熵编码则在信息表示方面减小了统计冗余度。这几种技术的综合运用，大大增强了压缩性能。

MPEG 包括 MPEG-1、MPEG-2、MPEG-4、MPEG-7 及 MPEG-21 等，下面进行简单介绍。

MPEG-1

MPEG-1 是用户接触得最多的，因为被广泛应用在 VCD 的制作及下载一些视频片段的网络上，一般的 VCD 都是应用 MPEG-1 格式压缩的（注意：VCD 2.0 并不是说 VCD 是用 MPEG-2 压缩的）。使用 MPEG-1 的压缩算法，可以把一部 120 分钟长的电影压缩到 1.2 GB 左右。

MPEG-2

MPEG-2 主要应用在制作 DVD 方面，同时在一些高清晰电视广播（HDTV）和一些高要求的视频编辑、处理上也有广泛应用。使用 MPEG-2 的压缩算法压缩一部 120 分钟长的电影，可以将其压缩到 4 ～ 8GB。

MPEG-4

MPEG-4 是一种新的压缩算法，使用这种算法的 ASF 格式可以把一部 120 分钟长的电影压缩到 300M 左右，可以在网上观看。其他的 DIVX 格式也可以压缩到 600M 左右，但其图像质量比 ASF 要好很多。

MPEG-7

MPEG-7 于 1996 年 10 月开始研究。确切来讲，MPEG-7 并不是一种压缩编码方法，其目的是生成一种用来描述多媒体内容的标准，这个标准将对信息含义的解释提供一定的自由度，可以被传送给设备和电脑程序，或者被设备或电脑程序查取。MPEG-7 并不针对某个具体的应用，而是针对被 MPEG-7 标准化了的图像元素，这些元素将支持尽可能多的各种应用。建立 MPEG-7 标准的出发点是依靠众多的参数对图像与声音实现分类，并对它们的数据库实现查询，就像查询文本数据库那样。

MPEG-21

MPEG 在 1999 年 10 月的 MPEG 会议上提出了“多媒体框架”的概念，同年 12 月的 MPEG 会议确定了 MPEG-21 的正式名称是“多媒体框架”或“数字视听框架”，它主要是将标准集结起来支持协调的技术以管理多媒体商务为目标，同时也是教大家怎样把不同的技术和标准结合在一起推出新的不一样的标准。

1.2.2　AVI 格式

AVI 英文全称为 Audio Video Interleaved，即音频视频交错格式，是将语音和影像同步组合在一起的文件格式。它对视频文件采用了一种有损压缩方式，但压缩比较高，因此尽管画面质量不是太好，但其应用范围仍然非常广泛。AVI 支持 256 色和 RLE 压缩。AVI 信息主要应用在多媒体光盘上，用来保存电视、电影等各种影像信息。它的好处是兼容性好，图像质量好，调用方便，但尺寸有点偏大。

1.2.3 QuickTime格式

QuickTime是苹果公司提供的系统及代码的压缩包，它拥有C和Pascal的编程界面，更高级的软件可以用它来控制时基信号。应用程序可以用QuickTime来生成、显示、编辑、拷贝、压缩影片和影片数据。除了处理视频数据以外，QuickTime还能处理静止图像、动画图像、矢量图、多音轨以及MIDI音乐等对象。

1.2.4 WMV格式

WMV（Widows Media Video）是微软推出的一种流媒体格式，它是在“同门”的ASF（Advanced Stream Format）格式升级延伸得来。在同等视频质量下，WMV格式的文件可以边下载边播放，因此很适合在网上播放和传输。WMV的主要优点在于：可扩充的媒体类型、本地或网络回放、可伸缩的媒体类型、多语言支持以及扩展性等。

1.2.5 ASF格式

ASF（Advanced Streaming Format）是Microsoft为了和现在的Real Player竞争而发展起来的一种可以直接在网上观看视频节目的文件压缩格式。由于它使用了MPEG-4的压缩算法，所以压缩率和图像的质量都很不错。因为ASF是以一个可以在网上即时观赏的视频流格式存在的，它的图像质量比VCD差一些，但比同是视频流格式的RMA格式要好。

1.3 了解支持的音频格式

简单地说，数字音频的编码方式就是数字音频格式，不同的数字音频设备对应着不同的音频文件格式。常见的音频格式有MP3、WAV、MIDI、WMA、MP4以及AAC等，本节主要针对这些音频格式进行简单的介绍。

1.3.1 MP3格式

MP3是一种音频压缩技术，其全称是动态影像专家压缩标准音频层面3（Moving Picture Experts Group Audio Layer III），简称为MP3。它被设计用来大幅度地降低音频数据量。利用MPEG Audio Layer 3的技术，将音乐以1∶10甚至1∶12的压缩率，压缩成容量较小的文件，而对于大多数用户来说重放的音质与最初的不压缩音频相比没有明显的下降。它是在1991

年由位于德国埃尔朗根的研究组织 Fraunhofer-Gesellschaft 的一组工程师发明和标准化的。用 MP3 形式存储的音乐就叫作 MP3 音乐，能播放 MP3 音乐的机器就叫作 MP3 播放器。

目前，MP3 成为最为流行的一种音乐文件，原因是 MP3 可以根据不同需要采用不同的采样率进行编码。其中，127kbps 采样率的音质接近于 CD 音质，而其大小仅为 CD 音乐的 10%。

1.3.2　WAV 格式

WAV 格式是微软公司开发的一种声音文件格式，又称之为波形声音文件，是最早的数字音频格式，受 Windows 平台及其应用程序广泛支持。WAV 格式支持许多压缩算法，支持多种音频位数、采样频率和声道，采用 44.1kHz 的采样频率，16 位量化位数，因此 WAV 的音质与 CD 相差无几，但是 WAV 格式对存储空间需求太大，不便于交流和传播。

1.3.3　MIDI 格式

MIDI 又称为乐器数字接口，是数字音乐电子合成乐器的统一国际标准。它定义了计算机音乐程序、数字合成器及其他的电子设备交换音乐信号的方式，规定了不同厂家的电子乐器与计算机连接的电缆和硬件以及设备之间数据传输的协议，可以模拟多种乐器的声音。

MIDI 文件就是 MIDI 格式的文件，在 MIDI 文件中存储的是一些指令，把这些指令发送给声卡，声卡就可以按照指令将声音合成出来。

1.3.4　WMA 格式

WMA 是微软公司在因特网音频、视频领域的力作。WMA 格式可以通过减少数据流量但保持音质的方法来达到更高的压缩率目的。其压缩率一般可以达到 1∶18。另外，WMA 格式还可以通过 DRM（Digital Rights Management）方案防止拷贝，或者限制播放时间和播放次数，以及限制播放机器，从而有力地防止盗版。

1.3.5　MP4 格式

MP4 采用的是美国电话电报公司（AT&T）研发的以“知觉编码”为关键技术的 A2B 音乐压缩技术，是由美国网络技术公司（GMO）及 RIAA 联合公布的一种新型音乐格式。MP4 在文件中采用了保护版权的编码技术，只有特定的用户才可以播放，有效地保护了音频版权的合法性。

1.3.6 AAC格式

AAC（Advanced Audio Coding），中文称为“高级音频编码”，出现于1997年，是基于MPEG-2的音频编码技术。由诺基亚和苹果等公司共同开发，目的是取代MP3格式。AAC是一种专为声音数据设计的文件压缩格式，与MP3不同，它采用了全新的算法进行编码，更加高效，具有更高的“性价比”。利用AAC格式，可使人感觉声音质量没有明显降低的前提下，更加小巧。

AAC格式可以使用苹果iTunes转换或千千静听播放，苹果ipod和诺基亚手机也支持AAC格式的音频文件。

1.4 本章小结

本章主要介绍了视频编辑术语、EDIUS支持的视频格式与音频格式的基础知识。通过本章的学习，用户对视频文件与音频文件有了一个初步的了解和认识，为后面的学习奠定了良好的基础。

CHAPTER 02

第 2 章 EDIUS 9 快速入门

~ 学前提示 ~

EDIUS 是日本 Canopus 公司推出的一款优秀的非线性编辑软件，专为广播和后期制作环境而设计的，特别针对新式、无带化视频制播和存储设备。EDIUS 拥有完善的基于文件的工作流程，提供了实时、多轨道、多格式混编、合成、色键、字幕和时间线输出功能。在开始学习 EDIUS 视频编辑之前，首先要了解 EDIUS 9 的新增功能，以及安装、启动与退出 EDIUS 的操作方法。

~ 本章重点 ~

- 灵活的用户界面
- 立体 3D 编辑
- 高清 / 标清的实时特效
- 了解系统配置
- 实例——启动 EDIUS
- 实例——退出 EDIUS
- EDIUS 工程设置
- EDIUS 序列设置

2.1 熟悉 EDIUS 9 新增功能

EDIUS 9 除了继承其一贯的实时多格式、顺畅混合编辑等优点之外，还增强了灵活的用户界面，新增了立体 3D 编辑、转换不同帧速率以及高清 / 标清实时特效应用等，可满足越来越多用户对立体 3D、多格式、高清实时特效编辑的各种全新需求。

2.1.1 灵活的用户界面

EDIUS 9 拥有灵活的用户界面，一个用于视频、音频、字幕和图形曲目数量不限的用户界面，为用户编辑视频提供了良好的工作空间，极大地方便了用户对视频轨道的需求，如图 2-1 所示。

2.1.2 立体 3D 编辑

源码支持当前流行的 Panasonic、Sony 和 JVC 等各种专业、家用立体摄像机拍摄格式；有方便的立体素材成组设置；有方便的立体效果校正，包括自动画面校正、汇聚面调整、水平/垂直翻转等；有方便的立体多机位编辑，并可对左右眼素材进行视频效果的分别指定；提供各种立体预览方式，如左-右、上-下、互补色等。可输出 EDIUS 支持的所有输出文件格式，并指定立体输出方式。

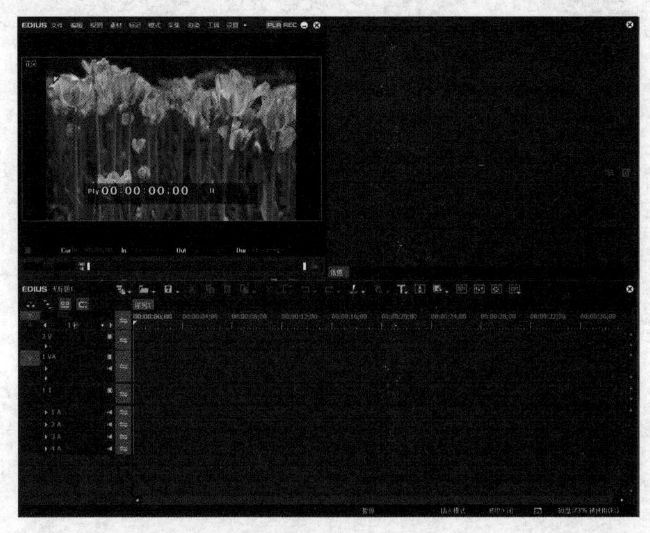

图 2-1　EDIUS 9 用户界面

2.1.3　高清/标清的实时特效

在 EDIUS 9 中，用户可以使用高清/标清的实时特效，如转场特效、字幕特效以及键特效等，“特效”面板如图 2-2 所示。

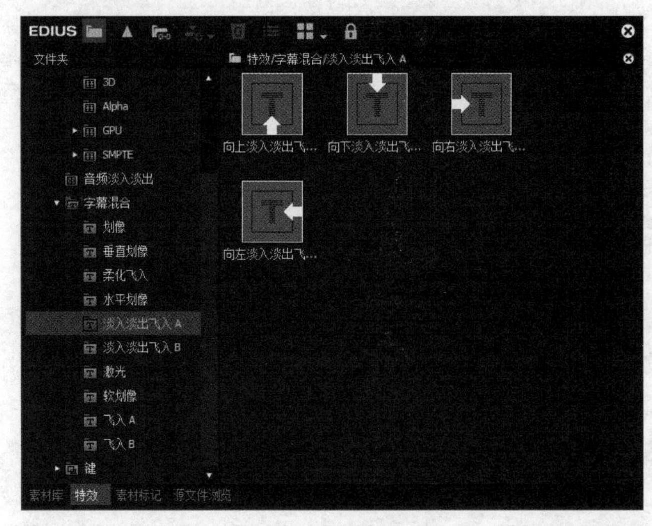

图 2-2　“特效”面板

专家指点 在EDIUS中，若转场效果运用得当，可以增加视频的观赏性和流畅性，从而提高视频的艺术档次；相反，若运用不当，会使观众产生错觉，或者产生画蛇添足的效果，也会大大降低视频的观赏价值。

2.2　系统配置和EDIUS 基本操作

用户在学习EDIUS 9之前，需要对软件的系统配置有所了解并掌握软件的安装方法，这样才有助于更进一步地学习EDIUS 9软件。本节主要介绍系统的配置要求，以及EDIUS 9的基本操作方法。

2.2.1　了解系统配置

视频编辑需要占用较多的计算机资源，在配置视频编辑系统时，需要考虑的主要因素是硬盘空间、内存大小和处理器速度。这些因素决定了保存视频的容量，以及处理、渲染文件的速度，高配置可以使视频编辑更加省时，从而提高工作效率。

若要正常使用EDIUS 9，必须达到相应的系统配置要求，如表2-1所示。

表2-1　安装EDIUS 9系统配置

硬　件	最低配置	标准配置
CPU	Intel或AMD CPU 3.0GHz或更高配置，支持SSE 2和SSE 3指令集	推荐使用多处理器或多核处理器
内存	1GB或更大容量的内存	推荐使用4GB的内存
硬盘	安装EDIUS 9软件和第三方插件，要求6GB硬盘空间，视频存储需要ATA100/7200rpm或速度更快的硬盘	高清编辑推荐使用RAID-0
显卡	支持DirectX 9.0c或更高配置，使用GPUfx时必须支持Pixel Shader Model 3.0，SD编辑时需要128MB或更大显存，DH编辑时需要256MB或更大显存	SD编辑时，推荐使用256MB显存；DH编辑时，推荐使用512MB显存
声卡	支持WDM驱动的声卡	
光驱	DVD-ROM驱动器，若需要刻录相应光盘，则应具备蓝光刻录驱动器，如DVD-R/RW或者DVD±R/RW驱动器	
USB插口	密钥需要一个空余的USB接口	
操作系统	Windows 8（32位或64位）、Windows 7（32位或64位）、Windows Vista（32位或64位）、Windows XP（SP3或以上，32位）	

2.2.2 实例——启动 EDIUS

使用 EDIUS 9 制作视频之前，首先需要启动 EDIUS 9 应用程序，下面介绍启动 EDIUS 9 的操作方法。

操练 + 视频　实例——启动 EDIUS

素材文件	无	扫描封底文泉云盘的二维码获取资源
效果文件	无	
视频文件	视频 \ 第 2 章 \2.2.2 实例——启动 EDIUS.mp4	

步骤 01：在桌面上的 EDIUS 快捷方式图标上单击鼠标右键，在弹出的快捷菜单中选择“打开”命令，如图 2-3 所示。

步骤 02：执行操作后，即可启动 EDIUS 应用程序，进入 EDIUS 欢迎界面，显示程序启动信息，如图 2-4 所示。

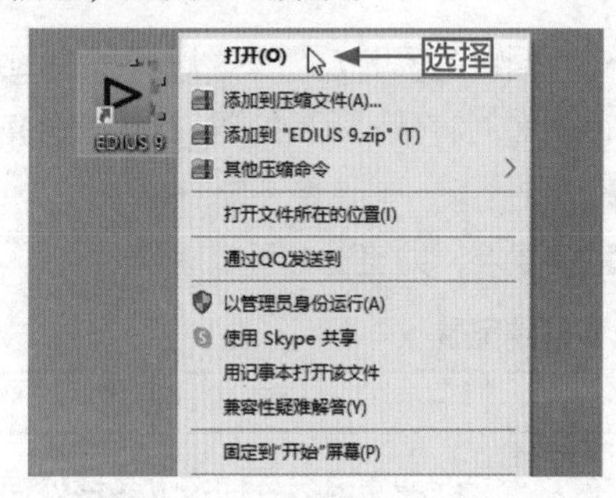

图 2-3　选择“打开”命令

图 2-4　显示程序启动信息

步骤 03：稍等片刻，弹出“初始化工程”对话框，在其中单击“新建工程”按钮，如图 2-5 所示。

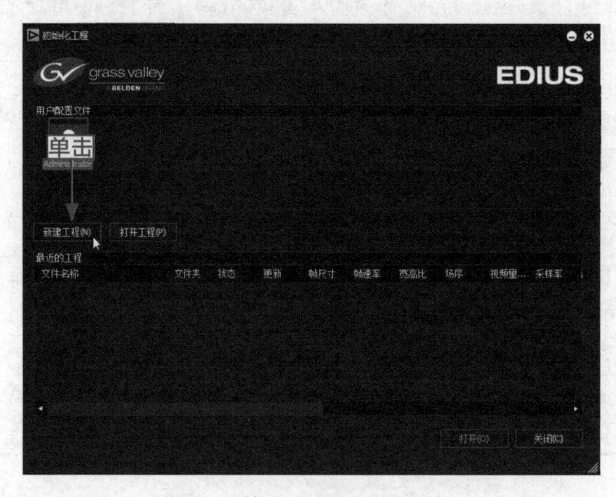

图 2-5　单击“新建工程”按钮

专家指点　在 Windows 操作系统中，当用户将 EDIUS 软件安装至电脑后，在“开始”菜单的“所有程序”列表框中也可以通过单击 EDIUS 命令，启动 EDIUS 软件。

步骤 04：弹出“工程设置”对话框，在“预设列表”选项区中选择相应的预设模式，如图 2-6 所示。

图 2-6　选择相应的预设模式

专家指点　在“工程设置”对话框中，用户还可以设置工程文件的名称和保存的文件位置等信息。

步骤 05：单击“确定”按钮，即可启动 EDIUS 软件，进入 EDIUS 工作界面，如图 2-7 所示。

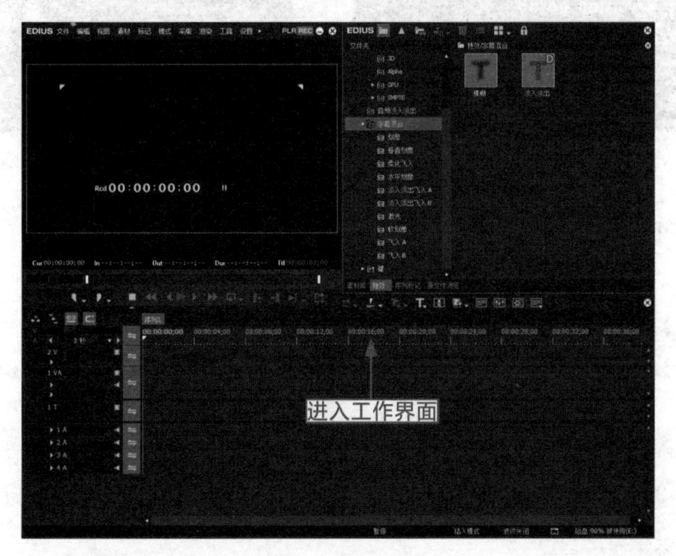

图 2-7　进入 EDIUS 工作界面

> **专家指点**　用户还可以通过在Windows文件夹中双击.ezp格式的文件，来启动EDIUS应用软件。

2.2.3 实例——退出EDIUS

当用户运用EDIUS 9编辑完视频后，为了节约系统内存空间，提高系统运行速度，此时可以退出EDIUS 9应用程序。下面介绍退出EDIUS 9的操作方法。

操练 + 视频　实例——退出EDIUS

素材文件	无	扫描封底文泉云盘的二维码获取资源
效果文件	无	
视频文件	视频\第2章\2.2.3 实例——退出EDIUS.mp4	

步骤01：在EDIUS 9工作界面中，编辑相应的视频素材，如图2-8所示。

步骤02：视频编辑完成后，单击“文件”菜单，在弹出的菜单列表中选择“退出”命令，如图2-9所示。

图2-8　编辑相应的视频素材

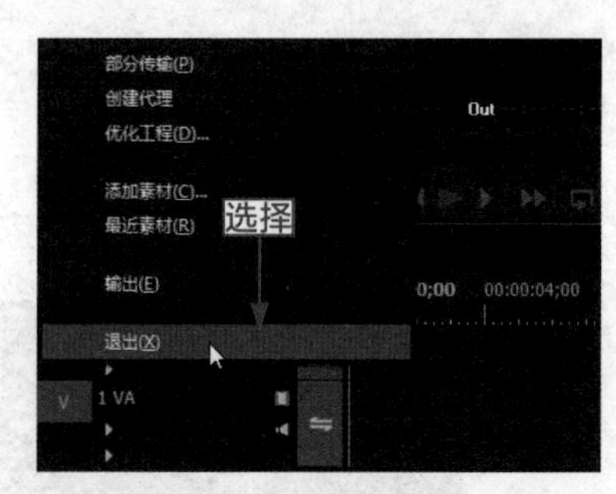

图2-9　选择“退出”命令

步骤03：执行操作后，即可退出EDIUS 9应用程序。

2.3 EDIUS基本设置

在EDIUS 9中，用户可以对软件进行一些基本的设置，使软件的操作更符合用户的习惯和需求。EDIUS包括4种常用设置，分别是系统设置、用户设置、工程设置以及序列设置，接下来介绍这4种设置方法。

2.3.1　EDIUS 系统设置

在 EDIUS 9 工作界面中，选择“设置”|“系统设置”命令，即可弹出“系统设置”对话框，EDIUS 的系统设置主要包括应用设置、硬件设置、导入器 / 导出器设置、特效设置以及输入控制设备设置，可用来调整 EDIUS 的回放、采集、工作界面、导入导出以及外挂特效等各个方面。本节主要介绍 EDIUS 系统设置的方法。

1．应用设置

在“系统设置”对话框中，单击“应用”选项前的下三角按钮▼，展开“应用”列表框，其中包括 SNFS QoS、“代理”“回放”、“工程预设”、“文件输出”、“检查更新”、“渲染”、“源文件浏览”、“用户配置文件”以及“采集”10 个选项卡，如图 2-10 所示。

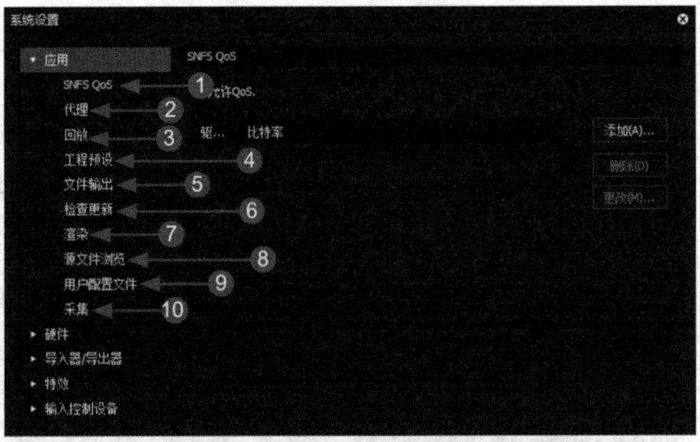

图 2-10　应用设置

“应用”列表框中各选项卡的含义如下。

❶ SNFS QoS 选项卡：在该选项卡中可以选中“允许 QoS”复选框，以设置相应属性。

❷“代理”选项卡：在该选项卡中可调节文件大小。

❸“回放”选项卡：在该选项卡中可以设置视频回放时的属性，取消选中“掉帧时停止回放”复选框，EDIUS 将在系统负担过大而无法进行实时播放时，通过掉帧来强行维护视频的播放操作。将“回放缓冲大小”右侧的数值设为最大，播放视频时画面会更加流畅；将“在回放前缓冲”右侧的数值设到最大，EDIUS 会将此用户看到的画面帧数提前 15 帧进行预读处理。

❹“工程预设”选项卡：在该选项卡中可以设置工程预设文件，可以找到高清、标清、PAL、NTSC 或 24Hz 电影帧频等几乎所有播出级视频的预设，只需要设置一次，系统就会将当前设置保存为一个工程预设，每次新建工程或者调整工程设置时，只要选择需要的工程预设图标即可。

❺“文件输出”选项卡：在该选项卡中可以设置工程文件输出时的属性，在其中选中“输出 60p/50p 时以偶数帧结尾”复选框，则在输出 60p/50p 时，将以偶数帧作为结尾。

❻“检查更新”选项卡：在该选项卡中可选中“检查 EDIUS 在线更新”复选框。

❼“渲染”选项卡：在该选项卡中可以设置视频渲染时的属性，在“渲染选项”选项区中，

可以设置工程项目需要渲染的内容，包括滤镜、转场、键特效、速度改变以及素材格式等内容。在下方还可以设置是否删除无效的、被渲染后的文件。

❽ “源文件浏览”选项卡：在该选项卡中可以设置工程文件的保存路径，方便用户日后对 EDIUS 源文件进行打开操作。

❾ “用户配置文件”选项卡：在该选项卡中可以设置用户的配置文件信息，包括对配置文件的新建、复制、删除、更改、预置以及共享等操作。

❿ “采集”选项卡：在该选项卡中可以设置视频采集时的属性，包括采集时的视频边缘余量、采集时的文件名、采集自动侦测项目、分割文件以及采集后的录像机控制等，用户可以根据自己的视频采集习惯，进行相应的采集设置。

2．硬件设置

单击“硬件”选项前的下三角按钮▼，展开“硬件”列表框，其中包括“设备预设”和“预览设备”两个选项卡，如图 2-11 所示。

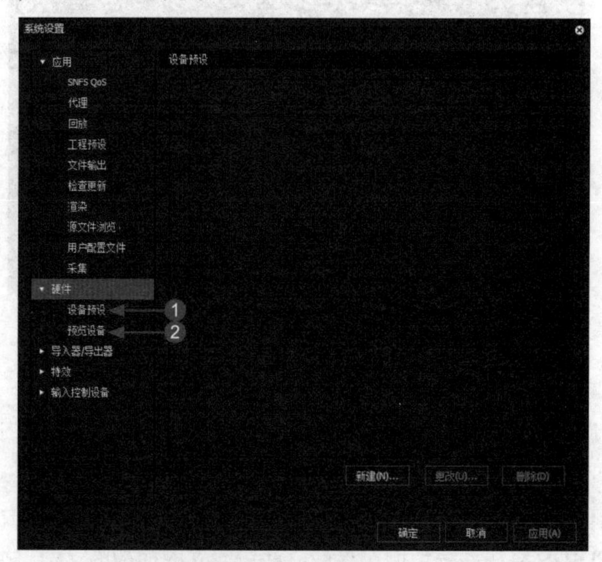

图 2-11　硬件设置

“硬件”列表框中各选项卡的含义如下。

❶ “设备预设”选项卡：在该选项卡中可以预设硬件的设备信息。单击选项卡下方的“新建”按钮，将弹出“预设向导”对话框，在其中可以设置硬件设备的名称和图标等信息，如图 2-12 所示；单击 Next 按钮，在进入的页面中，可以设置硬件的接口、文件格式以及音频格式等信息，如图 2-13 所示。

❷ “预设设备”选项卡：在该选项卡中，可以选择已经预设好的硬件设备信息。

> **专家指点**　视频的实时播放能力归根结底与系统硬件配置密切相关，硬件配置越高，视频播放越流畅；反之，硬件配置越低，视频播放越不流畅。

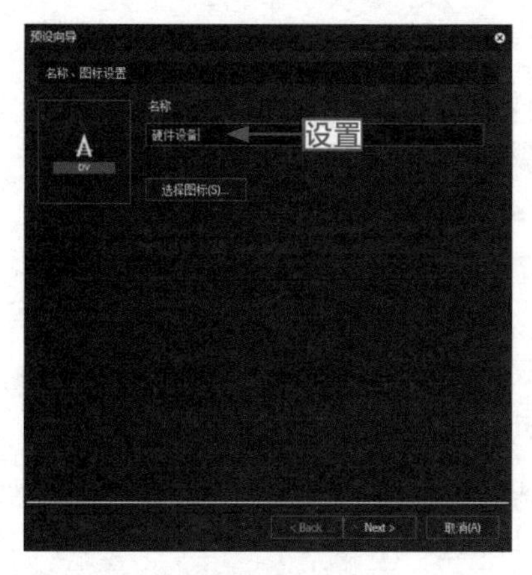

图 2-12　设置硬件设备的名称和图标

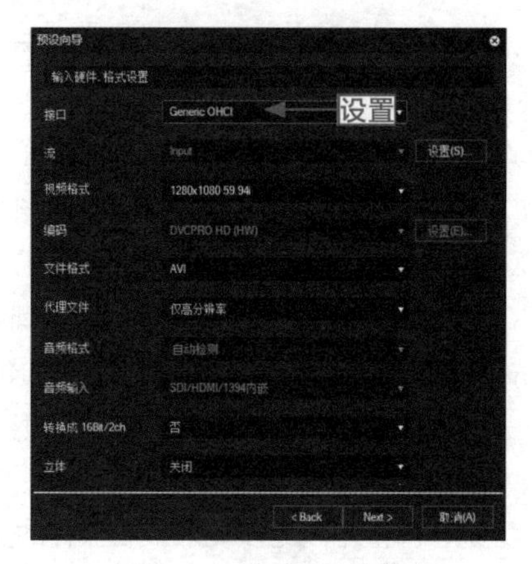

图 2-13　设置硬件的格式

3．导入器 / 导出器设置

在 EDIUS 系统设置的“导入器 / 导出器”列表框中，主要可以设置图像、视频或音频文件的导入与导出，如图 2-14 所示。

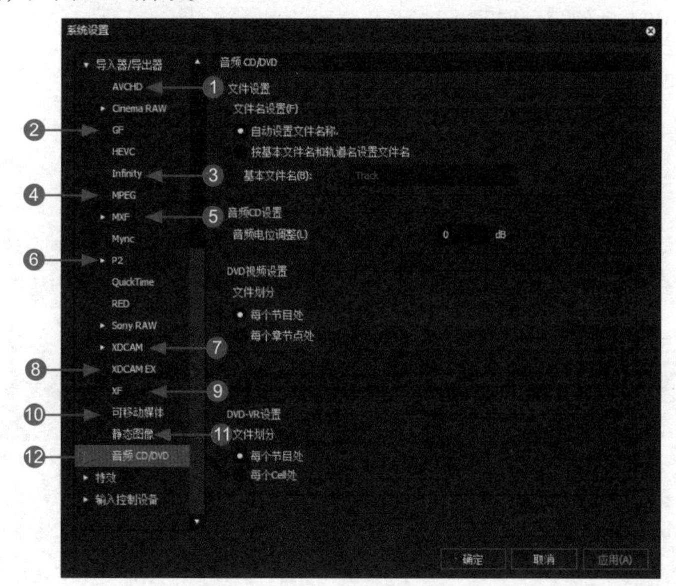

图 2-14　导入器 / 导出器设置

“导入器 / 导出器”列表框中部分选项卡的含义如下。

❶ AVCHD 选项卡：在该选项卡中可以设置关于 AVCHD 的属性。AVCHD 标准基于 MPEG-4 AVC/H.264 视频编码，支持 480i、720p、1080i、1080p 等格式，同时支持杜比数位 5.1 声道 AC-3 或线性 PCM 7.1 声道音频压缩。

❷ GF 选项卡：在该选项卡中可以设置关于 GF 的属性，包括添加与删除设置。

❸ Infinity 选项卡：在该选项卡中能设置关于 Infinity 的属性，包括添加与删除设置。

❹ MPEG选项卡：在该选项卡中可以设置关于MPEG视频获取的属性。

❺ MXF选项卡：在该选项卡中可以设置FTP服务器与解码器的属性，在“解码器”选项卡中可以选择质量的高、中、低，以及下采样系数的比例等内容。

❻ P2选项卡：在该选项卡中可以设置浏览器的属性，包括添加与删除设置。

❼ XDCAM选项卡：在该选项卡中可以设置FTP服务器、导入器以及浏览器的各种属性。

❽ XDCAM EX选项卡：在该选项卡中可以设置XDCAM EX的属性。

❾ XF选项卡：在该选项卡中可以设置XF的属性。

❿“可移动媒体”选项卡：在该选项卡中可以设置可移动媒体的属性。

⓫“静态图像”选项卡：在该选项卡中，可以设置采集静态图像时的属性，包括偶数场、奇数场、滤镜、调整宽高比以及采集后保存的文件类型等。

⓬“音频CD/DVD”选项卡：在该选项卡中可以设置导入音频CD/DVD的选项，包括设置文件名、音频电位调整、DVD视频设置以及DVD-VR设置等内容。

4. 特效设置

在EDIUS系统设置的“特效”列表框中，各选项卡主要用来加载Affects插件、设置GPUfx以及添加VST插件等，如图2-15所示。

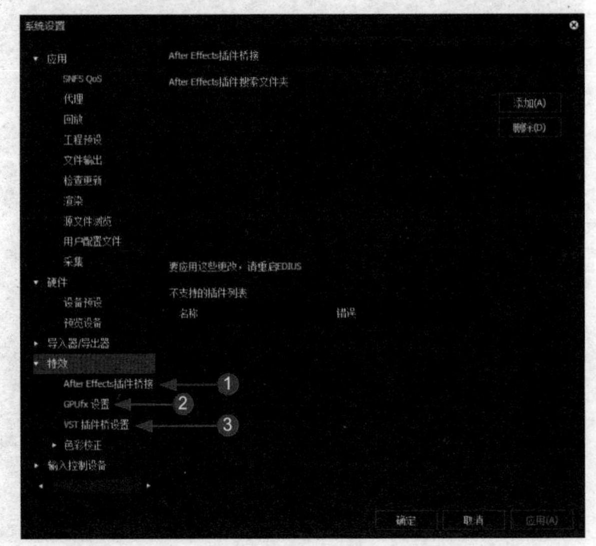

图2-15 特效设置

“特效”列表框中各选项卡的含义如下。

❶ “After Effects插件桥接”选项卡：在该选项卡中，单击“添加”按钮，在弹出的“浏览文件夹”对话框中，选择相应的After Effects插件，单击“确定”按钮，即可将After Effects插件导入EDIUS软件中，就可以使用After Effects插件了。若用户对某些After Effects插件不满意，或者不再需要使用某些After Effects插件，此时在“After Effects插件搜索文件夹”列表框中，选择不需要的插件选项，单击右侧的“删除”按钮，即可删除After Effects插件。

❷ “GPUfx 设置”选项卡：在该选项卡中可以设置 GPUfx 的属性，包括多重采样与渲染质量等内容。

❸ “VST 插件桥设置”选项卡：在该选项卡中，可以添加 VST 插件至 EDIUS 软件中。

5．输入控制设备设置

在“输入控制设备”列表框中，包括“推子”和“旋钮设备”两个选项，如图 2-16 所示，在其中可以设置输入控制设备的各种属性。

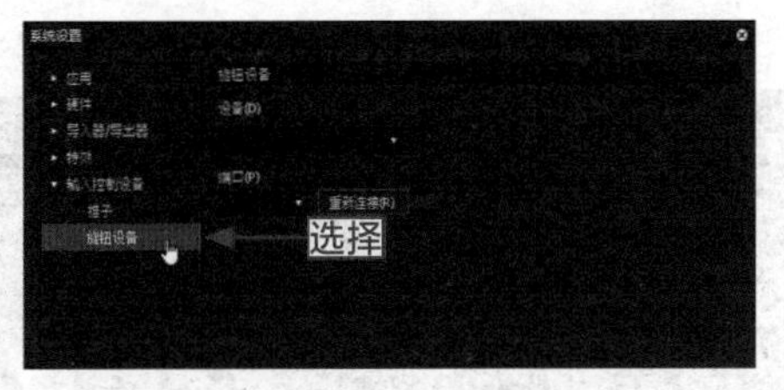

图 2-16　输入控制设备设置

2.3.2　EDIUS 用户设置

在 EDIUS 9 工作界面中，选择“设置”|“用户设置”命令，即可弹出“用户设置”对话框，EDIUS 的用户设置主要包括应用设置、预览设置、用户界面设置、源文件设置以及输入控制设备设置，可用来设置 EDIUS 的时间线、帧属性、工程文件、回放、全屏预览以及键盘快捷键等各个方面。本节主要介绍 EDIUS 用户设置的方法。

1．应用设置

在“用户设置”对话框中，单击“应用”选项前的下三角按钮▼，展开“应用”列表框，其中包括“代理模式”“其它[①]”“匹配帧”“后台任务”“工程文件”以及“时间线”等 6 个选项卡，如图 2-17 所示。

“应用”列表框中各选项卡的含义如下。

❶ “代理模式”选项卡：该选项卡包括“代理模式”和“高分辨率模式”两个选项，用户可根据实际需要进行设置。

❷ “其它”选项卡：在该选项卡中可以设置最近使用过的文件，并且可以设置文件显示的数量。在下方还可以设置播放窗口的格式，包括源格式和时间线格式。

❸ “匹配帧”选项卡：在该选项卡中可以设置帧的搜索方向、轨道的选择以及转场插入的素材帧位置等属性。

❹ “后台任务”选项卡：在该选项卡中，若选中“在回放时暂停后台任务”复选框，则在回放视频文件时，程序自动暂停后台正在运行的其他任务。

❺ “工程文件”选项卡：在该选项卡中可以设置工程文件的保存位置、保存文件名、最

① “其它”同“其他”。

近显示的工程个数以及自动保存等属性。

❻ “时间线”选项卡：在该选项卡中可以设置时间线的各属性，包括素材转场、音频淡入淡出的插入，以及时间线的吸附选项、同步模式、波纹模式以及素材时间码的设置等内容。

2．预览设置

在“用户设置”对话框中，单击“预览”选项前的下三角按钮▼，展开“预览”列表框，其中包括“全屏预览”“叠加”“回放”以及“屏幕显示”4 个选项卡，如图 2-18 所示。

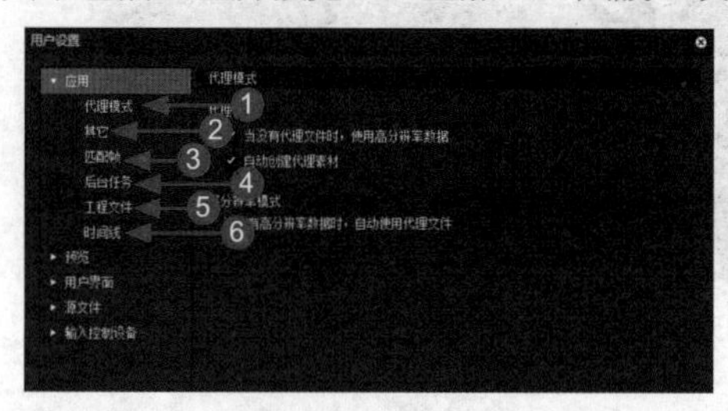

图 2-17　应用设置

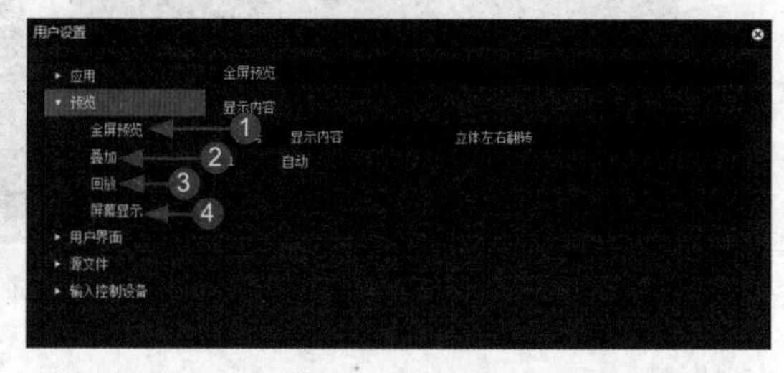

图 2-18　预览设置

“预览”列表框中各选项卡的含义如下。

❶ “全屏预览”选项卡：在该选项卡中可以设置视频全屏预览时的属性，包括显示的内容以及监视器的检查等。

❷ “叠加”选项卡：在该选项卡中可以设置叠加的属性，包括更新频率、斑马纹预览以及是否显示安全区域等。

❸ “回放”选项卡：在该选项卡中可以设置视频回放时的属性，用户可以根据实际需要选中相应的复选框。

❹ “屏幕显示”选项卡：在该选项卡中可以设置屏幕显示的视图位置，包括常规编辑时显示、裁剪时显示以及输出时显示等。

3．用户界面设置

在“用户设置”对话框中，单击“用户界面”选项前的下三角按钮▼，展开“用户界面”列表框，其中包括“按钮”“控制”“窗口颜色”“素材库”以及“键盘快捷键”5 个选项卡，如图 2-19 所示。

“用户界面”列表框中各选项卡的含义如下。

❶ “按钮”选项卡：在该选项卡中可以设置按钮的显示属性，包括按钮显示的位置、可用的按钮类别以及当前默认显示的按钮数目等。

❷ “控制”选项卡：在该选项卡中可以控制界面显示，包括显示时间码、显示飞梭 / 滑块以及显示播放窗口和录制窗口中的按钮等。

❸ “窗口颜色”选项卡：在该选项卡中可以设置 EDIUS 工作界面的窗口颜色，用户可以手动拖曳滑块调整界面的颜色，也可以在后面的数值框中输入相应的数值来调整界面

的颜色。

❹ “素材库”选项卡：在该选项卡中可以设置素材库的属性，包括素材库的视图显示、文件夹类型以及素材库的其他属性设置。

❺ “键盘快捷键”选项卡：在该选项卡中可以导入、导出、指定、复制以及删除 EDIUS 软件中各功能对应的快捷键设置。

4．源文件设置

在“用户设置”对话框中，单击“源文件”选项前的下三角按钮▼，展开“源文件”列表框，其中包括“恢复离线素材”“持续时间”“自动校正”以及“部分传输”4 个选项卡，如图 2-20 所示。

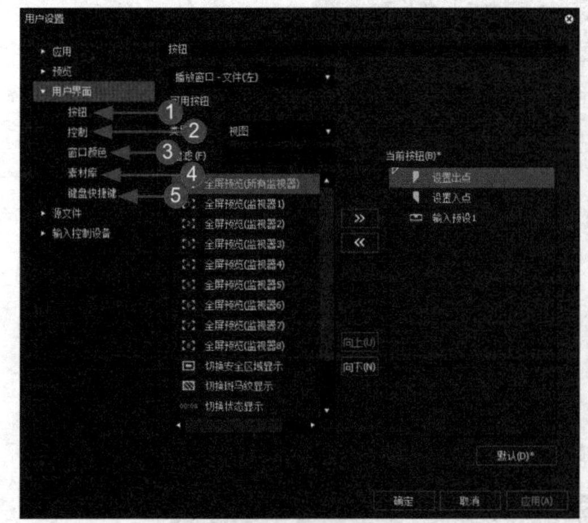

图 2-19　用户界面设置

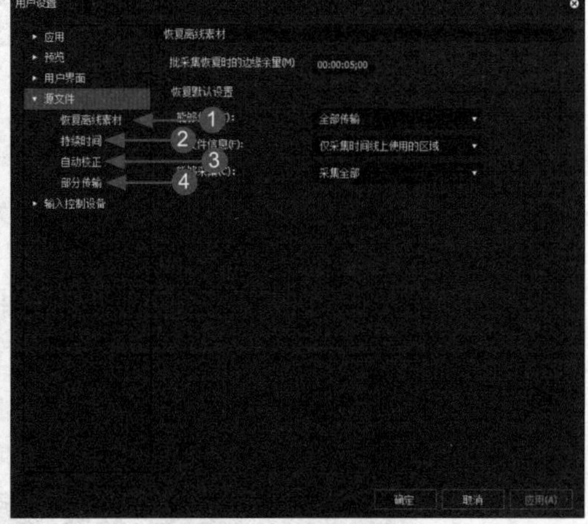

图 2-20　源文件设置

“源文件”列表框中各选项卡的含义如下。

❶ “恢复离线素材”选项卡：在该选项卡中可以对恢复离线素材进行设置。

❷ “持续时间”选项卡：在该选项卡中可以设置静帧的持续时间、字幕的持续时间、V-静音的持续时间以及自动添加调节线中的关键帧数目等。

❸ “自动校正”选项卡：在该选项卡中可以设置 RGB 素材色彩范围、YCbCr 素材色彩范围、采样窗口大小以及素材边缘余量等。

❹ “部分传输”选项卡：在该选项卡中可以对移动设备的传输进行设置。

5．输入控制设备设置

在“用户设置”对话框中，单击“输入控制设备”选项前的下三角按钮▼，展开“输入控制设备”列表框，其中包括 Behringer BCF2000 和 MKB-88 for EDIUS 两个选项，如图 2-21 所示，在其中可以对 EDIUS 程序中的输入控制设备进行相应的设置，使操作习惯更符合用户的需求。

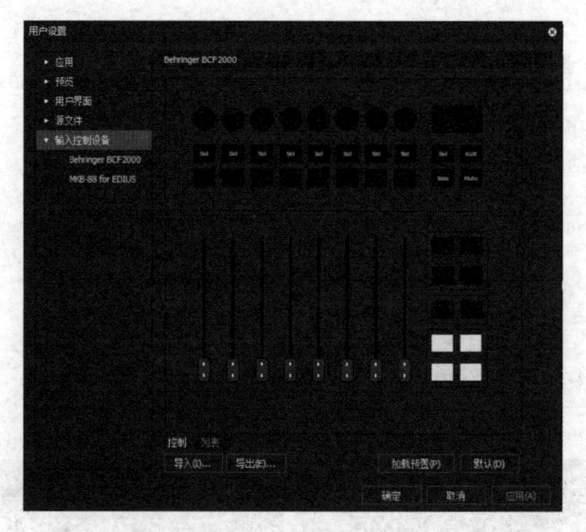

图 2-21　输入控制设备设置

2.3.3　EDIUS 工程设置

在 EDIUS 9 中，工程设置主要针对工程预设中的视频、音频和设置进行查看和更改操作，使之更符合用户的操作习惯。

选择“设置”|“工程设置”命令，弹出“工程设置”对话框，其中显示了多种预设的工程列表，单击下方的“更改当前设置”按钮，如图 2-22 所示。

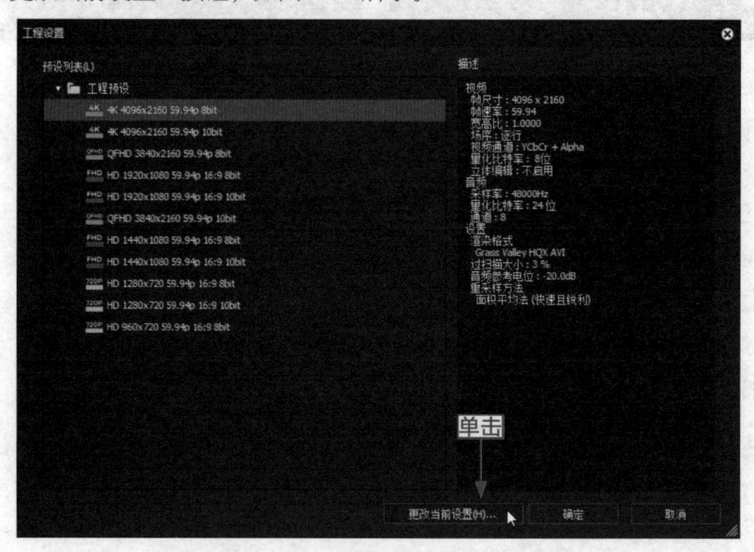

图 2-22　单击“更改当前设置”按钮

执行操作后，即可弹出“工程设置”对话框，如图 2-23 所示。

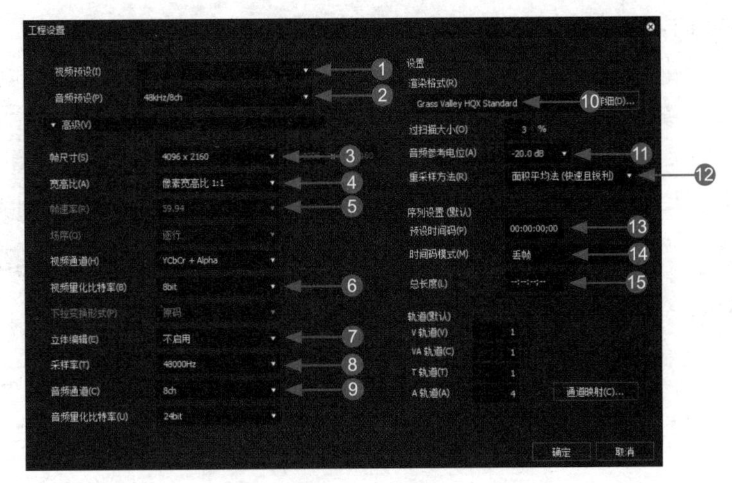

图 2-23　弹出“工程设置”对话框

在“工程设置”对话框中，各主要选项含义如下。

❶ “视频预设”列表框：在该列表框中可以选择视频预设的模式，用户可以根据实际需求进行相应选择。

❷ “音频预设”列表框：在该列表框中可以选择音频预设的模式，包括 48kHz/ 8ch、48kHz/4ch、48kHz/2ch、44.1kHz/2ch 以及 32kHz/4ch 等选项。

❸ “帧尺寸”列表框：在该列表框中可以选择帧的尺寸类型，若选择“自定义”选项，在右侧的数值框中，可以手动输入帧的尺寸数值。

❹ “宽高比”列表框：在该列表框中可以选择视频画面的宽高比数值，包括 16∶9、4∶3、1∶1 等。

❺ “帧速率”列表框：在该列表框中可以选择不同的视频帧速率，用户可以对帧速率进行编辑和修改。

❻ “视频量化比特率”列表框：在该列表框中可以选择视频量化比特率，包括 10bit 和 8bit 两个选项，用户可以根据实际需要进行选择。

❼ “立体编辑”列表框：用户可以设置是否启用立体编辑模式。

❽ “采样率”列表框：在该列表框中可以选择不同的视频采样率，包括 48000Hz、44100Hz、32000Hz、24000Hz、22050Hz 以及 16000Hz 等选项。

❾ “音频通道”列表框：在该列表框中可以选择不同的音频通道，包括 16ch、8ch、6ch、4ch 以及 2ch 等选项。

❿ “渲染格式”列表框：在该列表框中可以选择用于渲染的默认编解码器，EDIUS 软件可以在软件内部处理和输出，实现完全的原码编辑，不用经过任何转换，也没有质量及时间上的损失。

⓫ “过扫描大小”数值框：可以设置过扫描的数值在 0 ~ 20%，如果用户不使用扫描，则可以将数值设置为 0。

⑫ “重采样方法”列表框：在该列表框中可以选择视频采样的不同方法。

⑬ “预设时间码”数值框：在右侧的数值框中可以设置时间线的初始时间码。

⑭ “时间码模式”列表框：如果在输出设备中选择了NTSC，就可以在“时间码模式”列表框中选择“无丢帧”或“丢帧”选项。

⑮ “总长度”数值框：在右侧的数值框中输入相应的数值，可以设置时间线的总长度。

专家指点 “时间码模式”列表框中的“丢帧”选项与画面无法实时播放引起的“丢帧”是不同的概念。

2.3.4 EDIUS序列设置

在EDIUS 9中，序列设置主要针对序列名称、时间码预设、时间码模式以及序列总长度进行设置，选择“设置”|“序列设置”命令，弹出“序列设置”对话框，如图2-24所示，各种设置方法在前面的知识点中都有讲解，在此不再介绍。

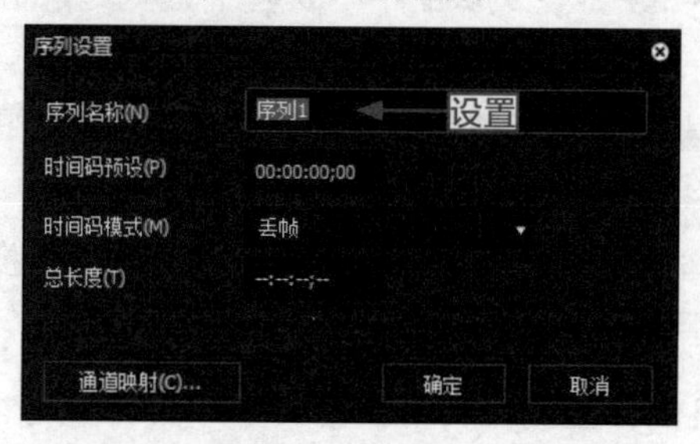

图2-24 弹出“序列设置”对话框

2.4 本章小结

本章主要介绍了EDIUS 9的新增功能、系统配置和安装EDIUS、启动与退出EDIUS软件的操作方法，在最后一节详细讲解了EDIUS软件中的基本设置，包括系统设置、用户设置、工程设置以及序列设置的方法。通过本章的学习，用户对EDIUS 9有了更深入的了解和认识，希望读者好好学习本章，为后面学习视频编辑奠定良好基础。

PART TWO

02

窗口调整篇

CHAPTER 03

第 3 章 认识 EDIUS 9 工作界面

~ 学前提示 ~

EDIUS 工作界面作为该软件最主要的操作界面，各版本在显示内容上基本相似，但也都有相应的改变。另外，随着版本的不断升级，EDIUS 各步骤的功能也不断增加，越来越向操作简单化、技术全面化、功能专业化的方向发展。本章主要向读者介绍 EDIUS 9 工作界面的相关知识、EDIUS 基本操作以及视频编辑模式等内容，希望读者可以熟练掌握。

~ 本章重点 ~

- 序列标记面板
- 信息面板
- 实例——保存工程文件
- 导入序列文件
- 实例——剪辑模式
- 多机位模式

3.1 EDIUS 工作界面

EDIUS 工作界面提供了完善的编辑功能，用户利用它可以全面控制视频的制作过程，还可以为采集的视频添加各种素材、转场、特效以及滤镜效果等。使用 EDIUS 9 的图形化界面，可以清晰而快速地完成视频的编辑工作。EDIUS 工作界面主要包括菜单栏、播放窗口、录制窗口、素材库面板、特效面板、序列标记面板、信息面板以及轨道面板等，如图 3-1 所示。

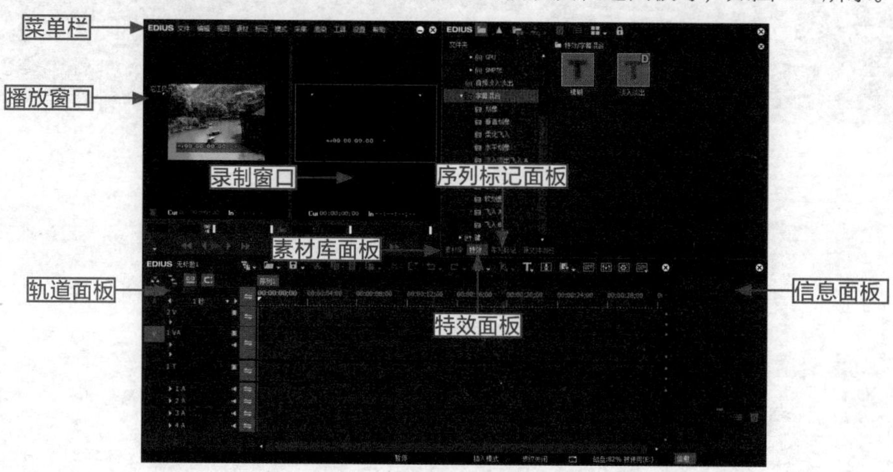

图 3-1　EDIUS 9 工作界面

3.1.1　菜单栏

菜单栏位于整个窗口的顶端，由“文件”“编辑”“视图”“素材”“标记”“模式”“采集”“渲染”“工具”“设置”“帮助”11个菜单命令组成，如图3-2所示。单击任意一个菜单项，都会弹出其包含的命令，EDIUS 9中的绝大部分功能都可以利用菜单栏中的命令来实现。菜单栏的右侧还显示了控制文件窗口显示大小的“最小化”按钮和“关闭”按钮。

图3-2　菜单栏

菜单栏中各主要选项含义如下。

❶“文件”菜单：选择“文件”菜单命令，在弹出的下级菜单中可以选择新建、打开、存储、关闭、导入、导出以及添加素材等一系列针对文件的命令。

❷“编辑”菜单：“编辑”菜单中包含对图像或视频文件进行编辑的命令，包括撤销、恢复、剪切、复制、粘贴、替换、删除以及移动等命令。

❸“视图”菜单：“视图”菜单中的命令可对整个界面的视图进行调整及设置，包括单窗口模式、双窗口模式、窗口布局以及全屏预览等。

❹“素材”菜单：“素材”菜单中的命令主要针对图像、视频或音频素材进行一系列的编辑操作，包括创建静帧、添加转场、持续时间以及视频布局等。

❺“标记”菜单：“标记”菜单主要用来标记素材位置，包括设置入点、设置出点、设置音频入点、设置音频出点、清除入点以及添加标记等。

❻“模式”菜单：“模式”菜单主要用来切换窗口编辑模式，包括常规模式、剪辑模式、多机位模式、机位数量、同步点以及覆盖切点等。

❼“采集”菜单：“采集”菜单中的命令主要用来采集素材，包括视频采集、音频采集、批量采集以及同步录音等。

❽“渲染”菜单：“渲染”菜单主要用来渲染工程文件，包括渲染整个工程、渲染序列、渲染入/出点间范围以及渲染指针区域等。

❾“工具”菜单：“工具”菜单中主要包含Disc Burner、EDIUS Watch、MPEG TS Writer这3个命令，是EDIUS软件中自带的3个工具。

❿“设置”菜单：“设置”菜单主要针对软件进行设置，可以进行系统设置、用户设置、工程设置以及序列设置等。

⓫“帮助”菜单：在“帮助”菜单中可以获取EDIUS软件的注册帮助。

3.1.2　播放窗口

在EDIUS 9中，菜单栏的右侧有两个按钮，分别为PLR按钮PLR和REC按钮REC，单击

PLR 按钮，即可切换至播放窗口，播放窗口主要用来采集素材或单独显示选定的素材，如图 3-3 所示。

图 3-3 播放窗口

播放窗口中的各主要按钮含义如下。

❶ “设置入点”按钮：单击该按钮，可以设置视频中的入点位置。

❷ “设置出点”按钮：单击该按钮，可以设置视频中的出点位置。

❸ “停止”按钮：单击该按钮，停止视频的播放操作。

❹ “快退”按钮：单击该按钮，对视频进行快退操作。

❺ “上一帧”按钮：单击该按钮，跳转到视频的上一帧位置处。

❻ “播放”按钮：单击该按钮，开始播放视频文件。

❼ “下一帧”按钮：单击该按钮，跳转到视频的下一帧位置处。

❽ “快进”按钮：单击该按钮，对视频进行快进操作。

❾ “循环”按钮：单击该按钮，对轨道中的视频进行循环播放。

❿ “插入到时间线”按钮：单击该按钮，覆盖到时间线位置。

⓫ “覆盖到时间线”按钮：单击该按钮，插入到时间线位置。

3.1.3 录制窗口

在 EDIUS 9 中，单击 REC 按钮REC，即可切换至录制窗口，如图 3-4 所示，录制窗口主要负责播放时间线中的素材文件，所有的编辑工作都是在时间线上进行的，而时间线上的内容正是最终视频输出的内容。

图 3-4 录制窗口

录制窗口中的各主要按钮含义如下。

❶ “上一编辑点”按钮：单击该按钮，可以跳转至素材的上一编辑点位置。

❷ “下一编辑点”按钮：单击该按钮，可以跳转至素材的下一编辑点位置。

❸ “播放指针区域”按钮：单击该按钮，可以在指针区域播放视频。

❹ “输出”按钮：单击该按钮，可以输出视频文件。

3.1.4 素材库面板

选择“视图”|“素材库”命令，即可打开素材库面板，素材库面板位于窗口的右上方，主要用来放置工程文件中的素材文件，面板上方的一排按钮主要用来对素材文件进行简单编辑，如图 3-5 所示。

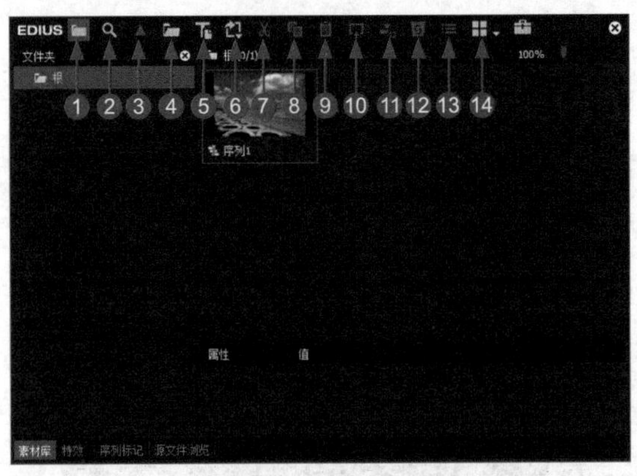

图 3-5 素材库面板

素材库面板中的各主要按钮含义如下。

❶ “文件夹”按钮：单击该按钮，可以显示或隐藏文件夹列表。

❷ “搜索”按钮：单击该按钮，可以搜索素材库中的素材文件。

❸ “上一级文件夹”按钮：单击该按钮，可以返回上一级文件夹中。

❹ “添加素材”按钮：单击该按钮，可以添加硬盘中的素材文件。

❺ “添加字幕”按钮：单击该按钮，可以创建标题字幕效果。

❻ “新建素材”按钮：单击该按钮，可以新建彩条或色块素材。

❼ “剪切”按钮：单击该按钮，可以对素材进行剪切操作。

❽ “复制”按钮：单击该按钮，可以对素材进行复制操作。

❾ “粘贴”按钮：单击该按钮，可以对素材进行粘贴操作。

❿ “在播放窗口显示”按钮：单击该按钮，可在播放窗口中显示选择的素材。

⓫ “添加到时间线位置”按钮：单击该按钮，可以将选择的素材添加到轨道面板中的时间线位置。

⓬ “删除”按钮：单击该按钮，可以对选择的素材进行删除操作。

⓭ “属性”按钮：单击该按钮，可以查看素材的属性信息。

⓮ “视图”按钮：单击该按钮，可以调整素材库中的视图显示效果。

专家指点

在素材库面板中的相应素材缩略图上单击鼠标右键，在弹出的快捷菜单中，选择相应的命令，也可以对素材文件进行相应的编辑操作。

3.1.5 特效面板

特效面板中包含了所有的视频滤镜、音频滤镜、转场特效、音频淡入淡出、字幕混合以及键特效，如图3-6所示。合理地运用这些特效，可以使美丽的画面更加生动、绚丽多彩，从而创作出非常神奇的、变幻莫测的、可媲美好莱坞大片的视觉效果。

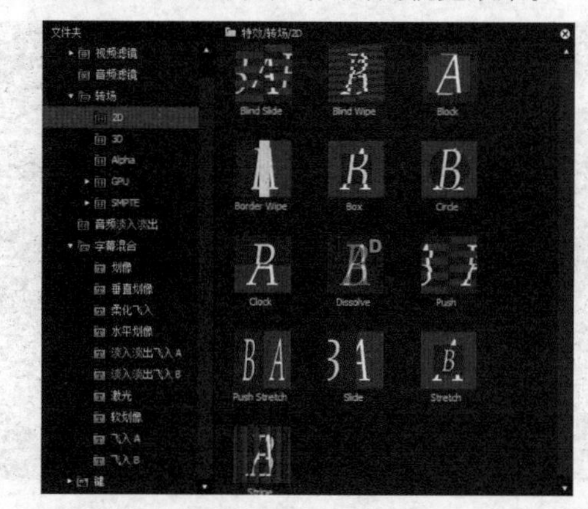

图3-6 特效面板

> 专家指点
> 特效面板上方的一排按钮与素材库面板上方的一排按钮在操作方法上类似，在此不再重复介绍。

3.1.6 序列标记面板

在EDIUS工作界面中，选择“视图”|“面板”|“标记面板”命令，即可打开序列标记面板，如图3-7所示。

序列标记面板主要用来显示用户在时间线上创建的标记信息。EDIUS 9中的标记分为两种类型，分别为素材标记和序列标记。素材标记基于素材文件本身，而序列标记则基于时间线。一般情况下，序列标记就是在时间线上做个记号，用于提醒。但在输出DVD光盘时，它可以作为特殊的分段点。

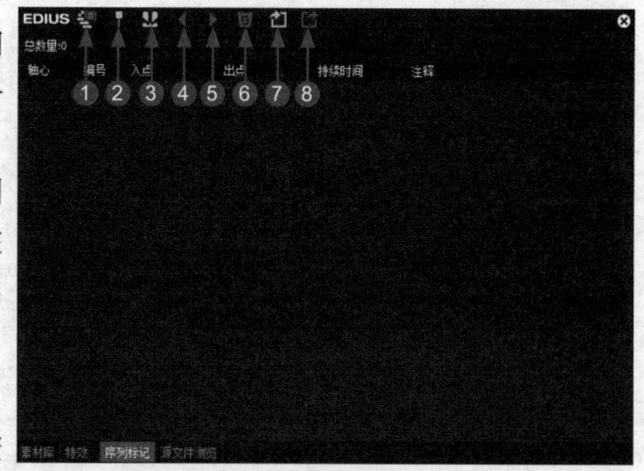

图3-7 序列标记面板

序列标记面板中的各主要按钮含义如下。

① “切换序列标记/素材标记”按钮：单击该按钮，可以在序列标记与素材标记之前进行切换。

❷ “设置标记”按钮：单击该按钮，可以标记时间线中的视频素材。

❸ “标记入点 / 出点”按钮：单击该按钮，可以标记视频素材中的入点和出点位置，起到提醒的作用。

❹ “移到上一标记点”按钮：单击该按钮，可以移到上一标记点位置。

❺ “移到下一标记点”按钮：单击该按钮，可以移到下一标记点位置。

❻ “清除标记”按钮：单击该按钮，可以清除视频中的标记。

❼ “导入标记列表”按钮：单击该按钮，可以导入外部标记文件。

❽ “导出标记列表”按钮：单击该按钮，可以导出外部标记文件。

3.1.7　信息面板

在 EDIUS 9 中，信息面板主要用来显示当前选定素材的信息，如文件名、入 / 出点时间码等，还可以显示应用到素材上的滤镜和转场特效，如图 3-8 所示。

图 3-8　信息面板

3.1.8　轨道面板

在 EDIUS 的轨道面板中，可以准确地显示出事件发生的时间和位置，还可以粗略浏览不同媒体素材的内容，如图 3-9 所示。轨道面板允许用户微调效果，并以精确到帧的精度来修改和编辑视频，还可以根据素材在每条轨道上的位置，准确地显示故事中事件发生的时间和位置。

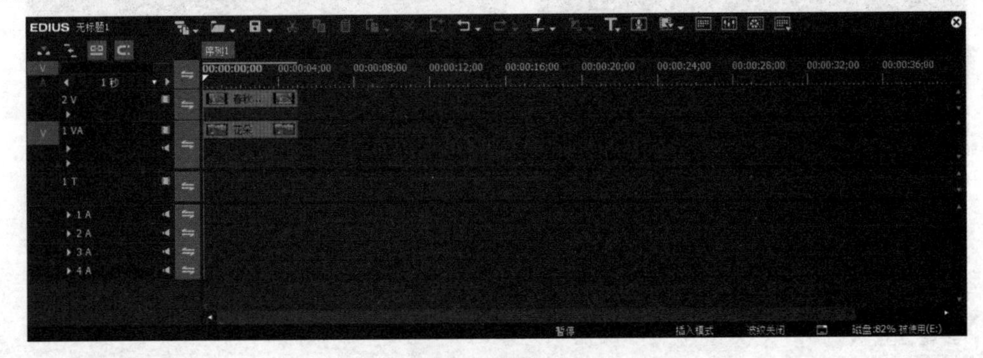

图 3-9　轨道面板

3.2 EDIUS 基本操作

使用 EDIUS 9 对视频进行编辑时，会涉及一些工程文件的基本操作，如新建工程文件、打开工程文件、保存工程文件、退出工程文件以及导入序列文件等。本节主要介绍在 EDIUS 9 中工程文件的基本操作方法。

3.2.1 实例——新建工程文件

EDIUS 9 中的工程文件是 *.ezp 格式的，它用来存放制作视频所需要的必要信息，包括视频素材、图像素材、背景音乐以及字幕和特效等。下面向读者介绍新建工程文件的操作方法。

操练＋视频 实例——新建工程文件

素材文件	无	扫描封底文泉云盘的二维码获取资源
效果文件	无	
视频文件	视频 \ 第 3 章 \3.2.1　实例——新建工程文件 .mp4	

步骤 01: 单击“文件”菜单，在弹出的菜单列表中选择“新建”|“工程”命令，如图 3-10 所示。

步骤 02: 执行操作后，弹出“工程设置”对话框，在“预设列表”选项区中选择相应的工程预设模式，然后单击“确定”按钮，如图 3-11 所示，即可新建工程文件。

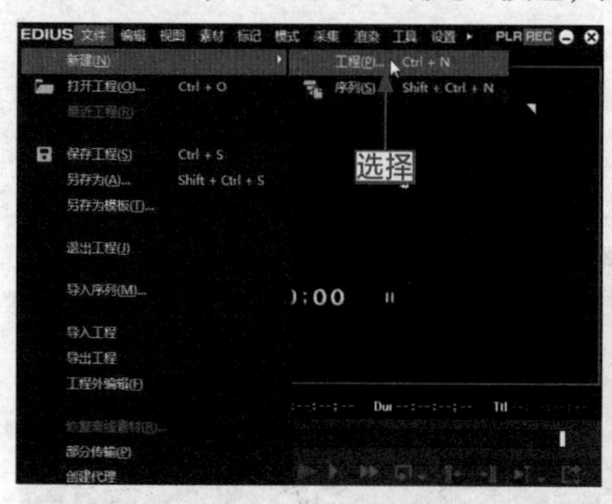

图 3-10　选择“工程”命令

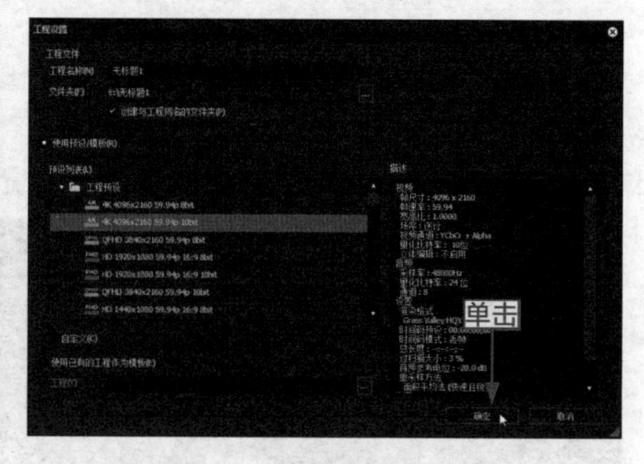

图 3-11　单击“确定”按钮

专家指点　在 EDIUS 9 中，按【Ctrl ＋ N】组合键，也可以快速新建工程文件。

3.2.2　实例——打开工程文件

在 EDIUS 9 中打开工程文件后，可以对工程文件进行编辑和修改。下面介绍打开工程文件的操作方法。

操练 + 视频　实例——打开工程文件

素材文件	素材 \ 第 3 章 \ 荷叶 .ezp	扫描封底文泉云盘的二维码获取资源
效果文件	无	
视频文件	视频 \ 第 3 章 \3.2.2　实例——打开工程文件 .mp4	

步骤 01：单击“文件”菜单，在弹出的菜单列表中选择“打开工程”命令，如图 3-12 所示。

步骤 02：执行操作后，弹出“打开工程”对话框，在中间的列表框中选择需要打开的工程文件（见素材），如图 3-13 所示。

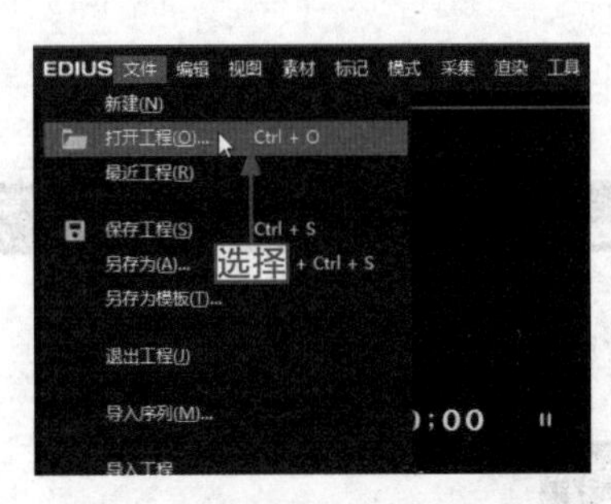

图 3-12　选择“打开工程”命令

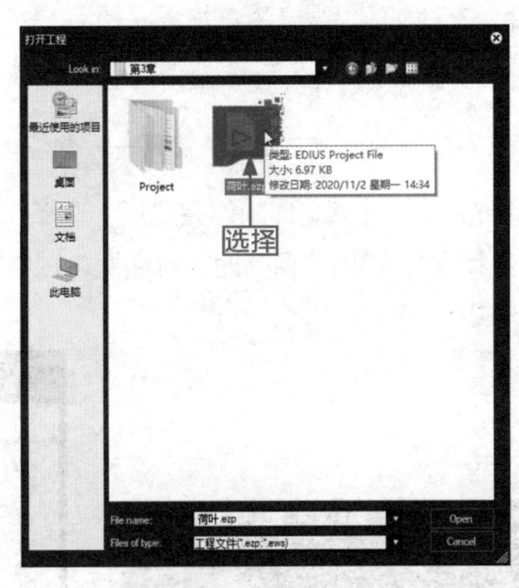

图 3-13　选择工程文件

步骤 03：单击 Open 按钮，即可打开工程文件，如图 3-14 所示。

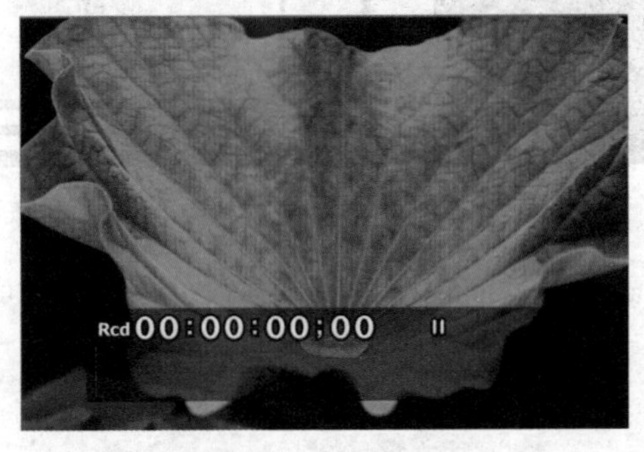

图 3-14　打开工程文件

专家指点

当用户没有对正在编辑的工程文件保存时，在打开工程文件的过程中，会弹出提示信息框，提示用户是否保存当前工程文件。单击“是”按钮，即可保存工程文件；单击“否”按钮，将不保存工程文件；单击“取消”按钮，将取消工程文件的打开操作。

3.2.3 实例——保存工程文件

在视频编辑过程中，保存工程文件非常重要。编辑视频后保存工程文件，可保存视频素材、图像素材、声音文件、字幕以及特效等所有信息。如果对保存后的视频有不满意的地方，还可以重新打开工程文件，修改其中的部分属性，然后对修改后的各个元素渲染并生成新的视频。下面介绍保存工程文件的操作方法。

操练 + 视频 实例——保存工程文件

素材文件	素材 \ 第 3 章 \ 彼岸花 .ezp	扫描封底文泉云盘的二维码获取资源
效果文件	效果 \ 第 3 章 \ 彼岸花 .ezp	
视频文件	视频 \ 第 3 章 \3.2.3　实例——保存工程文件 .mp4	

步骤 01：视频文件制作完成后，选择“文件”|“另存为”命令，如图 3-15 所示。

步骤 02：弹出“另存为”对话框，在中间的列表框中选择工程文件的保存位置与文件名称，如图 3-16 所示。

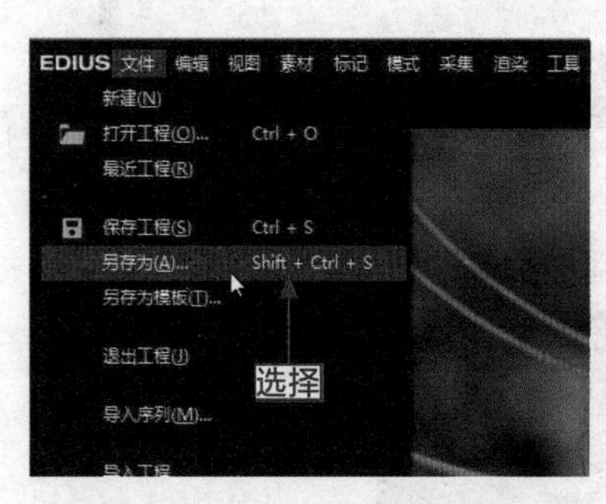

图 3-15　选择“另存为”命令

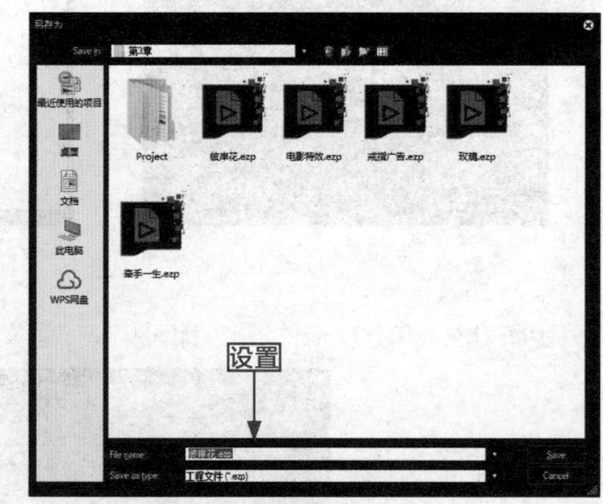

图 3-16　设置文件保存选项

步骤 03：单击 Save 按钮，即可保存工程文件，在录制窗口中可预览保存的工程文件。

专家指点

除了运用上述方法可以保存工程文件外，用户还可以使用以下两种方法。

- 按【Ctrl + S】组合键，可以快速保存工程文件。
- 按【Shift + Ctrl + S】组合键，可以快速另存为工程文件。

3.2.4　退出工程文件

当用户运用 EDIUS 9 编辑完视频后，为了节约系统内存空间，提高系统运行速度，此时可以退出工程文件。选择“文件”|“退出工程”命令，如图 3-17 所示，执行操作后，即可退出工程文件。

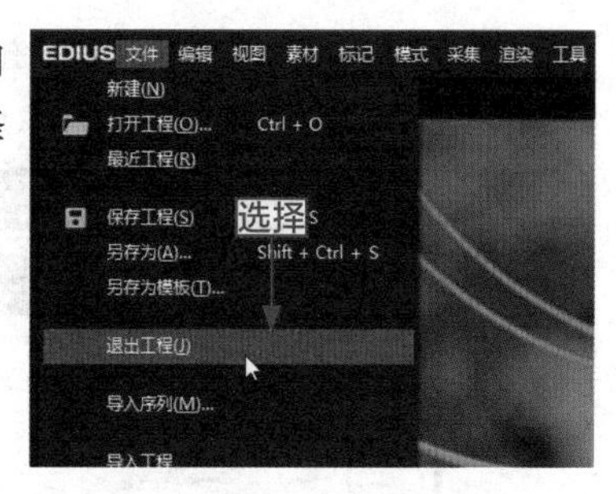

图 3-17　选择“退出工程”命令

3.2.5　实例——导入序列文件

在 EDIUS 9 工作界面中，不仅可以导入一张图片素材、一段视频素材以及一段音频素材，还可以导入整个序列文件。下面介绍导入序列文件的操作方法。

操练 + 视频　实例——导入序列文件

素材文件	素材 \ 第 3 章 \ 白云 .ezp	扫描封底文泉云盘的二维码获取资源
效果文件	无	
视频文件	视频 \ 第 3 章 \3.2.5　实例——导入序列文件 .mp4	

步骤 01：单击“文件”菜单，在弹出的菜单列表中，选择“导入序列”命令，如图 3-18 所示。

步骤 02：弹出“导入序列”对话框，单击右侧的“浏览”按钮，如图 3-19 所示。

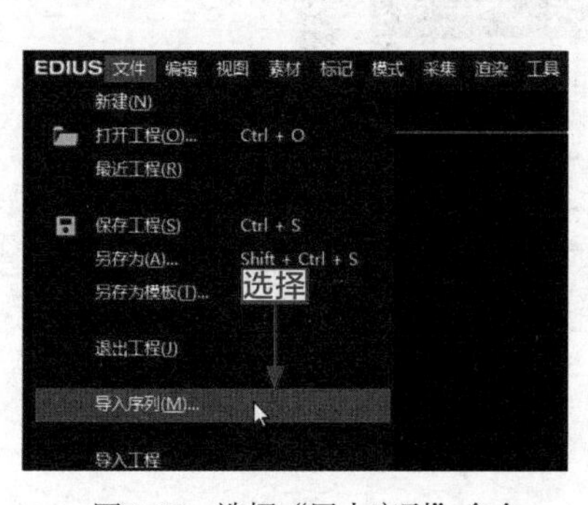

图 3-18　选择“导入序列”命令

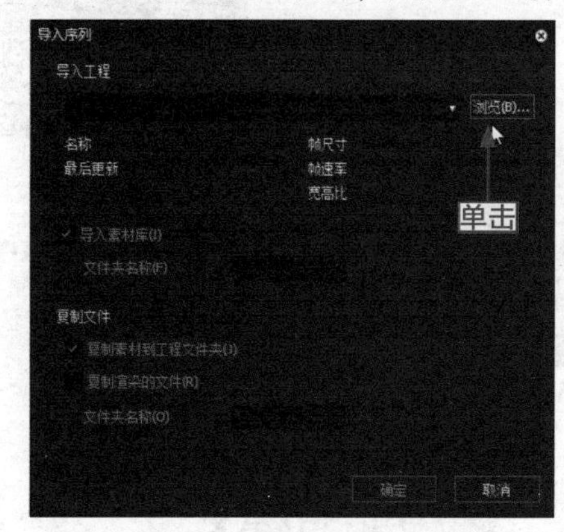

图 3-19　单击“浏览”按钮

> **专家指点**
> 在 EDIUS 工作界面中，单击“文件”菜单，在弹出的菜单列表中按快捷键【M】，也可以快速弹出“导入序列”对话框。在 EDIUS 9 中，用户不仅可以导入序列文件，还可以选择“导入工程”命令，导入相应的工程文件；选择“导出工程”命令，导出相应的工程文件。

步骤 03: 弹出 Open 对话框，在中间的列表框中选择需要导入的序列文件（见素材），如图 3-20 所示。

步骤 04: 单击 Open 按钮，返回“导入序列”对话框，在“导入工程”选项区中显示了需要导入的序列信息，如图 3-21 所示。

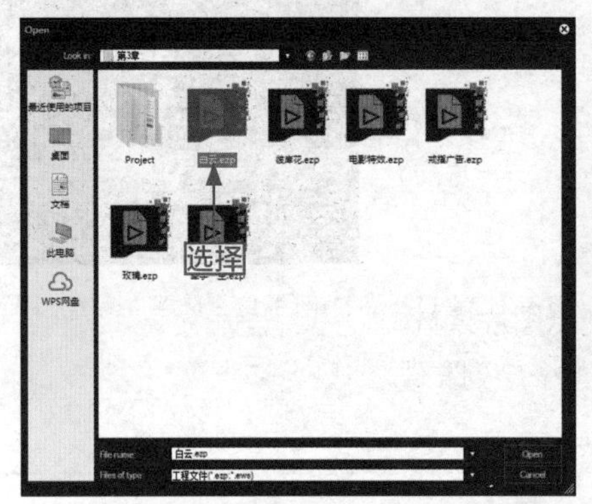

图 3-20　选择需要导入的序列文件

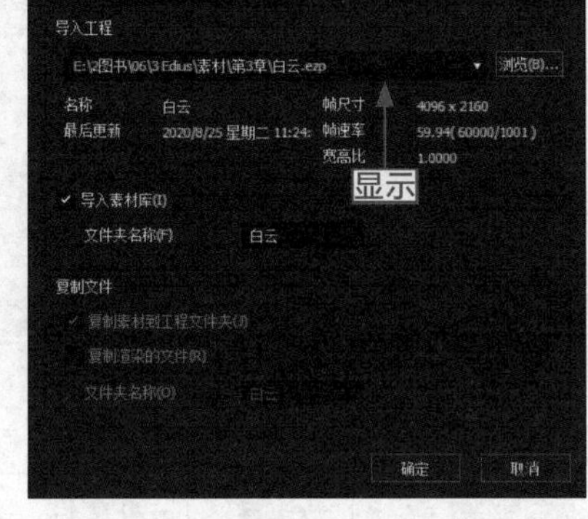

图 3-21　显示了需要导入的序列信息

步骤 05: 单击“确定”按钮，即可导入序列文件，在录制窗口中即可预览导入的视频效果，如图 3-22 所示。

图 3-22　预览导入的视频效果

> **专家指点**　在 EDIUS 工作界面中，按【Shift + Ctrl + N】组合键，可以快速新建序列文件。

3.3　视频编辑模式

在 EDIUS 9 中，视频编辑模式是指编辑视频的方式，目前软件提供了 3 种视频编辑模式，如常规模式、剪辑模式以及多机位模式，本节主要针对这 3 种视频模式进行详细介绍，希望读者可以熟练掌握。

3.3.1　常规模式

在 EDIUS 9 工作界面中，常规模式是软件默认的视频编辑模式，在常规模式中用户可以对视频进行一些常用的编辑操作。单击“模式”菜单，在弹出的菜单列表中选择“常规模式”命令，即可快速切换至常规模式，如图 3-23 所示。

图 3-23　切换至常规模式

> **专家指点**　在 EDIUS 工作界面中按【F5】键，也可以快速切换至常规模式。

3.3.2　实例——剪辑模式

在 EDIUS 9 中，用户大多数工作应该是素材镜头的整理和镜头间的组接，即剪辑工作，所以 EDIUS 为用户提供了 5 种裁剪方式和专门的转场剪辑模式。下面将针对这些剪辑模式进行详细介绍。

1. 裁剪（入点）

运用裁剪（入点）剪辑模式，可以裁剪、改变放置在时间线上的素材入点，是最常用的一种裁剪方式。下面介绍运用裁剪（入点）剪辑模式裁剪素材入点的操作方法。

操练 + 视频　实例——剪辑模式

素材文件	素材 \ 第 3 章 \ 山水河畔 .ezp	扫描封底文泉云盘的二维码获取资源
效果文件	效果 \ 第 3 章 \ 山水河畔 .ezp	
视频文件	视频 \ 第 3 章 \3.3.2　实例——剪辑模式 .mp4	

步骤 01：选择“文件”|“打开工程”命令，打开一个工程文件（见素材，后同），如图 3-24 所示。

步骤 02：选择“模式”|“剪辑模式”命令，如图 3-25 所示。

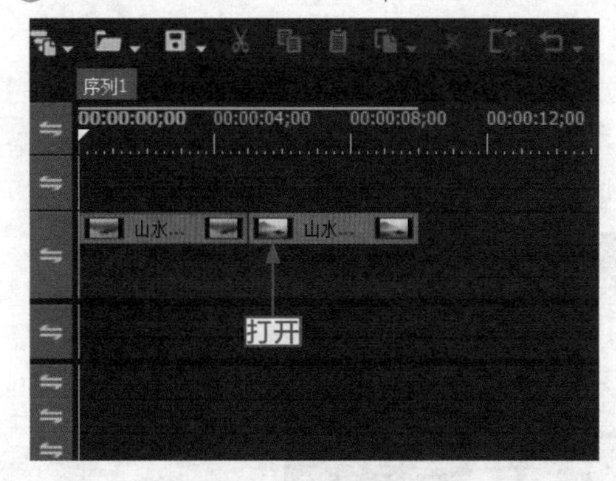

图 3-24　打开一个工程文件

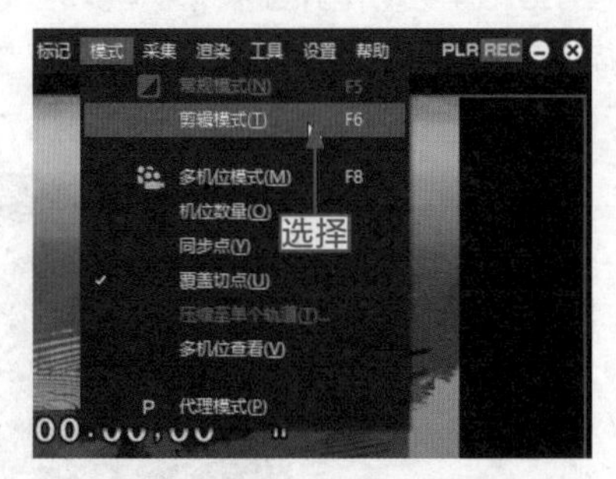

图 3-25　选择“剪辑模式”命令

步骤 03：执行操作后，即可进入剪辑模式，如图 3-26 所示。

步骤 04：在剪辑模式中，单击下方的“裁剪（入点）”按钮，如图 3-27 所示。

图 3-26　进入剪辑模式

图 3-27　单击“裁剪（入点）”按钮

步骤 05：选择第 2 段视频素材，将鼠标移至视频的入点位置，如图 3-28 所示。

步骤 06：按住鼠标左键并向左拖曳，即可调整视频的入点，如图 3-29 所示。

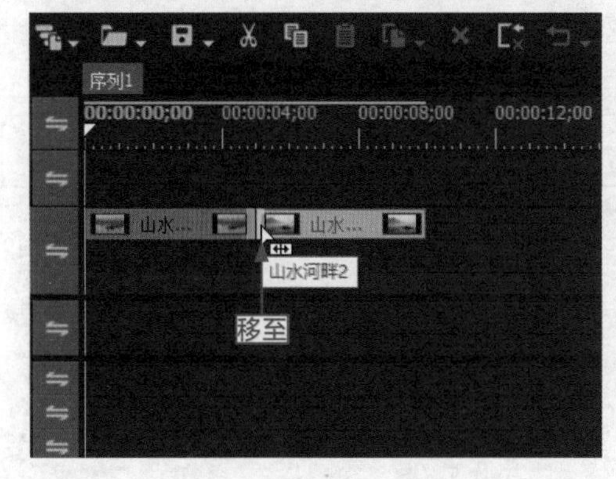

图 3-28　移至视频的入点位置

图 3-29　调整视频的入点

专家指点　在 EDIUS 工作界面中按【F6】键，也可以快速切换至剪辑模式。

步骤 07：将时间线移至素材的开始位置，单击录制窗口中的“播放”按钮，即可预览调整视频入点后的画面效果，如图 3-30 所示。

图 3-30　预览调整视频入点后的画面效果

2. 裁剪（出点）

裁剪（出点）剪辑模式与裁剪（入点）剪辑模式的操作类似，只是裁剪（出点）剪辑模式主要针对视频素材的出点进行调整，也是最常用的一种裁剪方式。用鼠标激活需要裁剪（出点）的素材，将鼠标移至素材的出点位置处，如图 3-31 所示，按住鼠标左键并向左或向右拖曳，即可裁剪视频的出点，如图 3-32 所示。

图 3-31　将鼠标移至素材的出点位置处

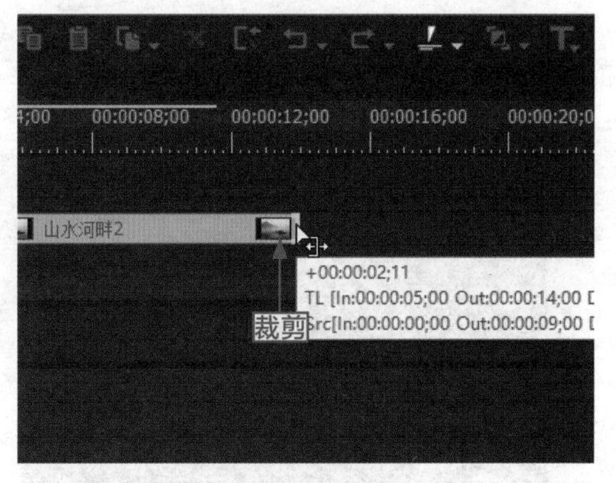

图 3-32　裁剪视频的出点

3. 裁剪 - 滚动

使用裁剪 - 滚动剪辑模式，可以改变相邻素材间的边缘，不改变两段素材的总长度。将鼠标移至需要改变素材边缘的位置，如图 3-33 所示。按住鼠标左键并向左或向右拖曳，即可改变相邻素材间的边缘，如图 3-34 所示。

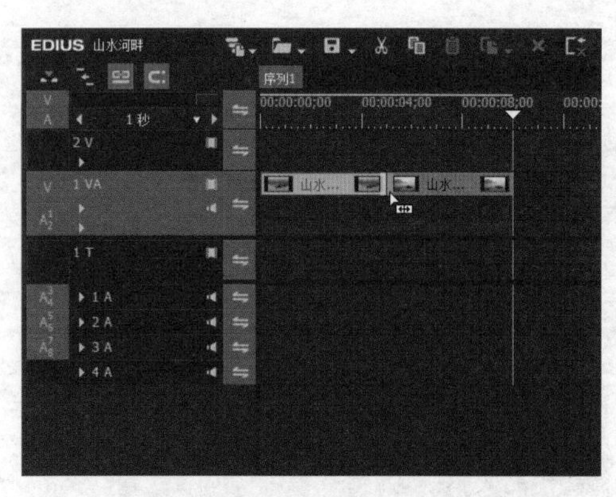

图 3-33　移至需要改变素材边缘的位置

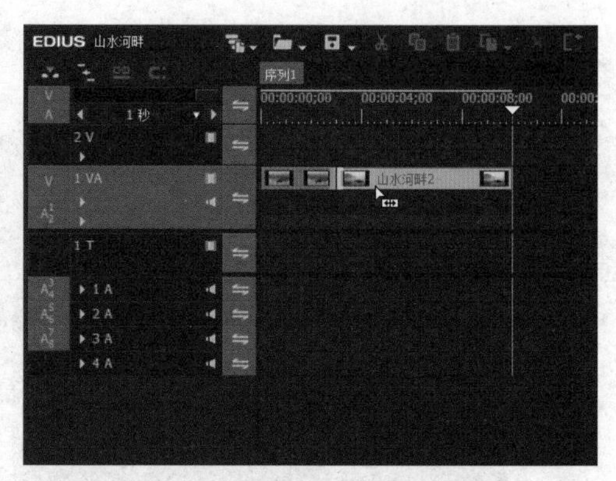

图 3-34　改变相邻素材间的边缘

4．裁剪 - 滑动

使用裁剪 - 滑动剪辑模式，仅改变选中素材中要使用的部分，不影响素材当前的位置和长度。

在轨道中选择素材，按住鼠标左键并向左或向右拖曳，即可调整放置在时间线上的素材内容，此时界面中自动切换到两个镜头画面，如图 3-35 所示。

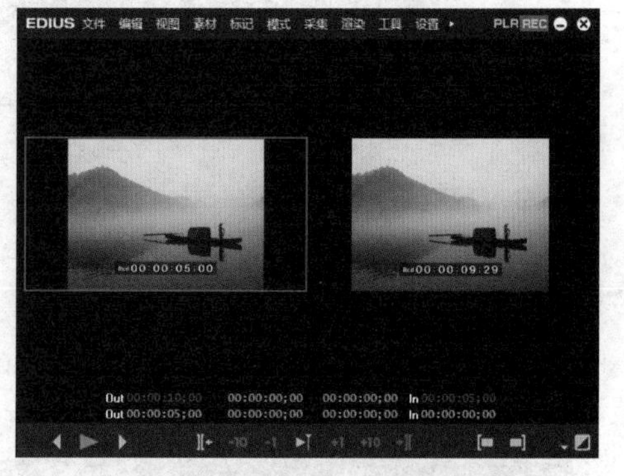

图 3-35　自动切换到两个镜头画面

5．裁剪 - 滑过

使用裁剪 - 滑过剪辑模式，仅改变选中素材的位置，而不改变其长度。在轨道中选择素材，如图 3-36 所示，按住鼠标左键并向左或向右拖曳，即可调整素材的位置，如图 3-37 所示。

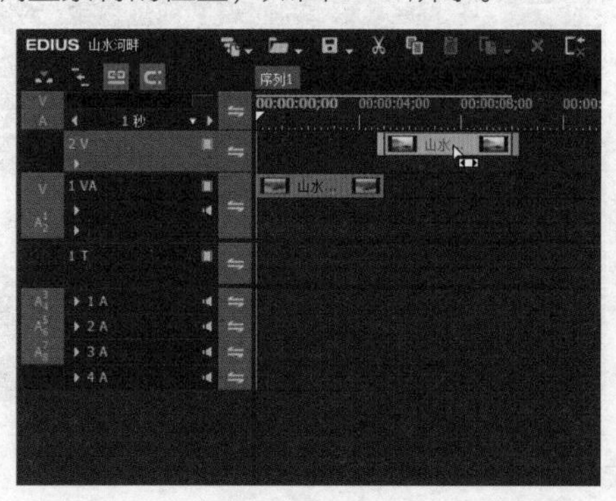

图 3-36　选择素材

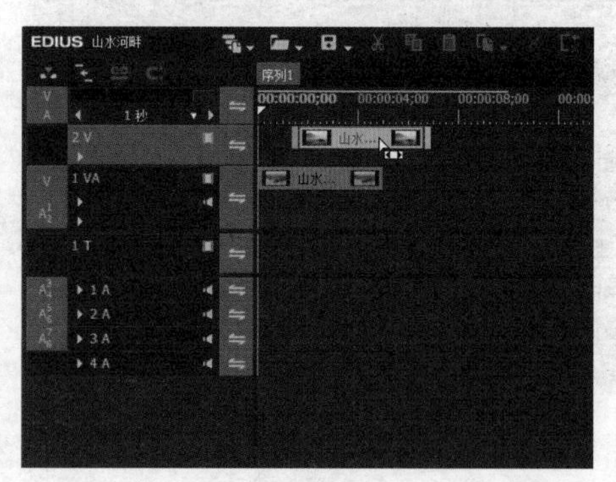

图 3-37　调整素材的位置

3.3.3　多机位模式

某些大型活动的节目剪辑往往需要多角度切换，所以在活动现场一般有数台摄像机同时拍摄，可以为后期编辑人员提供多机位素材来使用。EDIUS 提供了多机位模式来支持最多达 16 台摄像机素材同时剪辑。

单击“模式”菜单，在弹出的菜单列表中选择“多机位模式”命令，即可进入多机位模式，如图 3-38 所示。

此时，播放窗口划分出多个小窗口，默认状态下支持 3 台摄像机的素材，其中 3 个小窗口即是 3 个机位，大的“主机位”窗口即最后选择的机位。

如果用户需要添加机位，可以选择“模式”|“机位数量”命令，在弹出的子菜单中，选择需要的机位数量选项即可，如图 3-39 所示。

图 3-38　进入多机位模式

图 3-39　选择需要的机位数量选项即可

3.4　本章小结

本章全面、详尽地介绍了 EDIUS 9 的工作界面、软件的基本操作以及视频编辑模式的操作方法。通过本章的学习，用户对 EDIUS 9 的工作界面有了一定的了解，并掌握了 EDIUS 工程文件的新建、打开、保存以及退出操作等，对于 EDIUS 中的视频编辑模式相信用户也已经熟练掌握了，整体来说对 EDIUS 软件有了更深一步的了解。

CHAPTER 04

第 4 章 调整与管理窗口显示

~ 学前提示 ~

EDIUS 9 作为一款视频与音频处理软件，视频与音频处理是它的看家本领。在使用 EDIUS 9 开始编辑文件之前，需要先了解该软件的窗口显示操作，如应用窗口模式、编辑窗口布局、预览旋转窗口以及窗口叠加显示等内容。熟练掌握各种窗口的基本操作，可以更好、更快地去编辑视频与音频文件。本章主要介绍调整与管理窗口显示的方法。

~ 本章重点 ~

- 实例——应用双窗口模式
- 实例——保存当前布局
- 实例——更改布局名称
- 实例——删除多余布局
- 使用标准屏幕模式
- 向右旋转 90 度

4.1 应用窗口模式

在 EDIUS 9 工作界面中，提供了 3 种窗口模式，分别是单窗口模式、双窗口模式以及全屏预览窗口。本节主要针对这 3 种窗口模式进行详细介绍。

4.1.1 实例——应用单窗口模式

单窗口模式是指在播放 / 录制窗口中只显示一个窗口，在单窗口中可以更好地预览视频效果。下面介绍应用单窗口模式的操作方法。

操练 + 视频 实例——应用单窗口模式

素材文件	素材 \ 第 4 章 \ 城市夜景 .ezp	扫描封底文泉云盘的二维码获取资源
效果文件	无	
视频文件	视频 \ 第 4 章 \4.1.1 实例——应用单窗口模式 .mp4	

步骤 01：选择“文件”|“打开工程”命令，打开一个工程文件，如图 4-1 所示。

步骤 02：单击“视图”菜单，在弹出的菜单列表中选择“单窗口模式”命令，如图 4-2 所示。

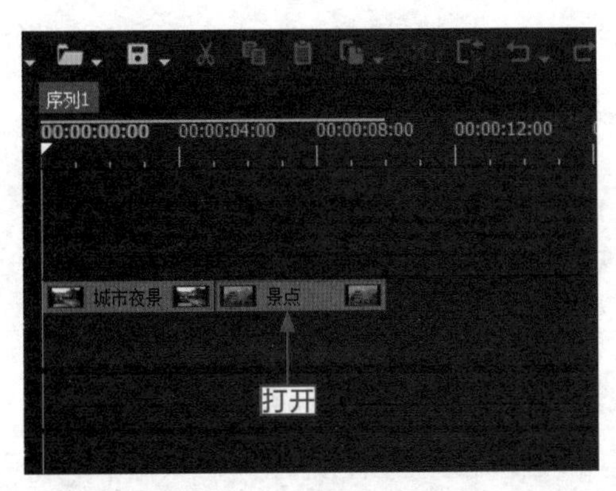

图4-1　打开一个工程文件

图4-2　选择“单窗口模式”命令

专家指点　在EDIUS 9工作界面中单击“视图”菜单，在弹出的菜单列表中按两次【S】键，也可以切换至“单窗口模式”命令，然后按【Enter】键确认，即可应用单窗口模式。

步骤03： 执行操作后，即可以单窗口模式显示视频素材，如图4-3所示。

专家指点　单窗口模式是将两个预览窗口合并为一个，在窗口右上角会出现PLR/REC的切换按钮。PLR即播放窗口，REC即录制窗口。EDIUS会根据用户在使用过程中的不同动作自动切换两个窗口，如双击一个素材就切换至播放窗口，播放时间线则切换至录制窗口。

图4-3　单窗口模式显示视频素材

4.1.2　实例——应用双窗口模式

双窗口模式是指在播放/录制窗口中显示两个窗口，一个窗口用来播放视频当前画面，另一个窗口用来查看需要录制的窗口画面。下面介绍应用双窗口模式的操作方法。

操练+视频　实例——应用双窗口模式

素材文件	无	扫描封底文泉云盘的二维码获取资源
效果文件	无	
视频文件	视频\第4章\4.1.2 实例——应用双窗口模式.mp4	

步骤01：在上一例的基础上，选择“视图”|“双窗口模式”命令，如图4-4所示。

步骤02：执行操作后，即可切换至双窗口模式，如图4-5所示。

专家指点　在EDIUS工作界面中，双窗口模式比较适合一些双显示器的用户使用，在双显示器上，用户可以将播放窗口或者录制窗口拖放到另一显示器的显示区域，使用时空间就会比较宽敞。

图4-4　选择“双窗口模式”命令

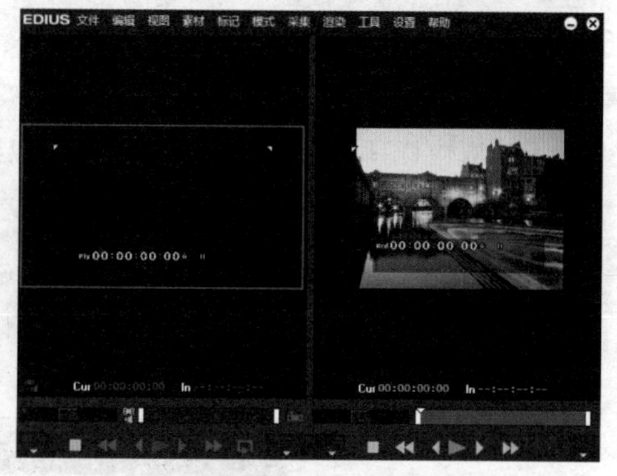

图4-5　切换至双窗口模式

专家指点　在EDIUS 9工作界面中，单击“视图”菜单，在弹出的菜单列表中按【D】键，也可以快速进入双窗口模式。

4.1.3 实例——全屏预览窗口

在EDIUS 9中，使用全屏预览窗口的模式，可以更加清晰地预览视频的画面效果。下面介绍全屏预览窗口的操作方法。

操练+视频　实例——全屏预览窗口

素材文件	素材\第4章\自由绽放.ezp	扫描封底文泉云盘的二维码获取资源
效果文件	无	
视频文件	视频\第4章\4.1.3 实例——全屏预览窗口.mp4	

步骤 01： 选择“文件”|“打开工程”命令，打开一个工程文件，如图 4-6 所示。

步骤 02： 单击“视图”菜单，在弹出的菜单列表中选择“全屏预览”|“所有”命令，如图 4-7 所示。

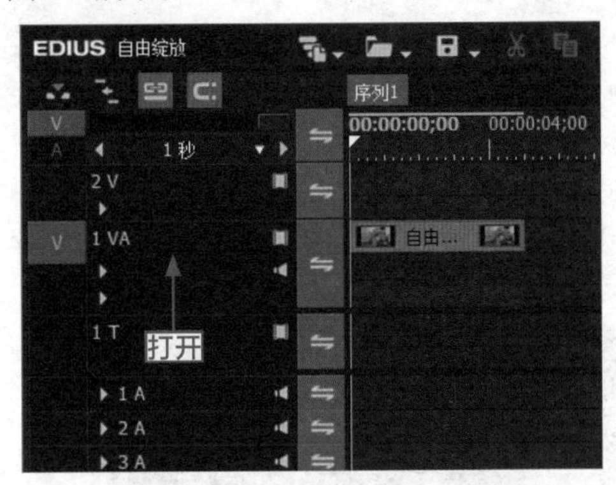

图 4-6　打开一个工程文件

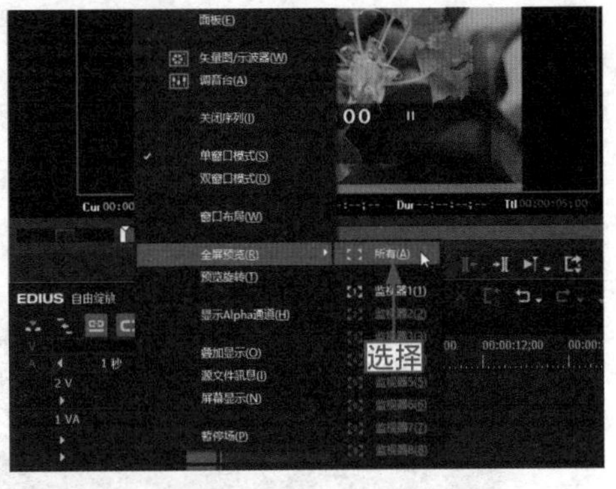

图 4-7　选择“所有”命令

步骤 03： 执行操作后，即可以全屏的方式预览整个窗口，如图 4-8 所示。

图 4-8　以全屏的方式预览整个窗口

4.2　编辑窗口布局

在 EDIUS 工作界面中，用户可以根据自己的操作习惯，随意调整窗口的整体布局，使其更符合用户的需求。本节主要介绍编辑窗口布局的操作方法。

4.2.1　实例——使用常规布局

在 EDIUS 9 中，常规布局是软件的默认布局方式，在常规布局下，最基本、常用的面板都会显示在界面中。下面介绍使用常规布局的操作方法。

操练+视频　实例——使用常规布局

素材文件	素材\第4章\儿童照片.ezp	扫描封底文泉云盘的二维码获取资源
效果文件	无	
视频文件	视频\第4章\4.2.1 实例——使用常规布局.mp4	

步骤 01：选择“文件”|“打开工程”命令，打开一个工程文件，如图 4-9 所示。

步骤 02：单击“视图”菜单，在弹出的菜单列表中选择“窗口布局”|“常规”命令，如图 4-10 所示。

图 4-9　打开一个工程文件

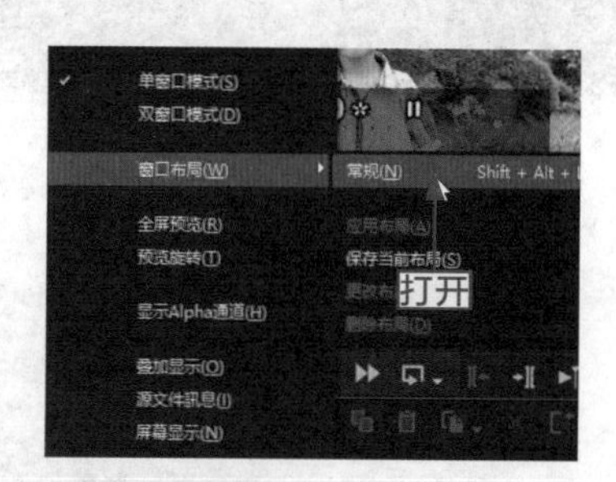

图 4-10　选择“常规”命令

步骤 03：执行操作后，即可切换至常规布局，如图 4-11 所示。

图 4-11　切换至常规布局

专家指点　在 EDIUS 工作界面中，按【Shift + Alt + L】组合键，也可以快速返回到常规布局。

4.2.2　实例——保存当前布局

在 EDIUS 9 中，当用户经常使用某一种窗口布局时，可以将该窗口布局保存起来，方便日后直接调用该窗口布局。下面介绍保存当前布局的操作方法。

操练 + 视频　实例——保存当前布局

素材文件	无	扫描封底文泉云盘的二维码获取资源
效果文件	无	
视频文件	视频 \ 第 4 章 \4.2.2　实例——保存当前布局 .mp4	

步骤 01： 在 EDIUS 工作界面中，随意拖曳窗口布局，如图 4-12 所示。

图 4-12　随意拖曳窗口布局

步骤 02： 单击“视图”菜单，在弹出的菜单列表中选择“窗口布局”|“保存当前布局”|“新建”命令，如图 4-13 所示。

步骤 03： 执行操作后，弹出“保存当前布局”对话框，在文本框中输入当前布局的名称，如图 4-14 所示。

图 4-13　选择“新建”命令

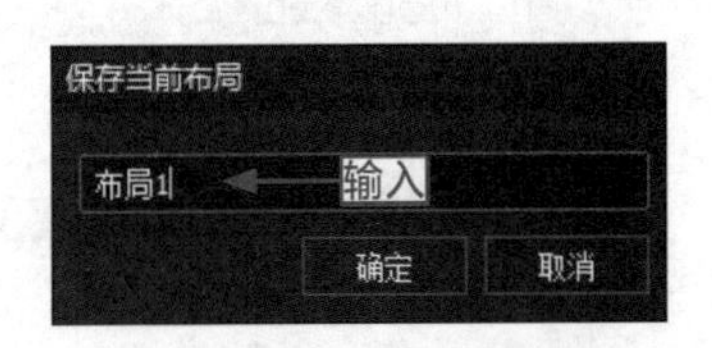

图 4-14　输入当前布局的名称

步骤 04：输入名称后，单击“确定”按钮，即可保存当前布局。

4.2.3 实例——更改布局名称

如果用户对当前设置的布局名称不满意，此时可以对布局名称进行重命名操作。下面介绍更改布局名称的操作方法。

操练 + 视频 实例——更改布局名称

素材文件	无	扫描封底文泉云盘的二维码获取资源
效果文件	无	
视频文件	视频 \ 第 4 章 \4.2.3 实例——更改布局名称 .mp4	

步骤 01：选择“视图”|“窗口布局”|“更改布局名称”命令，在弹出的子菜单中，选择需要更改布局名称的选项，如图 4-15 所示。

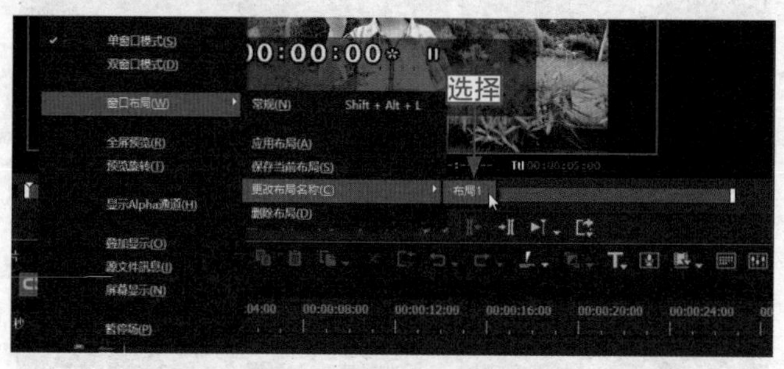

图 4-15 选择需要更改布局名称的选项

步骤 02：弹出“重命名”对话框，在其中为窗口布局设置新的名称，如图 4-16 所示。

步骤 03：单击“确定”按钮，即可更改布局名称，在“更改布局名称”子菜单中，可以查看已经更改的布局名称，如图 4-17 所示。

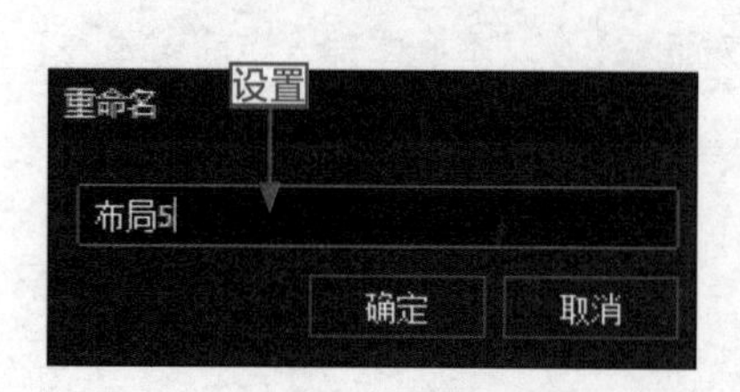

图 4-16 为窗口布局设置新的名称

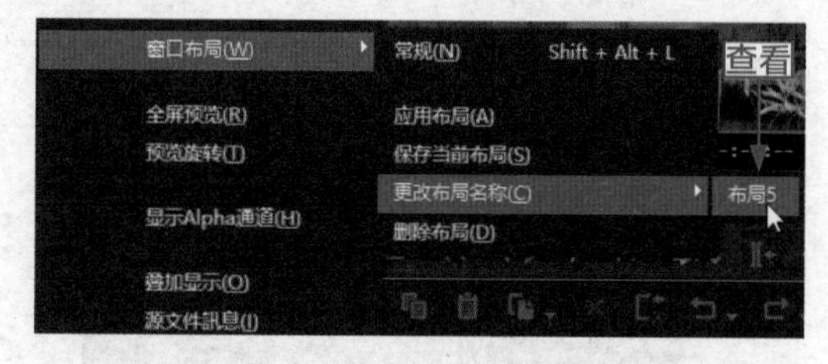

图 4-17 查看已经更改的布局名称

4.2.4 实例——删除多余布局

在 EDIUS 9 中，当用户保存的布局过多，对某些窗口布局样式不再需要时，此时可以对窗口布局进行删除操作。下面介绍删除多余窗口布局的操作方法。

操练 + 视频　实例——删除多余布局

素材文件	无	扫描封底文泉云盘的二维码获取资源
效果文件	无	
视频文件	视频 \ 第 4 章 \4.2.4 实例——删除多余布局 .mp4	

步骤 01：选择“视图”|“窗口布局”|“删除布局”命令，在弹出的子菜单中，选择需要删除的布局选项，如图 4-18 所示。

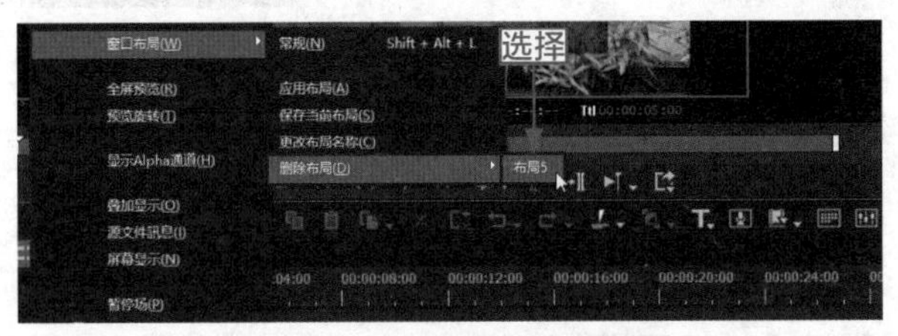

图 4-18　选择需要删除的布局选项

步骤 02：弹出信息提示框，提示用户是否确认删除选择的布局样式，单击“是”按钮，如图 4-19 所示。

步骤 03：执行操作后，即可删除选择的布局样式，在“删除布局”子菜单中，已经看不到删除的布局样式，如图 4-20 所示。

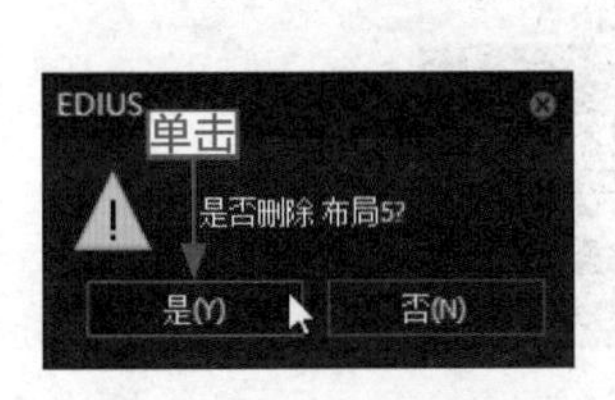

图 4-19　弹出信息提示框

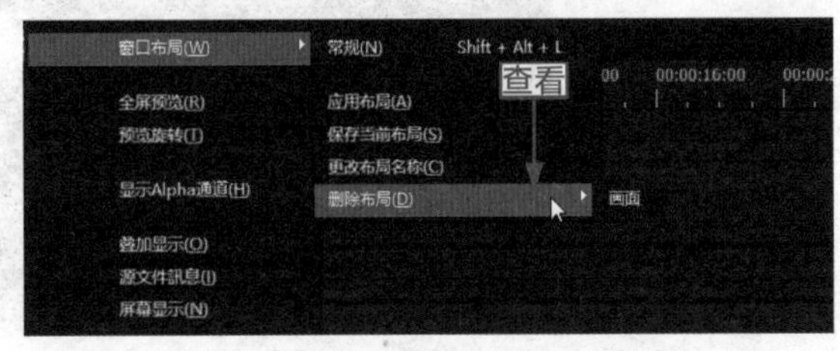

图 4-20　已经看不到删除的布局样式

专家指点　在“应用布局”子菜单中显示了当前创建的所有窗口布局样式，用户可根据需要对不同的视图窗口进行切换操作。

4.3　预览旋转窗口

在 EDIUS 9 工作界面中，当用户需要对某些特别的视频进行查看时，需要对窗口进行旋转操作，使其更符合用户的需求。本节主要介绍预览旋转窗口的操作方法。

4.3.1 使用标准屏幕模式

标准屏幕模式是 EDIUS 软件中默认的屏幕模式，在该屏幕模式中可以使用标准的预览方式预览视频素材。选择“视图”|“预览旋转”|“标准”命令，执行操作后，即可进入标准屏幕模式，如图 4-21 所示。

专家指点 在“预览旋转”子菜单中按数字键盘上的【0】键，可以快速进入标准屏幕模式。

图 4-21 进入标准屏幕模式

4.3.2 向右旋转 90 度

在 EDIUS 工作界面中，运用“向右旋转 90 度”命令，可以将预览窗口向右旋转 90 度方向。选择“视图”|“预览旋转”|“向右旋转 90 度”命令，执行操作后，即可进入向右旋转 90 度屏幕模式，如图 4-22 所示。

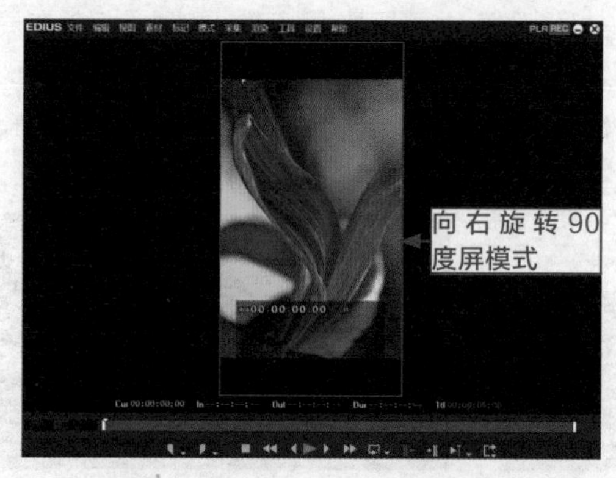

图 4-22 进入向右旋转 90 度屏幕模式

4.4 本章小结

本章全面、详尽地介绍了在 EDIUS 9 工作界面中调整与管理窗口显示的内容，同时对具体的操作技巧、方法做了认真、细致的阐述。通过本章的学习，用户可以熟练地掌握应用窗口模式、编辑窗口布局、预览旋转窗口以及窗口叠加显示的操作技巧，为读者进行视频编辑打下了良好的基本功。

PART THREE

03

视频剪辑篇

CHAPTER 05

第 5 章 导入与编辑视频素材

~ 学前提示 ~

素材的导入是进行视频编辑首要的一个环节，好的视频作品离不开高质量的素材。在 EDIUS 9 中，用户不仅可以导入素材，还可以对素材进行编辑和管理操作，使制作的视频更为生动、美观，对于观众来说更具吸引力。本章主要介绍导入与编辑视频素材的操作方法，主要包括导入素材文件、创建素材文件、管理素材文件以及编辑素材文件等内容。

~ 本章重点 ~

- 实例——导入视频素材
- 实例——创建彩条素材
- 实例——创建色块素材
- 实例——复制粘贴视频
- 实例——剪切素材文件
- 实例——波纹剪切视频

5.1 导入素材文件

在 EDIUS 9 工作界面中，用户可以在轨道面板中添加各种不同类型的素材文件，并对单独的素材文件进行整合，制作成一个内容丰富的影视作品。本节主要介绍导入各种素材文件的操作方法。

5.1.1 实例——导入静态图像

在 EDIUS 9 中，导入静态图像素材的方式有很多种，用户可以根据自己的使用习惯选择导入素材的方式。下面介绍导入静态图像的操作方法。

操练 + 视频　实例——导入静态图像

素材文件	素材 \ 第 5 章 \ 湖水 .jpg	扫描封底文泉云盘的二维码获取资源
效果文件	效果 \ 第 5 章 \ 湖水 .ezp	
视频文件	视频 \ 第 5 章 \5.1.1 实例——导入静态图像 .mp4	

步骤 01：按【Ctrl + N】组合键，新建一个工程文件，单击“文件”菜单，在弹出的菜单列表中选择“添加素材”命令，如图 5-1 所示。

步骤 02：执行操作后，弹出“添加素材”对话框，在中间的列表框中选择需要导入的静态图像，如图 5-2 所示。

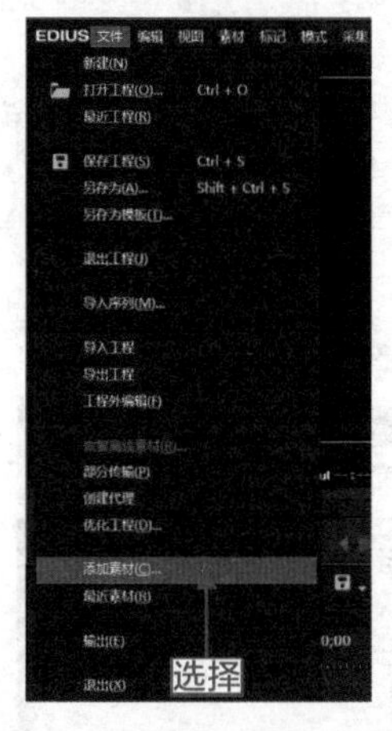

图 5-1　选择“添加素材”命令

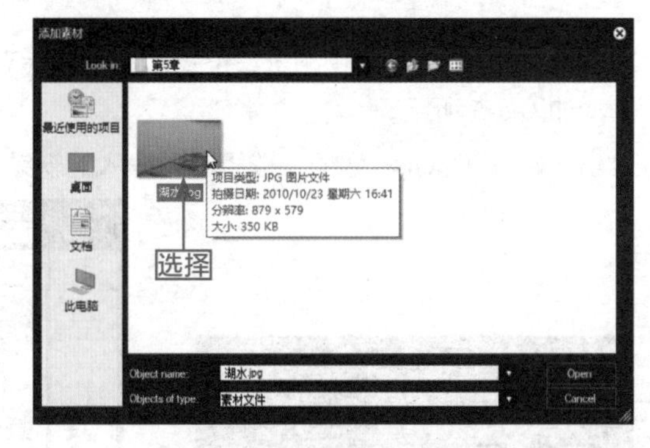

图 5-2　选择需要导入的图像

> **专家指点**　在 EDIUS 9 工作界面中，按【Shift + Ctrl + O】组合键，也可以快速弹出“打开”对话框。

步骤 03：单击 Open 按钮，执行操作后，即可将选择的静态图像导入预览窗口中，拖曳图像到视频 1 轨道上，在轨道面板中可以查看静态图像的缩略图，如图 5-3 所示。

步骤 04：单击“播放”按钮，预览图像画面效果，如图 5-4 所示。

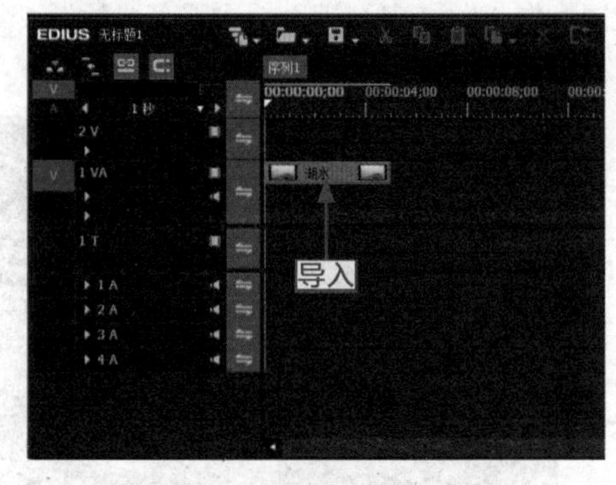

图 5-3　导入静态图像至视频轨

图 5-4　预览图像画面效果

5.1.2　实例——导入视频素材

在 EDIUS 9 中，用户可以直接将视频素材导入视频轨中，也可以将视频素材先导入素材库，再将素材库中的视频文件添加至视频轨中。

操练＋视频　实例——导入视频素材

素材文件	素材 \ 第 5 章 \ 福元大桥 .mp4	扫描封底文泉云盘的二维码获取资源
效果文件	效果 \ 第 5 章 \ 福元大桥 .ezp	
视频文件	视频 \ 第 5 章 \5.1.2 实例——导入视频素材 .mp4	

步骤 01：在素材库窗口中的空白位置上单击鼠标右键，在弹出的快捷菜单中选择“添加文件”命令，如图 5-5 所示。

步骤 02：弹出 Open 对话框，选择需要导入的视频文件，如图 5-6 所示。

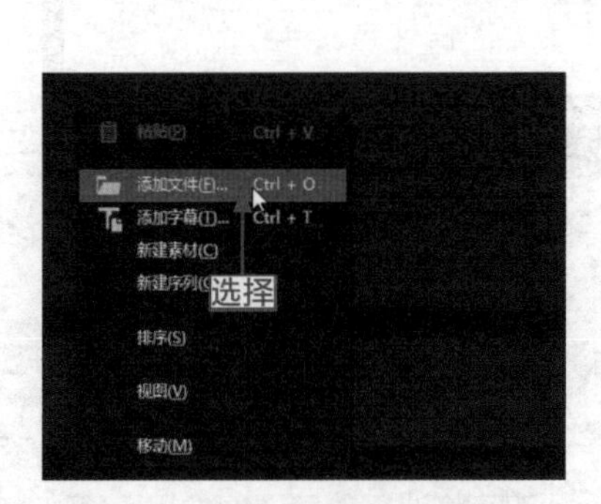

图 5-5　选择“添加文件”命令

图 5-6　选择需要导入的视频文件

步骤 03：单击 Open 按钮，即可将视频文件导入素材库窗口中，如图 5-7 所示。

步骤 04：选择导入的视频文件，按住鼠标左键并拖曳至视频轨中的开始位置，释放鼠标左键，即可将视频文件添加至视频轨中，如图 5-8 所示。

图 5-7　导入素材库窗口中

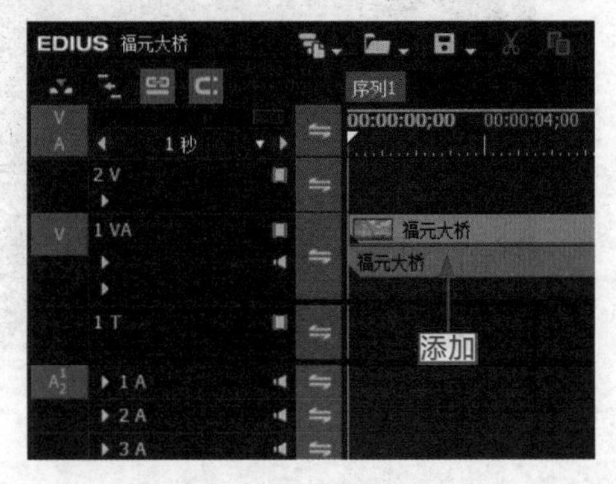

图 5-8　将视频添加至视频轨

步骤 05：单击录制窗口下方的“播放”按钮，预览视频画面效果，如图 5-9 所示。

图 5-9　预览视频画面效果

专家指点　在 EDIUS 9 工作界面中，将鼠标定位至素材库窗口中，然后按【Ctrl + O】组合键，也可以快速弹出“打开”对话框。

5.1.3　实例——导入 PSD 素材

PSD 格式是 Photoshop 软件的默认格式，也是唯一支持所有图像模式的文件格式。PSB 格式属于大型文件，除了具有 PSD 格式文件的所有属性外，最大的特点就是支持宽度和高度最大为 30 万像素的文件，且可以保存图像中的图层、通道和路径等所有信息。下面介绍导入 PSD 素材的操作方法。

操练 + 视频　实例——导入 PSD 素材

素材文件	素材 \ 第 5 章 \ 魔幻人物 .psd	扫描封底文泉云盘的二维码获取资源
效果文件	效果 \ 第 5 章 \ 魔幻人物 .ezp	
视频文件	视频 \ 第 5 章 \5.1.3　实例——导入 PSD 素材 .mp4	

步骤 01：按【Ctrl + N】组合键，新建一个工程文件，在视频轨中的空白位置上单击鼠标右键，在弹出的快捷菜单中选择“添加素材”命令，如图 5-10 所示。

步骤 02：弹出 Open 对话框，选择 PSD 格式的图像文件，如图 5-11 所示。

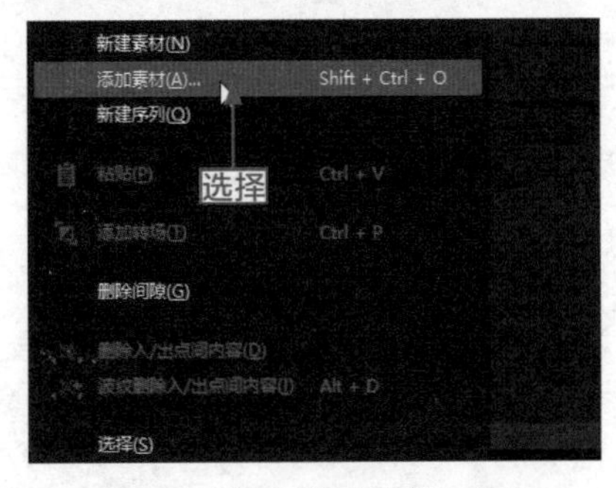

图 5-10　选择“添加素材”命令

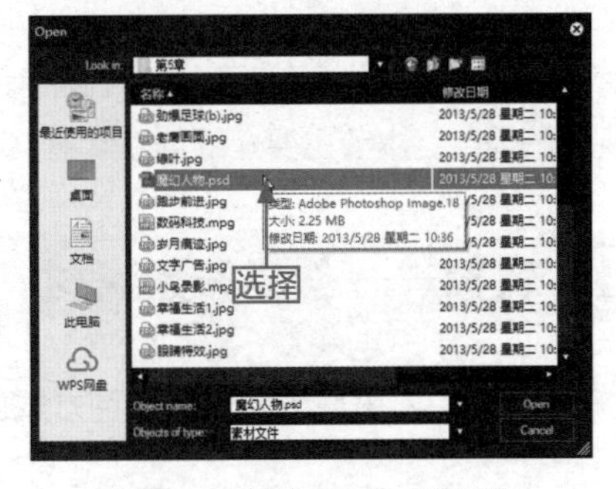

图 5-11　选择 PSD 格式的图像

步骤 03：单击 Open 按钮，在播放窗口中将显示添加的图像，如图 5-12 所示。

图 5-12 在播放窗口中显示添加的图像

步骤 04：在图像上按住鼠标左键并拖曳至视频轨中的开始位置，将 PSD 格式的图像添加至视频轨中，如图 5-13 所示。

步骤 05：单击播放窗口下方的“播放”按钮，预览图像画面效果，如图 5-14 所示。

图 5-13 将图像添加至视频轨

图 5-14 预览图像画面效果

5.2 创建素材文件

在 EDIUS 9 中，用户不仅可以导入各种素材文件，还可以手动创建彩条素材和色块素材，以满足视频的需要。本节主要介绍创建素材文件的操作方法。

5.2.1 实例——创建彩条素材

在 EDIUS 9 中，用户可以通过多种方式创建彩条素材，下面详细介绍创建彩条素材的操作方法。

操练 + 视频　实例——创建彩条素材

素材文件	无	扫描封底文泉云盘的二维码获取资源
效果文件	效果 \ 第 5 章 \ 彩条素材 .ezp	
视频文件	视频 \ 第 5 章 \5.2.1 实例——创建彩条素材 .mp4	

步骤 01：在视频轨中的空白位置单击鼠标右键，在弹出的快捷菜单中选择“新建素材”|“彩条”命令，如图 5-15 所示。

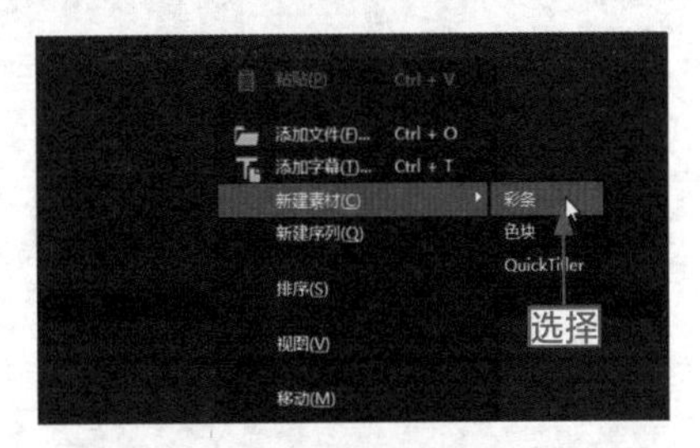

图 5-15　选择“彩条”命令

步骤 02：执行操作后，弹出“彩条”对话框，在“彩条类型”列表框中选择合适的彩条类型，如图 5-16 所示。

步骤 03：单击“确定”按钮，即可在轨道面板中创建彩条素材，如图 5-17 所示。

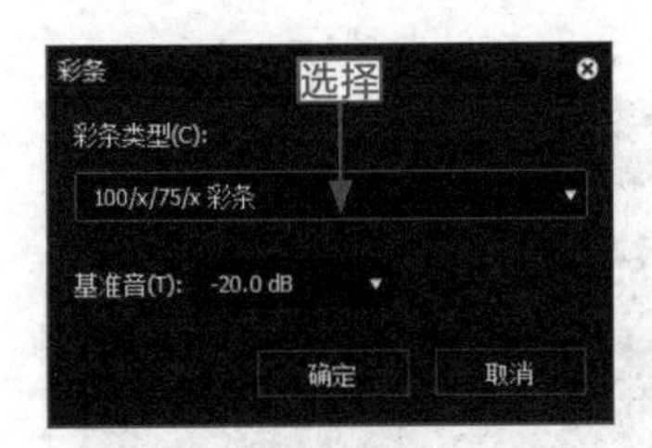

图 5-16　选择合适的彩条类型

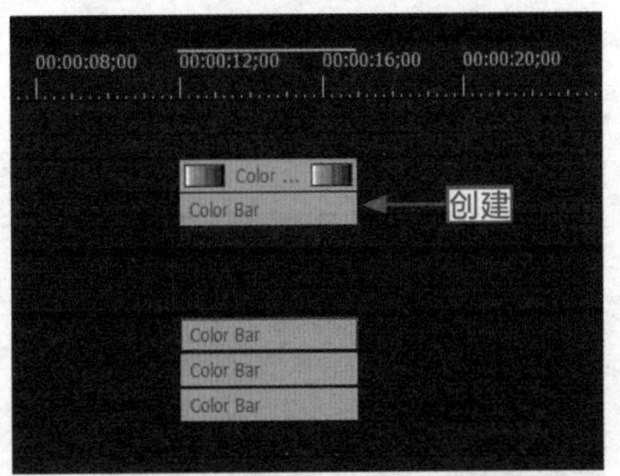

图 5-17　在轨道中创建彩条素材

步骤 04：在素材库窗口中自动生成一个彩条序列 1 的文件，如图 5-18 所示。

步骤 05：在录制窗口中，可以查看已经创建的彩条素材，如图 5-19 所示。

图 5-18　生成一个彩条序列 1 的文件

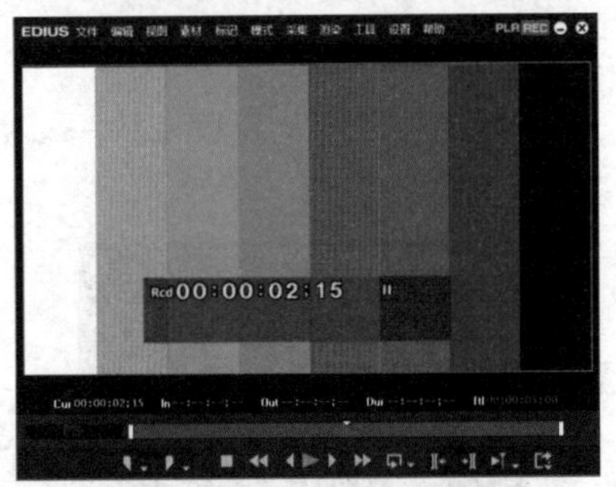

图 5-19　查看已经创建的彩条素材

专家指点

在EDIUS 9中，用户还可以通过以下两种方法创建彩条素材。

- 选择“素材”|“创建素材”|“彩条”命令，即可创建彩条素材。
- 在素材库窗口中的空白位置上单击鼠标右键，在弹出的快捷菜单中选择“新建素材”|“彩条”命令，即可创建彩条素材。

5.2.2 实例——创建色块素材

在EDIUS 9中，用户可以根据需要创建色块素材，下面介绍创建色块素材的操作方法。

操练+视频 实例——创建色块素材

素材文件	无	扫描封底文泉云盘的二维码获取资源
效果文件	效果\第5章\色块素材.ezp	
视频文件	视频\第5章\5.2.2 实例——创建色块素材.mp4	

步骤01：在视频轨中的空白位置上单击鼠标右键，在弹出的快捷菜单中选择“新建素材”|“色块”命令，如图5-20所示。

步骤02：执行操作后，弹出“色块”对话框，如图5-21所示。

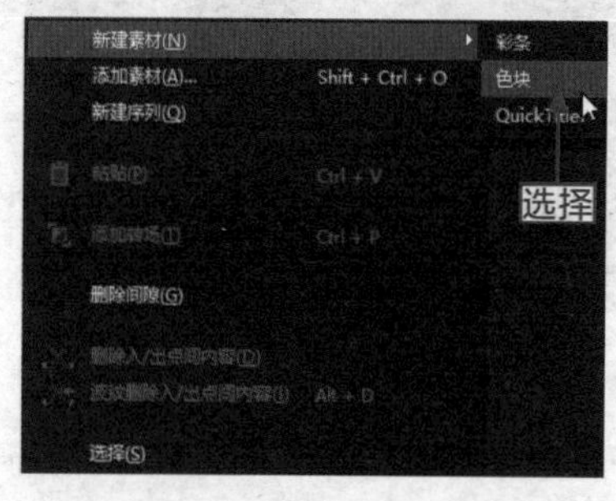

图5-20 选择“色块”命令

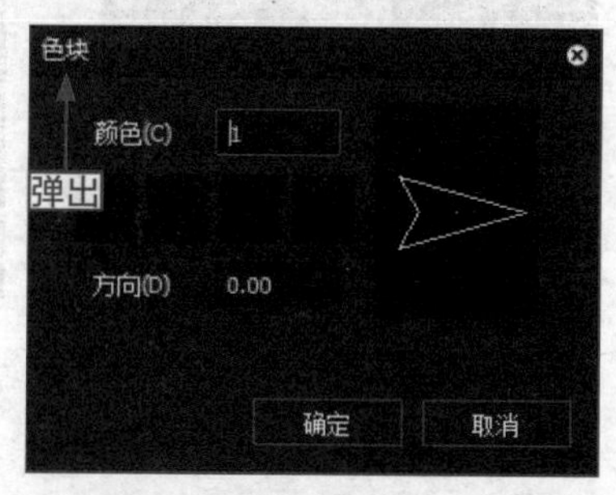

图5-21 弹出“色块”对话框

步骤03：在其中设置“颜色”为4，然后用鼠标单击第1个色块，如图5-22所示。

步骤04：执行操作后，弹出“色彩选择-709”对话框，在右侧设置“红”为-90、“绿”为27、“蓝”为225，如图5-23所示。

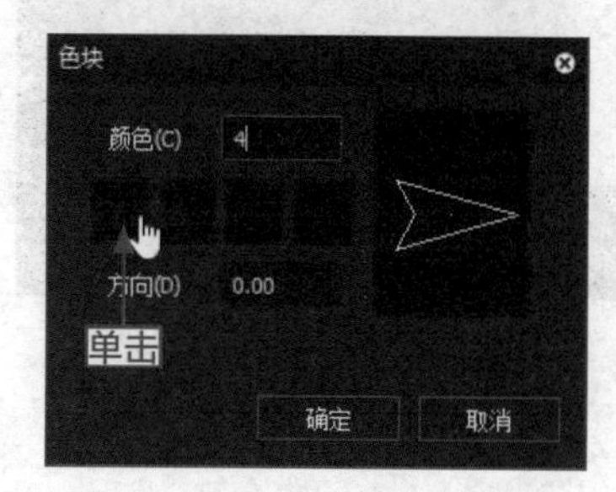

图5-22 用鼠标单击第1个色块

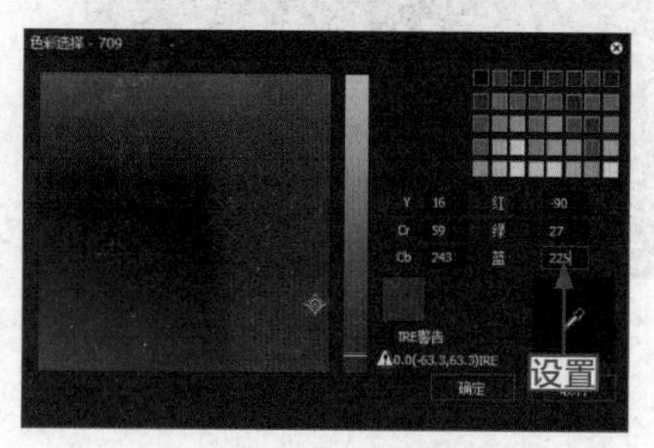

图5-23 设置各参数

步骤 05: 单击“确定”按钮，返回“色块”对话框，即可设置第 1 个色块的颜色为蓝色，如图 5-24 所示。

步骤 06: 用与上同样的方法，设置第 2 个色块的颜色为红色（“红”为 193、“绿”为 0、“蓝”为 0）、第 3 个色块的颜色为绿色（“红”为 0、“绿”为 86、“蓝”为 0）、第 4 个色块的颜色为紫色（“红”为 127、“绿”为 0、“蓝”为 246），然后旋转色块的方向，如图 5-25 所示。

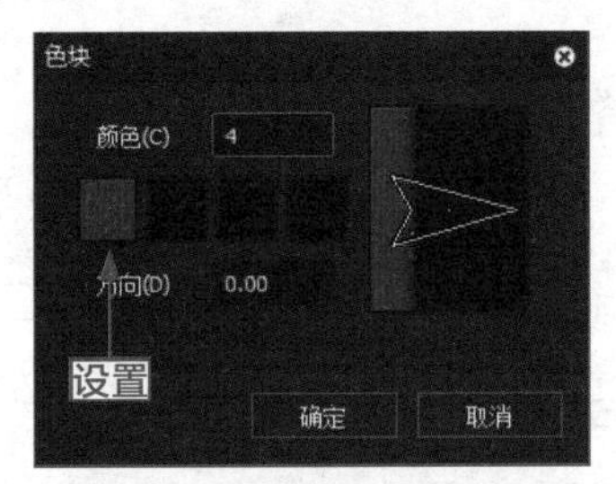

图 5-24　设置第 1 个色块的颜色

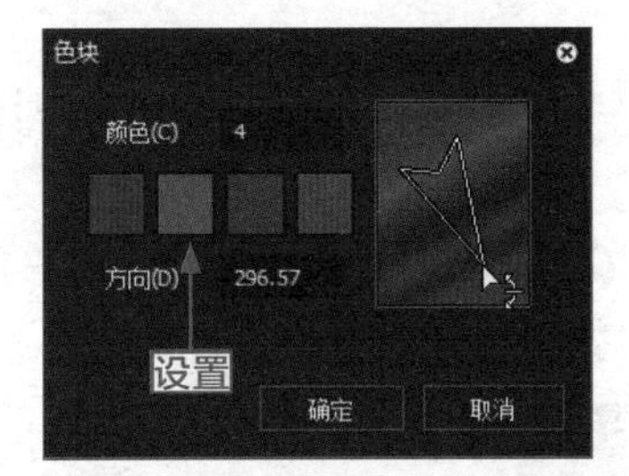

图 5-25　设置其他色块的颜色并旋转色块的方向

步骤 07: 单击“确定”按钮，即可在视频轨中创建色块素材，如图 5-26 所示。

步骤 08: 在素材库窗口中，自动生成一个色块序列 1 的文件，如图 5-27 所示。

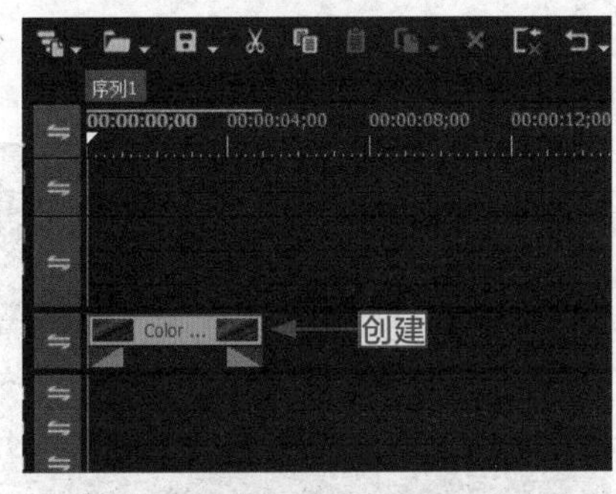

图 5-26　创建色块素材

图 5-27　生成一个色块序列 1 的文件

步骤 09: 单击窗口中的“播放”按钮，预览创建的色块素材，如图 5-28 所示。

图 5-28　预览创建的色块素材

5.3 管理素材文件

当用户将视频素材添加至视频轨后，可以再将视频轨中的视频素材添加至素材库窗口中，方便以后对素材进行重复调用。本节主要介绍管理视频素材的操作方法。

5.3.1 实例——将素材添加到素材库

素材库窗口是专门用来管理视频素材的，可以将各种类型的素材都放进素材库窗口中。下面介绍将素材添加到素材库窗口的操作方法。

操练 + 视频 实例——将素材添加到素材库

素材文件	素材 \ 第 5 章 \ 绚烂烟花 .ezp	扫描封底文泉云盘的二维码获取资源
效果文件	效果 \ 第 5 章 \ 绚烂烟花 .ezp	
视频文件	视频 \ 第 5 章 \5.3.1 实例——将素材添加到素材库 .mp4	

步骤 01：选择“文件”|“打开工程”命令，打开一个工程文件，如图 5-29 所示。

图 5-29 打开一个工程文件

步骤 02：在视频轨中，选择相应的视频素材，如图 5-30 所示。

步骤 03：按住鼠标左键的同时，将视频素材拖曳至素材库窗口中的适当位置，释放鼠标左键，即可将视频素材添加到素材库窗口中，如图 5-31 所示。

专家指点

在 EDIUS 9 中，用户还可以通过以下 3 种方法将视频轨中的视频素材添加到素材库窗口中。

- 按【Shift + B】组合键，即可将视频添加至素材库窗口中。
- 选择“素材”|“添加到素材库”命令，即可将视频添加至素材库窗口中。
- 在视频轨中的视频素材上单击鼠标右键，在弹出的快捷菜单中选择“添加到素材库”命令，即可将视频添加至素材库窗口中。

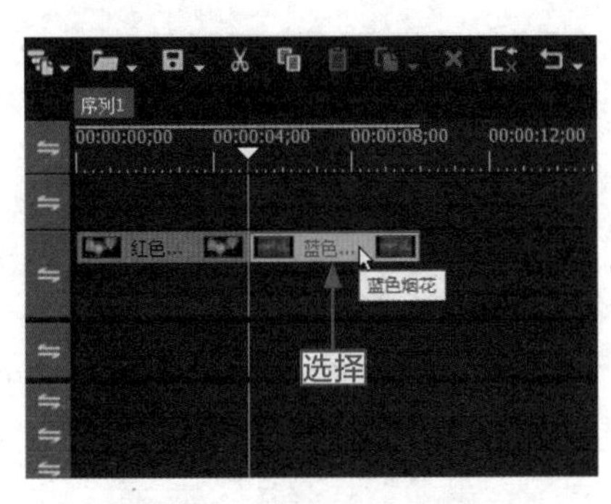

图 5-30　选择相应的视频素材

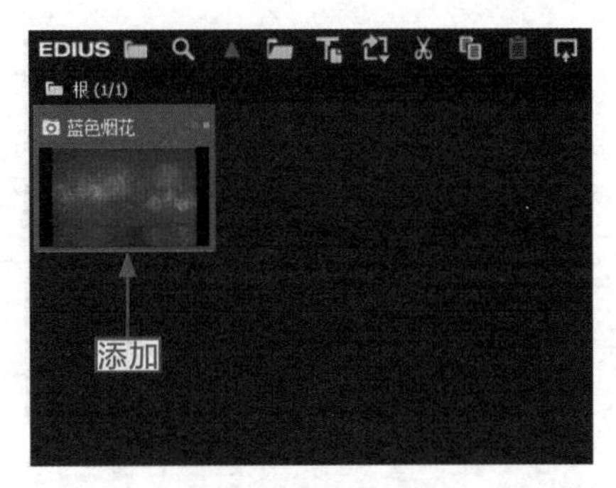

图 5-31　添加到素材库窗口中

5.3.2　实例——在素材库中创建静帧

在 EDIUS 9 中，用户可以将视频素材中单独的静帧画面捕获出来，保存至素材库窗口中。下面介绍在素材库中创建静帧的操作方法。

操练 + 视频　实例——在素材库中创建静帧

素材文件	素材 \ 第 5 章 \ 小鸟录影 .ezp	扫描封底文泉云盘的二维码获取资源
效果文件	效果 \ 第 5 章 \ 小鸟录影 .ezp	
视频文件	视频 \ 第 5 章 \5.3.2　实例——在素材库中创建静帧 .mp4	

步骤 01： 选择“文件”|“打开工程”命令，打开一个工程文件，如图 5-32 所示。

图 5-32　打开一个工程文件

步骤 02： 在轨道面板中，将时间线移至 00:00:06:22 的位置处，该处是捕获视频静帧的位置，如图 5-33 所示。

步骤 03： 在窗口中单击“素材”菜单，在弹出的菜单列表中选择“创建静帧”命令，如图 5-34 所示。

步骤 04： 执行操作后，即可在素材库中创建视频的静帧画面，如图 5-35 所示。

图 5-33　移动时间线的位置

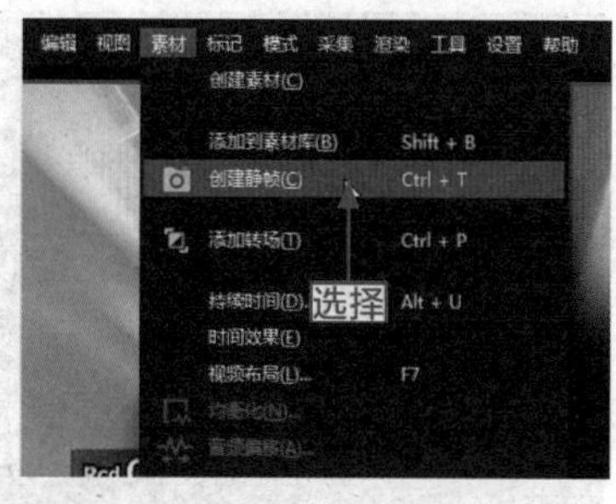

图 5-34 选择“创建静帧”命令

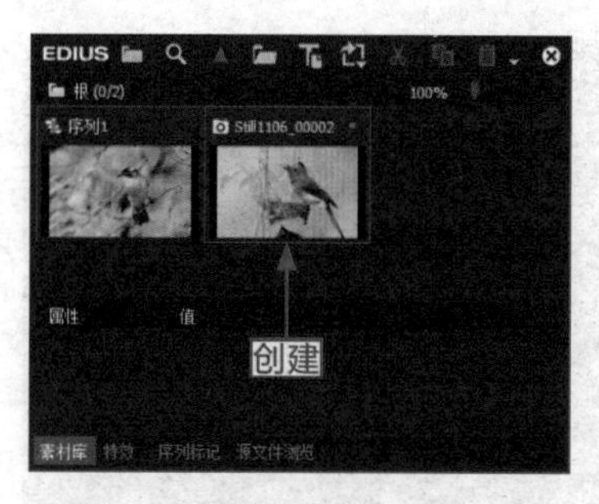

图 5-35 在素材库中创建视频的静帧

5.3.3 实例——作为序列添加到素材库

在 EDIUS 9 中，用户可以将视频轨中的素材作为序列添加到素材库中。下面介绍将素材作为序列添加到素材库的操作方法。

操练 + 视频 实例——作为序列添加到素材库

素材文件	素材 \ 第 5 章 \ 美食 .ezp	扫描封底文泉云盘的二维码获取资源
效果文件	效果 \ 第 5 章 \ 美食 .ezp	
视频文件	视频 \ 第 5 章 \5.3.3 实例——作为序列添加到素材库 .mp4	

步骤 01：选择“文件”|“打开工程”命令，打开一个工程文件，如图 5-36 所示。

专家指点 在“作为序列添加到素材库”子菜单中，如果用户选择“所有”命令，则 EDIUS 会将视频轨中所有的素材作为 1 个序列文件添加到素材库窗口中。

图 5-36 打开一个工程文件

步骤 02：在视频轨中，选择需要作为序列添加到素材库的视频文件，如图 5-37 所示。

步骤 03：选择“编辑”|“作为序列添加到素材库”|“选定素材”命令，如图 5-38 所示。

步骤 04：执行操作后，即可将视频文件作为序列添加到素材库窗口中，添加的序列文件如图 5-39 所示。

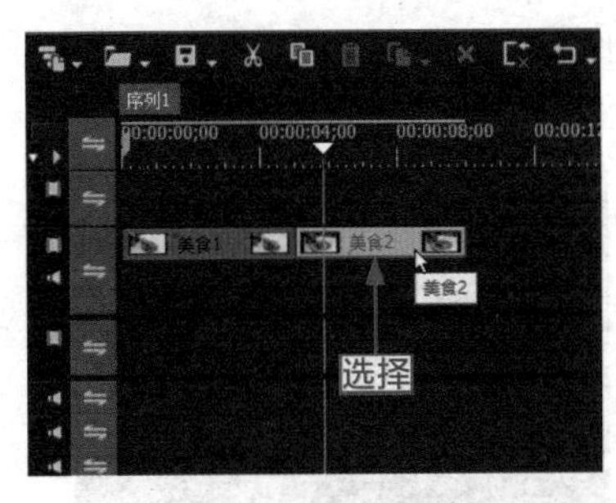

图 5-37　选择视频素材

图 5-38　选择“选定素材”命令

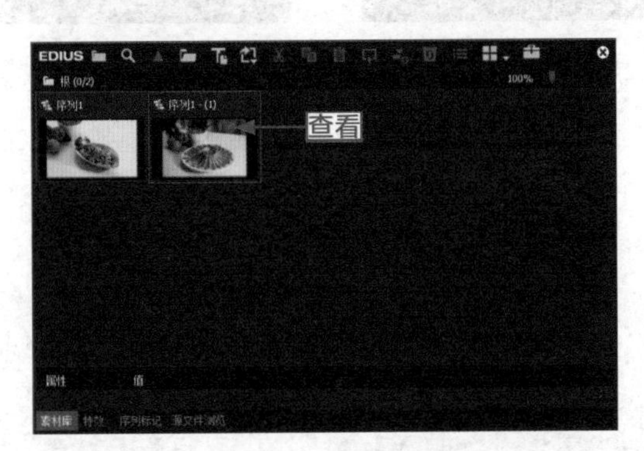

图 5-39　查看添加的序列文件

5.4　编辑素材文件

修剪视频素材之前，首先需要学会一些有关视频的基础操作，这样有利于用户能更加精准地剪辑视频素材。本节主要介绍复制粘贴素材、剪切素材文件、波纹剪切素材以及替换素材文件的操作方法。

5.4.1　实例——复制粘贴素材

在 EDIUS 9 中编辑视频效果时，如果一个素材需要使用多次，可以使用复制和粘贴命令来实现。下面介绍复制粘贴视频的操作方法。

操练 + 视频　实例——复制粘贴素材

素材文件	素材 \ 第 5 章 \ 老鹰画面 .jpg	扫描封底文泉云盘的二维码获取资源
效果文件	效果 \ 第 5 章 \ 老鹰画面 .ezp	
视频文件	视频 \ 第 5 章 \5.4.1　实例——复制粘贴素材 .mp4	

步骤 01：在视频轨 1 中导入一张静态图像素材，如图 5-40 所示。

步骤 02：在菜单栏中选择“编辑”|“复制”命令，如图 5-41 所示。

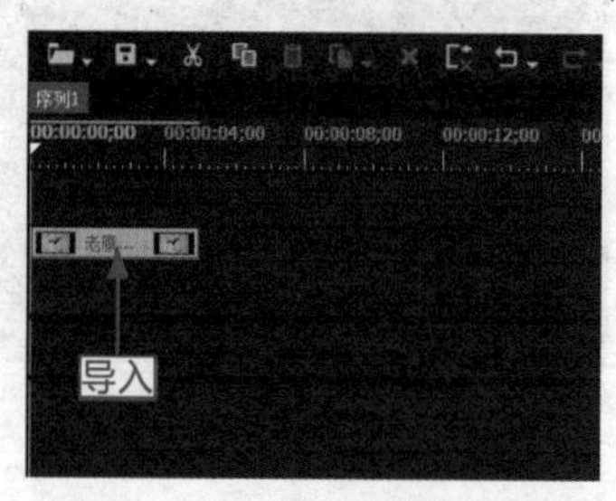

图 5-40　导入一张静态图像素材

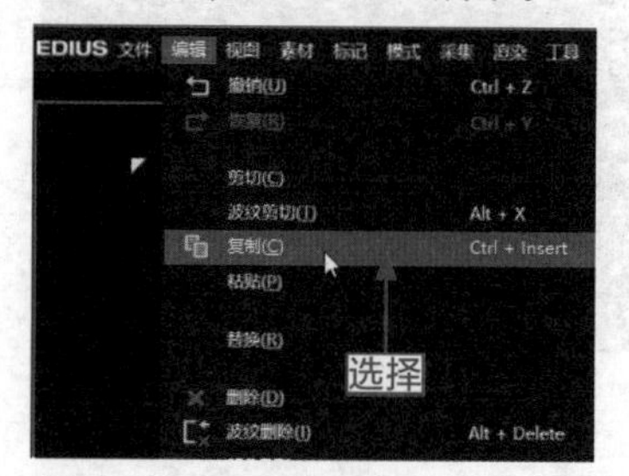

图 5-41　选择“复制”命令

步骤 03：在轨道面板中选择视频轨 2，单击“编辑”菜单，在弹出的菜单列表中选择“粘贴”|“指针位置”命令，如图 5-42 所示。

步骤 04：执行操作后，即可复制粘贴素材文件至视频轨 2 中，如图 5-43 所示。

专家指点

在 EDIUS 9 中，用户还可以通过以下 3 种方法复制粘贴素材文件。

- 按【Ctrl + Insert】组合键，复制素材；按【Ctrl + V】组合键，粘贴素材。
- 在轨道面板的上方单击“复制”按钮，复制素材；单击“粘贴至指针位置”按钮，粘贴素材。
- 在视频轨中的素材文件上单击鼠标右键，在弹出的快捷菜单中选择“复制”命令，可以复制素材；选择“粘贴”命令，可以粘贴素材。

图 5-42　选择“指针位置”命令

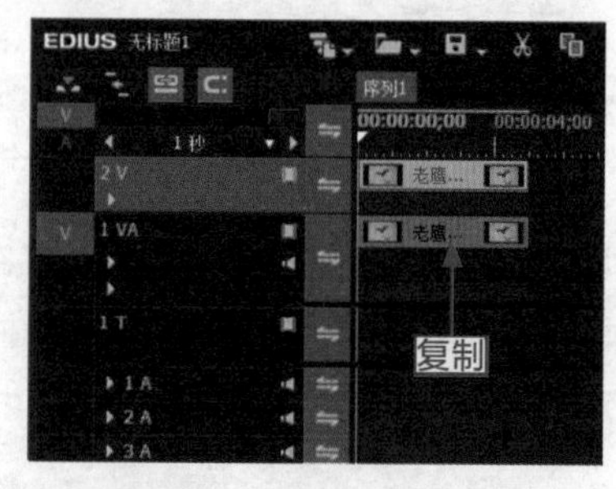

图 5-43　复制粘贴素材文件

步骤 05：单击录制窗口下方的“播放”按钮，预览复制的素材画面，如图 5-44 所示。

图 5-44　预览复制的素材画面

5.4.2　实例——剪切素材文件

在轨道面板中，用户可以根据需要对素材文件进行剪切操作。下面介绍剪切素材文件的操作方法。

操练 + 视频　实例——剪切素材文件

素材文件	素材 \ 第 5 章 \ 光芒四射 .ezp	扫描封底文泉云盘的二维码获取资源
效果文件	效果 \ 第 5 章 \ 光芒四射 .ezp	
视频文件	视频 \ 第 5 章 \5.4.2　实例——剪切素材文件 .mp4	

步骤 01：选择“文件”|“打开工程”命令，打开一个工程文件，如图 5-45 所示。

图 5-45　打开一个工程文件

步骤 02：在视频轨中选择需要剪切的素材文件，如图 5-46 所示。

步骤 03：在菜单栏中单击“编辑”菜单，在弹出的菜单列表中选择“剪切”命令，如图 5-47 所示。

步骤 04：执行操作后，即可剪切视频轨中的素材文件，如图 5-48 所示。

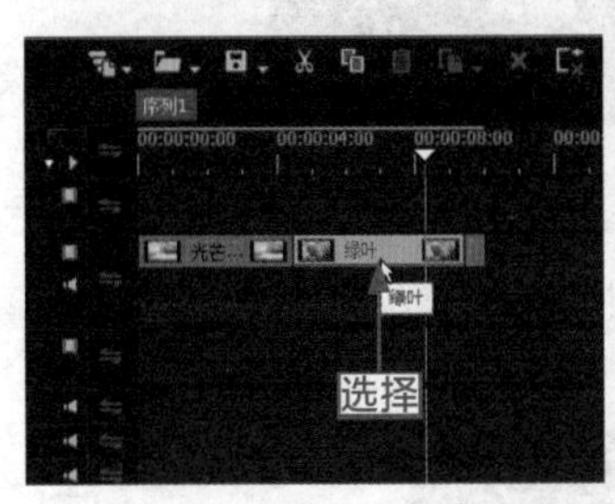

图 5-46　选择素材文件

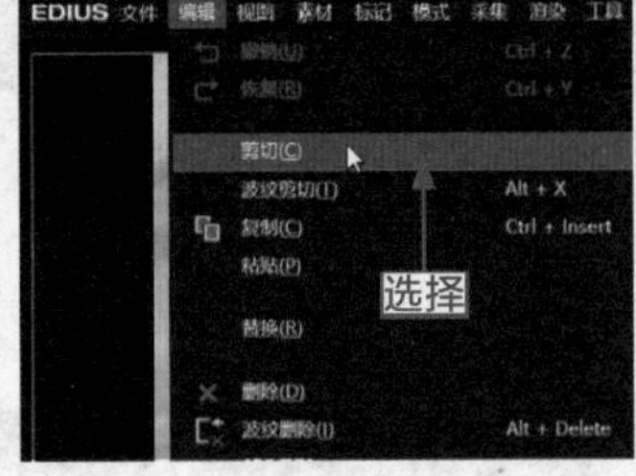

图 5-47　选择“剪切”命令

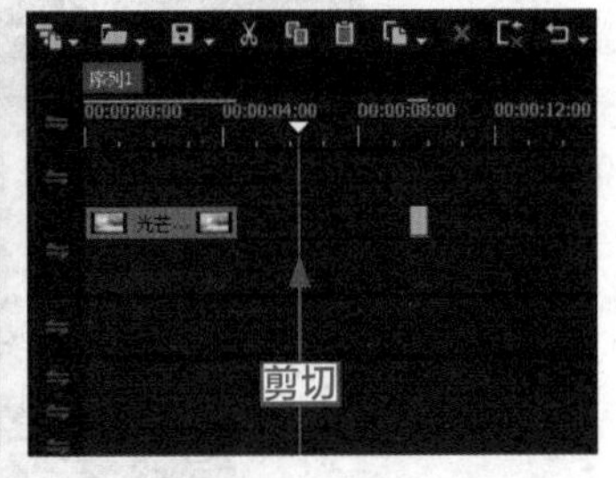

图 5-48　剪切视频轨中的素材文件

5.4.3　实例——波纹剪切素材

在 EDIUS 9 中，使用“剪切”命令一般只剪切所选的素材部分，而“波纹剪切”可以让被剪切部分后面的素材跟进紧贴前段素材，使剪切过后的视频画面更加流畅、自然，不留空隙。

下面介绍波纹剪切素材的操作方法。

操练 + 视频　实例——波纹剪切素材

素材文件	素材 \ 第 5 章 \ 美丽黄昏 .ezp	扫描封底文泉云盘的二维码获取资源
效果文件	效果 \ 第 5 章 \ 美丽黄昏 .ezp	
视频文件	视频 \ 第 5 章 \5.4.3 实例——波纹剪切素材 .mp4	

步骤 01：选择“文件”|“打开工程”命令，打开一个工程文件，如图 5-49 所示。

图 5-49　打开一个工程文件

步骤 02：在视频轨中，选择需要进行波纹剪切的素材文件，如图 5-50 所示。

步骤 03：在菜单栏中单击“编辑”菜单，在弹出的菜单列表中选择“波纹剪切”命令，如图 5-51 所示。

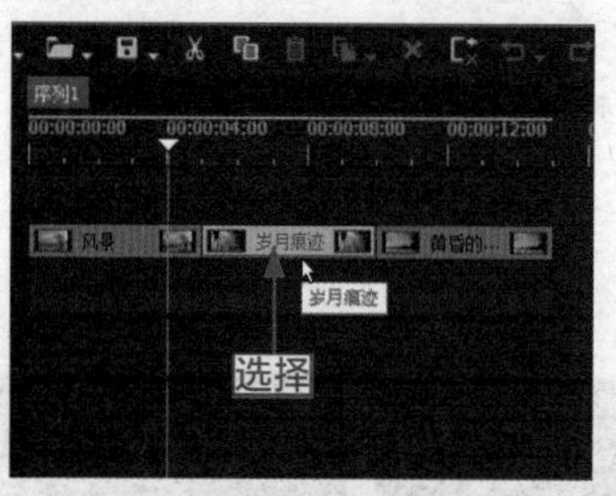

图 5-50　选择素材文件

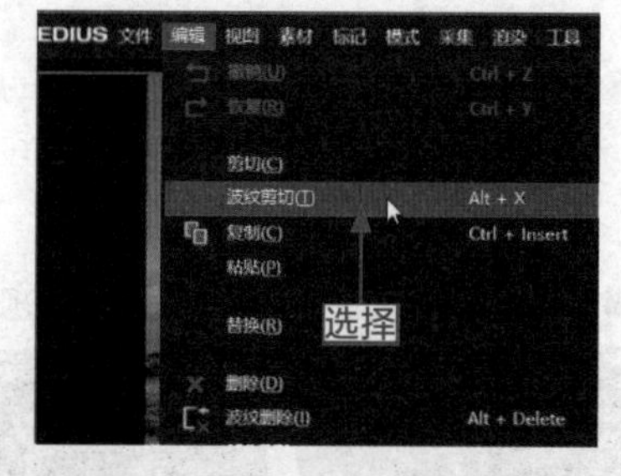

图 5-51　选择“纹波剪切”命令

步骤 04：执行操作后，即可对视频轨中的素材文件进行波纹剪切操作，此时后段素材会贴紧前段素材文件，如图 5-52 所示。

图 5-52　对素材文件进行波纹剪切

专家指点

在 EDIUS 9 中，用户还可以通过以下 3 种方法波纹剪切素材文件。

- 按【Ctrl + X】组合键，剪切素材。
- 按【Alt + X】组合键，剪切素材。
- 在轨道面板的上方单击“剪切（波纹）”按钮，剪切素材。

5.5　本章小结

本章主要介绍了导入与编辑视频素材的各种操作方法，使用 EDIUS 进行视频编辑时，素材是很重要的一个元素。本章以实例的形式将导入与编辑素材的每一种方法、每一个命令都进行了详细的介绍。通过本章的学习，用户对视频编辑中素材的复制粘贴、剪切、波纹剪切、替换以及撤销与恢复操作有了很好的掌握，并能熟练地使用各种视频编辑命令对素材进行编辑，为后面章节的学习奠定了良好的基础。

CHAPTER 06

第 6 章 精确剪辑视频素材

~ 学前提示 ~

在 EDIUS 9 中，用户可以对视频进行精确剪辑操作，如精确删除视频素材、精确剪辑视频素材以及查看剪辑的视频素材等。在进行视频剪辑时，用户只要掌握好这些剪辑视频的方法，便可以制作出更为完美、流畅的视频画面效果。本章将详细介绍在 EDIUS 工作界面中剪辑视频素材的各种操作方法，希望读者可以熟练掌握本章内容。

~ 本章重点 ~

- 波纹删除视频素材
- 删除素材间的间隙
- 设置视频素材速度
- 将素材进行组合
- 调整视频中的音频均衡化
- 调整视频中的音频偏移

6.1 精确删除视频素材

在 EDIUS 9 中，提供了精确删除视频素材的方法，包括直接删除视频素材、波纹删除视频素材、删除视频部分内容以及删除入 / 出点间内容等，方便用户对视频素材进行更精确的剪辑操作。本节主要介绍精确删除视频素材的操作方法。

6.1.1 实例——直接删除视频素材

在编辑多段视频的过程中，如果中间某段视频无法达到用户的要求，此时可以对该段视频进行删除操作。下面介绍直接删除视频素材的操作方法。

操练 + 视频 实例——直接删除视频素材

素材文件	素材 \ 第 6 章 \ 动画场景 .ezp	扫描封底文泉云盘的二维码获取资源
效果文件	效果 \ 第 6 章 \ 动画场景 .ezp	
视频文件	视频 \ 第 6 章 \6.1.1 实例——直接删除视频素材 .mp4	

步骤 01：选择“文件”|“打开工程”命令，打开一个工程文件，如图 6-1 所示。

图 6-1　打开一个工程文件

步骤 02：在视频轨中，选择需要删除的视频片段，如图 6-2 所示。

步骤 03：单击鼠标右键，在弹出的快捷菜单中选择“删除”命令，如图 6-3 所示。

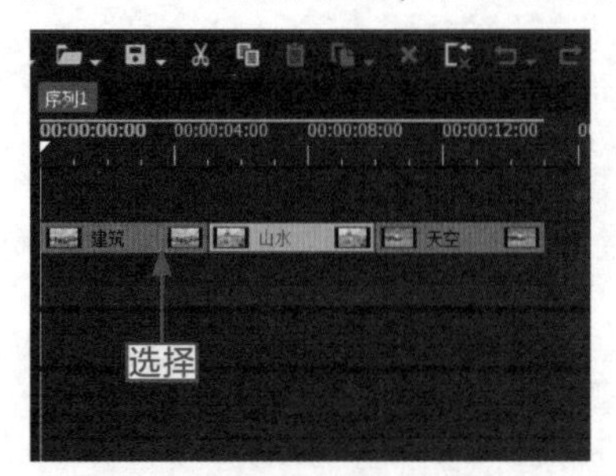

图 6-2　选择要删除的视频

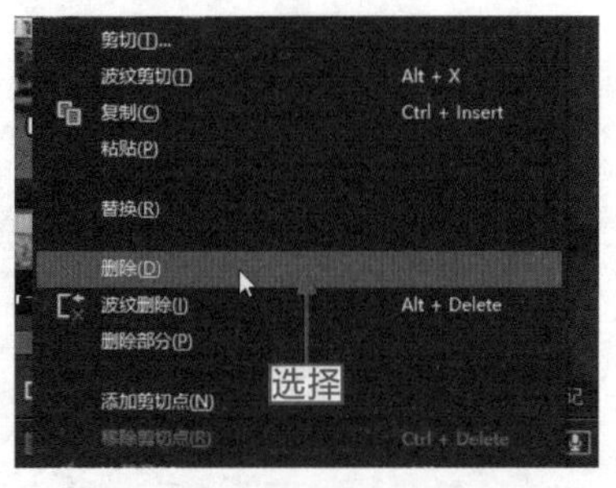

图 6-3　选择“删除”命令

步骤 04：执行操作后，即可删除视频轨中的视频素材，被删除的视频位置呈空白显示，如图 6-4 所示。

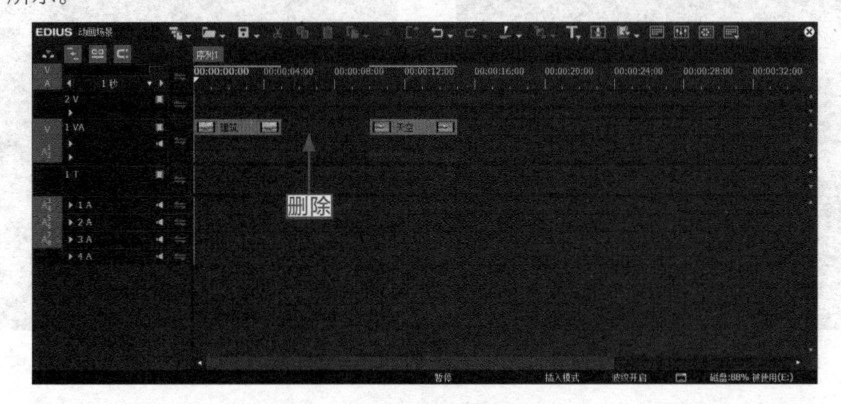

图 6-4　删除视频轨中的视频素材

专家指点

在 EDIUS 9 中，用户还可以通过以下 3 种方法删除视频素材。

- 选择需要删除的视频文件，按【Delete】键，即可删除视频。
- 选择需要删除的视频文件，在轨道面板的上方单击“删除”按钮，删除视频素材。
- 选择需要删除的视频文件，选择“编辑”|“删除”命令，删除视频素材。

6.1.2 实例——波纹删除视频素材

在 EDIUS 中使用波纹删除视频素材时，删除的后段视频将会贴紧前一段视频，使视频画面保持流畅。下面介绍波纹删除视频素材的操作方法。

操练 + 视频 实例——波纹删除视频素材

素材文件	素材 \ 第 6 章 \ 厦门海边 .ezp	扫描封底文泉云盘的二维码获取资源
效果文件	效果 \ 第 6 章 \ 厦门海边 .ezp	
视频文件	视频 \ 第 6 章 \6.1.2 实例——波纹删除视频素材 .mp4	

步骤 01：选择“文件”|“打开工程”命令，打开一个工程文件，如图 6-5 所示。

图 6-5 打开一个工程文件

步骤 02：在视频轨中，选择需要波纹删除的视频片段，如图 6-6 所示。

步骤 03：单击鼠标右键，弹出快捷菜单，选择“波纹删除”命令，如图 6-7 所示。

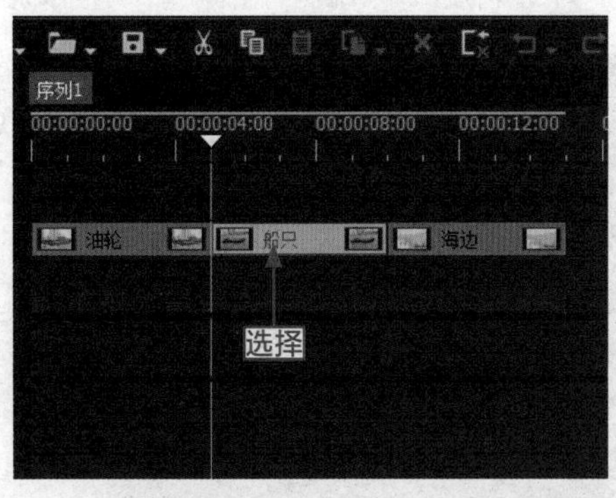

图 6-6 选择要删除的视频

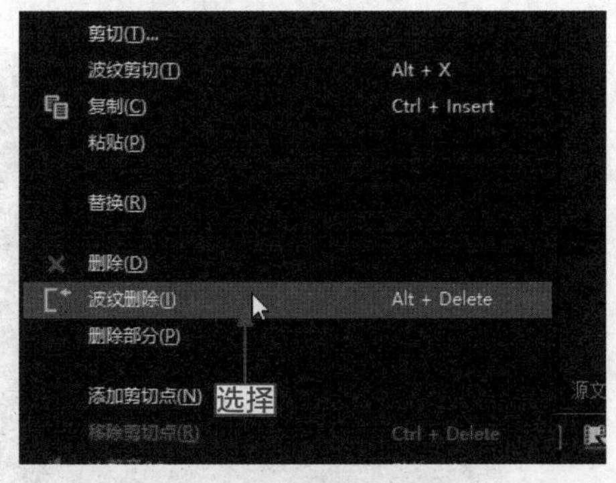

图 6-7 选择“波纹删除”命令

> **专家指点** 为了保持视频画面的流畅性，“波纹删除”命令一般在剪辑大型电视节目时运用得比较多。

步骤 04：执行操作后，即可波纹删除视频素材，被删除的后一段视频将会贴紧前一段视频文件，如图 6-8 所示。

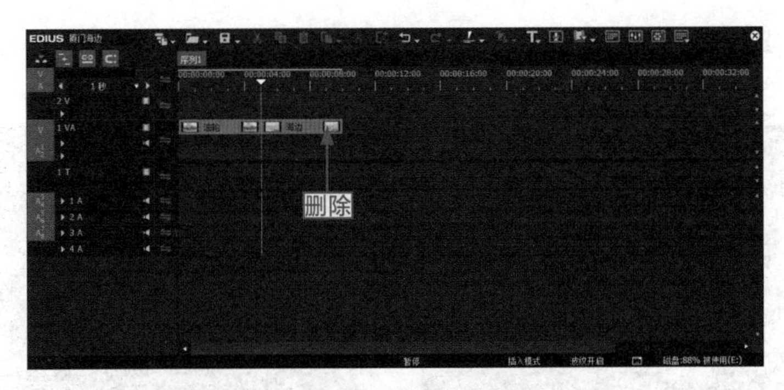

图 6-8　波纹删除视频素材

在 EDIUS 9 中，用户还可以通过以下 3 种方法波纹删除视频素材。

- 选择需要删除的视频文件，按【Alt + Delete】组合键，即可删除视频。
- 选择需要删除的视频文件，在轨道面板的上方单击“波纹删除”按钮，删除视频素材。
- 选择需要删除的视频文件，选择“编辑”|“波纹删除”命令，删除视频素材。

6.1.3　实例——删除视频部分内容

在 EDIUS 9 中，用户可以对视频中的部分内容单独进行删除操作，如删除视频中的音频文件、转场效果、混合效果以及各种滤镜特效等属性。

操练 + 视频　实例——删除视频部分内容

素材文件	素材 \ 第 6 章 \ 海滩落日 .ezp	扫描封底文泉云盘的二维码获取资源
效果文件	效果 \ 第 6 章 \ 海滩落日 .ezp	
视频文件	视频 \ 第 6 章 \6.1.3　实例——删除视频部分内容 .mp4	

步骤 01：选择“文件”|“打开工程”命令，打开一个工程文件，如图 6-9 所示。

图 6-9　打开一个工程文件

步骤 02：在视频轨中，选择需要删除部分内容的视频文件，如图 6-10 所示。

步骤 03：在选择的视频文件上单击鼠标右键，在弹出的快捷菜单中选择“删除部分”|“波纹删除音频素材”命令，如图 6-11 所示。

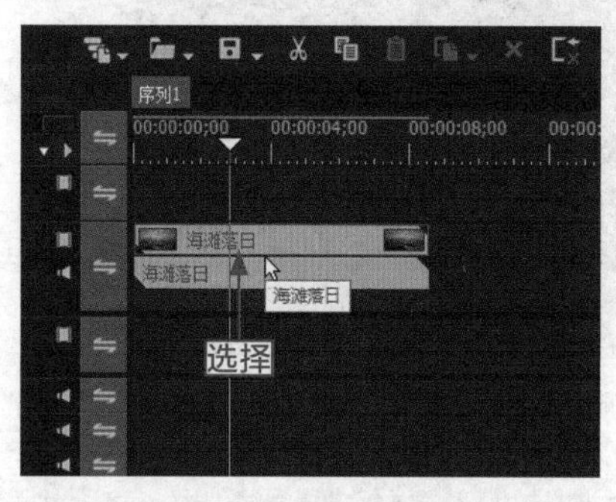

图 6-10　选择视频文件

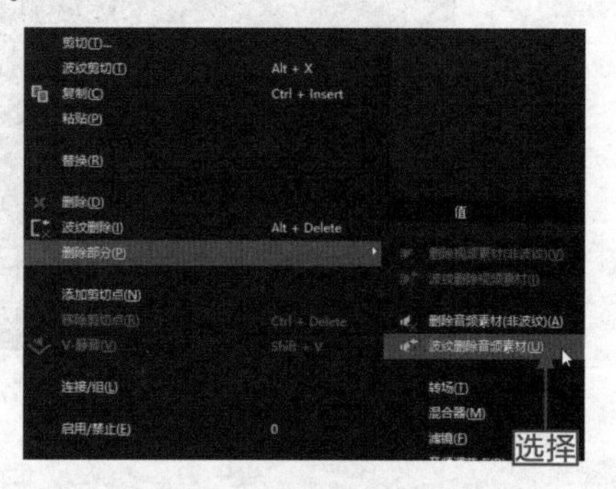

图 6-11　选择相应的命令

步骤 04：执行操作后，即可删除视频中的音频部分，使视频静音，如图 6-12 所示。

> **专家指点** 在 EDIUS 9 中，选择“编辑”|“部分删除”命令，在弹出的子菜单中选择相应的命令，也可以删除视频中的部分内容。

图 6-12　删除视频中的音频部分

6.1.4　实例——删除入 / 出点间内容

当用户在视频中标记了入点和出点时间后，此时可以对入点和出点间的视频内容进行删除操作，使制作的视频更符合用户的需求。下面介绍删除入 / 出点间内容的操作方法。

操练 + 视频　实例——删除入 / 出点间内容

素材文件	素材 \ 第 6 章 \ 蜻蜓 .ezp	扫描封底文泉云盘的二维码获取资源
效果文件	效果 \ 第 6 章 \ 蜻蜓 .ezp	
视频文件	视频 \ 第 6 章 \6.1.4　实例——删除入 / 出点间内容 .mp4	

步骤 01：选择“文件”|“打开工程”命令，打开一个工程文件，如图 6-13 所示。

图 6-13　打开一个工程文件

步骤 02：在视频轨中，选择已经设置好入点和出点的视频文件，如图 6-14 所示。

步骤 03：选择“编辑”|“删除入 / 出点间内容”命令，如图 6-15 所示。

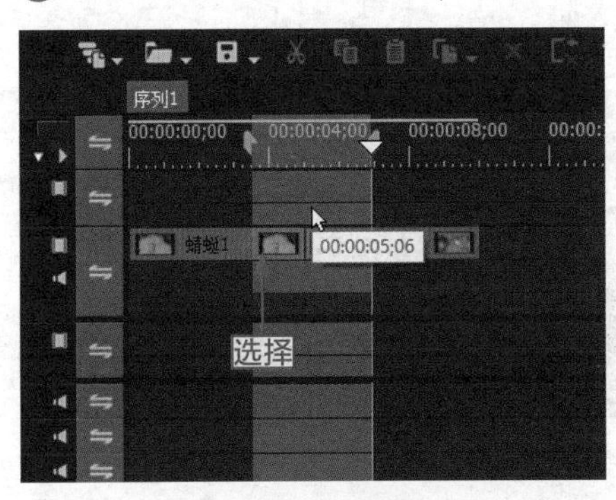

图 6-14　选择视频文件

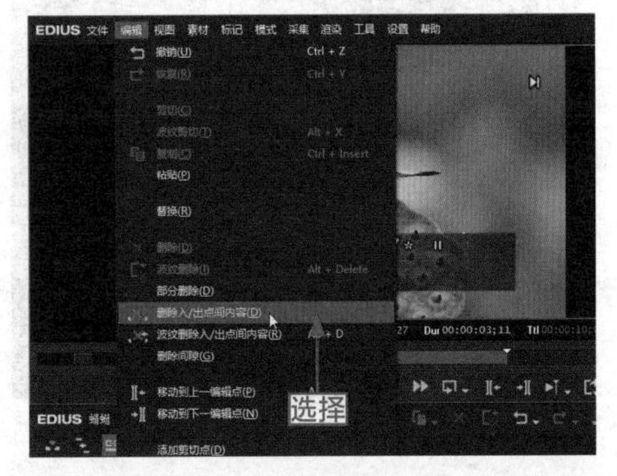

图 6-15　选择相应命令

> **专家指点**
> 在 EDIUS 9 中，用户还可以通过选择“编辑”|“波纹删除入 / 出点间内容”命令，来删除视频中入点和出点间的内容。在轨道面板中，按【Alt + D】组合键，也可以快速删除视频中入点和出点间的内容。

步骤 04：执行操作后，即可删除入点与出点之间的视频文件，如图 6-16 所示。

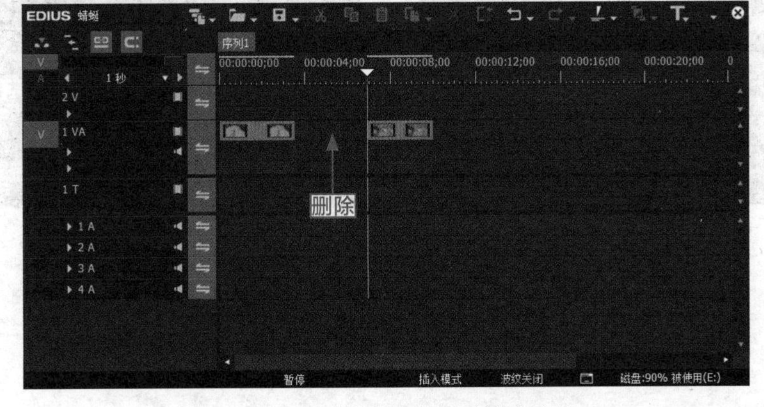

图 6-16　删除入点与出点之间的视频文件

6.1.5 实例——删除素材间的间隙

在 EDIUS 9 中，用户可以对视频轨中视频素材间的间隙进行删除操作，使制作的视频更加流畅。下面介绍删除素材间的间隙的操作方法。

操练 + 视频 实例——删除素材间的间隙

素材文件	素材 \ 第 6 章 \ 彩桥当空 .ezp	扫描封底文泉云盘的二维码获取资源
效果文件	效果 \ 第 6 章 \ 彩桥当空 .ezp	
视频文件	视频 \ 第 6 章 \6.1.5 实例——删除素材间的间隙 .mp4	

步骤 01：选择“文件”|“打开工程”命令，打开一个工程文件，如图 6-17 所示。

图 6-17　打开一个工程文件

步骤 02：在视频轨中，选择需要删除间隙的素材文件，如图 6-18 所示。

步骤 03：选择“编辑”|“删除间隙”|“选定素材”命令，如图 6-19 所示。

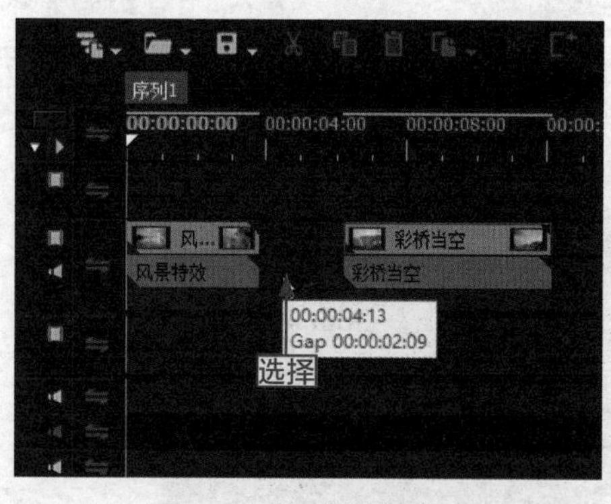

图 6-18　选择素材文件

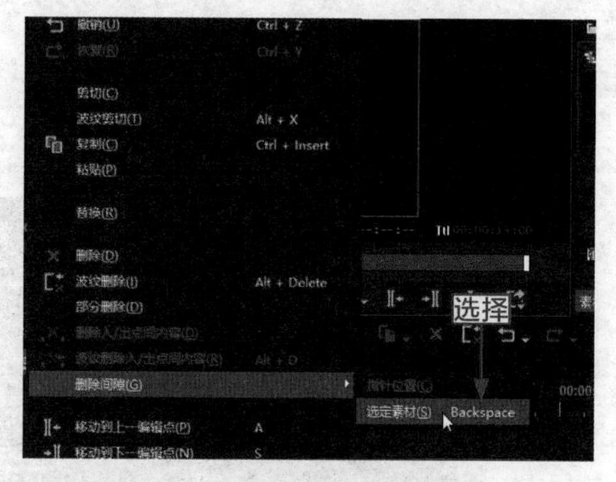

图 6-19　选择“选定素材”命令

步骤 04：执行操作后，即可删除选定素材之间的间隙，如图 6-20 所示。

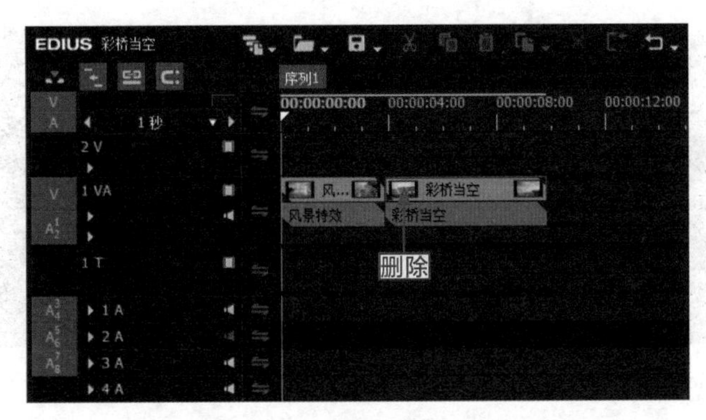

图 6-20　删除选定素材之间的间隙

6.2　精确剪辑视频素材

在 EDIUS 9 中，用户可以对视频素材进行相应的剪辑操作，使制作的视频画面更加完美。本节主要介绍精确剪辑视频素材的操作方法，主要包括设置素材持续时间、设置视频素材速度、设置时间重映射以及将视频解锁分解等内容，希望读者可以熟练掌握本节内容。

6.2.1　实例——设置素材持续时间

在 EDIUS 9 中，用户可根据需要设置视频素材的持续时间，从而使视频素材的长度或长或短，使视频中的某画面呈现快动作或者慢动作的效果。下面介绍设置素材持续时间的操作方法。

操练 + 视频　实例——设置素材持续时间

素材文件	素材 \ 第 6 章 \ 玫瑰花香 .ezp	扫描封底文泉云盘的二维码获取资源
效果文件	效果 \ 第 6 章 \ 玫瑰花香 .ezp	
视频文件	视频 \ 第 6 章 \6.2.1　实例——设置素材持续时间 .mp4	

步骤 01：在视频轨中，选择需要设置持续时间的素材文件，如图 6-21 所示。

步骤 02：在窗口中单击“素材”菜单，在弹出的菜单列表中选择“持续时间”命令，如图 6-22 所示。

专家指点

在 EDIUS 9 中，用户还可以通过以下两种方法调整素材的持续时间。

- 按【Alt + U】组合键，调整素材持续时间。
- 在视频轨中的素材文件上单击鼠标右键，在弹出的快捷菜单中选择“持续时间”命令，也可以快速调整素材持续时间。

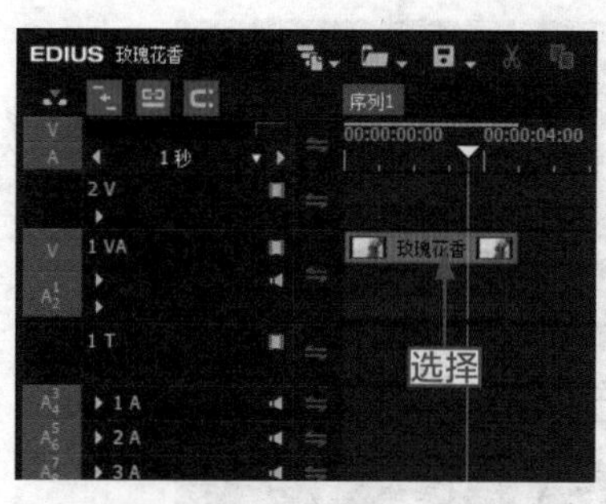

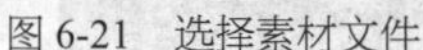
图 6-21　选择素材文件

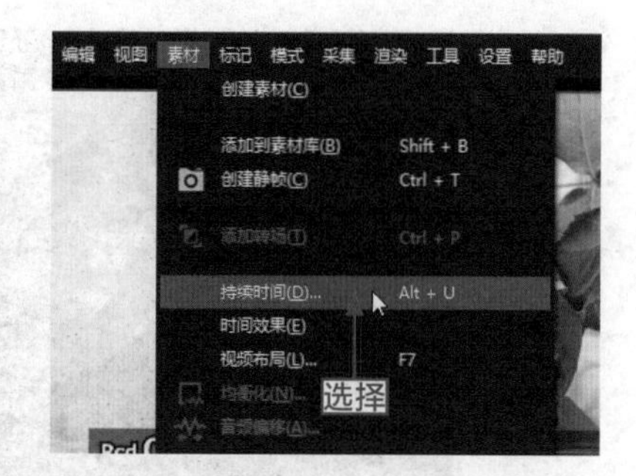

图 6-22　选择“持续时间”命令

步骤 03：执行操作后，弹出“持续时间”对话框，在“持续时间”数值框中输入 00:00:09:00，如图 6-23 所示。

步骤 04：设置完成后，单击“确定”按钮，即可调整素材的持续时间，如图 6-24 所示。

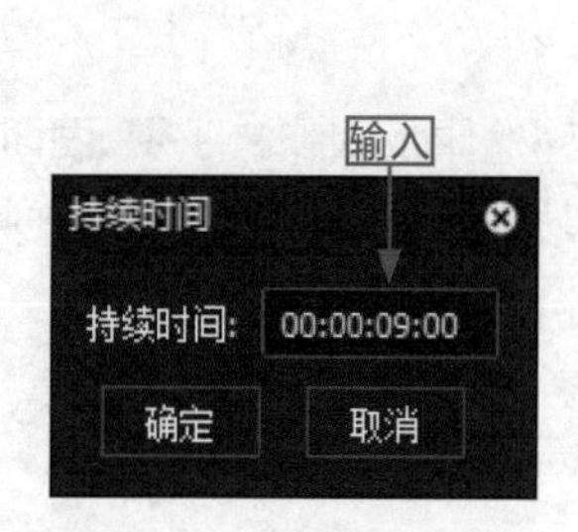

图 6-23　输入持续时间数值

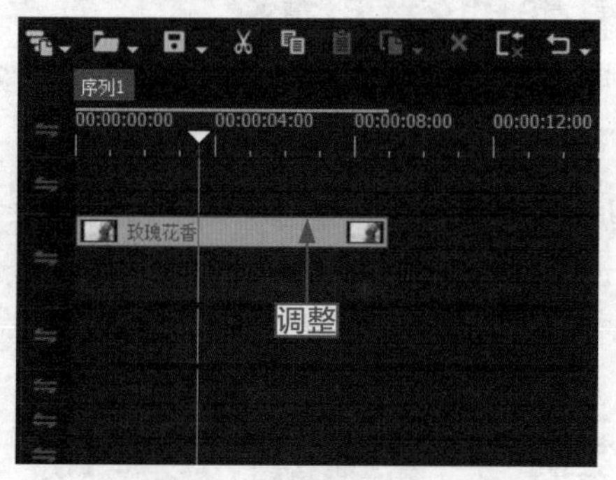

图 6-24　调整素材持续时间

步骤 05：单击录制窗口下方的“播放”按钮，预览调整持续时间后的素材画面，如图 6-25 所示。

图 6-25　预览调整持续时间后的素材画面

6.2.2　实例——设置视频素材速度

在 EDIUS 9 中，用户不仅可以通过“持续时间”对话框调整视频的播放速度，还可以通过“素材速度”对话框来调整视频素材的播放速度。

操练 + 视频　实例——设置视频素材速度

素材文件	素材 \ 第 6 章 \ 灿若星河 .ezp	扫描封底文泉云盘的二维码获取资源
效果文件	效果 \ 第 6 章 \ 灿若星河 .ezp	
视频文件	视频 \ 第 6 章 \6.2.2 实例——设置视频素材速度 .mp4	

步骤 01: 在视频轨中选择需要设置速度的素材文件，如图 6-26 所示。

步骤 02: 单击“素材”菜单，在弹出的菜单列表中选择“时间效果”|“速度”命令，如图 6-27 所示。

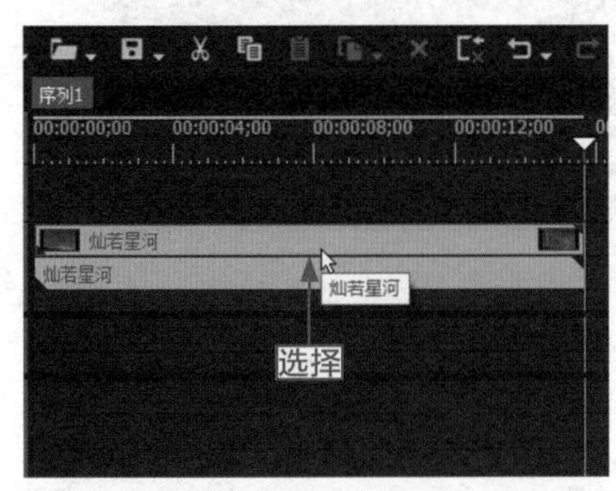

图 6-26　选择素材文件

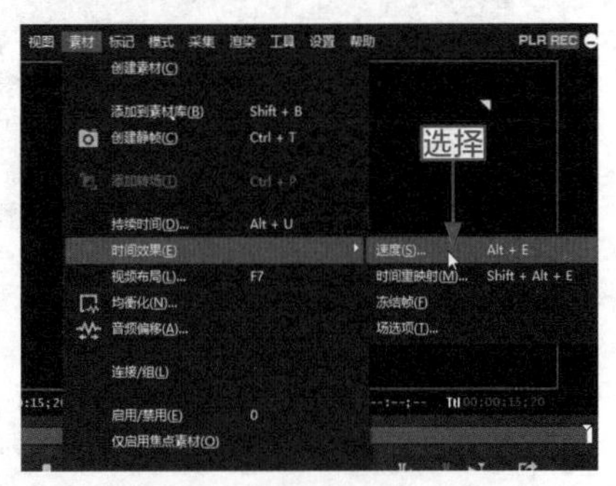

图 6-27　选择“速度”命令

步骤 03: 执行操作后，弹出“素材速度”对话框，在“比率”右侧的数值框中输入 200，设置素材的速度比率，如图 6-28 所示。

步骤 04: 单击“确定”按钮，返回 EDIUS 工作界面，在视频轨中可以查看调整速度后的素材文件区间变化，如图 6-29 所示。

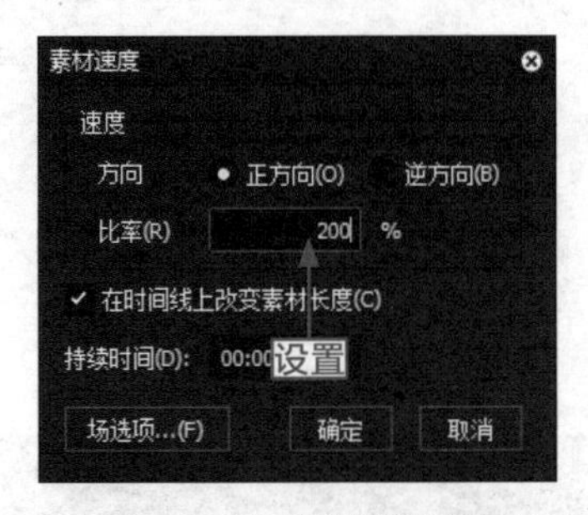

图 6-28　设置素材的速度比率

图 6-29　查看调整速度后的素材

步骤 05: 单击录制窗口下方的“播放”按钮，预览调整速度后的视频画面效果，如图 6-30 所示。

> **专家指点**
>
> 在 EDIUS 9 中，用户还可以通过以下两种方法调整素材的速度。
>
> - 按【Alt + E】组合键，调整素材的速度。
> - 在视频轨中的素材文件上单击鼠标右键，在弹出的快捷菜单中选择“时间效果”|“速度”命令，也可以快速调整素材的速度。

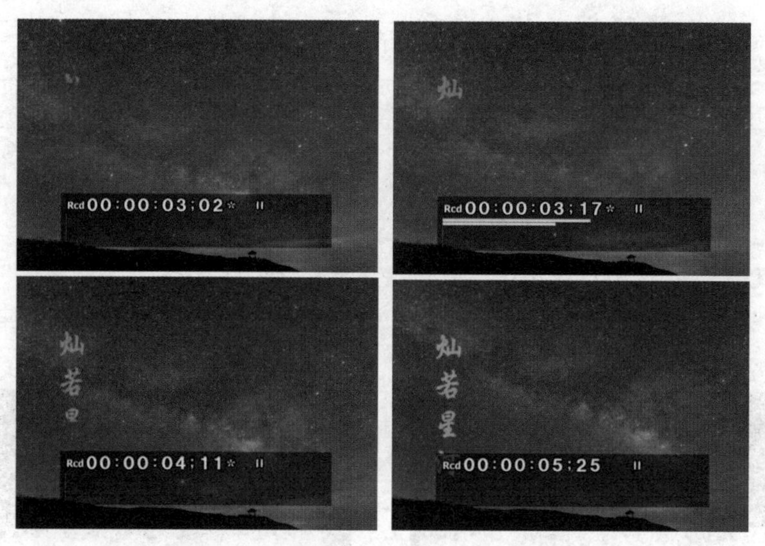

图 6-30　预览调整速度后的视频画面效果

6.2.3　实例——设置时间重映射

在 EDIUS 9 中，时间重映射的实质就是用关键帧来控制素材的速度。下面介绍运用时间重映射调整素材速度的操作方法。

操练 + 视频　实例——设置时间重映射

素材文件	素材 \ 第 6 章 \ 烟花晚会 .ezp	扫描封底文泉云盘的二维码获取资源
效果文件	效果 \ 第 6 章 \ 烟花晚会 .ezp	
视频文件	视频 \ 第 6 章 \6.2.3　实例——设置时间重映射 .mp4	

步骤 01：在视频轨中，选择需要设置时间重映射的素材文件，如图 6-31 所示。

步骤 02：单击“素材”菜单，在弹出的菜单列表中选择“时间效果”|“时间重映射”命令，如图 6-32 所示。

图 6-31　选择素材文件

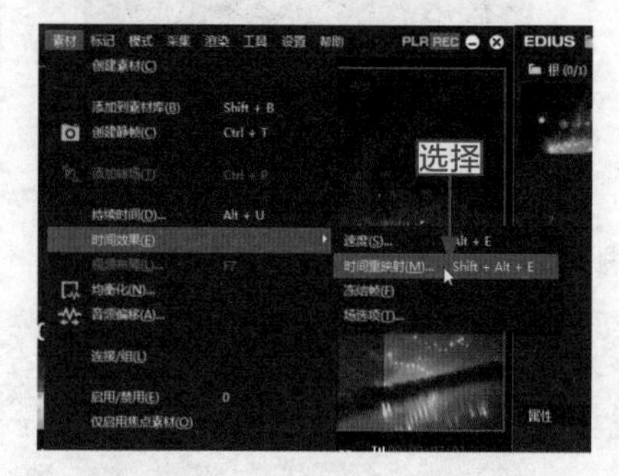

图 6-32　选择“时间重映射”命令

步骤 03： 执行操作后，弹出“时间重映射”对话框，在中间的时间轨中将时间线移至 00:00:02:02 的位置处，单击上方的“添加关键帧”按钮，如图 6-33 所示。

步骤 04： 执行操作后，即可在时间线位置添加一个关键帧，如图 6-34 所示。

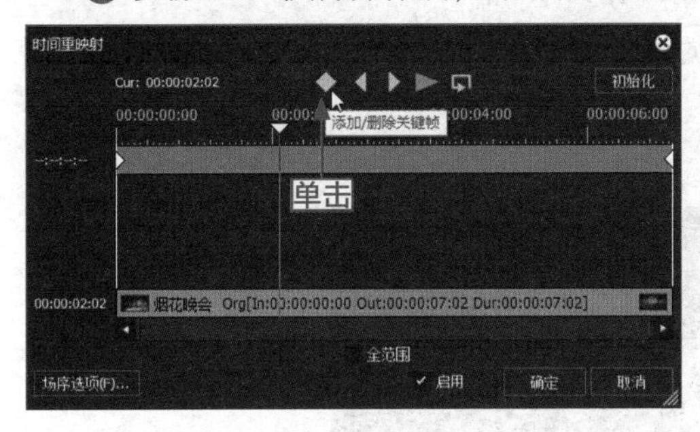

图 6-33　单击“添加关键帧”按钮

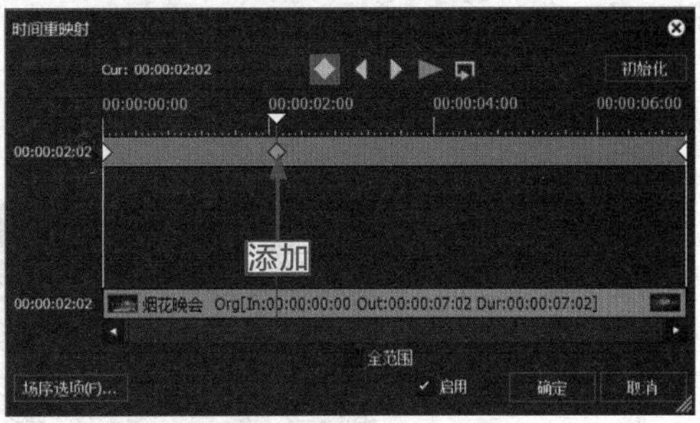

图 6-34　添加一个关键帧

步骤 05： 选择刚添加的关键帧，按住鼠标左键并向左拖曳关键帧的位置，设置第一部分的播放时间短于素材原速度，使第一部分的视频播放时间加速，如图 6-35 所示。

步骤 06： 继续将时间线移至 00:00:04:19 的位置处，单击“添加关键帧”按钮，再次添加一个关键帧，如图 6-36 所示。

图 6-35　向左拖曳关键帧的位置

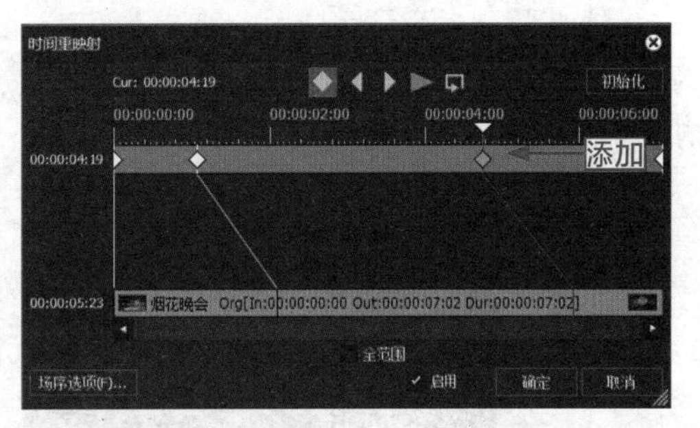

图 6-36　再次添加一个关键帧

步骤 07： 选择刚添加的关键帧，按住鼠标左键并向右拖曳关键帧的位置，设置第二部分的播放时间长于素材原速度，使第二部分的视频播放时间变慢，如图 6-37 所示。

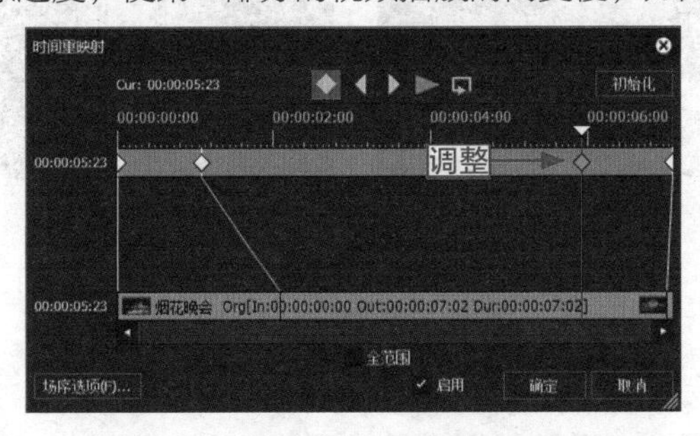

图 6-37　调整第 2 个关键帧的位置

步骤 08： 在对话框中，将鼠标移至“烟花晚会”素材文件的第 4 个关键帧的时间线上，此时鼠标指针呈双向箭头形状，按住鼠标左键并向右拖曳至视频结尾处，将关键帧时间线调整为一条直线，如图 6-38 所示。

> **专家指点**
> 在 EDIUS 9 中，用户还可以通过以下两种方法设置视频时间重映射。
> - 按【Shift + Alt + E】组合键，设置素材的时间重映射。
> - 在视频轨中的素材文件上单击鼠标右键，在弹出的快捷菜单中选择“时间效果”|“时间重映射”命令，也可以快速调整素材的时间重映射。

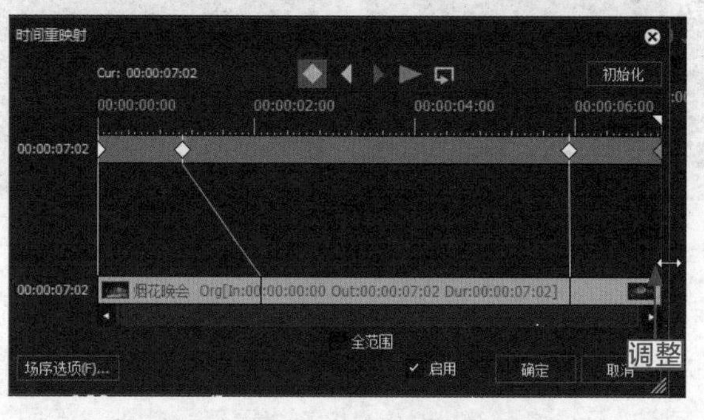

图 6-38　调整第 4 个关键帧的位置

步骤 09: 设置完成后，单击“确定”按钮，返回 EDIUS 工作界面，完成视频素材时间重映射的操作，单击录制窗口下方的“播放”按钮，预览调整视频时间后的画面效果，如图 6-39 所示。

图 6-39　预览调整视频时间后的画面效果

6.2.4　实例——将视频解锁分解

在 EDIUS 9 中，用户可以将视频轨中的视频和音频文件进行解锁操作，以便单独对视频或者音频进行剪辑修改。下面介绍将视频解锁的操作方法。

操练 + 视频　实例——将视频解锁分解

素材文件	素材 \ 第 6 章 \ 城市建筑 .ezp	扫描封底文泉云盘的二维码获取资源
效果文件	效果 \ 第 6 章 \ 城市建筑 .ezp	
视频文件	视频 \ 第 6 章 \6.2.4 实例——将视频解锁分解 .mp4	

步骤 01：在视频轨中，选择需要分解的素材文件，如图 6-40 所示。

步骤 02：单击“素材”菜单，在弹出的菜单列表中选择“连接 / 组”|“解除连接”命令，如图 6-41 所示。

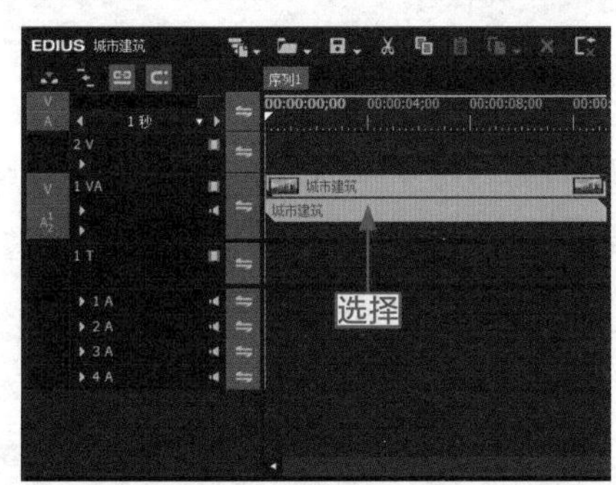

图 6-40　选择素材文件

图 6-41　选择“解除连接”命令

步骤 03：执行操作后，即可对视频轨中的视频文件进行解锁操作，选择视频轨中被分解出来的音频文件，如图 6-42 所示。

步骤 04：按住鼠标左键并向右拖曳，即可调整音频文件的位置，如图 6-43 所示。

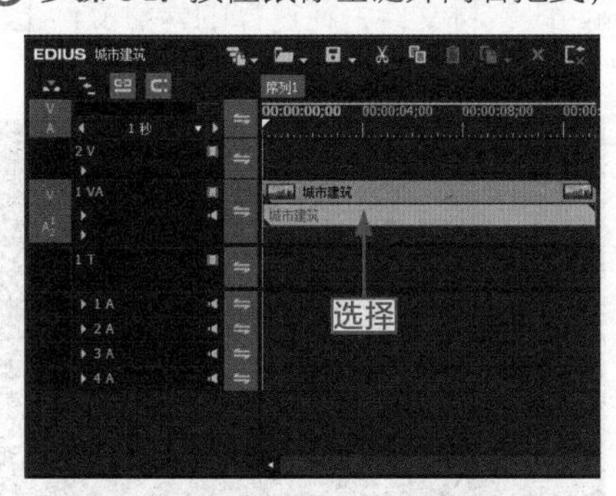

图 6-42　选择分解出来的音频文件

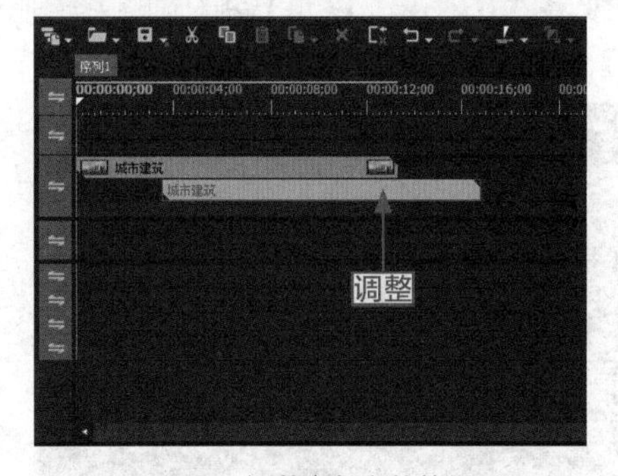

图 6-43　调整音频文件的位置

专家指点

在 EDIUS 9 中，用户还可以通过以下两种方法分解视频文件。

- 按【Alt + Y】组合键，分解视频文件。
- 在视频轨中的素材文件上单击鼠标右键，在弹出的快捷菜单中选择“连接 / 组”|“解组”命令，也可以快速分解视频文件。

步骤 05：单击录制窗口下方的“播放”按钮，即可预览分解后的视频画面效果，如图 6-44 所示。

图 6-44　预览分解后的视频画面效果

6.2.5　实例——将素材进行组合

在 EDIUS 9 中，用户不仅可以对视频轨中的文件进行解锁分解操作，还可以对分解后的视频或者多段不同的素材文件进行组合操作，方便用户对素材文件进行统一修改。下面介绍将素材进行组合的操作方法。

操练 + 视频　实例——将素材进行组合

素材文件	素材 \ 第 6 章 \ 唯美彩霞 .ezp	扫描封底文泉云盘的二维码获取资源
效果文件	效果 \ 第 6 章 \ 唯美彩霞 .ezp	
视频文件	视频 \ 第 6 章 \6.2.5　实例——将素材进行组合 .mp4	

步骤 01：选择"文件"|"打开工程"命令，打开一个工程文件，如图 6-45 所示。

步骤 02：按住【Ctrl】键的同时，分别选择两段素材文件，在选择的素材文件上单击鼠标右键，在弹出的快捷菜单中选择"连接 / 组"|"设置组"命令，如图 6-46 所示。

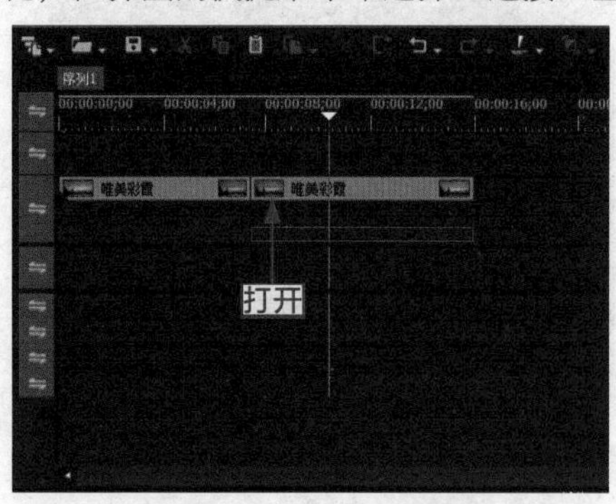

图 6-45　打开一个工程文件

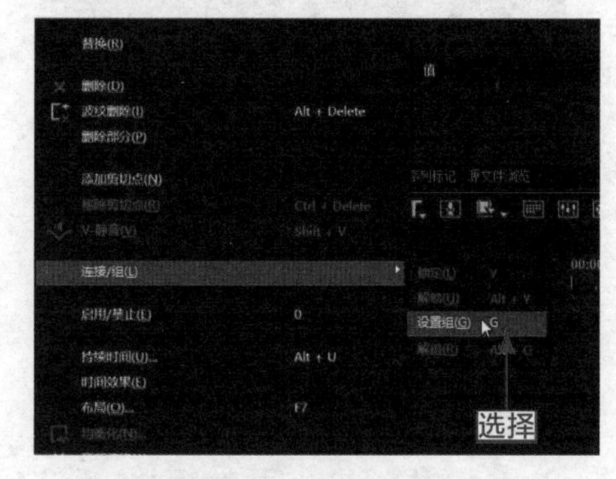

图 6-46　选择"设置组"命令

步骤 03：执行操作后，即可对两段素材文件进行组合操作，在组合的素材文件上按住鼠标左键并向右拖曳，此时组合的素材将被同时移动，如图 6-47 所示。

步骤 04：移至合适位置后，释放鼠标左键即可，如图 6-48 所示。

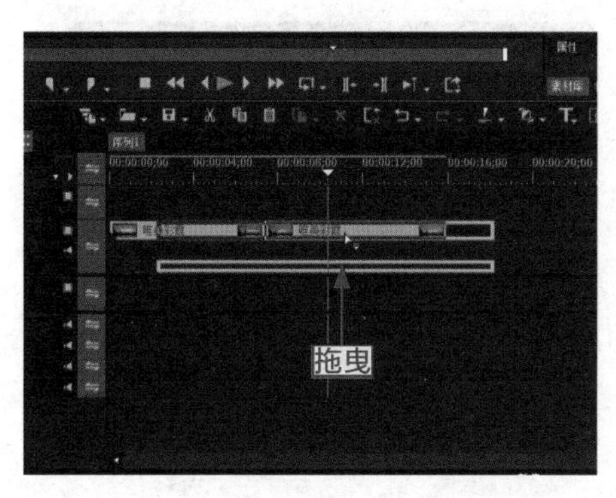

图 6-47　对素材进行组合

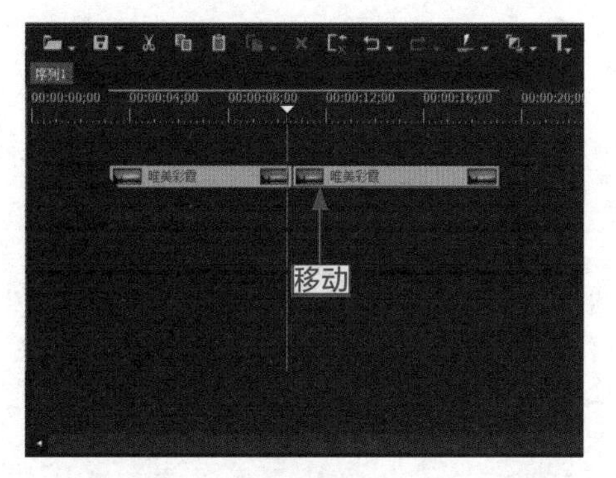

图 6-48　同时移动被组合的素材文件

步骤 05: 单击录制窗口下方的“播放”按钮，预览被组合、移动后的素材画面效果，如图 6-49 所示。

图 6-49　预览素材画面效果

在 EDIUS 9 中选择需要组合的素材文件后，选择“素材”|“连接 / 组”|“设置组”命令，也可以快速将素材文件进行组合操作。在“连接 / 组”子菜单中，用户还可以直接按键盘上的【G】键，快速对素材文件进行组合操作。

6.2.6　实例——将素材进行解组

当对素材文件统一剪辑、修改后，此时可以对组合的素材文件进行解组操作。下面介绍将素材进行解组的操作方法。

操练 + 视频　实例——将素材进行解组

素材文件	素材 \ 第 6 章 \ 樱花 .ezp	扫描封底文泉云盘的二维码获取资源
效果文件	效果 \ 第 6 章 \ 樱花 .ezp	
视频文件	视频 \ 第 6 章 \6.2.6 实例——将素材进行解组 .mp4	

步骤 01: 选择“文件”|“打开工程”命令，打开一个工程文件，如图 6-50 所示。

步骤 02: 在视频轨中，选择需要进行解组的素材文件，在选择的素材文件上单击鼠标右键，在弹出的快捷菜单中选择“连接 / 组”|“解组”命令，如图 6-51 所示。

图 6-50 打开一个工程文件

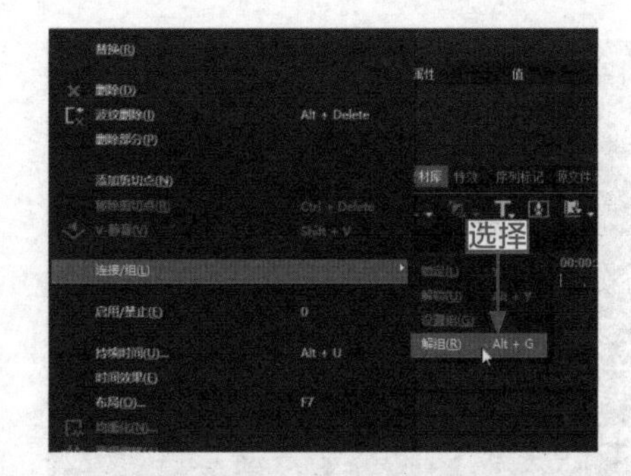

图 6-51 选择“解组”命令

> **专家指点**
> 在 EDIUS 9 中，用户还可以通过以下两种方法解组视频文件。
> - 按【Alt + G】组合键，解组视频文件。
> - 选择视频轨中的素材文件，单击“素材”菜单，在弹出的菜单列表中选择“连接 / 组”|“解组”命令，解组视频文件。

步骤 03: 执行操作后，即可对两段素材文件进行解组操作，在解组的素材文件上按住鼠标左键并向右拖曳，此时视频轨中的两段素材文件不会被同时移动，只有选择的当前素材才会被移动，如图 6-52 所示。

步骤 04: 至合适位置后，释放鼠标左键，即可单独移动被解组后的素材文件，如图 6-53 所示。

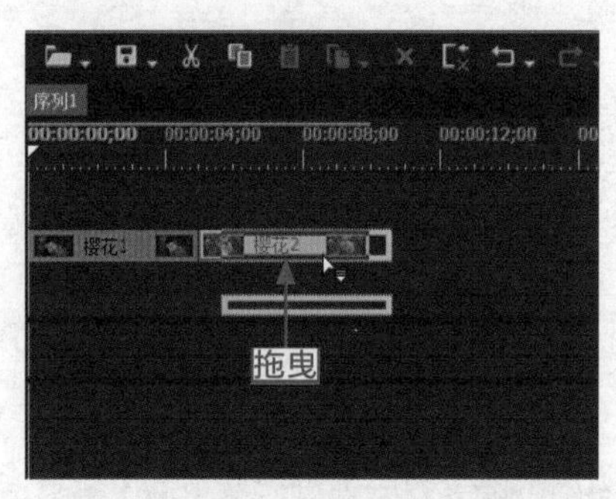

图 6-52 对两段素材进行解组操作

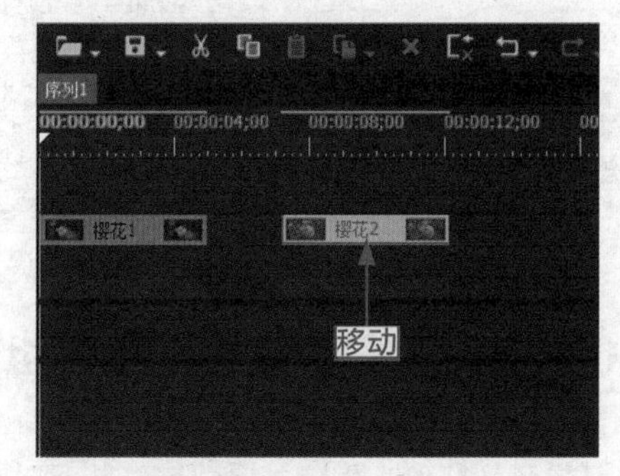

图 6-53 移动解组后的素材文件

步骤 05: 单击录制窗口下方的“播放”按钮，预览被解组、移动后的素材画面效果，如图 6-54 所示。

图 6-54 预览素材画面效果

6.2.7　实例——调整视频中的音频均衡化

在 EDIUS 9 中，用户可以根据需要调整视频中的音频均衡化，轻松完成音量的均衡操作。下面介绍调整视频中音频均衡化的操作方法。

操练 + 视频　实例——调整视频中的音频均衡化

素材文件	素材 \ 第 6 章 \ 可爱动漫 .ezp	扫描封底文泉云盘的二维码获取资源
效果文件	效果 \ 第 6 章 \ 可爱动漫 .ezp	
视频文件	视频 \ 第 6 章 \6.2.7　实例——调整视频中的音频均衡化 .mp4	

步骤 01：选择“文件”|“打开工程”命令，打开一个工程文件，在视频轨中选择需要调整的视频素材，如图 6-55 所示。

步骤 02：在选择的素材文件上单击鼠标右键，在弹出的快捷菜单中选择“均衡化”命令，如图 6-56 所示。

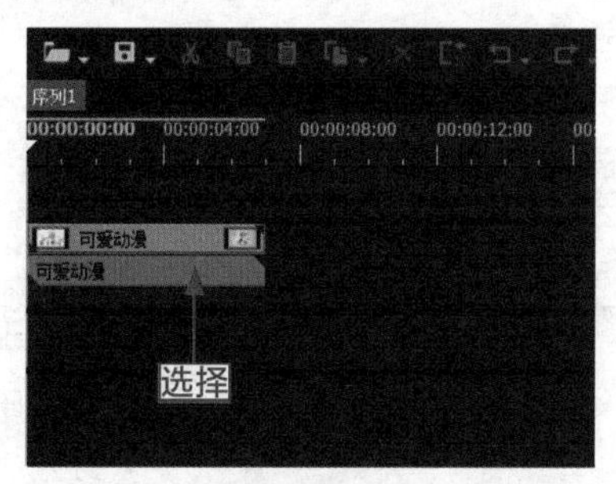

图 6-55　选择需要调整的视频素材

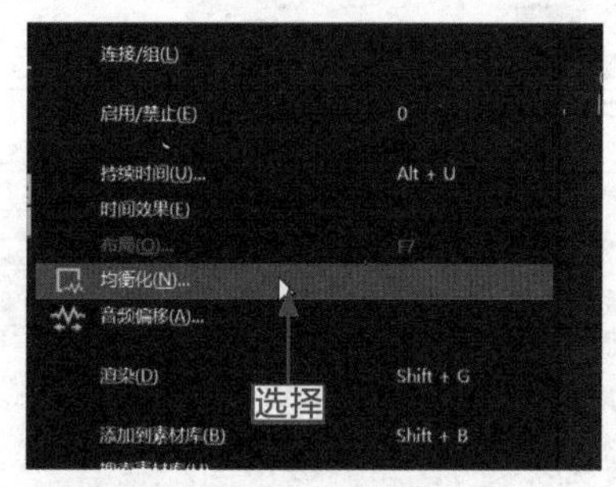

图 6-56　选择“均衡化”命令

步骤 03：执行操作后，弹出“均衡化”对话框，如图 6-57 所示。

步骤 04：在该对话框中，更改“音量”的数值为 -12，如图 6-58 所示。

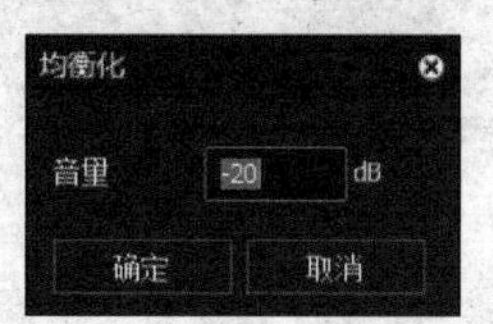

图 6-57　弹出“均衡化”对话框

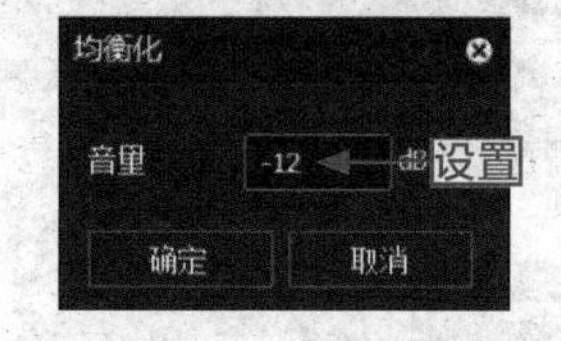

图 6-58　更改“音量”右侧的数值

步骤 05：设置完成后，单击“确定”按钮，即可调整视频中的音频均衡化效果，单击录制窗口下方的“播放”按钮，预览视频画面效果，聆听音频的声音，如图 6-59 所示。

专家指点　在 EDIUS 9 中，单击“素材”菜单，在弹出的菜单列表中选择“均衡化”命令，也可以弹出“均衡化”对话框。

图 6-59　预览视频画面效果

6.2.8　实例——调整视频中的音频偏移

在 EDIUS 的视频文件中，如果视频和声音存在不同步的情况，此时用户可以使用音频偏移功能调整音频素材。下面介绍调整视频中的音频偏移的操作方法。

操练 + 视频　实例——调整视频中的音频偏移

素材文件	素材 \ 第 6 章 \ 落日 .ezp	扫描封底文泉云盘的二维码获取资源
效果文件	效果 \ 第 6 章 \ 落日 .ezp	
视频文件	视频 \ 第 6 章 \6.2.8　实例——调整视频中的音频偏移 .mp4	

步骤 01: 选择“文件”|“打开工程”命令，打开一个工程文件，在视频轨中选择需要调整音频的视频素材，如图 6-60 所示。

步骤 02: 在选择的素材文件上单击鼠标右键，在弹出的快捷菜单中选择“音频偏移”命令，如图 6-61 所示。

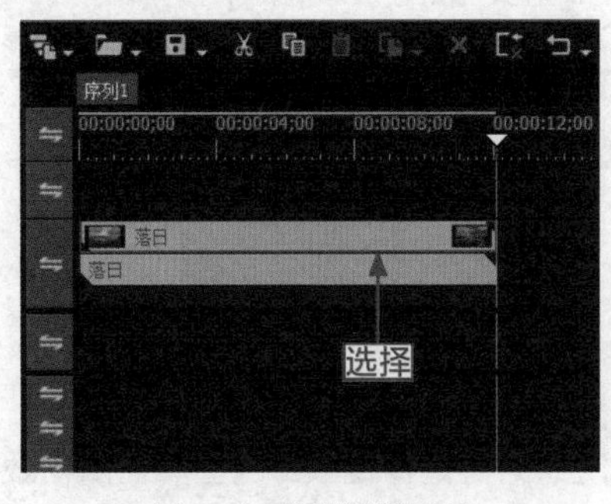

图 6-60　选择视频素材

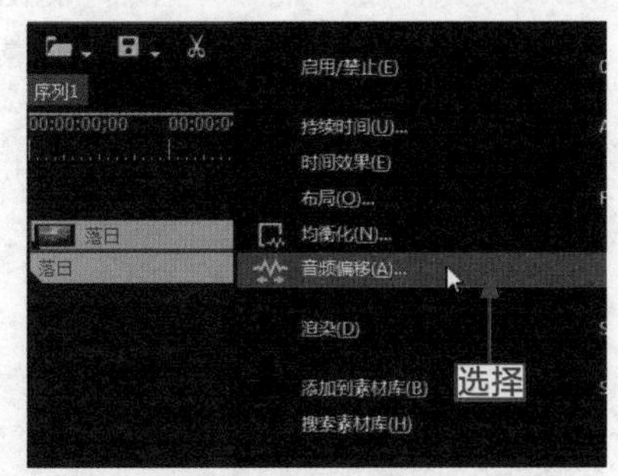

图 6-61　选择“音频偏移”命令

步骤 03: 执行操作后，弹出“音频偏移”对话框，在“方向”选项区中选中“向前”单选按钮，在“偏移”选项区中设置各时间参数，如图 6-62 所示。

步骤 04: 设置完成后，单击“确定”按钮，返回 EDIUS 工作界面，此时视频轨中的素材文件将发生变化，如图 6-63 所示。

图 6-62　设置各参数

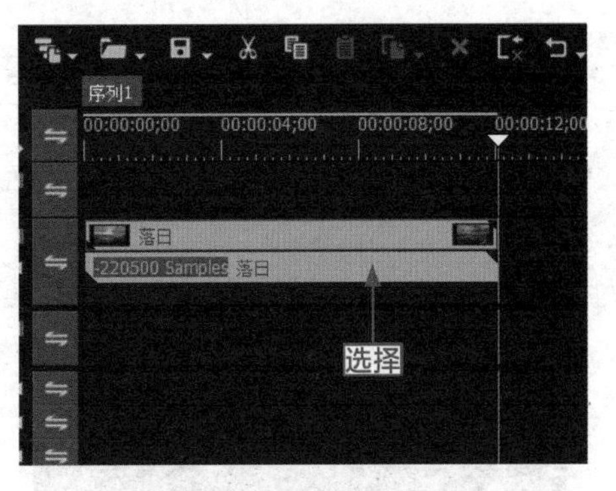

图 6-63　视频素材发生变化

步骤 05: 在录制窗口下方单击“播放”按钮，预览调整后的视频画面效果，聆听音频的声音，如图 6-64 所示。

> **专家指点** 在 EDIUS 9 中，单击“素材”菜单，在弹出的菜单列表中选择“音频偏移”命令，也可以弹出“音频偏移”对话框。

图 6-64　预览调整后的视频画面效果

6.3　查看剪辑的视频素材

在 EDIUS 工作界面中，当用户对视频素材进行精确剪辑后，可以查看剪辑后的视频素材是否符合用户的需求。本节主要介绍通过多种方式查看剪辑后的视频素材的操作方法。

6.3.1　实例——在播放窗口中显示

在 EDIUS 工作界面中，被剪辑后的视频素材可以在播放窗口中显示出来，方便用户查看剪辑后的视频素材是否符合要求。下面介绍在播放窗口中显示素材的方法。

操练＋视频　实例——在播放窗口中显示

素材文件	素材 \ 第 6 章 \ 花儿绽放 .ezp	扫描封底文泉云盘的二维码获取资源
效果文件	效果 \ 第 6 章 \ 花儿绽放 .ezp	
视频文件	视频 \ 第 6 章 \6.3.1　实例——在播放窗口中显示 .mp4	

步骤 01： 选择“文件”|“打开工程”命令，打开一个工程文件，如图 6-65 所示。

步骤 02： 此时，录制窗口中的视频画面效果如图 6-66 所示。

图 6-65　打开一个工程文件

图 6-66　录制窗口中的视频画面

步骤 03： 在视频轨中，选择需要在播放窗口中显示的素材文件，如图 6-67 所示。

步骤 04： 单击“素材”菜单，在弹出的菜单列表中选择“在播放窗口显示”命令，如图 6-68 所示。

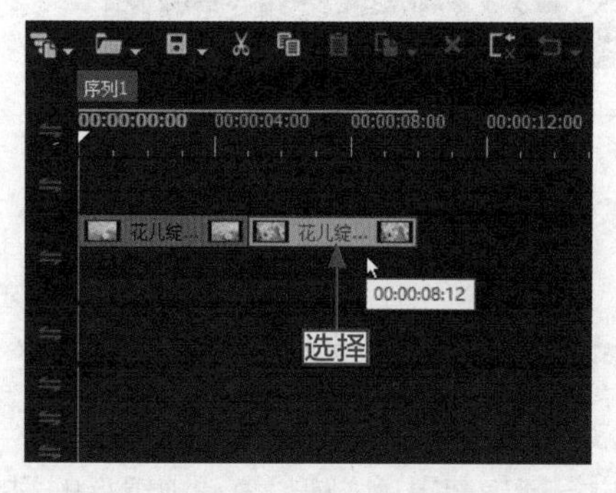

图 6-67　选择素材文件

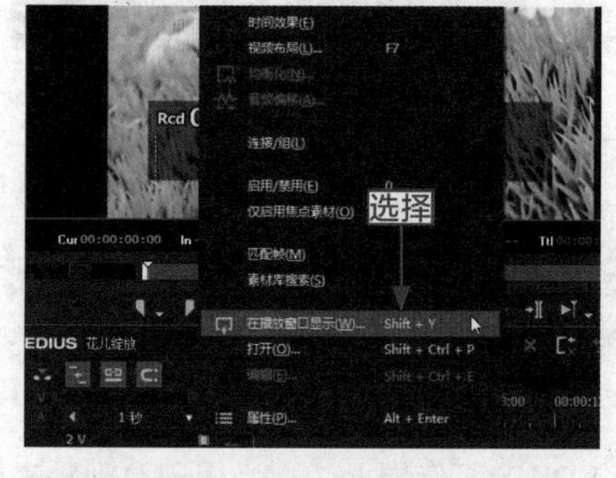

图 6-68　选择“在播放窗口显示”命令

> **专家指点**　在 EDIUS 9 中，按【Shift ＋ Y】组合键，也可以在播放窗口中显示素材文件。

步骤 05： 执行操作后，即可在播放窗口中显示素材文件，如图 6-69 所示。

图 6-69　在播放窗口中显示素材文件

6.3.2　实例——查看剪辑的视频属性

在 EDIUS 工作界面中，用户可以查看剪辑后的视频属性，包括素材的持续时间、时间码以及帧尺寸等信息。下面介绍查看剪辑后的视频属性的操作方法。

操练 + 视频　实例——查看剪辑的视频属性

素材文件	素材 \ 第 6 章 \ 绿叶嫩芽 .ezp	扫描封底文泉云盘的二维码获取资源
效果文件	无	
视频文件	视频 \ 第 6 章 \6.3.2 实例——查看剪辑的视频属性 .mp4	

步骤 01：在视频轨中，选择剪辑后的视频文件，如图 6-70 所示。

步骤 02：单击“素材”菜单，弹出菜单列表，选择“属性”命令，如图 6-71 所示。

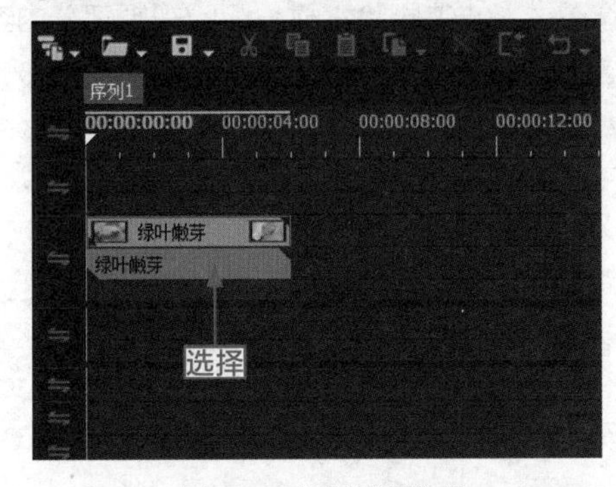

图 6-70　选择视频文件

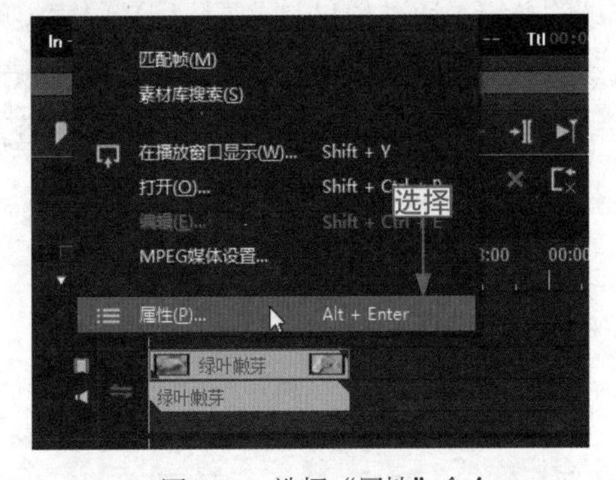

图 6-71　选择“属性”命令

步骤 03：弹出“素材属性”对话框，在“文件信息”选项卡中，可以查看视频文件的名称、路径、类型、大小以及创建时间等信息，如图 6-72 所示。

步骤 04: 切换至“视频信息”选项卡，在其中可以查看视频文件的持续时间、时间码以及帧尺寸等信息，如图 6-73 所示。

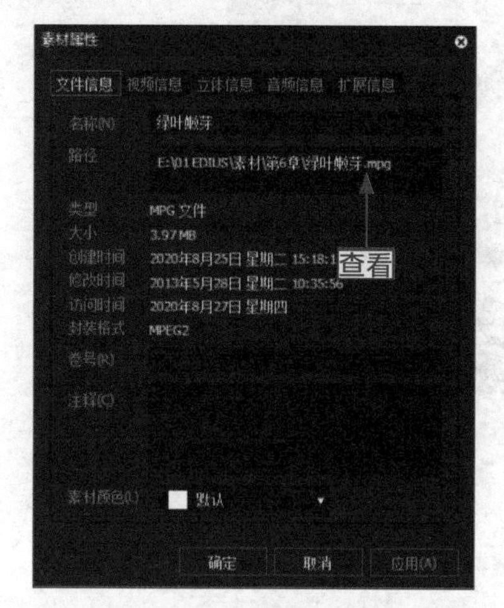

图 6-72　查看文件信息

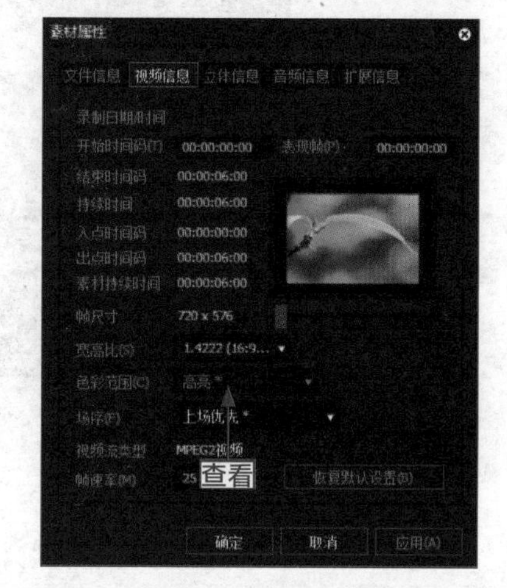

图 6-73　查看视频信息

> **专家指点**　在 EDIUS 9 中，选择相应的素材文件后，按【Alt + Enter】组合键，也可以快速弹出“素材属性”对话框。

6.4　本章小结

本章以实例的形式将精确删除视频素材、剪辑视频素材的每一种方法、每一个选项都进行了详细的介绍。通过本章的学习，用户对直接删除素材、波纹删除素材、删除视频部分内容以及删除素材间的间隙有了一定的认识；对视频的精确剪辑也有了一个深入的了解，包括设置素材持续时间、素材速度以及时间重映射等内容，希望读者可以熟练掌握本章内容，掌握多种剪辑视频素材的操作方法。

CHAPTER 07

第 7 章 标记素材入点与出点

~ 学前提示 ~

在 EDIUS 9 中，用户可以在视频素材之间添加入点与出点，用于更精确地剪辑视频素材，使剪辑后的视频素材更符合用户的需求，使制作的视频画面更加具有吸引力。本章主要向读者介绍标记素材入点与出点的操作方法，主要包括设置素材入点与出点、清除素材入点与出点、为素材添加标记以及导入与导出标记等内容，希望读者可以熟练掌握本章内容。

~ 本章重点 ~

- 实例——设置素材入点
- 实例——设置素材出点
- 实例——分别清除素材入点与出点
- 实例——同时清除素材入点与出点
- 实例——添加标记到入 / 出点
- 实例——添加注释内容

7.1 设置素材入点与出点

在 EDIUS 9 中，设置素材的入点与出点是为了更精确地剪辑视频素材。本节主要介绍设置素材入点与出点的操作方法。

7.1.1 实例——设置素材入点

在 EDIUS 9 中，设置入点是指标记视频素材的开始位置，下面介绍设置素材入点的操作方法。

操练 + 视频 实例——设置素材入点

素材文件	素材 \ 第 7 章 \ 城市建筑 .ezp	扫描封底文泉云盘的二维码获取资源
效果文件	效果 \ 第 7 章 \ 城市建筑 1.ezp	
视频文件	视频 \ 第 7 章 \7.1.1 实例——设置素材入点 .mp4	

步骤 01：选择“文件”|“打开工程”命令，打开一个工程文件，如图 7-1 所示。

步骤 02：在视频轨中，将时间线移至 00:00:02:14 的位置处，如图 7-2 所示。

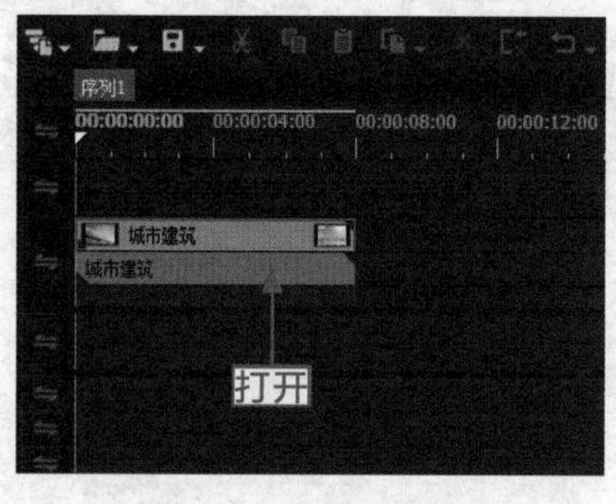

图 7-1　打开一个工程文件

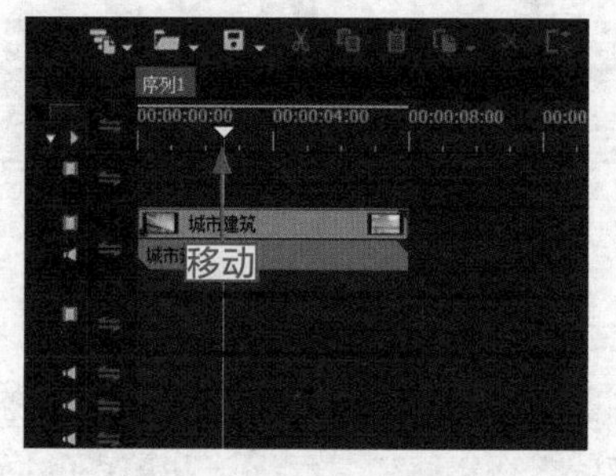

图 7-2　移动时间线的位置

步骤 03：在菜单栏中，选择“标记”|“设置入点”命令，如图 7-3 所示。

步骤 04：执行操作后，即可设置视频素材的入点，被标记的入点后部分呈亮色，前部分呈灰色，如图 7-4 所示。

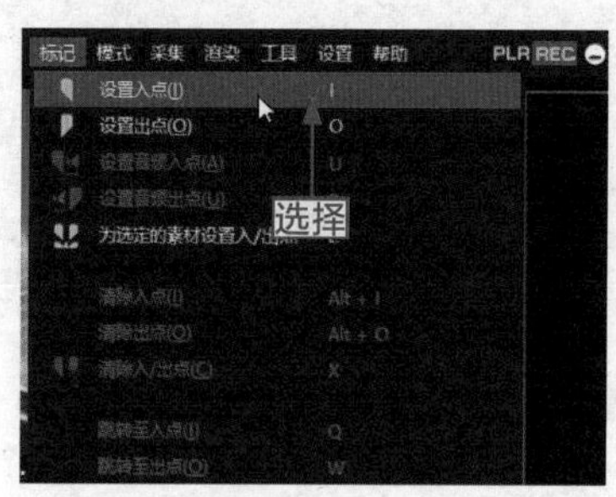

图 7-3　选择“设置入点”命令

图 7-4　设置素材的入点

步骤 05：单击录制窗口下方的“播放”按钮，预览设置入点后的视频画面效果，如图 7-5 所示。

图 7-5　预览设置入点后的视频画面效果

7.1.2　实例——设置素材出点

在 EDIUS 9 中，设置出点是指标记视频素材的结束位置，下面介绍设置素材出点的操作方法。

操练 + 视频　实例——设置素材出点

素材文件	无	扫描封底文泉云盘的二维码获取资源
效果文件	效果 \ 第 7 章 \ 城市建筑 2.ezp	
视频文件	视频 \ 第 7 章 \7.1.2 实例——设置素材出点 .mp4	

步骤 01：打开上一例效果文件，在视频轨中，将时间线移至 00:00:05:09 的位置处，如图 7-6 所示。

步骤 02：在窗口单击“标记”菜单，在弹出的菜单列表中选择“设置出点”命令，如图 7-7 所示。

图 7-6　移动时间线的位置

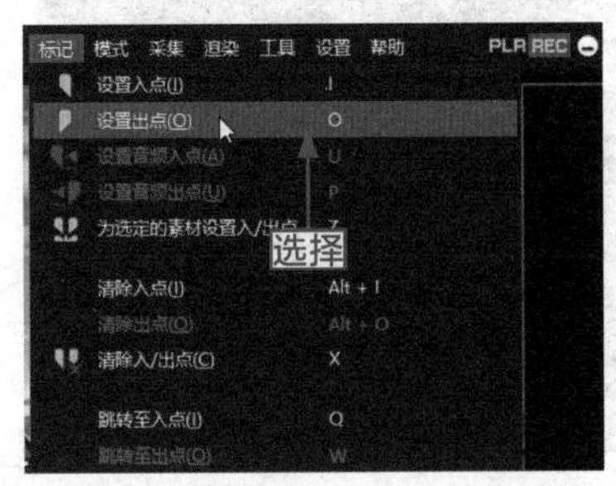

图 7-7　选择“设置出点”命令

步骤 03：执行操作后，即可设置视频的出点，此时被标记入点与出点部分的视频呈亮色显示，其他没有被标记的视频呈灰色显示，如图 7-8 所示。

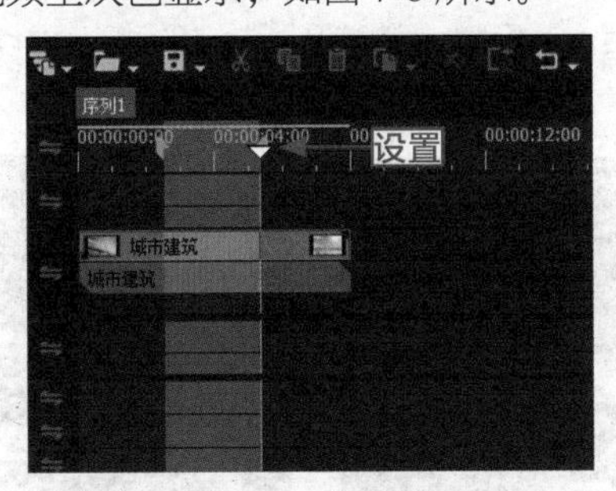

图 7-8　设置视频出点

专家指点　在 EDIUS 9 中，按【O】键，也可以快速设置视频素材的出点。

7.1.3　实例——为选定的素材设置入 / 出点

在 EDIUS 工作界面中，用户还可以为选定的素材设置入点与出点。下面向读者介绍为选定的素材设置入点与出点的操作方法。

操练+视频　实例——为选定的素材设置入 / 出点

素材文件	素材 \ 第 7 章 \ 海边女人 .ezp	扫描封底文泉云盘的二维码获取资源
效果文件	效果 \ 第 7 章 \ 海边女人 .ezp	
视频文件	视频 \ 第 7 章 \7.1.3 实例——为选定的素材设置入 / 出点 .mp4	

步骤 01：选择“文件”|“打开工程”命令，打开一个工程文件，如图 7-9 所示。

步骤 02：在视频轨中，选择需要设置入点与出点的素材文件，如图 7-10 所示。

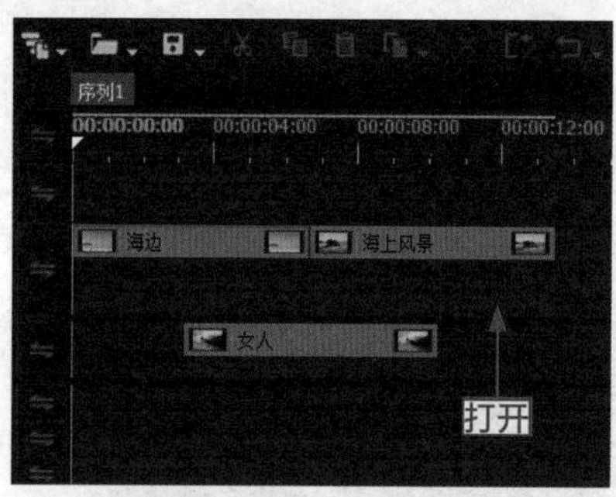

图 7-9　打开一个工程文件

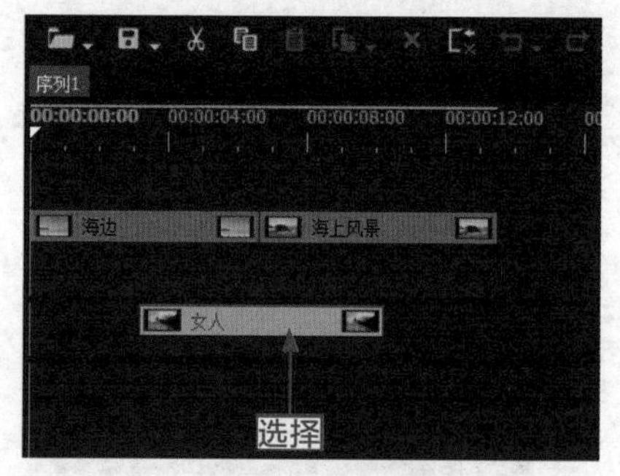

图 7-10　选择素材文件

步骤 03：单击“标记”菜单，在弹出的菜单列表中选择“为选定的素材设置入 / 出点”命令，如图 7-11 所示。

步骤 04：执行操作后，即可为视频轨中选定的素材文件设置入点与出点，如图 7-12 所示。

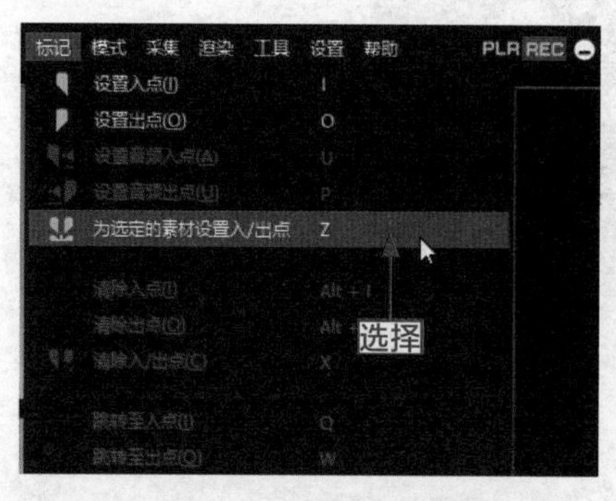

图 7-11　选择相应命令

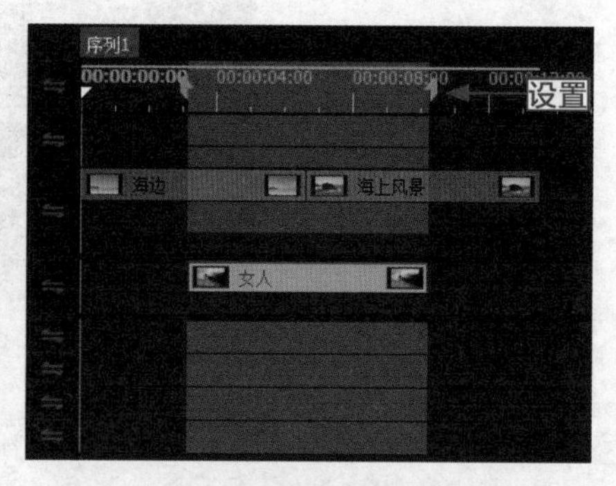

图 7-12　设置入点与出点

步骤 05：单击录制窗口下方的“播放”按钮，预览设置入点与出点后的素材画面，如图 7-13 所示。

专家指点　在 EDIUS 9 中，按【Z】键，也可以快速为选定的素材设置入点与出点。

图 7-13　预览素材画面

7.2　清除素材入点与出点

上一节主要向读者介绍了设置素材入点与出点的操作方法，而本节主要向读者介绍清除素材入点与出点的操作方法，希望读者可以熟练掌握，对素材的入点与出点能灵活运用。

7.2.1　实例——分别清除素材入点与出点

在 EDIUS 中编辑视频时，如果用户不再需要设置素材的入点与出点，此时可以对素材的入点与出点进行清除操作，使制作的视频更符合用户的需求。下面介绍清除素材入点与出点的操作方法。

操练 + 视频　实例——分别清除素材入点与出点

素材文件	素材 \ 第 7 章 \ 郁金香 .ezp	扫描封底文泉云盘的二维码获取资源
效果文件	效果 \ 第 7 章 \ 郁金香 .ezp	
视频文件	视频 \ 第 7 章 \7.2.1　实例——分别清除素材入点与出点 .mp4	

步骤 01：选择“文件” | “打开工程”命令，打开一个工程文件，如图 7-14 所示。

步骤 02：在视频轨中，选择需要清除入点的素材文件，单击“标记”菜单，在弹出的菜单列表中选择“清除入点”命令，如图 7-15 所示。

步骤 03：执行操作后，即可清除视频素材的入点，此时被清除的入点部分的视频呈亮色显示，如图 7-16 所示。

步骤 04：在窗口中单击“标记”菜单，在弹出的菜单列表中选择“清除出点”命令，如图 7-17 所示。

图 7-14　打开一个工程文件

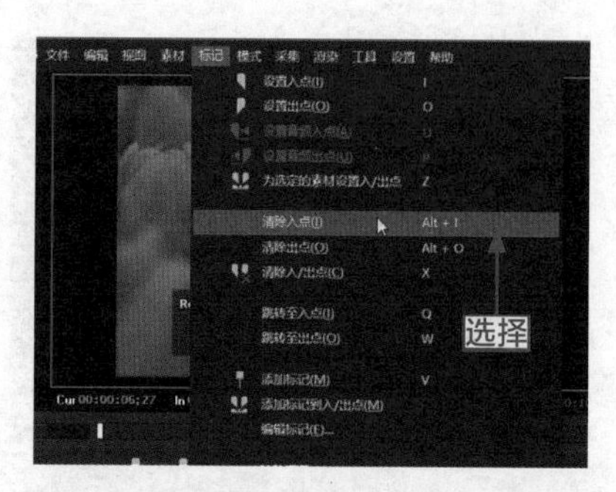

图 7-15　选择“清除入点”命令

图 7-16　清除视频素材的入点

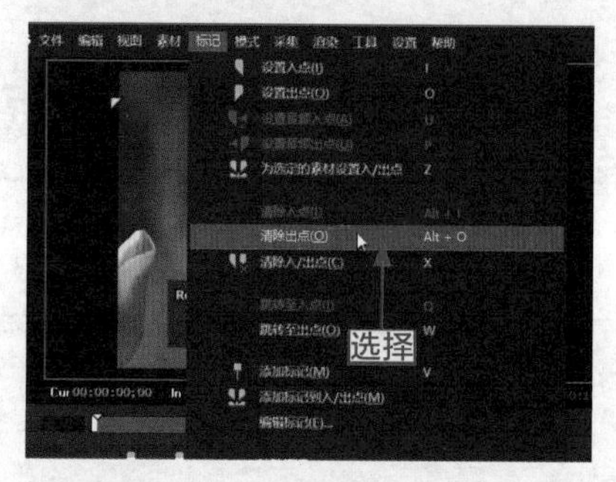

图 7-17　选择“清除出点”命令

专家指点　在 EDIUS 9 中，按【Alt + O】组合键，也可以快速清除视频中的出点。

步骤 05： 执行操作后，即可清除视频素材的出点，如图 7-18 所示。

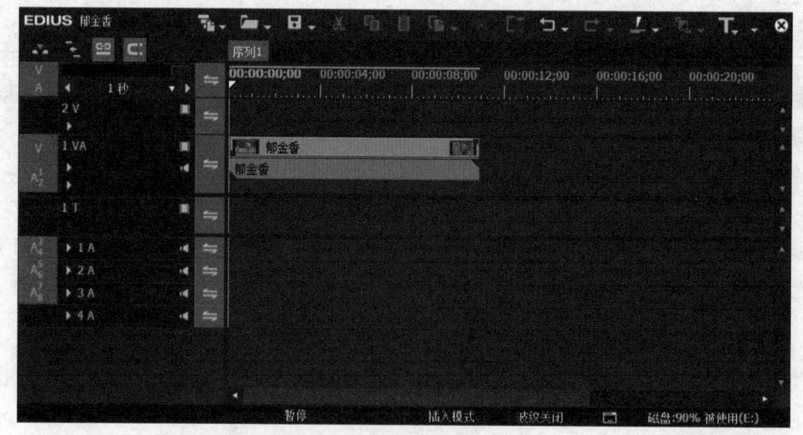

图 7-18　清除视频素材的出点

步骤 06： 单击录制窗口下方的“播放”按钮，预览清除入点与出点后的视频画面效果，如图 7-19 所示。

图 7-19　预览视频画面效果

专家指点

在 EDIUS 9 中，用户还可以通过以下两种方法清除视频中的入点。

- 单击录制窗口下方“设置入点”按钮右侧的下三角按钮，在弹出的列表框中选择“清除入点”选项，即可清除视频中的入点。
- 在视频轨中的入点标记上单击鼠标右键，在弹出的快捷菜单中选择“清除入点”命令，即可清除视频中的入点。
- 在 EDIUS 9 中，用户还可以通过以下两种方法清除视频中的出点。
- 单击录制窗口下方“设置出点”按钮右侧的下三角按钮，在弹出的列表框中选择“清除出点”选项，即可清除视频中的出点。
- 在视频轨中的出点标记上单击鼠标右键，在弹出的快捷菜单中选择“清除出点”命令，即可清除视频中的出点。

7.2.2　实例——同时清除素材入点与出点

EDIUS 9 还提供了同时清除素材入点与出点的功能，使用该功能可以提高用户编辑视频的效率。下面介绍同时清除素材入点与出点的操作方法。

操练 + 视频　实例——同时清除素材入点与出点

素材文件	素材 \ 第 7 章 \ 儿童绘画 .ezp	扫描封底文泉云盘的二维码获取资源
效果文件	效果 \ 第 7 章 \ 儿童绘画 .ezp	
视频文件	视频 \ 第 7 章 \7.2.2　实例——同时清除素材入点与出点 .mp4	

步骤 01：选择“文件” | “打开工程”命令，打开一个工程文件，如图 7-20 所示。

步骤 02：在视频轨中，将鼠标移至入点标记上，显示入点信息，如图 7-21 所示。

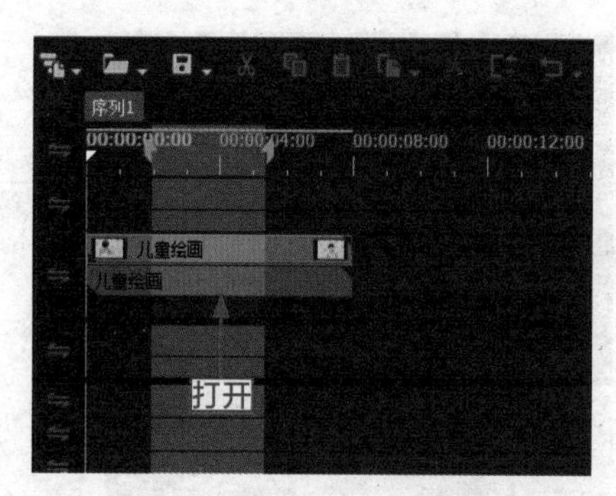

图 7-20　打开一个工程文件

图 7-21　将鼠标移至入点标记上

步骤 03：在入点标记上单击鼠标右键，在弹出的快捷菜单中选择“清除入 / 出点”命令，如图 7-22 所示。

步骤 04：执行操作后，即可同时清除视频轨中视频素材文件的入点与出点，如图 7-23 所示。

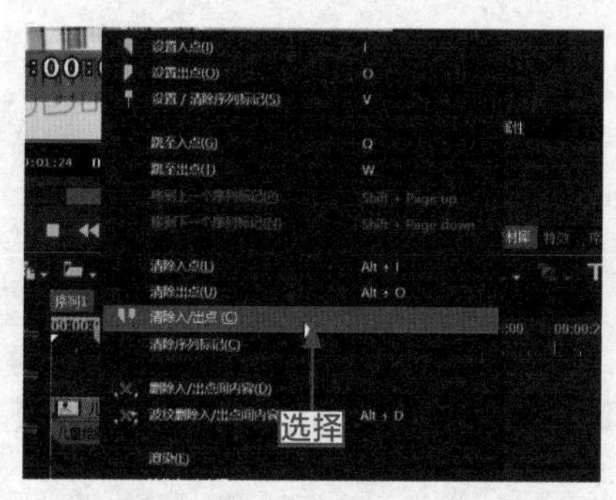

图 7-22　选择“清除入 / 出点”命令

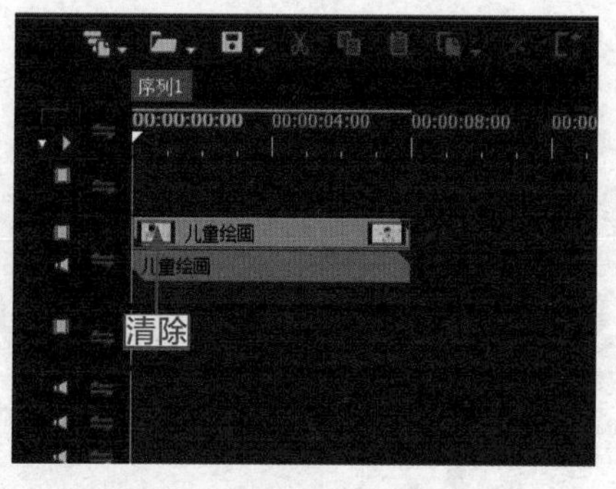

图 7-23　同时清除入点与出点

步骤 05：单击录制窗口下方的“播放”按钮，预览清除入点与出点后的视频画面效果，如图 7-24 所示。

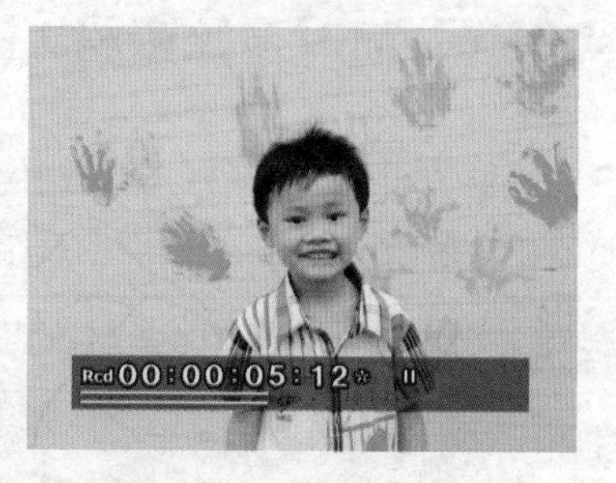

图 7-24　预览视频画面效果

专家指点

在 EDIUS 9 中，用户还可以通过以下两种方法同时清除视频中的入点与出点。

- 按【X】键，同时清除视频入点与出点。
- 单击“标记”菜单，在弹出的菜单列表中选择“清除入 / 出点”命令，也可以同时清除视频中的入点与出点。

7.2.3　实例——快速跳转至入点与出点

在 EDIUS 9 中，用户可以使用软件提供的“跳转至入点”与“跳转至出点”功能，快速跳转至视频中的入点与出点部分，然后对视频文件进行编辑操作。下面介绍快速跳转至入点与出点的操作方法。

操练 + 视频　实例——快速跳转至入点与出点

素材文件	素材 \ 第 7 章 \ 小荷 .ezp	扫描封底文泉云盘的二维码获取资源
效果文件	效果 \ 第 7 章 \ 小荷 .ezp	
视频文件	视频 \ 第 7 章 \7.2.3　实例——快速跳转至入点与出点 .mp4	

步骤 01: 选择“文件”|“打开工程”命令，打开一个工程文件，视频轨中的素材文件被设置了入点与出点部分，如图 7-25 所示。

步骤 02: 单击“标记”菜单，在弹出的菜单列表中选择“跳转至入点”命令，如图 7-26 所示。

图 7-25　打开一个工程文件

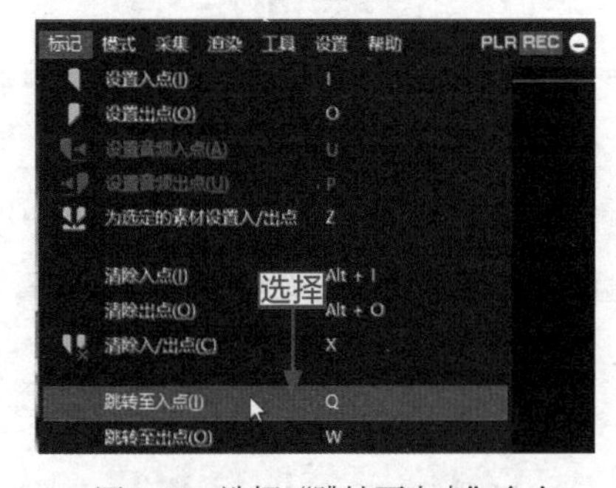

图 7-26　选择“跳转至入点”命令

步骤 03: 执行操作后，即可跳转至视频中的入点位置，如图 7-27 所示。

步骤 04: 在菜单栏中，选择“标记”|“跳转至出点”命令，即可跳转至视频中的出点位置，如图 7-28 所示。

图 7-27　跳转至视频中的入点位置

图 7-28　跳转至视频中的出点位置

步骤05：单击“播放”按钮，预览入点与出点部分的视频画面，如图7-29所示。

专家指点 在EDIUS 9中，按【Q】键，可以快速跳转至视频的入点位置；按【W】键，可以快速跳转至视频的出点位置。

图7-29 预览入点与出点部分的视频画面

7.3 为素材添加标记

在EDIUS 9中，用户可以为时间线上的视频素材添加标记点。在编辑视频的过程中，可以快速地跳到上一个或下一个标记点，来查看所标记的视频画面内容，并在视频标记点上添加注释信息，对当前的视频画面进行讲解。本节主要介绍为素材添加标记的操作方法。

7.3.1 实例——添加标记

在EDIUS工作界面中，标记主要用来记录视频中的某个画面，使用户更加方便地对视频进行编辑。下面介绍添加标记的操作方法。

操练+视频 实例——添加标记

素材文件	素材\第7章\创意视频.ezp	扫描封底文泉云盘的二维码获取资源
效果文件	效果\第7章\创意视频.ezp	
视频文件	视频\第7章\7.3.1 实例——添加标记.mp4	

步骤01：选择“文件”|“打开工程”命令，打开一个工程文件，如图7-30所示。

步骤02：在视频轨中，将时间线移至00:00:02:00的位置处，如图7-31所示，该处是准备添加标记的位置。

步骤03：在窗口中单击“标记”菜单，在弹出的菜单列表中选择“添加标记”命令，如图 7-32 所示。

步骤 04： 执行操作后，即可在 00:00:02:00 的位置处添加素材标记，此时素材标记呈橙色显示，如图 7-33 所示。

> **专家指点**　在 EDIUS 9 中，按【Shift + PageUp】组合键，可以跳转至上一个标记点；按【Shift + PageDown】组合键，可以跳转至下一个标记点。

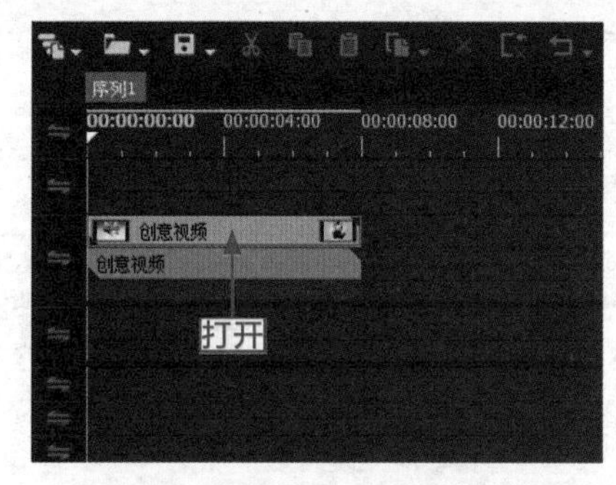

图 7-30　打开一个工程文件

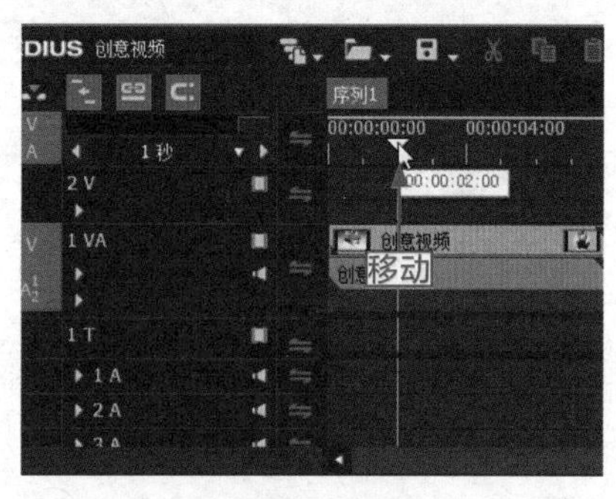

图 7-31　移动时间线位置

图 7-32　选择“添加标记”命令

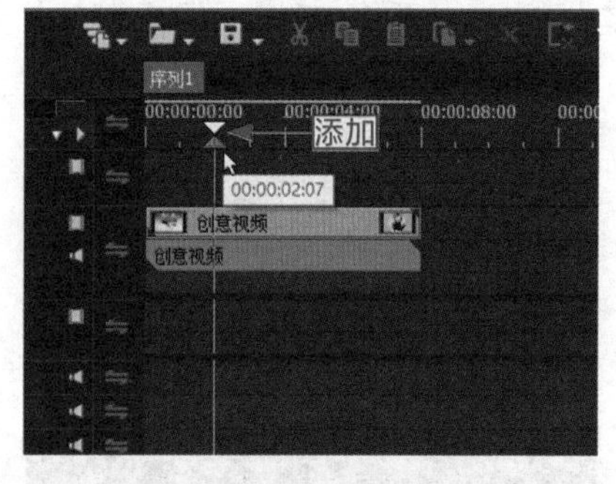

图 7-33　添加素材标记

> **专家指点**　在 EDIUS 9 中，按【V】键，也可以快速在时间线位置添加一个素材标记。

步骤 05： 将时间线移至素材的开始位置，单击录制窗口下方的“播放”按钮，预览添加标记后的视频画面效果，如图 7-34 所示。

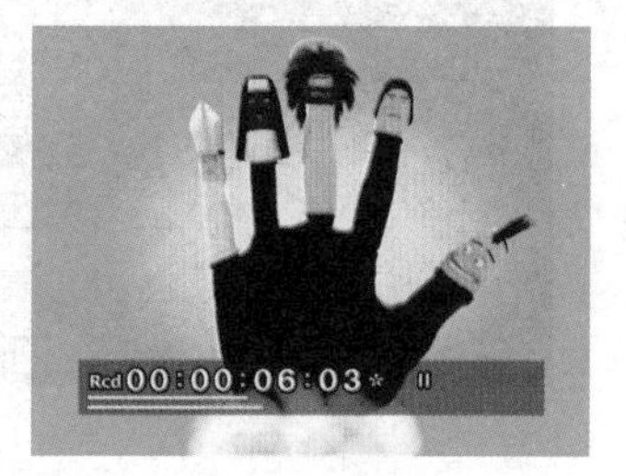

图 7-34　预览视频画面效果

专家指点	在视频轨中需要添加素材标记的时间线位置单击鼠标右键，在弹出的快捷菜单中选择“设置/清除序列标记”命令，也可以快速添加一个素材标记。

7.3.2 实例——添加标记到入/出点

在EDIUS 9中，用户可以在视频素材的入点与出点位置添加标记。下面介绍添加标记到入/出点的操作方法。

操练+视频 实例——添加标记到入/出点

素材文件	素材\第7章\可爱猫咪.ezp	扫描封底文泉云盘的二维码获取资源
效果文件	效果\第7章\可爱猫咪.ezp	
视频文件	视频\第7章\7.3.2 实例——添加标记到入/出点.mp4	

步骤01：选择“文件”|“打开工程”命令，打开一个工程文件，如图7-35所示。

步骤02：在菜单栏中，选择“标记”|“添加标记到入/出点”命令，如图7-36所示。

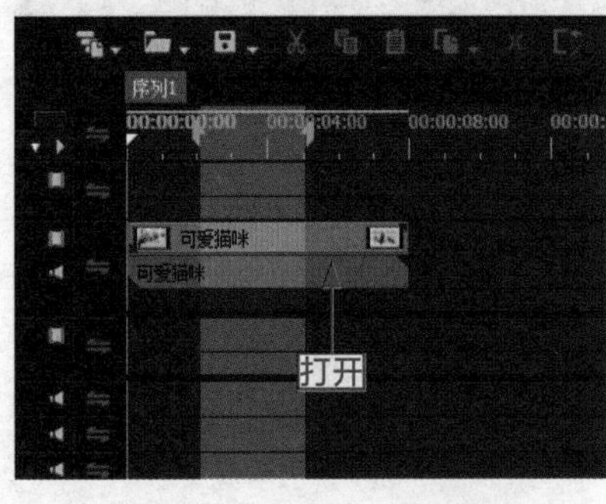

图7-35 打开一个工程文件

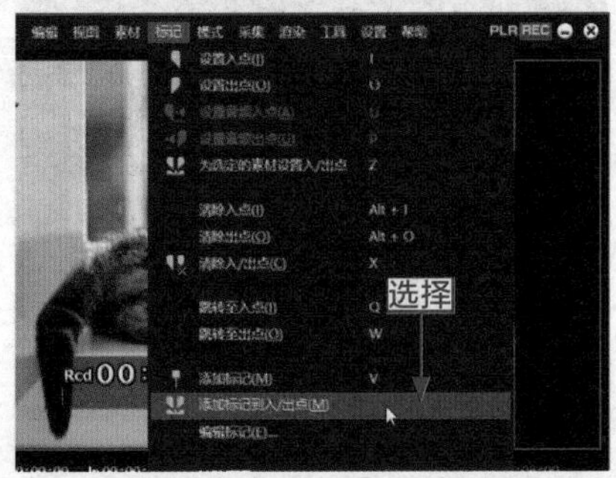

图7-36 选择“添加标记到入/出点”命令

步骤03：执行操作后，即可在入点与出点之间添加素材标记，被标记的部分呈橙色显示，如图7-37所示。

图7-37 在入点与出点之间添加素材标记

步骤 04：单击录制窗口下方的“播放”按钮，预览视频画面效果，如图 7-38 所示。

图 7-38 预览视频画面效果

7.3.3 实例——添加注释内容

在 EDIUS 9 中，用户可以为素材标记添加注释内容，用于对视频画面进行解说。下面介绍添加注释内容的操作方法。

操练 + 视频 实例——添加注释内容

素材文件	素材 \ 第 7 章 \ 蓝天白云 .ezp	扫描封底文泉云盘的二维码获取资源
效果文件	效果 \ 第 7 章 \ 蓝天白云 .ezp	
视频文件	视频 \ 第 7 章 \7.3.3 实例——添加注释内容 .mp4	

步骤 01：选择“文件”|“打开工程”命令，打开一个工程文件，如图 7-39 所示。

步骤 02：在视频轨中，将时间线移至 00:00:01:24 的位置处，如图 7-40 所示。

图 7-39 打开一个工程文件

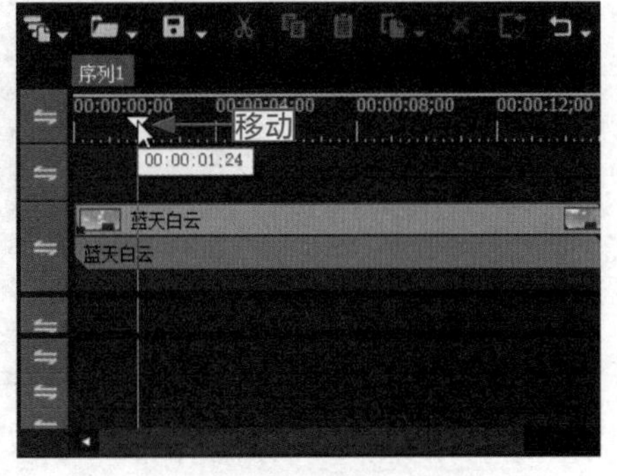

图 7-40 移动时间线的位置

步骤 03：按键盘上的【V】键，在该时间线位置添加一个素材标记，如图 7-41 所示。

步骤 04：在窗口中单击“标记”菜单，在弹出的菜单列表中选择“编辑标记”命令，如图 7-42 所示。

步骤 05：执行操作后，弹出“标记注释”对话框，在“注释”文本框中输入相应注释内容，如图 7-43 所示。

图 7-41　添加一个素材标记

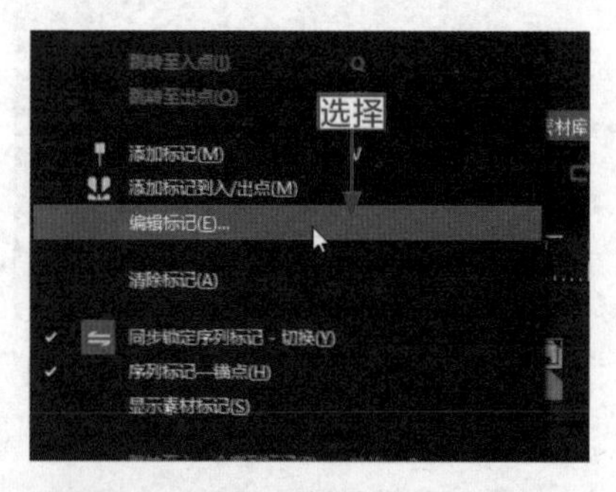

图 7-42　选择“编辑标记”命令

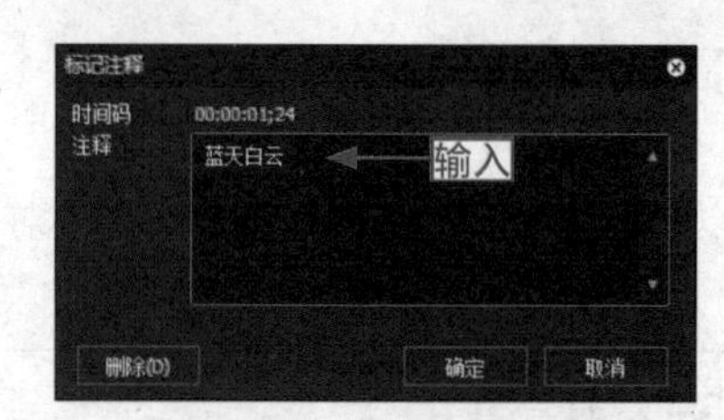

图 7-43　输入相应注释内容

专家指点

在“标记注释”对话框中，如果用户对当前标记的注释内容不满意，可以单击对话框左下方的“删除”按钮，删除当前标记注释。

步骤 06：单击“确定”按钮，即可添加标记注释内容。将时间线移至素材的开始位置，单击录制窗口下方的“播放”按钮，预览视频画面效果，如图 7-44 所示。

图 7-44　预览视频画面效果

7.3.4　实例——清除素材标记

在 EDIUS 9 中，如果用户不再需要素材标记，此时可以对视频轨中添加的素材标记进行清除操作，保持视频轨的整洁。下面介绍清除素材标记的操作方法。

操练 + 视频　实例——清除素材标记

素材文件	素材 \ 第 7 章 \ 张家界之旅 .ezp	扫描封底文泉云盘的二维码获取资源
效果文件	效果 \ 第 7 章 \ 张家界之旅 .ezp	
视频文件	视频 \ 第 7 章 \7.3.4　实例——清除素材标记 .mp4	

步骤 01：选择“文件”|“打开工程”命令，打开一个工程文件，如图 7-45 所示。

步骤 02：在视频轨中，选择需要删除的素材标记，如图 7-46 所示。

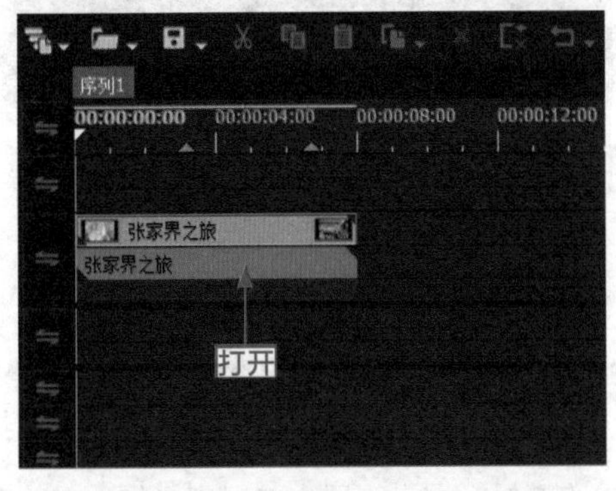

图 7-45　打开一个工程文件

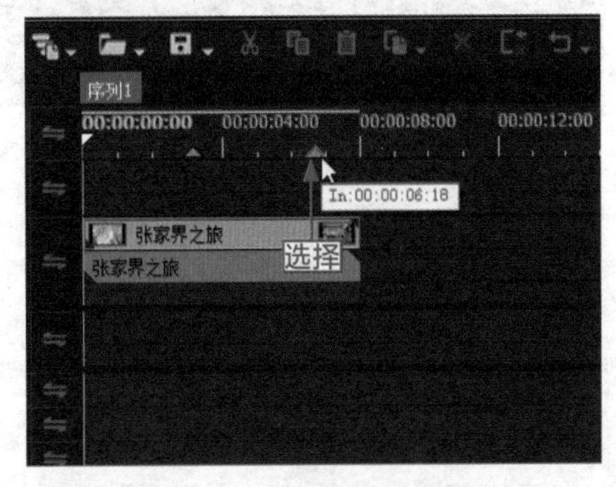

图 7-46　选择需要删除的素材标记

专家指点　选择需要删除的素材标记，按【Delete】键，也可以快速删除素材标记。

步骤 03：在菜单栏中，选择“标记”|“清除标记”|“所有”命令，如图 7-47 所示。

步骤 04：执行操作后，即可清除视频轨中的所有标记，如图 7-48 所示。

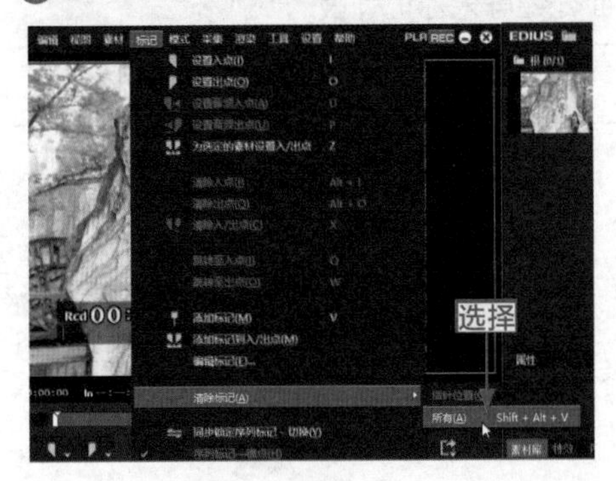

图 7-47　选择“所有”命令

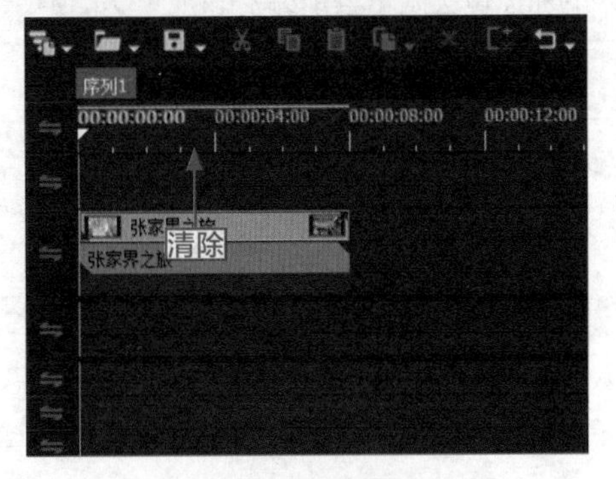

图 7-48　清除视频轨中的所有标记

步骤 05：单击录制窗口下方的“播放”按钮，预览清除素材标记后的视频画面效果，如图 7-49 所示。

图 7-49　预览视频画面效果

7.4　导入与导出标记

在 EDIUS 工作界面中，用户可以对视频轨中的素材标记进行导入与导出操作。本节主要介绍导入与导出素材标记的操作方法。

7.4.1　实例——导入标记列表

在 EDIUS 9 中，用户可以将计算机中已经存在的标记列表导入“序列标记”面板中，被导入的标记也会附于当前编辑的视频文件中。下面介绍导入标记列表的操作方法。

操练 + 视频　实例——导入标记列表

素材文件	素材 \ 第 7 章 \ 可爱女人 .ezp	扫描封底文泉云盘的二维码获取资源
效果文件	效果 \ 第 7 章 \ 可爱女人 .ezp	
视频文件	视频 \ 第 7 章 \7.4.1　实例——导入标记列表 .mp4	

步骤 01：选择“文件”|“打开工程”命令，打开一个工程文件，如图 7-50 所示。

步骤 02：在“序列标记”面板中，单击“导入标记列表”按钮，如图 7-51 所示。

步骤 03：弹出 Open 对话框，选择需要导入的标记列表文件，如图 7-52 所示。

步骤 04：单击 Open 按钮，即可将其导入“序列标记”面板中，如图 7-53 所示。

步骤 05：导入的标记列表直接应用于当前视频轨中的视频文件上，时间线上显示了多处素材标记，如图 7-54 所示。

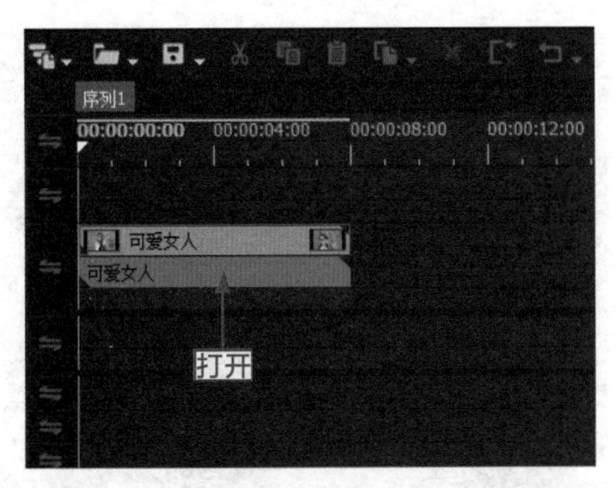

图 7-50　打开一个工程文件

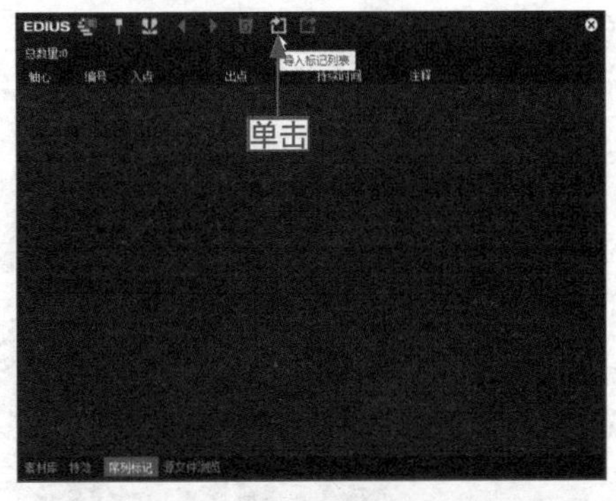

图 7-51　单击“导入标记列表”按钮

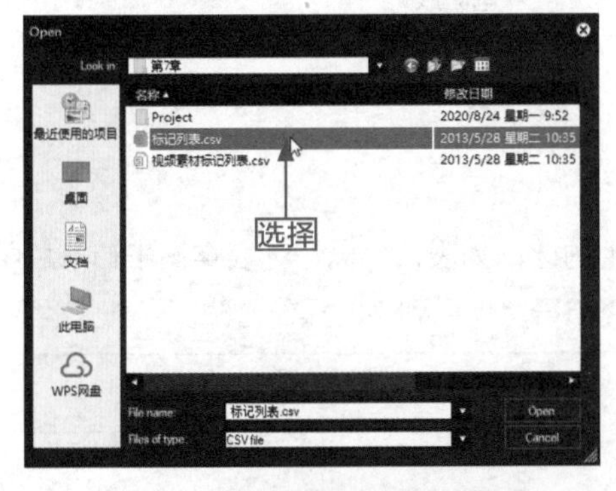

图 7-52　选择标记列表文件

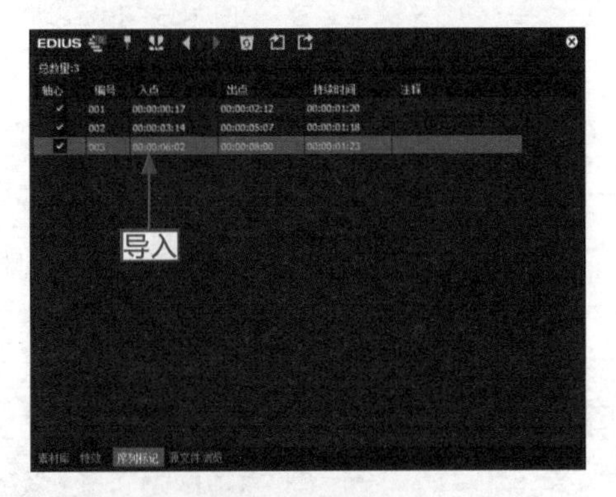

图 7-53　导入“序列标记”面板中

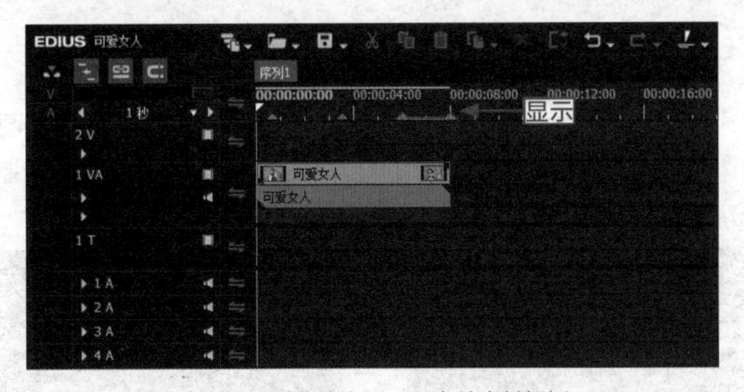

图 7-54　时间线上显示了多处素材标记

步骤 06：单击录制窗口下方的“播放”按钮，预览添加标记后的视频画面效果，如图 7-55 所示。

在 EDIUS 9 中，用户还可以通过以下两种方法导入标记列表。

- 单击“标记”菜单，在弹出的菜单列表中选择“导入标记列表”命令，即可导入标记列表。
- 在视频轨中的时间线上单击鼠标右键，在弹出的快捷菜单中选择“导入标记列表”命令，即可导入标记列表。

图 7-55 预览添加标记后的视频画面效果

7.4.2 实例——导出标记列表

在 EDIUS 工作界面中，用户可以导出视频中的标记列表，将标记列表存储于计算机中，方便日后对相同的素材进行相同标记操作。下面介绍导出标记列表的操作方法。

操练 + 视频 实例——导出标记列表

素材文件	素材 \ 第 7 章 \ 云南演出 .ezp	扫描封底文泉云盘的二维码获取资源
效果文件	效果 \ 第 7 章 \ 视频素材标记列表 .csv	
视频文件	视频 \ 第 7 章 \7.4.2 实例——导出标记列表 .mp4	

步骤 01：选择“文件”|“打开工程”命令，打开一个工程文件，如图 7-56 所示。

步骤 02：用户可以运用前面所学的知识点，在视频轨中的视频文件上创建多处入点与出点标记，如图 7-57 所示。

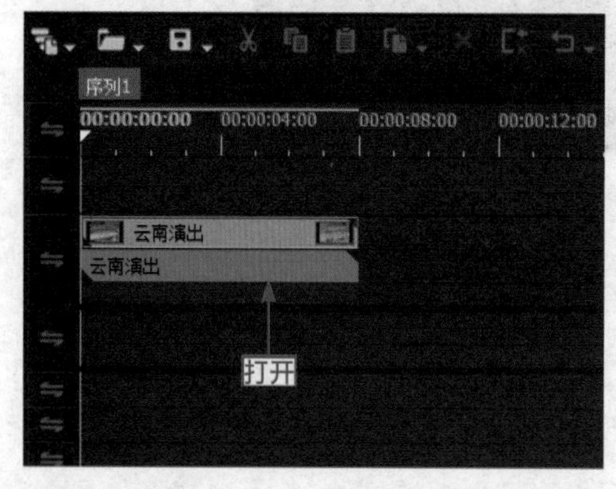

图 7-56 打开一个工程文件

图 7-57 创建多处素材标记

步骤 03：在“序列标记”面板中，显示了多条创建的标记具体时间码，显示了入点与出点的具体时间，如图 7-58 所示。

步骤 04：在“序列标记”面板的右上角单击“导出标记列表”按钮，如图 7-59 所示。

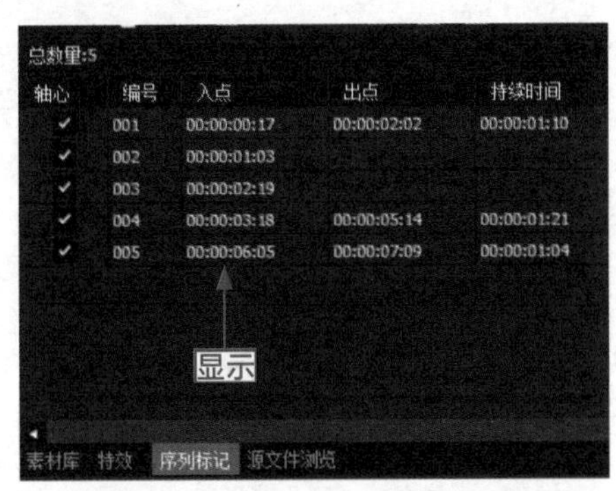

图 7-58　显示多条标记信息

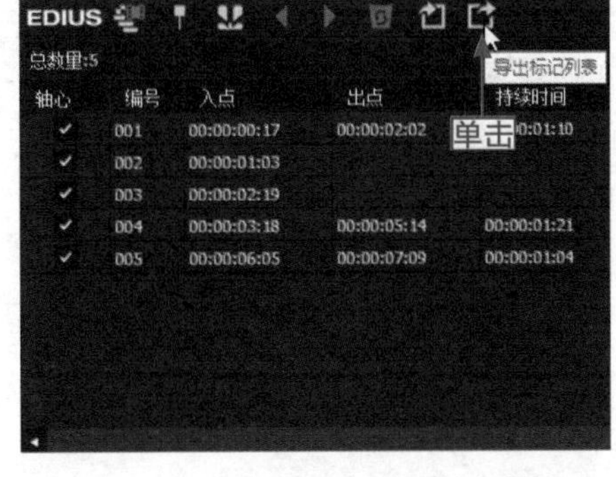

图 7-59　单击“导出标记列表”按钮

步骤 05：执行操作后，弹出 Save As 对话框，在其中设置文件的保存位置与文件名称，如图 7-60 所示。

步骤 06：单击“保存”按钮，即可保存标记列表文件，单击录制窗口下方的“播放”按钮，预览视频画面效果，如图 7-61 所示。

在 EDIUS 9 中，用户还可以通过以下两种方法导出标记列表。

- 单击“标记”菜单，在弹出的菜单列表中选择“导出标记列表”命令，即可导出标记列表。
- 在视频轨中的时间线上单击鼠标右键，在弹出的快捷菜单中选择“导出标记列表”命令，即可导出标记列表。

图 7-60　设置文件保存选项

图 7-61　预览视频画面效果

7.5 本章小结

本章详细地介绍了设置素材入点与出点、清除素材入点与出点、为素材添加标记以及导入与导出标记等内容。通过本章的学习，用户能够很好地掌握入点与出点的添加和清除；对素材标记的添加、导入和导出也有了一个深入的了解，包括导入标记列表与导出标记列表等内容，希望读者可以熟练掌握本章内容，掌握多种精确标记视频素材的操作方法。

PART FOUR

04

专业特效篇

CHAPTER 08

第 8 章 制作视频转场效果

~ 学前提示 ~

在 EDIUS 9 中，从某种角度来说，转场就是一种特殊的滤镜效果，它可以在两个图像或视频素材之间创建某种过渡效果。运用转场，可以让素材之间的过渡效果更加生动、美丽，使视频之间的播放更加流畅。本章主要介绍制作视频转场效果的方法，主要包括认识转场效果、编辑转场效果、设置转场属性以及转场效果精彩应用案例等内容。

~ 本章重点 ~

- 实例——手动添加转场
- 实例——替换转场效果
- 实例——柔化转场的边缘
- 实例——2D 特效：春意盎然
- 实例——3D 特效：狗狗
- 实例——四页特效：秋收季节

8.1　认识转场效果

转场主要利用一些特殊的效果，在素材与素材之间产生自然、平滑、美观以及流畅的过渡效果，让视频画面更富有表现力。合理地运用转场效果，可以制作出让人赏心悦目的视频画面。本节主要介绍转场效果的基础知识，包括转场效果简介以及认识转场特效面板等内容。

8.1.1　转场效果简介

在视频编辑工作中，将素材与素材之间的连接称为切换。最常用的切换方法是一个素材与另一个素材紧密连接，使其直接过渡，将这种方法称为“硬切换”；还有另一种方法叫作“软切换”，它使用了一些特殊的效果，在素材与素材之间产生自然、流畅和平滑的过渡，如图 8-1 所示。

在电视节目中，这种“软切换”的转场方式运用得比较多，希望读者可以熟练掌握此方法。

图 8-1　各种“软切换”转场方式

8.1.2　转场特效面板

EDIUS 9 提供了多种转场效果，都存在于“特效”面板中，如图 8-2 所示。合理地运用这些转场效果，可以让素材之间的过渡更加生动、自然，从而制作出绚丽多姿的视频作品。

图 8-2　“特效”面板中的转场组

8.2 编辑转场效果

视频是由镜头与镜头之间的连接组建起来的，因此在许多镜头与镜头之间的切换过程中，难免会显得过于僵硬。此时，用户可以在两个镜头之间添加转场效果，使得镜头与镜头之间的过渡更为平滑。本节主要介绍编辑转场效果的操作方法，主要包括手动添加转场、设置默认转场、复制转场效果以及移动转场效果等内容。

8.2.1 实例——手动添加转场

在 EDIUS 9 中，转场效果被放置在“特效”面板中，用户只需将转场效果拖入视频轨道中的两段素材之间，即可应用转场效果。下面介绍手动添加转场效果的操作方法。

操练 + 视频 实例——手动添加转场

素材文件	素材 \ 第 8 章 \ 小孩（1）.jpg、小孩（2）.jpg	扫描封底文泉云盘的二维码获取资源
效果文件	效果 \ 第 8 章 \ 可爱小孩 .ezp	
视频文件	视频 \ 第 8 章 \8.2.1 实例——手动添加转场 .mp4	

步骤 01： 按【Ctrl + N】组合键，新建一个工程文件，在视频轨中的适当位置导入两张静态图像，如图 8-3 所示。

步骤 02： 选择“视图”|“面板”|“特效面板”命令，打开“特效”面板，如图 8-4 所示。

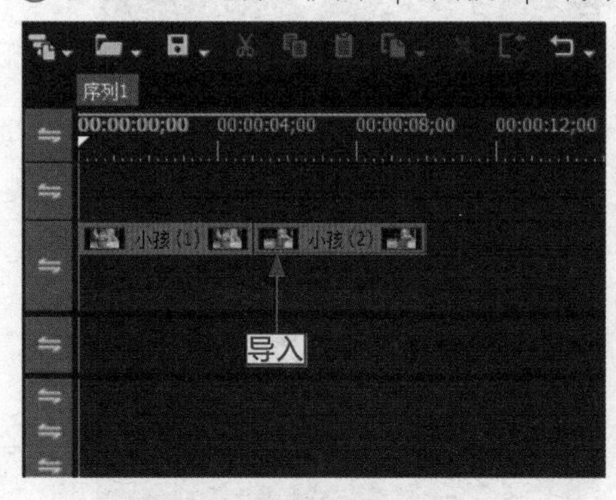

图 8-3 导入两张静态图像

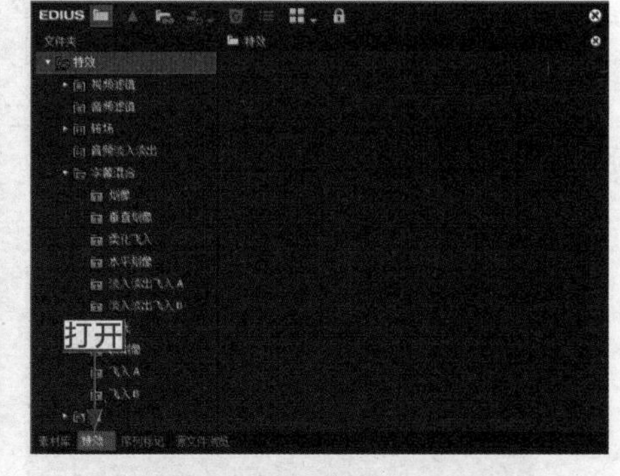

图 8-4 打开“特效”面板

步骤 03： 在左侧窗格中，依次展开“特效”|“转场” | GPU | “单页”|“单页卷动”选项，进入“单页卷动”转场素材库，在其中选择“单页卷入 - 从右上”转场效果，如图 8-5 所示。

步骤 04： 在选择的转场效果上，按住鼠标左键并拖曳至视频轨中的两段素材文件之间，释放鼠标左键，即可添加“单页卷入 - 从右上”转场效果，如图 8-6 所示。

图 8-5　选择转场效果

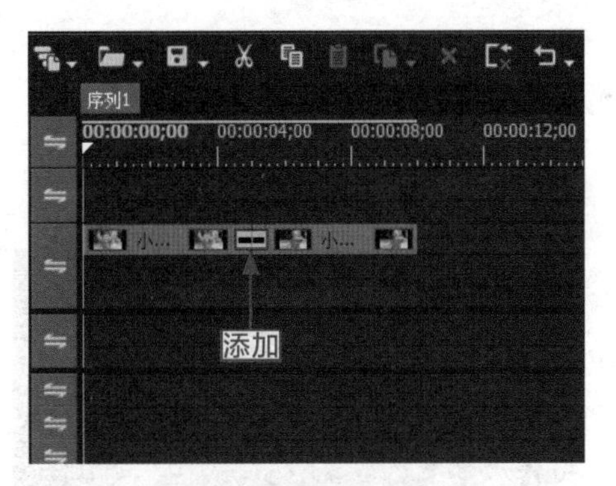

图 8-6　添加转场效果

步骤 05： 单击录制窗口下方的“播放”按钮，预览手动添加的“单页卷入 - 从右上”转场效果，如图 8-7 所示。

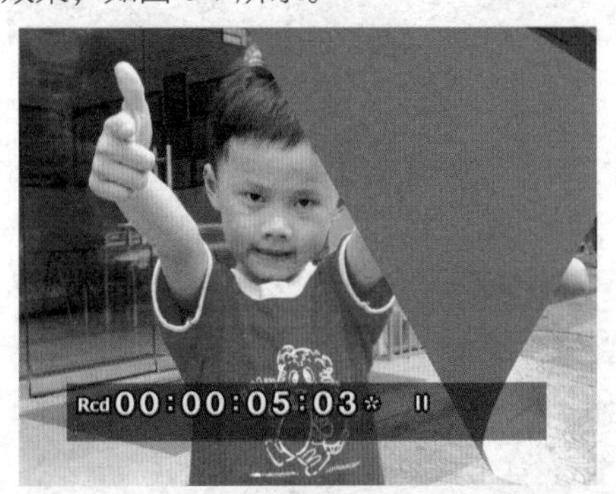

图 8-7　预览“单页卷入 - 从右上”转场效果

专家指点	在 EDIUS 工作界面中，添加完转场效果后，按【空格】键，也可以播放添加的转场效果。

8.2.2　实例——设置默认转场

在 EDIUS 工作界面中，当用户需要在大量的静态照片之间加入转场效果时，设置默认转场效果最为方便。下面介绍设置默认转场效果的操作方法。

操练 + 视频　实例——设置默认转场

素材文件	素材 \ 第 8 章 \ 厦门大学（1）.jpg、厦门大学（2）.jpg	扫描封底文泉云盘的二维码获取资源
效果文件	效果 \ 第 8 章 \ 厦门大学 .ezp	
视频文件	视频 \ 第 8 章 \8.2.2 实例——设置默认转场 .mp4	

步骤 01： 按【Ctrl + N】组合键，新建一个工程文件，在视频轨中的适当位置导入两张静态图像，如图 8-8 所示。

步骤 02： 在轨道面板上方，单击“设置默认转场”按钮，在弹出的列表框中选择“添加到素材出点”选项，如图 8-9 所示。

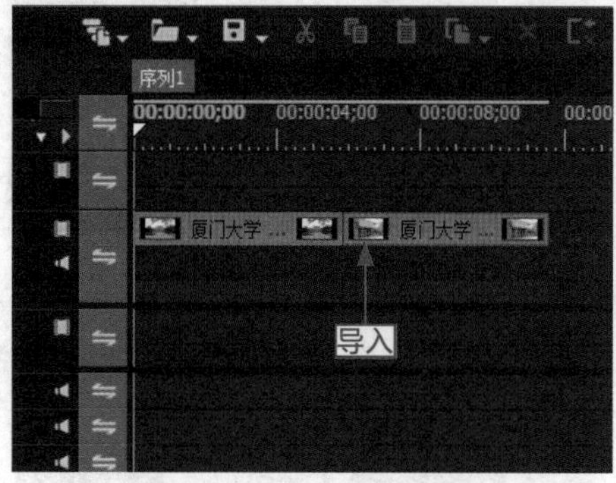

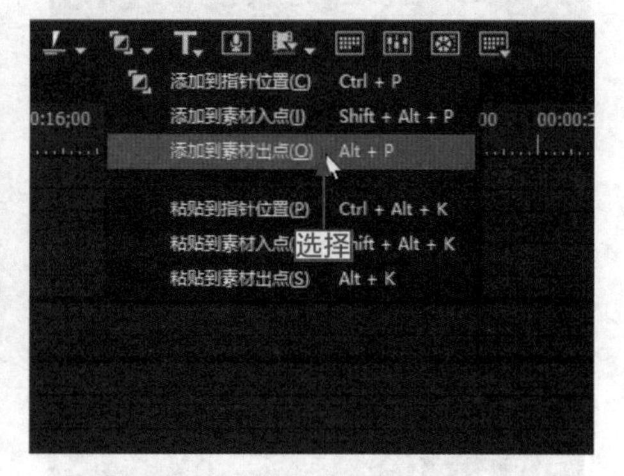

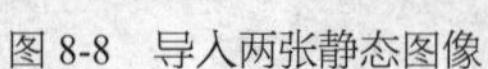
图 8-8　导入两张静态图像

图 8-9　选择“添加到素材出点”选项

步骤 03： 执行操作后，即可在素材出点添加默认的转场效果，单击录制窗口下方的“播放”按钮，预览添加的默认转场效果，如图 8-10 所示。

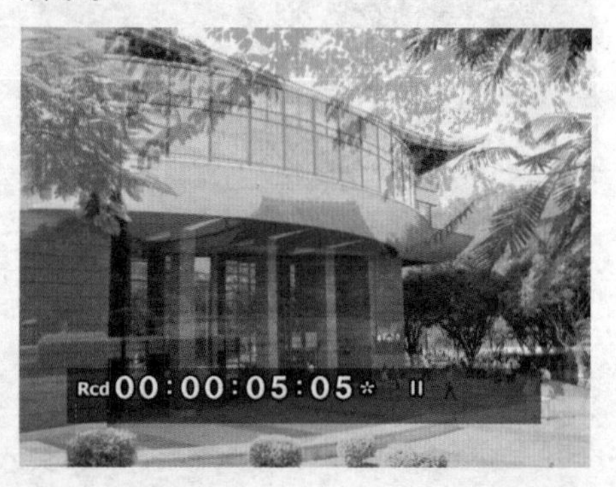

图 8-10　预览添加的默认转场效果

> **专家指点**　在 EDIUS 工作界面中，按【Ctrl + P】组合键，可以在指针位置添加默认转场效果；按【Shift + Alt + P】组合键，可以在素材入点位置添加默认转场效果；按【Alt + P】组合键，可以在素材出点位置添加默认转场效果。

8.2.3　实例——复制转场效果

在 EDIUS 工作界面中，对于需要重复使用的转场效果，用户可以进行复制粘贴操作，提高编辑视频的效率。下面介绍复制转场效果的操作方法。

操练 + 视频　实例——复制转场效果

素材文件	素材 \ 第 8 章 \ 羊卓湖（1）.jpg、羊卓湖（2）.jpg、羊卓湖（3）.jpg	扫描封底文泉云盘的二维码获取资源
效果文件	效果 \ 第 8 章 \ 羊卓湖 .ezp	
视频文件	视频 \ 第 8 章 \8.2.3　实例——复制转场效果 .mp4	

步骤 01： 在视频轨中的适当位置导入 3 张静态图像，如图 8-11 所示。

步骤 02： 在第 1 张与第 2 张静态图像之间添加默认转场效果，如图 8-12 所示。

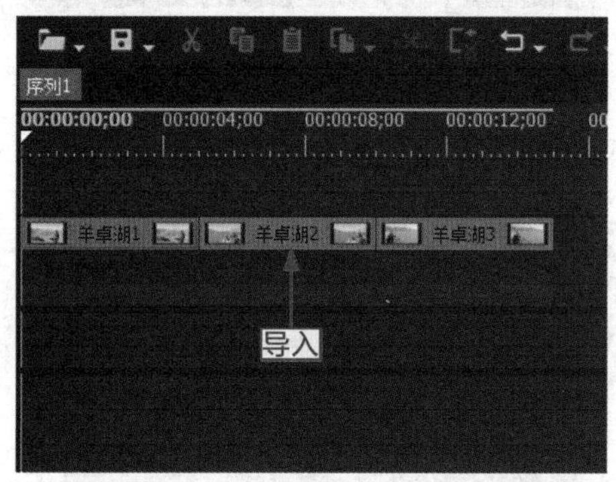

图 8-11　导入 3 张静态图像

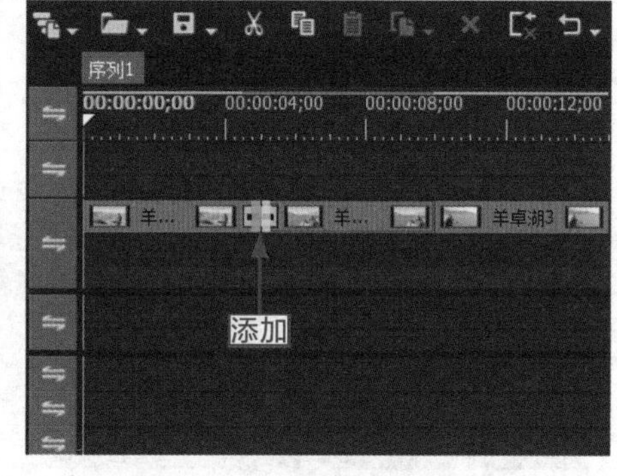

图 8-12　添加默认转场效果

步骤 03： 选择添加的默认转场效果，单击鼠标右键，在弹出的快捷菜单中选择“复制”命令，复制转场效果，如图 8-13 所示。

步骤 04： 在视频轨中，选择需要粘贴转场效果的素材文件，如图 8-14 所示。

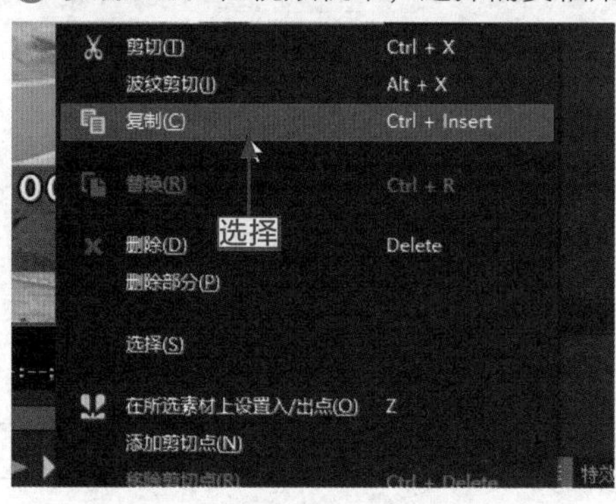

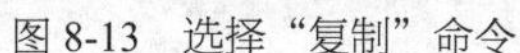

图 8-13　选择“复制”命令

图 8-14　选择素材文件

步骤 05： 在轨道面板上方单击“设置默认转场”按钮，在弹出的列表框中选择“粘贴到素材出点”选项，如图 8-15 所示。

步骤 06： 即可将转场效果粘贴至选择的素材出点位置，如图 8-16 所示。

步骤 07： 单击“播放”按钮，预览复制的转场效果，如图 8-17 所示。

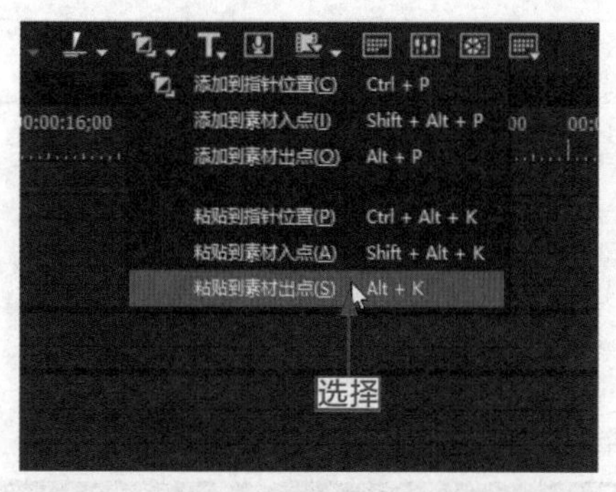

图 8-15　选择“粘贴到素材出点”选项

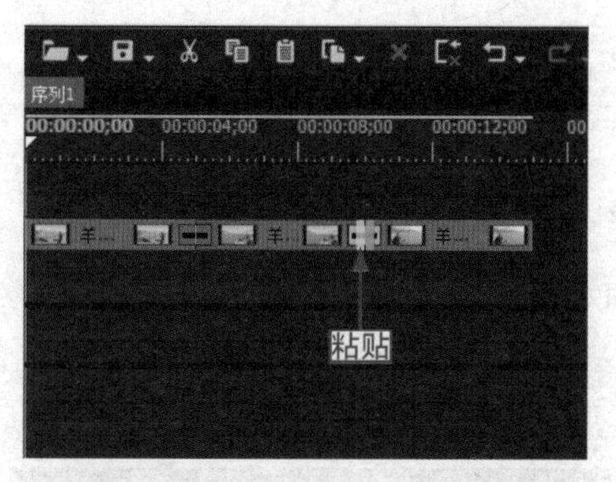

图 8-16　粘贴至选择的素材出点位置

图 8-17　预览复制的转场效果

专家指点　在 EDIUS 工作界面中，按【Ctrl + Insert】组合键，也可以快速复制转场效果。

8.2.4　实例——移动转场效果

在 EDIUS 工作界面中，用户可以根据实际需要对转场效果进行移动并放置到合适的位置上。下面介绍移动转场效果的操作方法。

操练 + 视频　实例——移动转场效果

素材文件	素材 \ 第 8 章 \ 两朵花 .ezp	扫描封底文泉云盘的二维码获取资源
效果文件	效果 \ 第 8 章 \ 两朵花 .ezp	
视频文件	视频 \ 第 8 章 \8.2.4　实例——移动转场效果 .mp4	

步骤 01：选择“文件” | “打开工程”命令，打开一个工程文件，如图 8-18 所示。

步骤 02：在视频轨中，选择需要移动的转场效果，如图 8-19 所示。

步骤 03：在选择的转场效果上方单击鼠标右键，在弹出的快捷菜单中选择“剪切”命令，如图 8-20 所示，剪切转场效果。

步骤 04： 在视频轨中，将时间线移至需要放置转场效果的位置处，如图 8-21 所示。

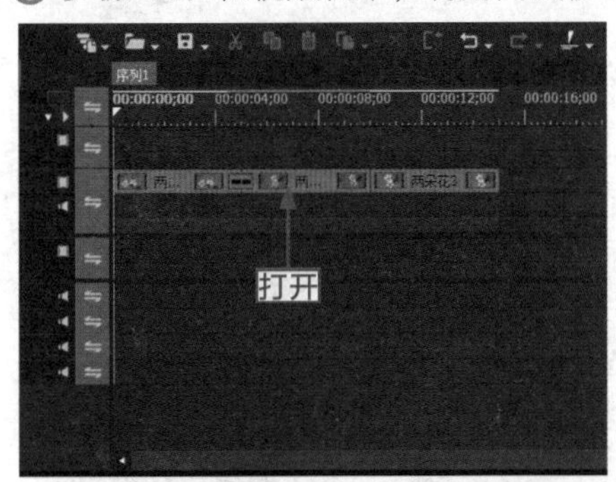

图 8-18　打开一个工程文件

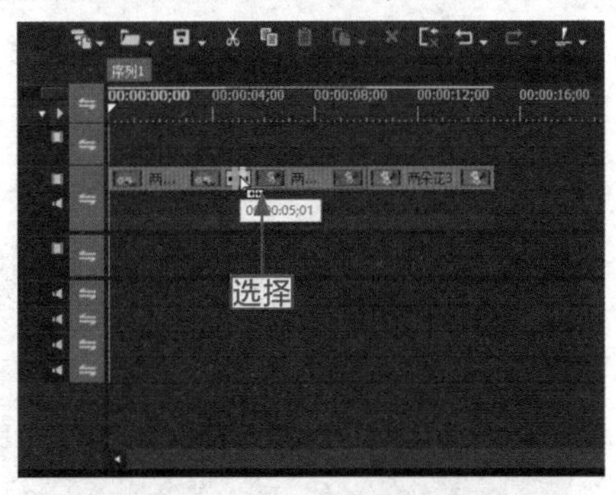

图 8-19　选择需要移动的转场效果

图 8-20　选择“剪切”命令

图 8-21　移动时间线的位置

> **专家指点**　在 EDIUS 工作界面中，按【Ctrl + X】组合键，也可以快速对转场效果进行剪切操作。

步骤 05： 在该时间线位置单击“编辑”菜单，在弹出的快捷菜单中选择“粘贴”|“指针位置”命令，如图 8-22 所示。

步骤 06： 执行操作后，即可在时间线位置插入转场效果，通过上述操作，即可完成对转场效果的移动操作，如图 8-23 所示。

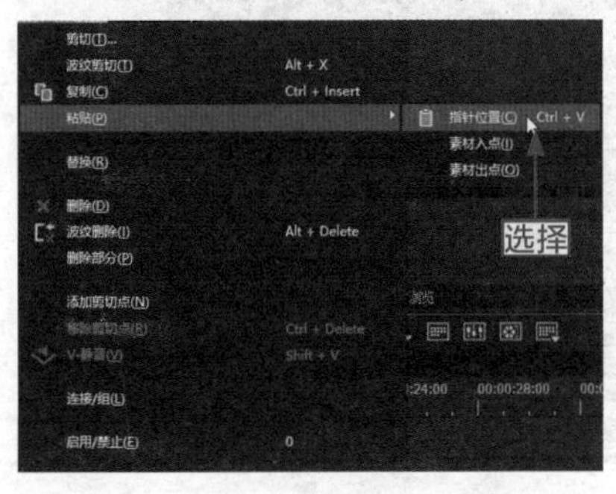

图 8-22　选择“指针位置”命令

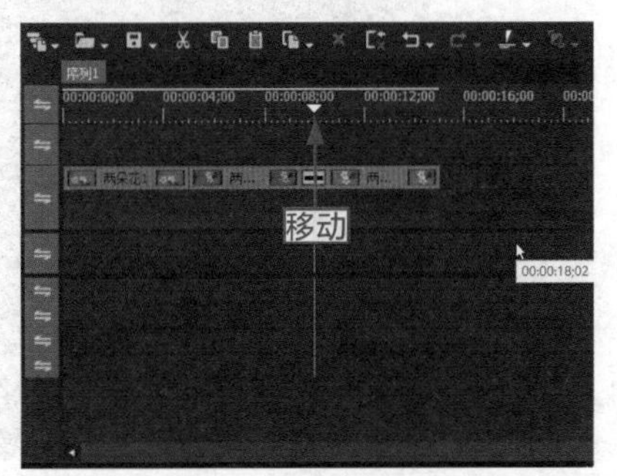

图 8-23　完成对转场效果的移动

> **专家指点** 在“粘贴”子菜单中，若用户选择“素材入点”命令，则可以将转场效果插入选择的素材入点位置处；若用户选择“素材出点”命令，则可以将转场效果插入选择的素材出点位置处。

步骤07：单击“播放”按钮，预览移动后的视频转场画面效果，如图8-24所示。

图8-24　预览移动后的视频转场画面效果

8.2.5　实例——替换转场效果

在EDIUS工作界面中，如果用户对当前添加的转场效果不满意，此时可以对转场效果进行替换，使视频画面更加符合用户的需求。

操练+视频　实例——替换转场效果

素材文件	素材\第8章\荷叶.ezp	扫描封底文泉云盘的二维码获取资源
效果文件	效果\第8章\荷叶.ezp	
视频文件	视频\第8章\8.2.5　实例——替换转场效果.mp4	

步骤01：选择“文件”|“打开工程”命令，打开一个工程文件，如图8-25所示。

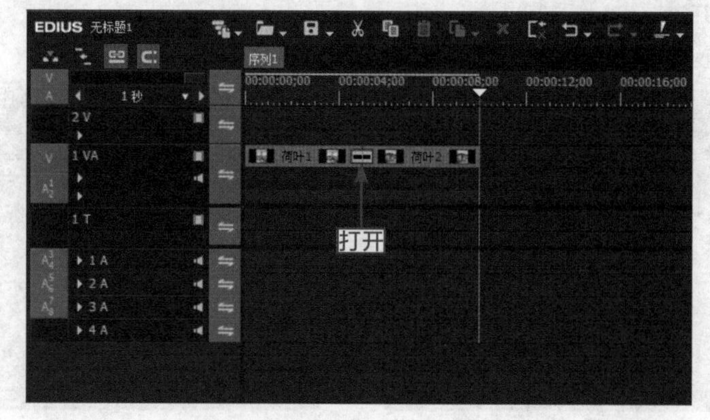

图8-25　打开一个工程文件

步骤 02：单击录制窗口下方的“播放”按钮，预览已经添加的视频转场效果，如图 8-26 所示。

图 8-26　预览已经添加的视频转场效果

步骤 03：在“特效”面板的“转场”素材库中，选择新的转场效果，如图 8-27 所示。

步骤 04：在该转场效果上，按住鼠标左键并拖曳至视频轨中已经添加的转场效果上方，如图 8-28 所示，释放鼠标左键，即可替换之前添加的转场效果。

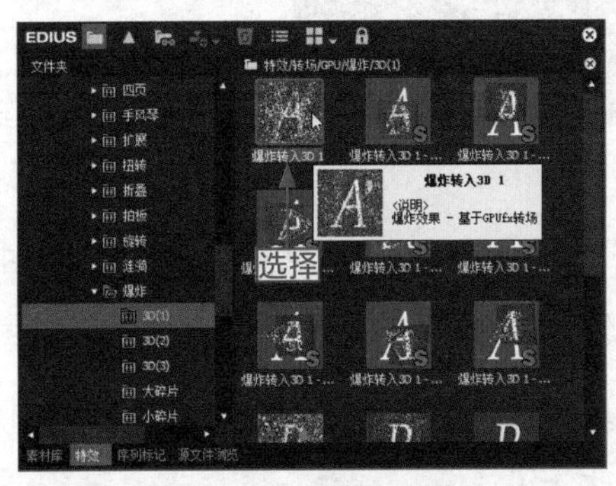

图 8-27　选择转场效果

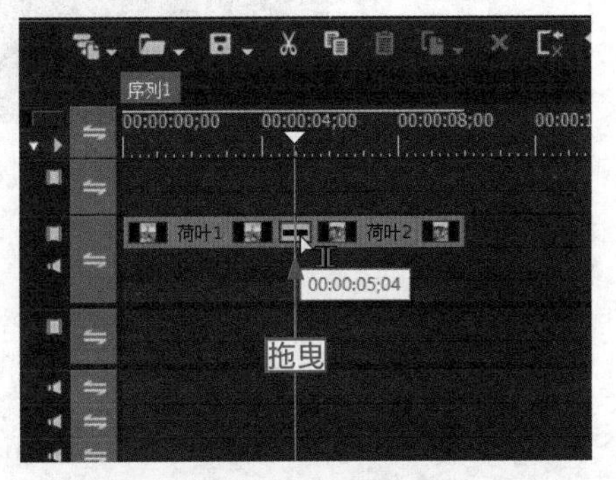

图 8-28　拖曳至已添加的转场上方

步骤 05：单击“播放”按钮，预览替换之后的视频转场效果，如图 8-29 所示。

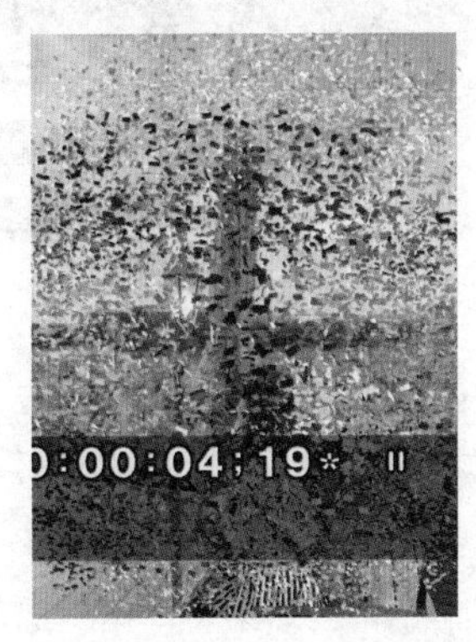

图 8-29　预览替换之后的视频转场效果

8.2.6 实例——删除转场效果

在制作视频特效的过程中，如果用户对视频轨中添加的转场效果不满意，可以对转场效果进行删除操作。下面介绍删除转场效果的操作方法。

操练+视频 实例——删除转场效果

素材文件	素材\第8章\旅游视频.ezp	扫描封底文泉云盘的二维码获取资源
效果文件	效果\第8章\旅游视频.ezp	
视频文件	视频\第8章\8.2.6 实例——删除转场效果.mp4	

步骤 01：选择“文件”|“打开工程”命令，打开一个工程文件，如图 8-30 所示。

图 8-30　打开一个工程文件

步骤 02：单击录制窗口下方的“播放”按钮，预览已经添加的视频转场效果，如图 8-31 所示。

图 8-31　预览已经添加的视频转场效果

步骤 03：在视频轨中，选择需要删除的视频转场效果，如图 8-32 所示。

步骤 04：单击“编辑”菜单，在弹出的菜单列表中选择“删除部分”|“转场”|“全部”命令，如图 8-33 所示。

步骤 05：执行操作后，即可删除视频轨中的转场效果，单击“播放”按钮，预览删除转场效果后的视频画面，如图 8-34 所示。

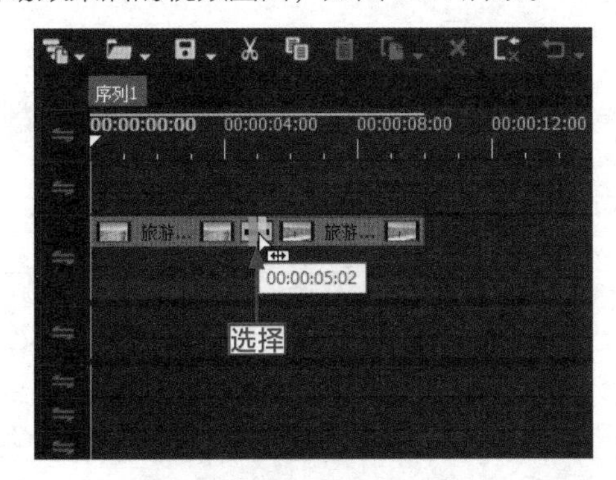

图 8-32　选择视频转场效果

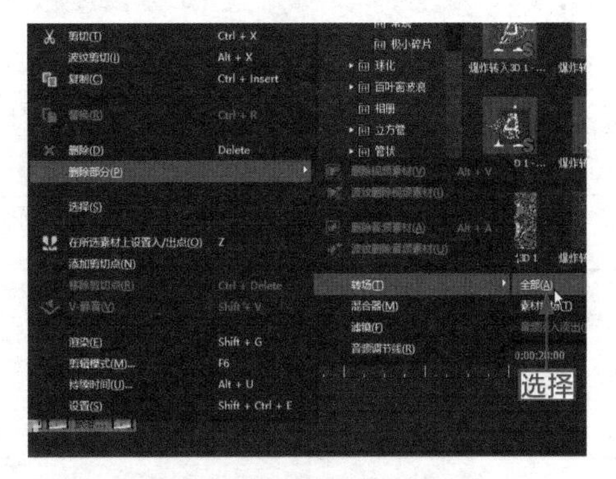

图 8-33　选择“全部”命令

图 8-34　预览删除转场效果后的视频画面

专家指点

在 EDIUS 9 中，用户还可以通过以下 5 种方法删除视频转场效果。

- 按【Alt + T】组合键，可以删除视频轨中所有的转场效果。
- 按【Shift + Alt + T】组合键，可以删除当前选择的转场效果。
- 按【Delete】键，可以删除当前选择的转场效果。
- 在视频轨中选择需要删除的转场效果，单击鼠标右键，在弹出的快捷菜单中选择“删除”命令，可以删除当前选择的转场效果。
- 在视频轨中选择需要删除的转场效果，单击鼠标右键，在弹出的快捷菜单中选择“删除部分”|“转场”|“全部”或“素材转场”命令，可以删除全部转场效果或当前选择的转场效果。

8.3　设置转场属性

在 EDIUS 9 中，在图像素材之间添加转场效果后，还可以设置转场效果的属性。本节主要介绍设置转场属性的操作方法，希望读者可以熟练掌握。

8.3.1 实例——改变转场路径轨迹

在 EDIUS 9 中，可以为转场效果调整路径轨迹，从而为转场效果锦上添花，加强效果的美观度。下面介绍调整转场效果路径轨迹的操作方法。

操练 + 视频　改变转场路径轨迹

素材文件	素材 \ 第 8 章 \ 向日葵 .ezp	扫描封底文泉云盘的二维码获取资源
效果文件	效果 \ 第 8 章 \ 向日葵 .ezp	
视频文件	视频 \ 第 8 章 \8.3.1　改变转场路径轨迹 .mp4	

步骤 01：选择“文件”|“打开工程”命令，打开一个工程文件，单击“播放”按钮，预览已经添加的转场效果，如图 8-35 所示。

图 8-35　预览已添加的转场效果

步骤 02：在视频轨中，选择需要设置的转场效果，如图 8-36 所示。

步骤 03：在该转场效果上单击鼠标右键，在弹出的快捷菜单中选择“设置”命令，如图 8-37 所示。

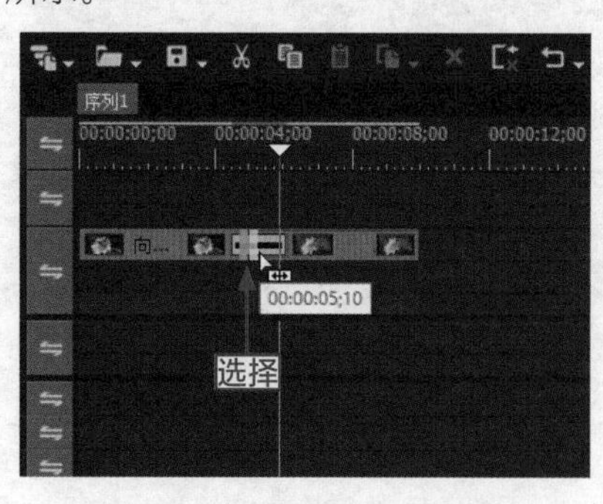

图 8-36　选择需要设置的转场效果

图 8-37　选择“设置”命令

步骤 04：执行操作后，弹出相应对话框，查看里面的相关信息，单击“选项”按钮，如图 8-38 所示。

步骤 05：切换至“选项”选项卡，在“主旋转轴”选项区中选择第一个图标，设置“绕主轴旋转”和“绕 Z 轴旋转”的参数分别为 10 和 6，如图 8-39 所示。

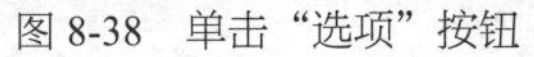
图 8-38　单击“选项”按钮

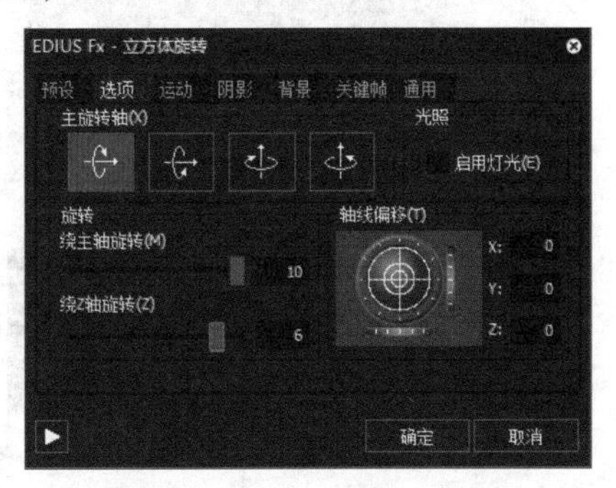

图 8-39　设置参数

步骤 06：单击“确定”按钮，即可改变转场的路径轨迹，单击“播放”按钮，预览改变转场的路径轨迹，如图 8-40 所示。

图 8-40　预览改变路径轨迹的视频转场效果

8.3.2　实例——柔化转场的边缘

当用户为视频轨中的转场效果添加边框后，边框的边缘比较硬，不够柔软，此时可以设置转场边缘的柔化程度。下面介绍柔化转场边缘的操作方法。

操练 + 视频　实例——柔化转场的边缘

素材文件	素材 \ 第 8 章 \ 天空建筑 .ezp	扫描封底文泉云盘的二维码获取资源
效果文件	效果 \ 第 8 章 \ 天空建筑 .ezp	
视频文件	视频 \ 第 8 章 \8.3.2 实例——柔化转场的边缘 .mp4	

步骤 01：选择“文件”|“打开工程”命令，打开一个工程文件，单击“播放”按钮，预览已经添加的转场效果，如图 8-41 所示。

图 8-41　预览已经添加的转场效果

步骤 02：在视频轨中，选择需要设置柔化边缘的转场效果，如图 8-42 所示。

步骤 03：在该转场效果上单击鼠标右键，在弹出的快捷菜单中选择“设置”命令，弹出 Box 对话框，在 Border 选项区中选中 Soft Border（柔化边框）复选框，如图 8-43 所示。

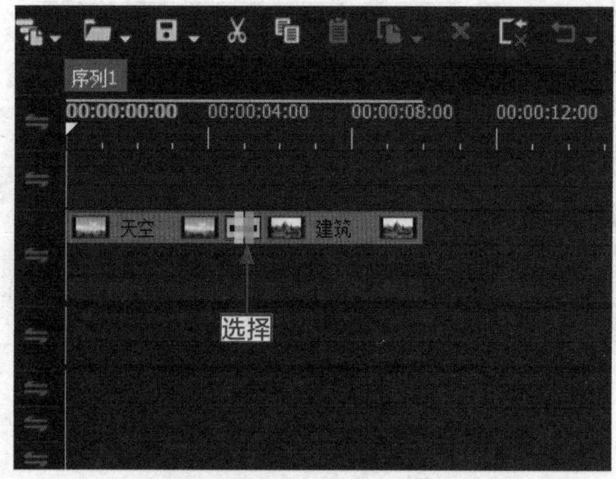

图 8-42　选择转场效果

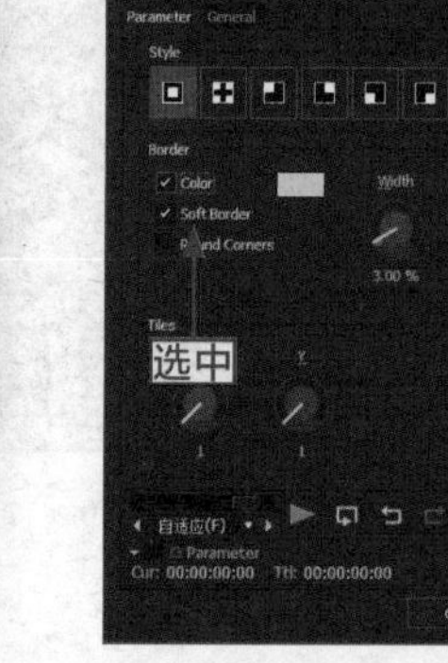

图 8-43　选中 Soft Border（柔化边框）复选框

步骤 04：设置完成后，单击 OK 按钮，即可柔化转场的边缘，单击“播放”按钮，预览柔化边缘后的视频转场效果，如图 8-44 所示。

图 8-44　预览柔化边缘后的视频转场效果

8.4　转场效果精彩应用

在 EDIUS 9 中，转场效果的种类繁多，某些转场效果独具特色，可以为视频添加非凡的视觉体验。本节主要介绍转场效果的精彩应用。

8.4.1　实例——2D 特效：春意盎然

在 EDIUS 工作界面中，2D 转场组中包括 13 个转场特效，用户可以根据需要选择相应的转场效果应用于视频中。下面介绍应用 2D 转场特效的操作方法。

操练 + 视频　实例——2D 特效：春意盎然

素材文件	素材 \ 第 8 章 \ 春意盎然 1.jpg、春意盎然 2.jpg	扫描封底文泉云盘的二维码获取资源
效果文件	效果 \ 第 8 章 \ 春意盎然 .ezp	
视频文件	视频 \ 第 8 章 \8.4.1　实例——2D 特效：春意盎然 .mp4	

步骤 01：在视频轨中导入两张静态图像，如图 8-45 所示。

步骤 02：展开“特效”面板，在 2D 转场组中选择 Block（块）转场效果，如图 8-46 所示。

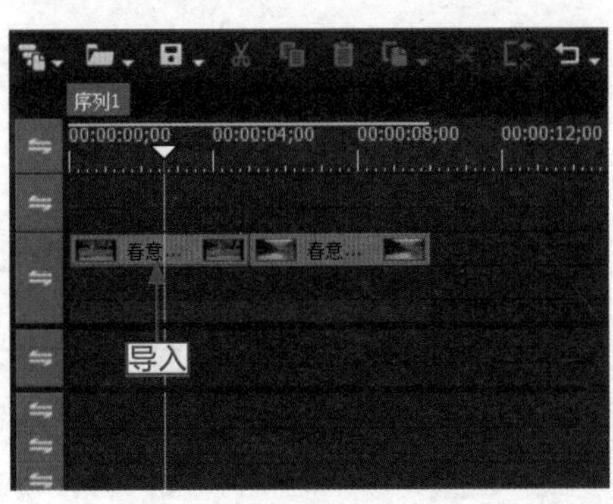

图 8-45　导入两张静态图像

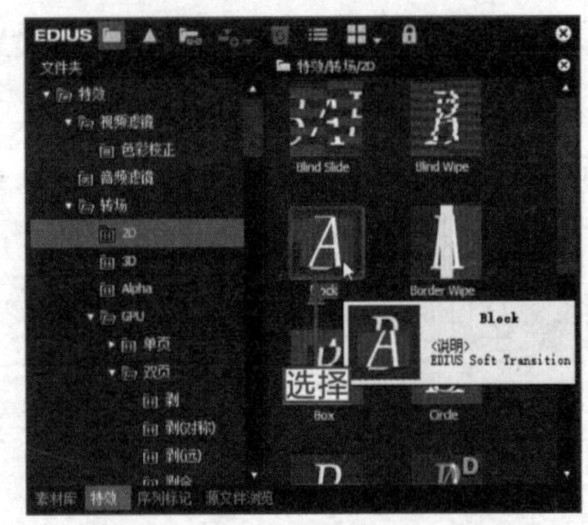

图 8-46　选择 Block（块）转场效果

步骤 03：在该转场效果上，按住鼠标左键并拖曳至视频轨中的两幅图像素材之间，如图 8-47 所示。

步骤 04：释放鼠标左键，即可添加 Block（块）转场效果，如图 8-48 所示。

步骤 05：单击“播放”按钮，预览 Block（块）转场效果，如图 8-49 所示。

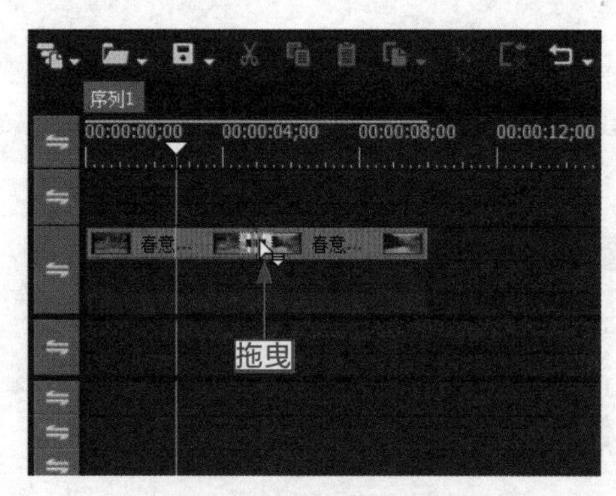

图 8-47　拖曳至两幅图像之间

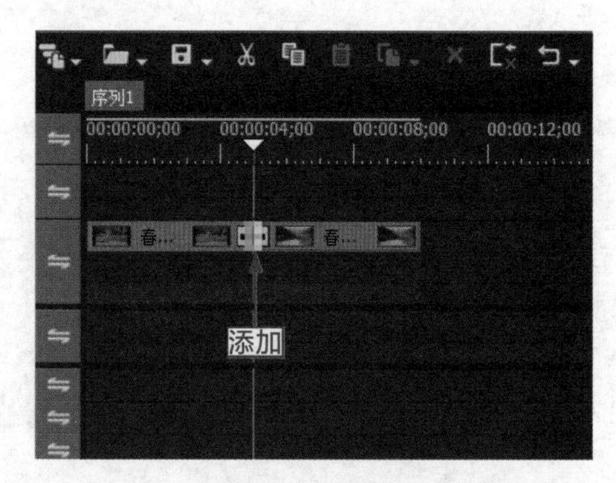

图 8-48　添加转场效果

图 8-49　预览 Block（块）转场效果

8.4.2　实例——3D 特效：狗狗

3D 转场组中包括 13 个转场特效，与 2D 转场不同的是 3D 转场动画是在三维空间里面运动的。下面介绍应用 3D 转场特效的操作方法。

操练 + 视频　实例——3D 特效：狗狗

素材文件	素材 \ 第 8 章 \ 狗狗 1.jpg、狗狗 2.jpg	扫描封底文泉云盘的二维码获取资源
效果文件	效果 \ 第 8 章 \ 狗狗 .ezp	
视频文件	视频 \ 第 8 章 \8.4.2　实例——3D 特效：狗狗 .mp4	

步骤 01：在视频轨中导入两张静态图像，如图 8-50 所示。

步骤 02：展开“特效”面板，在 3D 转场组中选择“球化”转场效果，如图 8-51 所示。

步骤 03：在该转场效果上按住鼠标左键，并拖曳至视频轨中的两幅图像素材之间，如图 8-52 所示。

步骤 04：释放鼠标左键，即可添加“球化”转场效果，如图 8-53 所示。

步骤 05：单击“播放”按钮，预览“球化”转场效果，如图 8-54 所示。

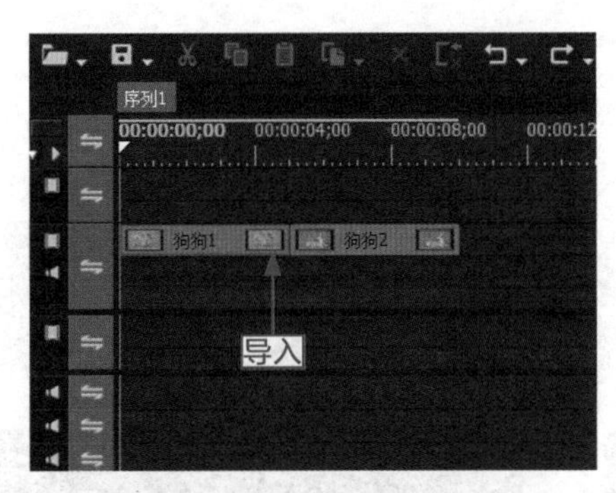

图 8-50　导入两张静态图像

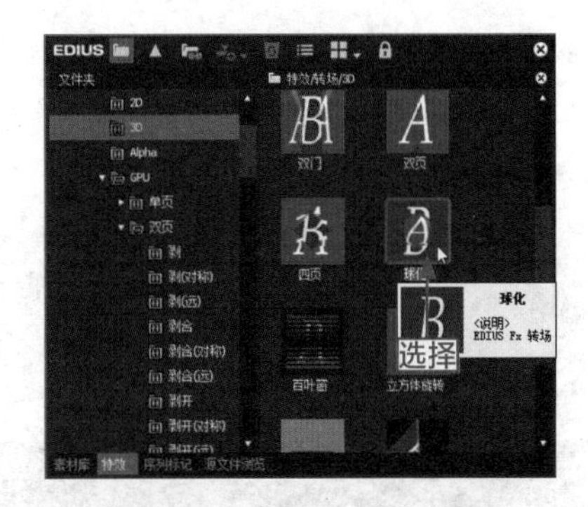

图 8-51　选择“球化”转场

图 8-52　拖曳至两幅图像之间

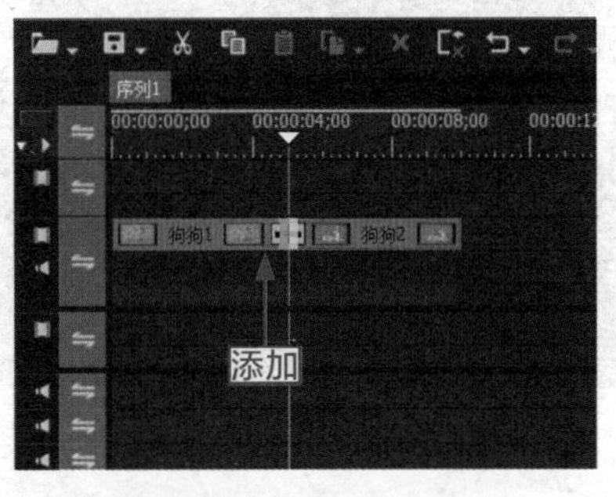

图 8-53　添加转场效果

图 8-54　预览“球化”转场效果

8.4.3　实例——单页特效：寒梅

在 EDIUS 工作界面中，“单页”转场效果是指素材 A 以单页翻入或翻出的方式显示素材 B。下面介绍制作单页特效的操作方法。

操练 + 视频　实例——单页特效：寒梅

素材文件	素材 \ 第 8 章 \ 寒梅 1.jpg、寒梅 2.jpg	扫描封底文泉云盘的二维码获取资源
效果文件	效果 \ 第 8 章 \ 寒梅 .ezp	
视频文件	视频 \ 第 8 章 \8.4.3　实例——单页特效：寒梅 .mp4	

步骤 01：在视频轨中导入两张静态图像，如图 8-55 所示。

步骤 02：展开“特效”面板，在“单页”转场组中，选择“龙卷风转出 - 向下 2”转场效果，如图 8-56 所示。

> **专家指点** 在“单页”转场组中选择相应的转场效果后，单击鼠标右键，在弹出的快捷菜单中选择“设置为默认特效”命令，即可将选择的转场效果设置为软件默认的转场效果。

图 8-55　导入两张静态图像

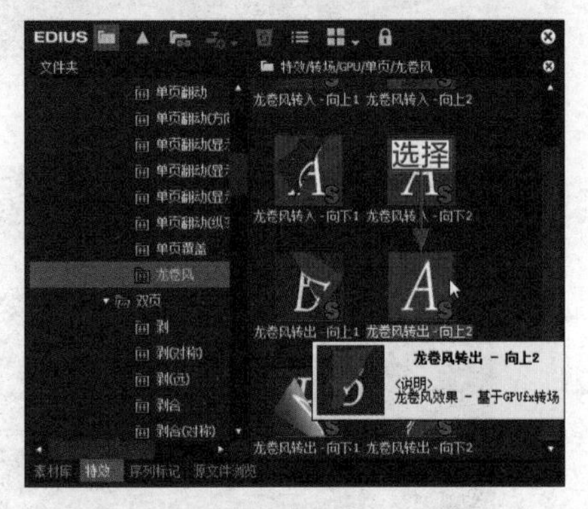

图 8-56　选择相应转场效果

步骤 03：在该转场效果上按住鼠标左键，并拖曳至视频轨中的两幅图像素材之间，释放鼠标左键，即可添加“龙卷风转出 - 向下 2”转场效果，单击“播放”按钮，预览“龙卷风转出 - 向下 2”转场效果，如图 8-57 所示。

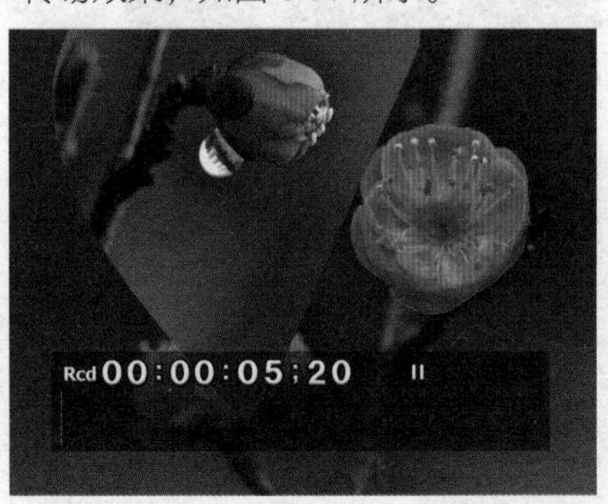

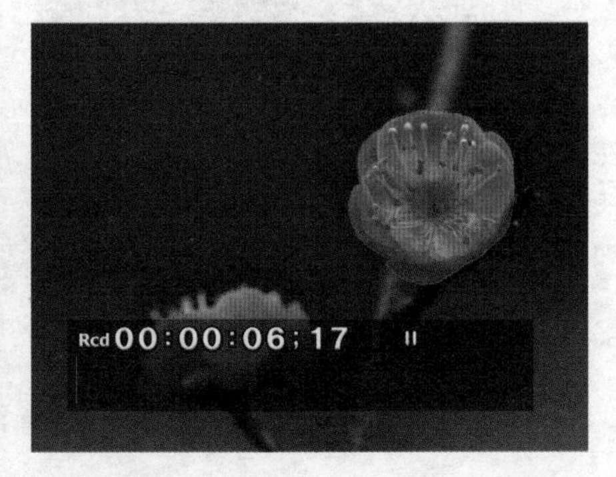

图 8-57　预览“龙卷风转出 - 向下 2”转场效果

8.4.4　实例——双页特效：花苞

在 EDIUS 工作界面中，“双页”转场效果是指素材 A 以双页剥入或剥离的方式显示素材 B。下面介绍制作双页特效的操作方法。

操练 + 视频	实例——双页特效：花苞	
素材文件	素材 \ 第 8 章 \ 花苞 1.jpg、花苞 2.jpg	扫描封底文泉云盘的二维码获取资源
效果文件	效果 \ 第 8 章 \ 花苞 .ezp	
视频文件	视频 \ 第 8 章 \8.4.4 实例——双页特效：花苞 .mp4	

步骤 01：在视频轨中导入两张静态图像，如图 8-58 所示。

步骤 02：展开“特效”面板，在“双页”转场组中选择“双页卷入（远）- 从上”转场效果，如图 8-59 所示。

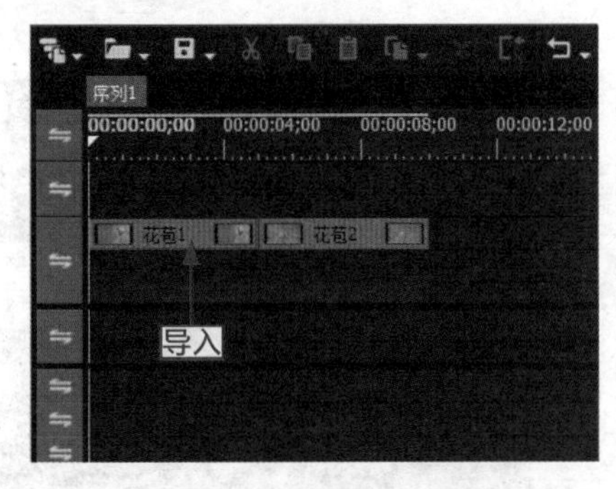

图 8-58　导入两张静态图像

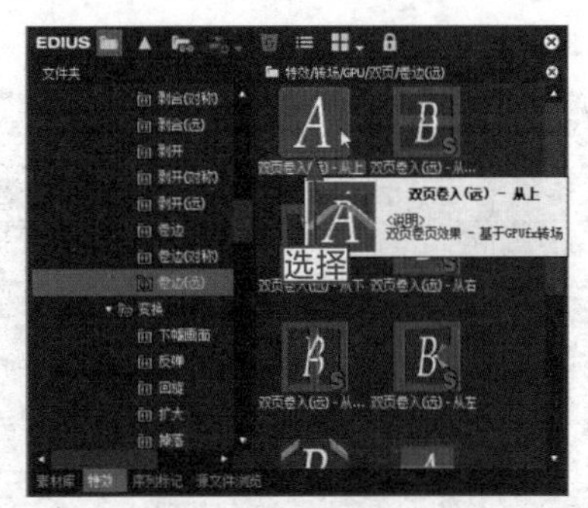

图 8-59　选择相应转场效果

步骤 03：在该转场效果上按住鼠标左键，并拖曳至视频轨中的两幅图像素材之间，释放鼠标左键，即可添加“双页卷入（远）- 从上”转场效果，单击“播放”按钮，预览“双页卷入（远）- 从上”转场效果，如图 8-60 所示。

图 8-60　预览“双页卷入（远）- 从上”转场效果

> **专家指点**
> 在“双页”转场组中选择相应的转场效果后，单击面板上方“添加到时间线”按钮右侧的下三角按钮，在弹出的列表框中选择“入点”|“中心”选项，即可在视频轨中素材的入点中心位置添加选择的转场效果。

8.4.5　实例——四页特效：秋收季节

在 EDIUS 工作界面中，“四页”转场效果是指素材 A 以四页卷动或剥离的方式显示素材 B。

下面介绍制作四页特效的操作方法。

操练 + 视频　实例——四页特效：秋收季节

素材文件	素材 \ 第 8 章 \ 秋收季节 1.jpg、秋收季节 2.jpg	扫描封底文泉云盘的二维码获取资源
效果文件	效果 \ 第 8 章 \ 秋收季节 .ezp	
视频文件	视频 \ 第 8 章 \8.4.5　实例——四页特效：秋收季节 .mp4	

步骤 01：在视频轨中导入两张静态图像，如图 8-61 所示。

步骤 02：展开"特效"面板，在"四页"转场组中选择"四页翻入（纵深）-2"转场效果，如图 8-62 所示。

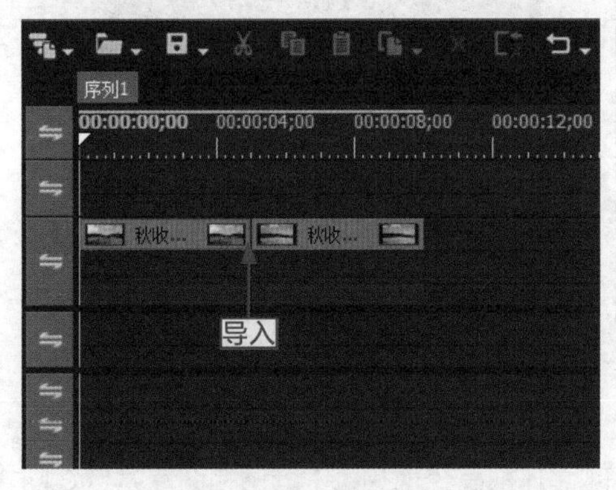

图 8-61　导入两张静态图像

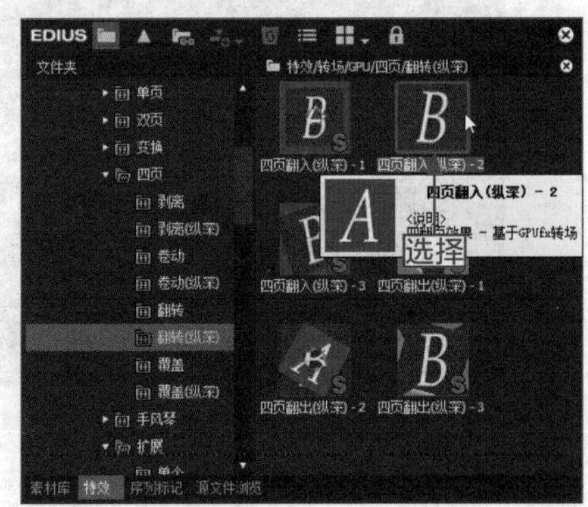

图 8-62　选择相应转场效果

步骤 03：在该转场效果上按住鼠标左键，并拖曳至视频轨中的两幅图像素材之间，释放鼠标左键，即可添加"四页翻入（纵深）-2"转场效果，单击"播放"按钮，预览"四页翻入（纵深）-2"转场效果，如图 8-63 所示。

图 8-63　预览"四页翻入（纵深）-2"转场效果

> **专家指点**
>
> 在"四页"转场组中选择相应的转场效果后，单击面板上方"添加到时间线"按钮右侧的下三角按钮，在弹出的列表框中选择"出点"|"中心"选项，即可在视频轨中素材的出点中心位置添加选择的转场效果。

8.4.6　实例——扭转特效：山间夕阳

在 EDIUS 工作界面中，“扭转”转场效果是指素材 A 以各种扭转的方式显示素材 B。下面介绍制作扭转特效的操作方法。

操练 + 视频　实例——扭转特效：山间夕阳

素材文件	素材 \ 第 8 章 \ 山间夕阳 1.jpg、山间夕阳 2.jpg	扫描封底文泉云盘的二维码获取资源
效果文件	效果 \ 第 8 章 \ 山间夕阳 .ezp	
视频文件	视频 \ 第 8 章 \8.4.6　实例——扭转特效：山间夕阳 .mp4	

步骤 01： 在视频轨中导入两张静态图像，如图 8-64 所示。

步骤 02： 展开“特效”面板，在“扭转”转场组中选择“扭转（直角 2）- 顺时针 2”转场效果，如图 8-65 所示。

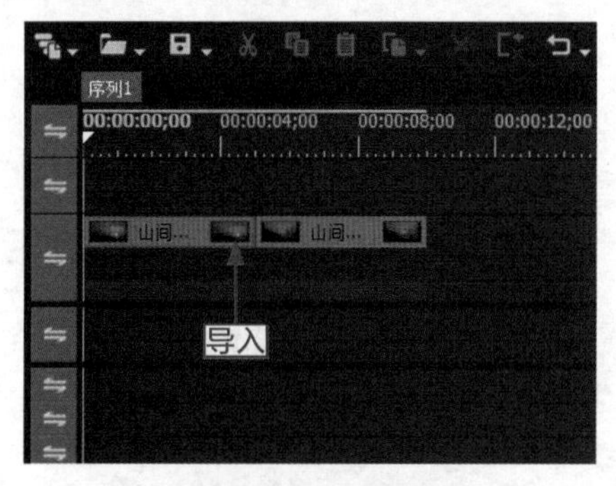

图 8-64　导入两张静态图像

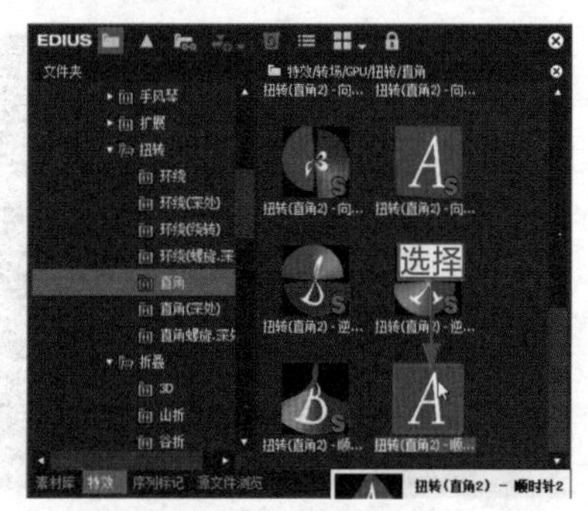

图 8-65　选择相应转场效果

步骤 03： 在该转场效果上按住鼠标左键，并拖曳至视频轨中的两幅图像素材之间，释放鼠标左键，即可添加“扭转（直角 2）- 顺时针 2”转场效果，单击“播放”按钮，预览“扭转（直角 2）- 顺时针 2”转场效果，如图 8-66 所示。

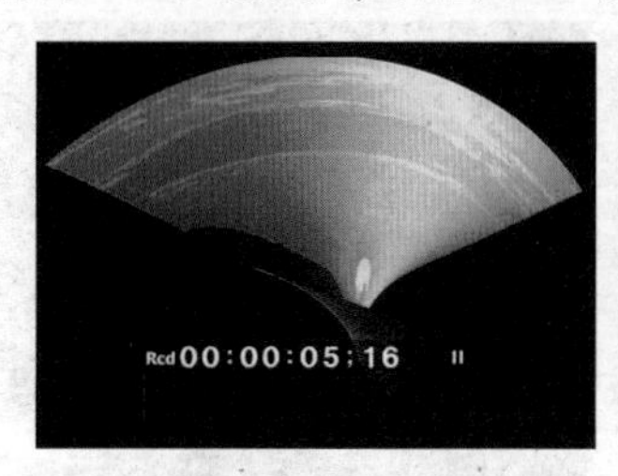

图 8-66　预览“扭转（直角 2）- 顺时针 2”转场效果

> **专家指点**
> 在“特效”面板中选择的转场效果上单击鼠标右键，在弹出的快捷菜单中选择“持续时间”|“转场”命令，将弹出“特效持续时间”对话框，在其中可以根据需要设置转场效果的持续时间，单击“确定”按钮，即可完成持续时间的设置。

8.4.7 实例——旋转特效：桃花

在 EDIUS 工作界面中，“旋转”转场效果是指素材 A 以各种旋转运动的方式显示素材 B。下面介绍制作旋转特效的操作方法。

操练 + 视频 实例——旋转特效：桃花

素材文件	素材 \ 第 8 章 \ 桃花 1.jpg、桃花 2.jpg	扫描封底文泉云盘的二维码获取资源
效果文件	效果 \ 第 8 章 \ 桃花 .ezp	
视频文件	视频 \ 第 8 章 \8.4.7 实例——旋转特效：桃花 .mp4	

步骤 01：在视频轨中导入两张静态图像，如图 8-67 所示。

步骤 02：展开“特效”面板，在“旋转”转场组中选择“旋转转入（反弹）- 左上 - 顺时针”转场效果，如图 8-68 所示。

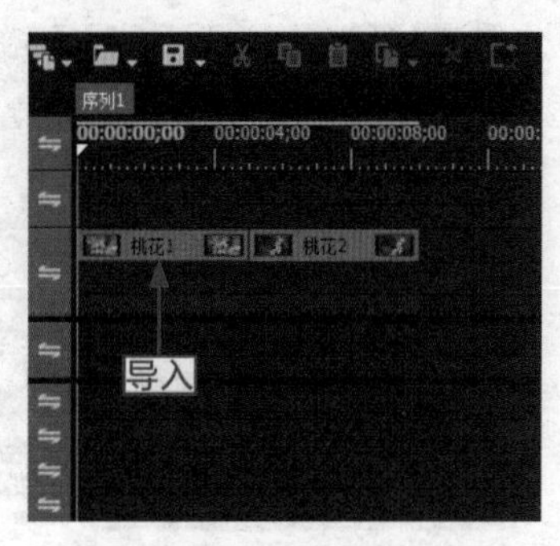

图 8-67 导入两张静态图像

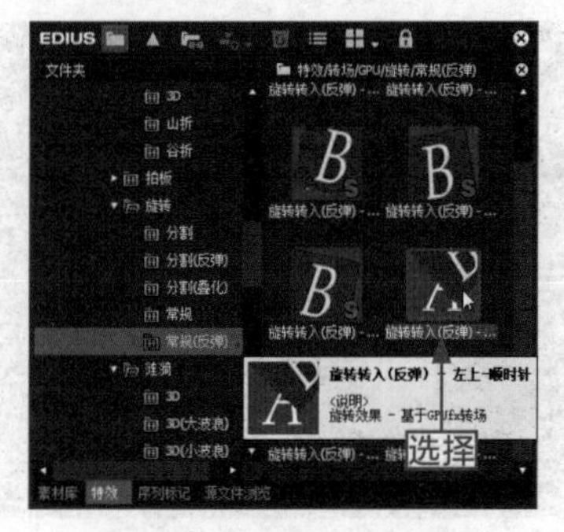

图 8-68 选择相应转场效果

步骤 03：在该转场效果上按住鼠标左键，并拖曳至视频轨中的两幅图像素材之间，释放鼠标左键，即可添加“旋转转入（反弹）- 左上 - 顺时针”转场效果，单击“播放”按钮，预览“旋转转入（反弹）- 左上 - 顺时针”转场效果，如图 8-69 所示。

图 8-69 预览“旋转转入（反弹）- 左上 - 顺时针”转场效果

8.4.8 实例——爆炸特效：余光

在 EDIUS 工作界面中，“爆炸”转场效果是指素材 A 以各种爆炸运动的方式显示素材 B。

下面介绍制作爆炸特效的操作方法。

操练 + 视频　实例——爆炸特效：余光

素材文件	素材 \ 第 8 章 \ 余光 1.jpg、余光 2.jpg	扫描封底文泉云盘的二维码获取资源
效果文件	效果 \ 第 8 章 \ 余光 .ezp	
视频文件	视频 \ 第 8 章 \8.4.8 实例——旋转特效：余光 .mp4	

步骤 01：在视频轨中导入两张静态图像，如图 8-70 所示。

步骤 02：展开“特效”面板，在“爆炸”转场组中选择“爆炸转入（极小 . 旋转）”转场效果，如图 8-71 所示。

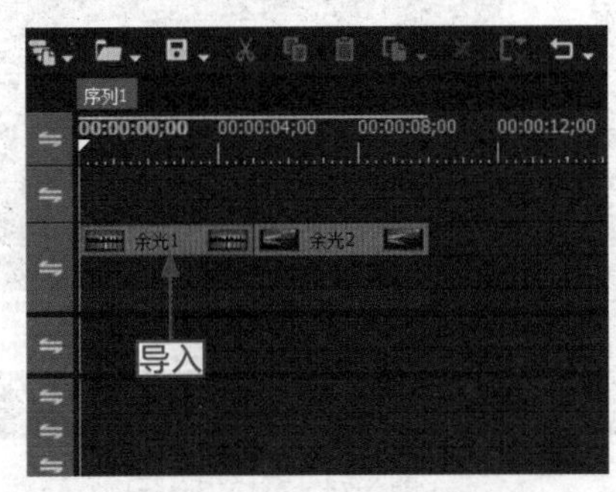

图 8-70　导入两张静态图像

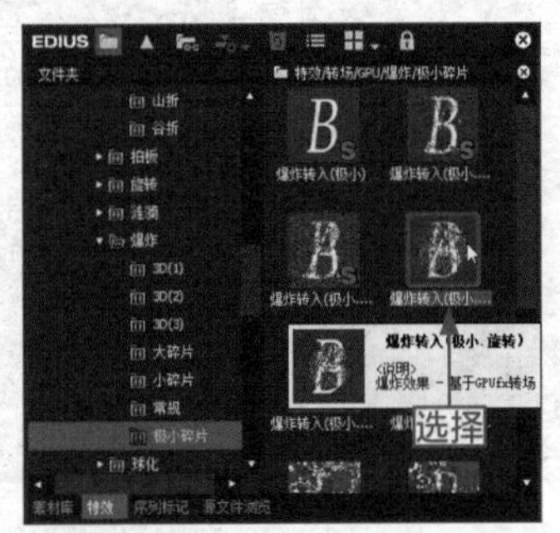

图 8-71　选择相应转场效果

步骤 03：在该转场效果上按住鼠标左键，并拖曳至视频轨中的两幅图像素材之间，释放鼠标左键，即可添加“爆炸转入（极小 . 旋转）”转场效果，单击“播放”按钮，预览“爆炸转入（极小 . 旋转）”转场效果，如图 8-72 所示。

图 8-72　预览“爆炸转入（极小 . 旋转）”转场效果

8.4.9　实例——管状特效：紫色小花

在 EDIUS 工作界面中，“管状”转场效果是指素材 A 以各种管状运动的方式显示素材 B。下面介绍制作管状特效的操作方法。

操练 + 视频　实例——管状特效：紫色小花

素材文件	素材 \ 第 8 章 \ 紫色小花 1.jpg、紫色小花 2.jpg	扫描封底文泉云盘的二维码获取资源
效果文件	效果 \ 第 8 章 \ 紫色小花 .ezp	
视频文件	视频 \ 第 8 章 \8.4.9 实例——管状特效：紫色小花 .mp4	

步骤 01：在视频轨中导入两张静态图像，如图 8-73 所示。

步骤 02：展开“特效”面板，在“管状”转场组中选择“从外卷管（淡出 . 环转）-4”转场效果，如图 8-74 所示。

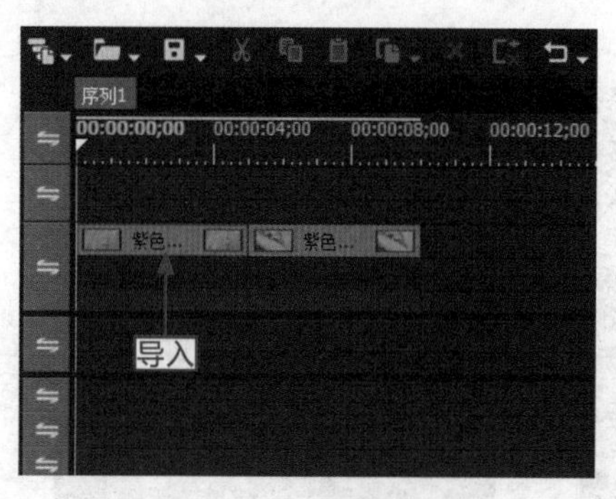

图 8-73　导入两张静态图像

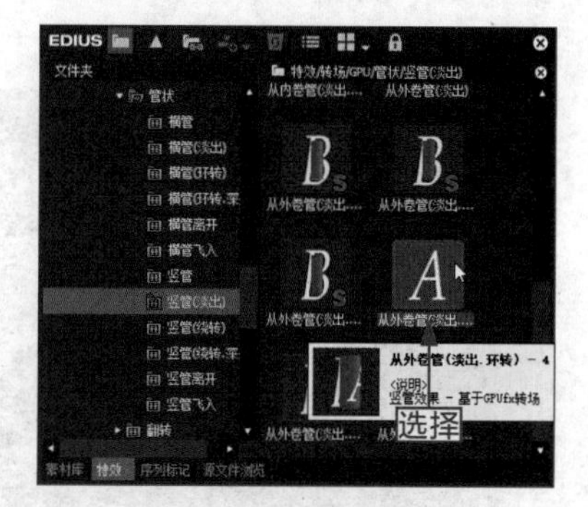

图 8-74　选择相应转场效果

步骤 03：在该转场效果上按住鼠标左键，并拖曳至视频轨中的两幅图像素材之间，释放鼠标左键，即可添加“从外卷管（淡出 . 环转）-4”转场效果，单击“播放”按钮，预览“从外卷管（淡出 . 环转）-4”转场效果，如图 8-75 所示。

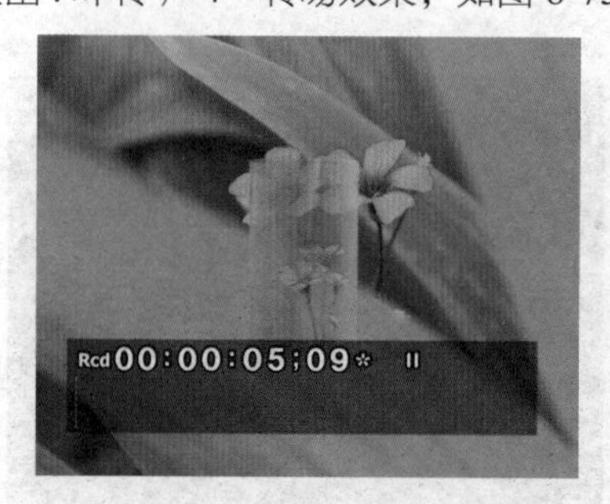

图 8-75　预览“从外卷管（淡出 . 环转）-4”转场效果

8.4.10　实例——SMPTE 特效：黄花

在 EDIUS 工作界面中，SMPTE 转场效果的样式非常丰富，而且转场的使用也非常简单，因为它们没有任何设置选项。在 SMPTE 转场组中，包括 10 个转场特效素材库，每个特效素材库中又包含多个转场特效，用户可根据实际需要进行相应选择。

操练 + 视频　实例——SMPTE 特效：黄花

素材文件	素材 \ 第 8 章 \ 黄花 1.jpg、黄花 2.jpg	扫描封底文泉云盘的二维码获取资源
效果文件	效果 \ 第 8 章 \ 黄花 .ezp	
视频文件	视频 \ 第 8 章 \8.4.10 实例——SMPTE 特效：黄花 .mp4	

步骤 01：在视频轨中导入两张静态图像，如图 8-76 所示。

步骤 02：展开“特效”面板，在 SMPTE 转场组中选择 SMPTE 160 转场效果，如图 8-77 所示。

图 8-76　导入两张静态图像

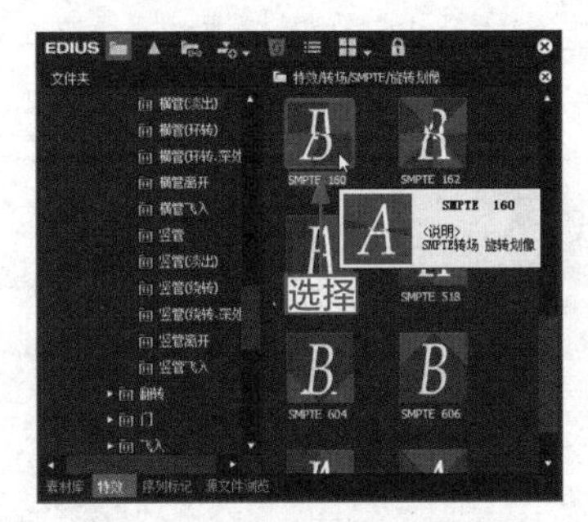

图 8-77　选择相应转场效果

步骤 03：在该转场效果上按住鼠标左键，并拖曳至视频轨中的两幅图像素材之间，释放鼠标左键，即可添加 SMPTE 160 转场效果，单击“播放”按钮，预览 SMPTE 160 转场效果，如图 8-78 所示。

图 8-78　预览 SMPTE 160 转场效果

8.5　本章小结

本章使用大量篇幅，全面介绍了在 EDIUS 9 中添加、设置、复制以及移动转场效果的具体操作方法和技巧，同时对常用的转场效果运用实例的形式向读者做了详尽的说明和效果展示。通过本章的学习，读者应该全面、熟练地掌握 EDIUS 9 中转场效果的添加、删除以及应用方法，并对转场效果所产生的画面作用有所了解。

CHAPTER 09

第 9 章 制作视频滤镜效果

~ 学前提示 ~

滤镜是一种插件模块，能够对图像中的像素进行操作，也可以模拟一些特殊的光照效果或带有装饰性的纹理效果。EDIUS 9 提供了各种各样的滤镜特效，使用这些滤镜特效，用户无须耗费大量的时间和精力就可以快速地制作出如滚动、模糊、马赛克、手绘、浮雕以及各种混合滤镜效果等。本章主要向读者介绍应用各种滤镜效果的操作方法。

~ 本章重点 ~

- 实例——添加多个视频滤镜
- 实例——应用“YUV 曲线”滤镜
- 实例——应用“三路色彩校正”
- 实例——“光栅滚动”滤镜：晚霞艺术
- 实例——“浮雕”滤镜：距瓣豆
- 实例——“老电影”滤镜：电影画面

9.1 视频滤镜简介

视频滤镜可以说是EDIUS 9软件的一大亮点，越来越多的滤镜特效出现在各种电视节目中，它可以使画面更加生动、绚丽多彩，从而创作出非常神奇的、变幻莫测的视觉效果。本节主要介绍视频滤镜的基础内容。

9.1.1 滤镜效果简介

为素材添加视频滤镜后，滤镜效果将会应用到视频素材的每一幅画面上，通过调整滤镜的属性，可以控制起始帧到结束帧之间的滤镜强度、效果及速度等。下面是添加了各种视频滤镜后的画面特效，如图 9-1 所示。

在 EDIUS 工作界面中，左侧的播放窗口显示的是视频素材原画面，右侧的录制窗口显示的是已经添加视频滤镜后的视频画面特效。

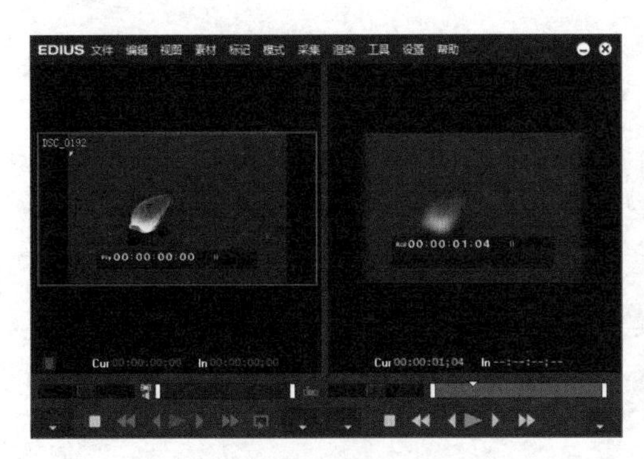

“高斯模糊”视频滤镜

“浮雕”视频滤镜

图 9-1　添加各种视频滤镜后的画面特效

9.1.2　滤镜特效面板

EDIUS 9 提供了多种视频滤镜特效，都存在于“特效”面板中，如图 9-2 所示。在视频中合理地运用这些滤镜特效，可以模拟制作出各种艺术效果。

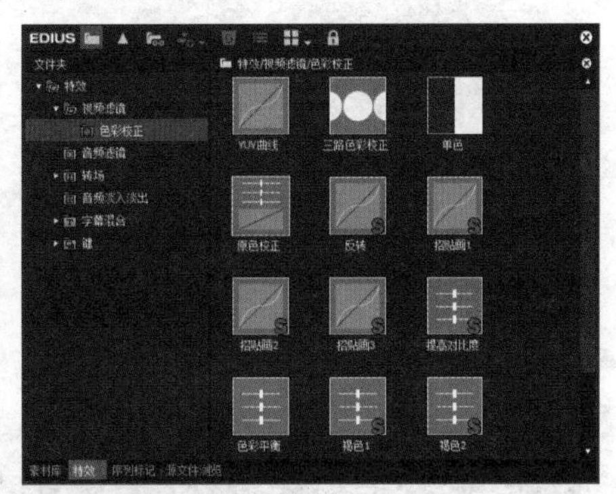

图 9-2　“视频滤镜”和“色彩校正”特效

专家指点　在 EDIUS 工作界面中，当用户为视频轨中的视频素材添加相应的滤镜效果后，添加的滤镜效果会显示在“信息”面板中。

9.2　添加与删除滤镜

视频滤镜是指可以应用到视频素材上的效果，它可以改变视频文件的外观和样式。本节主要介绍添加与删除滤镜效果的操作方法，主要包括添加视频滤镜、添加多个视频滤镜以及删除视频滤镜等内容。

9.2.1 实例——添加视频滤镜

在素材上添加相应的视频滤镜效果，可以制作出特殊的视频画面，下面介绍添加视频滤镜的操作方法。

操练 + 视频 实例——添加视频滤镜

素材文件	素材 \ 第 9 章 \ 厦门大学 .jpg	扫描封底文泉云盘的二维码获取资源
效果文件	效果 \ 第 9 章 \ 厦门大学 .ezp	
视频文件	视频 \ 第 9 章 \9.2.1 实例——添加视频滤镜 .mp4	

步骤 01：在视频轨中导入一张静态图像，如图 9-3 所示。

步骤 02：展开“特效”面板，在滤镜组中选择“铅笔画”滤镜，如图 9-4 所示。

图 9-3 导入一张静态图像

图 9-4 选择“铅笔画”滤镜

步骤 03：按住鼠标左键将其拖曳至视频轨中的静态图像上，如图 9-5 所示。

步骤 04：已添加的视频滤镜会显示在“信息”面板中，如图 9-6 所示。

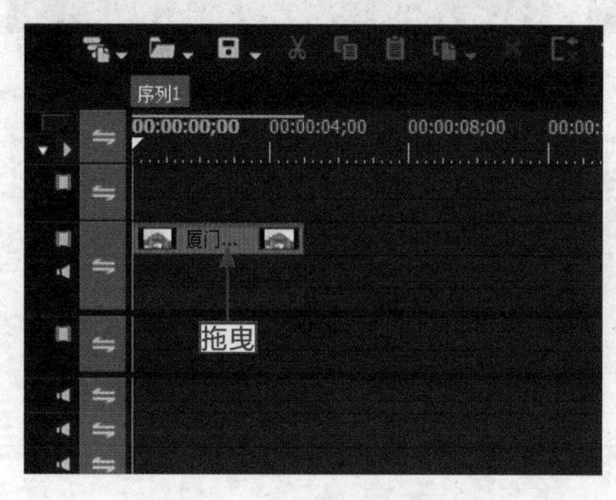

图 9-5 拖曳至静态图像上

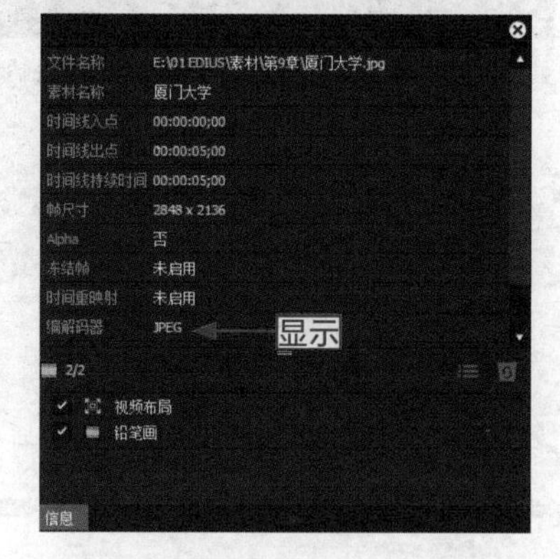

图 9-6 显示在“信息”面板中

步骤 05：在录制窗口可以查看添加滤镜后的视频画面特效，如图 9-7 所示。

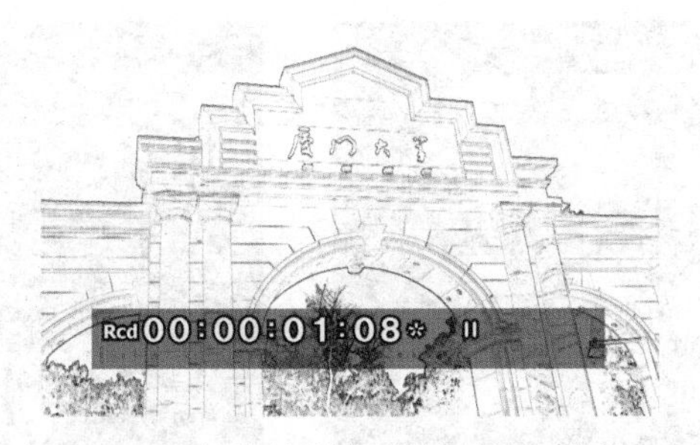

图 9-7　查看添加滤镜后的视频画面特效

9.2.2　实例——添加多个视频滤镜

在 EDIUS 9 中，用户可以根据需要为素材图像添加多个滤镜效果，使素材效果更加丰富。下面介绍添加多个视频滤镜的操作方法。

操练 + 视频　实例——添加多个视频滤镜

素材文件	素材 \ 第 9 章 \ 古镇画面 .jpg	扫描封底文泉云盘的二维码获取资源
效果文件	效果 \ 第 9 章 \ 古镇画面 .ezp	
视频文件	视频 \ 第 9 章 \9.2.2 实例——添加多个视频滤镜 .mp4	

步骤 01：在视频轨中导入一张静态图像，如图 9-8 所示。

步骤 02：展开“特效”面板，在“视频滤镜”滤镜组中选择“锐化”滤镜，如图 9-9 所示。

图 9-8　导入一张静态图像

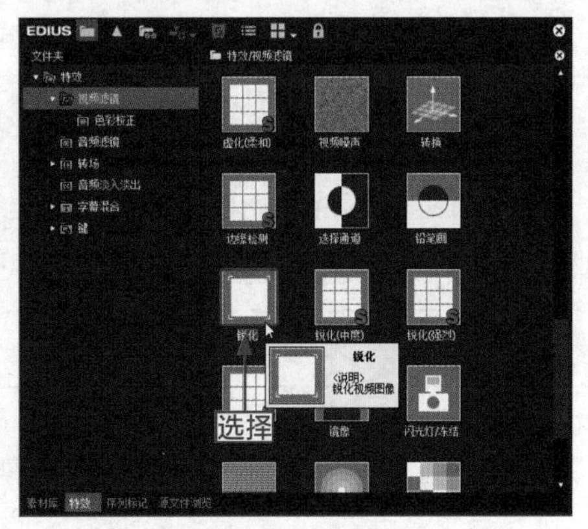

图 9-9　选择“锐化”滤镜

步骤 03：按住鼠标左键将其拖曳至视频轨中的图像上，释放鼠标左键，即可添加“锐化”滤镜，在“视频滤镜”滤镜组中选择“马赛克”滤镜，如图 9-10 所示。

步骤 04：按住鼠标左键将其拖曳至视频轨中的图像上，释放鼠标左键，即可添加“马赛克”滤镜，在“信息”面板中显示了添加的两个视频滤镜特效，如图 9-11 所示。

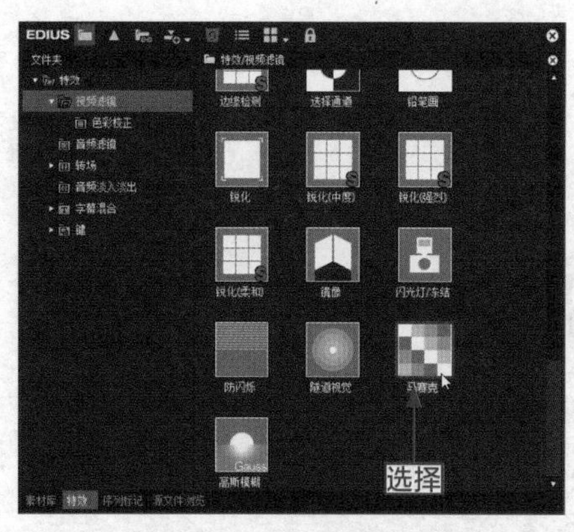

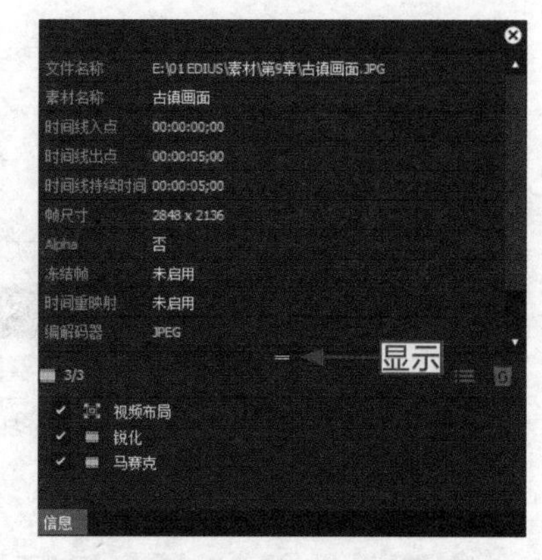

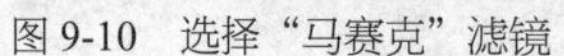

图 9-10　选择“马赛克”滤镜　　　　图 9-11　显示添加的滤镜特效

步骤 05：在录制窗口中可以查看添加多个滤镜后的视频画面特效，如图 9-12 所示。

图 9-12　查看添加多个滤镜后的视频画面

9.2.3　实例——删除视频滤镜

如果用户在素材图像上添加滤镜效果后，发现效果不是自己需要的时，可以将该滤镜效果删除。下面介绍删除视频滤镜的操作方法。

操练 + 视频　实例——删除视频滤镜

素材文件	素材 \ 第 9 章 \ 老电影画面 .ezp	扫描封底文泉云盘的二维码获取资源
效果文件	效果 \ 第 9 章 \ 老电影画面 .ezp	
视频文件	视频 \ 第 9 章 \9.2.3　实例——删除视频滤镜 .mp4	

步骤 01：选择“文件”|“打开工程”命令，打开一个工程文件，如图 9-13 所示。

步骤 02：在录制窗口中单击“播放”按钮，预览现有的视频滤镜画面特效，如图 9-14 所示。

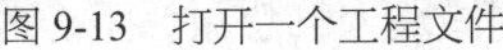
图 9-13　打开一个工程文件

图 9-14　预览视频滤镜画面特效

步骤 03：在“信息”面板中选择需要删除的视频滤镜，这里选择“色彩平衡”选项，如图 9-15 所示，然后单击右侧的“删除”按钮。

步骤 04：执行操作之后，即可删除选择的视频滤镜特效，此时的“信息”面板如图 9-16 所示。

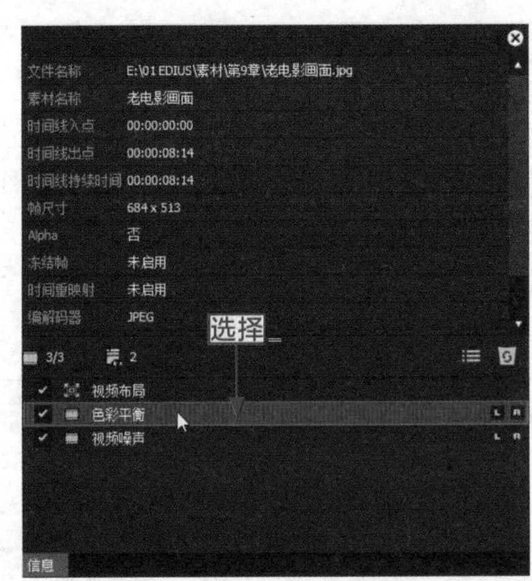

图 9-15　选择“色彩平衡”选项

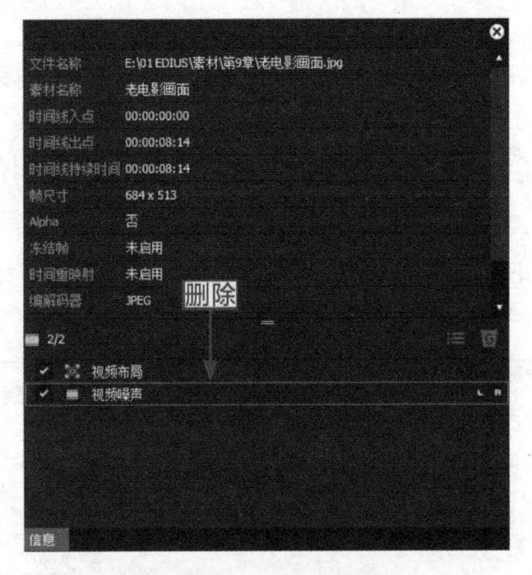

图 9-16　删除视频滤镜

步骤 05：在录制窗口中可以查看删除视频滤镜后的视频画面，如图 9-17 所示。

图 9-17　查看删除视频滤镜后的视频画面

专家指点 在"信息"面板中选择需要删除的滤镜效果后，单击鼠标右键，在弹出的快捷菜单中选择"删除"命令，也可以快速删除选择的视频滤镜效果。

9.3 应用色彩校正滤镜

颜色可以产生修饰效果，使图像显得更加绚丽，同时激发人的想象。正确地运用颜色能使黯淡的图像变得明亮绚丽，使毫无生气的图像充满活力。在EDIUS 9中，视频滤镜中相当重要的一个类别就是色彩校正类滤镜，其中包括"YUV曲线"滤镜、"三路色彩校正"滤镜、"单色"滤镜、"反转"滤镜、"色彩平衡"滤镜以及"颜色轮"滤镜等，这些滤镜都可以用来调整图像的颜色。

9.3.1 实例——应用"YUV曲线"滤镜

在"YUV曲线"滤镜中，亮度信号被称作Y，色度信号是由两个互相独立的信号组成。视颜色系统和格式的不同，两种色度信号经常被称作U和V、Pb和Pr，或Cb和Cr。与常见的RGB方式相比，YUV曲线更适合广播电视，从而大大提高了运行和处理效率。下面介绍在视频中应用"YUV曲线"滤镜的操作方法。

操练+视频 实例——应用"YUV曲线"滤镜

素材文件	素材\第9章\水上别墅.jpg	扫描封底文泉云盘的二维码获取资源
效果文件	效果\第9章\水上别墅.ezp	
视频文件	视频\第9章\9.3.1 实例——应用"YUV曲线"滤镜.mp4	

步骤01：在视频轨中导入一张静态图像，如图9-18所示。

步骤02：在录制窗口中可以查看导入的素材画面效果，如图9-19所示。

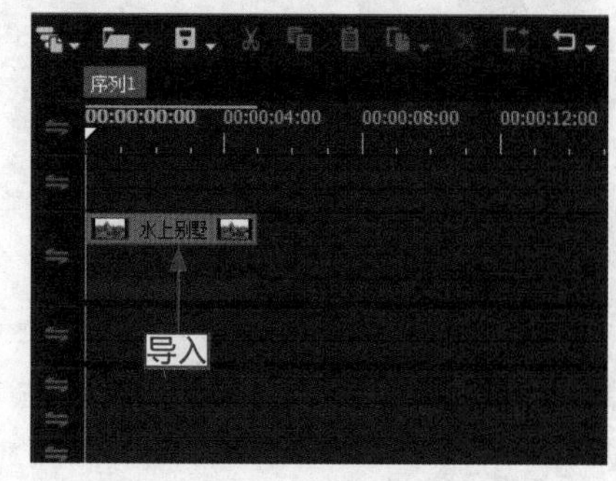

图9-18 导入一张静态图像

图9-19 查看导入的素材画面

步骤 03：展开“特效”面板，在“色彩校正”滤镜组中选择“YUV 曲线”滤镜效果，如图 9-20 所示。

步骤 04：在选择的滤镜效果上，按住鼠标左键并拖曳至视频轨中的图像素材上方，如图 9-21 所示，释放鼠标左键，即可添加“YUV 曲线”滤镜效果。

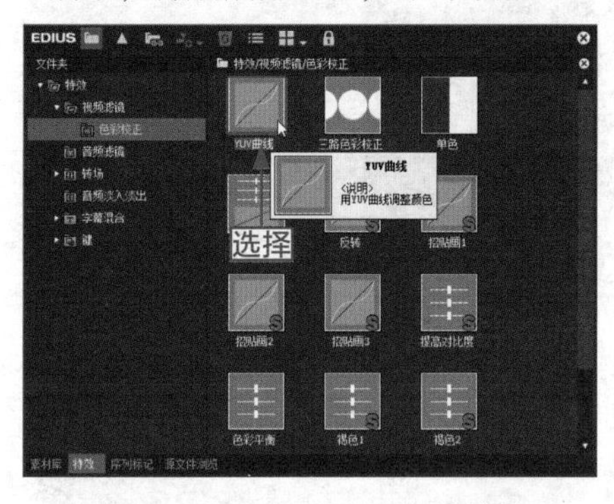

图 9-20　选择“YUV 曲线”滤镜效果

图 9-21　添加“YUV 曲线”滤镜效果

步骤 05：在“信息”面板中选择刚添加的“YUV 曲线”滤镜效果，单击鼠标右键，在弹出的快捷菜单中选择“打开设置对话框”命令，如图 9-22 所示。

步骤 06：执行操作后，弹出“YUV 曲线”对话框，在上方第 1 个预览窗口中的斜线上添加一个关键帧，并调整关键帧的位置，如图 9-23 所示，用于调整图像的颜色。

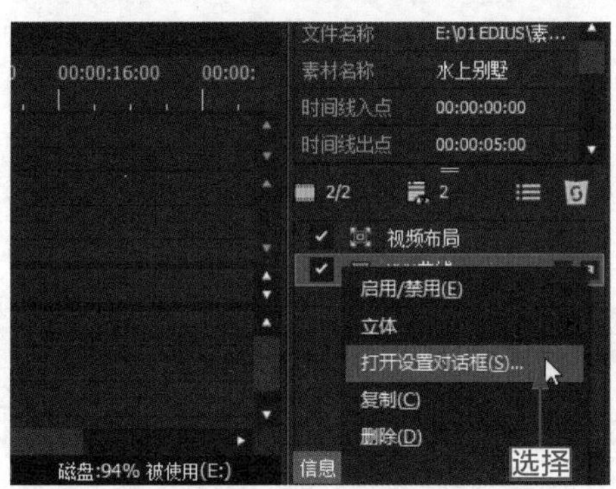

图 9-22　选择相应命令

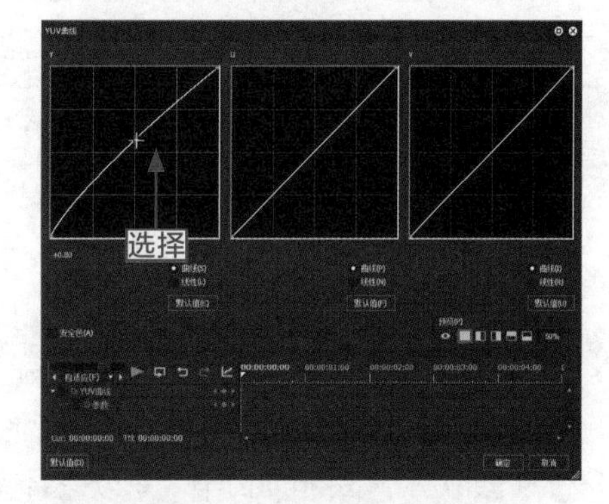

图 9-23　调整关键帧的位置

步骤 07：用与上面同样的方法，在第 2 个与第 3 个预览窗口中分别添加关键帧，并调整关键帧的位置，如图 9-24 所示。

步骤 08：设置完成后，单击“确定”按钮，返回 EDIUS 工作界面，在录制窗口中可以查看添加“YUV 曲线”滤镜后的视频画面效果，如图 9-25 所示。

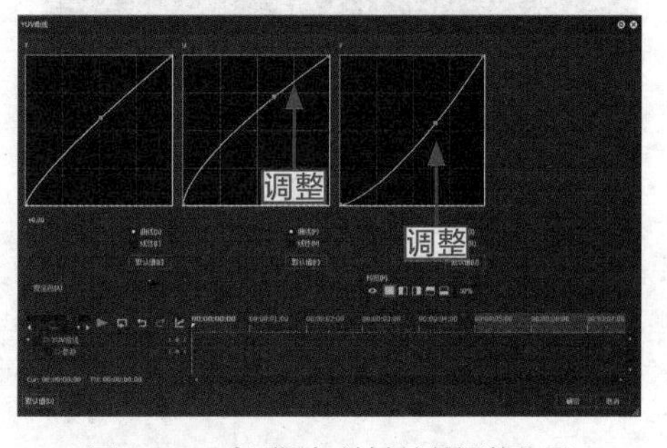

图 9-24　分别添加关键帧并调整位置

图 9-25　查看添加“YUV 曲线”滤镜后的视频画面

专家指点：在“信息”面板中选择相应的滤镜效果后，单击鼠标右键，在弹出的快捷菜单中，若选择“启用/禁用”命令，可以对选择的滤镜效果进行启用或者禁用操作；若选择“复制”命令，则可以对选择的滤镜效果进行复制操作。

9.3.2　实例——应用“三路色彩校正”滤镜

在“三路色彩校正”滤镜中，可以分别控制画面的高光、中间调和暗调区域的色彩。可以提供一次二级校色（多次运用该滤镜以实现多次二级校色），是 EDIUS 中使用最频繁的校色滤镜之一。下面介绍应用“三路色彩校正”滤镜调整素材色彩的操作方法。

操练 + 视频　实例——应用“三路色彩校正”滤镜

素材文件	素材 \ 第 9 章 \ 镜潭湖水 .jpg	扫描封底文泉云盘的二维码获取资源
效果文件	效果 \ 第 9 章 \ 镜潭湖水 .ezp	
视频文件	视频 \ 第 9 章 \9.3.2 实例——应用“三路色彩校正”滤镜 .mp4	

步骤 01：在视频轨中导入一张静态图像，如图 9-26 所示。

步骤 02：在录制窗口中，可以查看导入的素材画面效果，如图 9-27 所示。

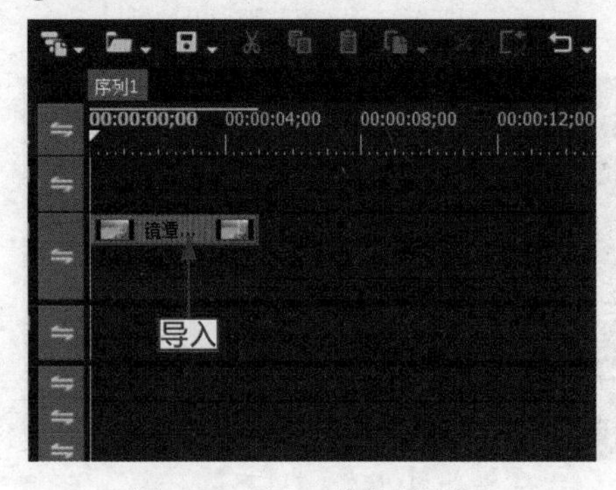

图 9-26　导入一张静态图像

图 9-27　查看导入的素材画面

步骤 03：展开“特效”面板，在“色彩校正”滤镜组中选择“三路色彩校正”滤镜效果，如图 9-28 所示。

步骤 04：在选择的滤镜效果上按住鼠标左键，将其拖曳至视频轨中的图像素材上方，如图 9-29 所示，释放鼠标左键，即可添加“三路色彩校正”滤镜效果。

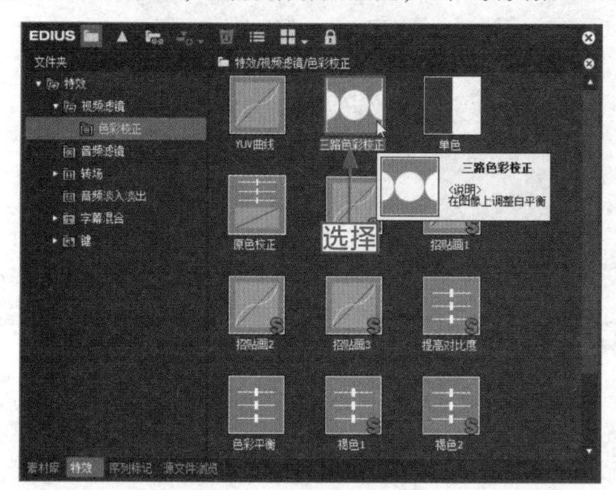

图 9-28　选择滤镜效果

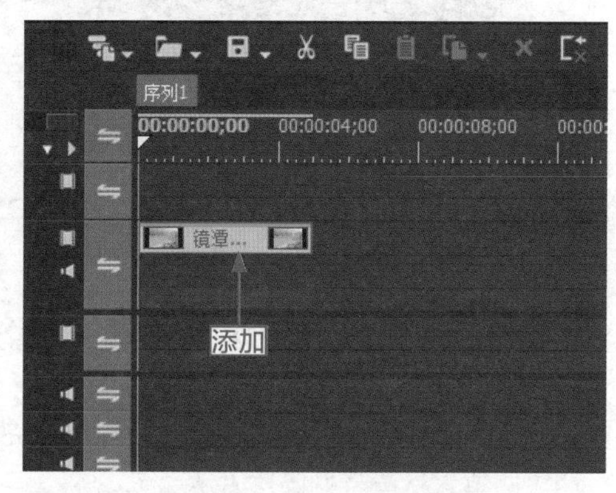

图 9-29　添加滤镜效果

步骤 05：在“信息”面板中，选择刚添加的“三路色彩校正”滤镜效果，单击鼠标右键，在弹出的快捷菜单中选择“打开设置对话框”命令，如图 9-30 所示。

步骤 06：执行操作后，弹出“三路色彩校正”对话框，如图 9-31 所示。

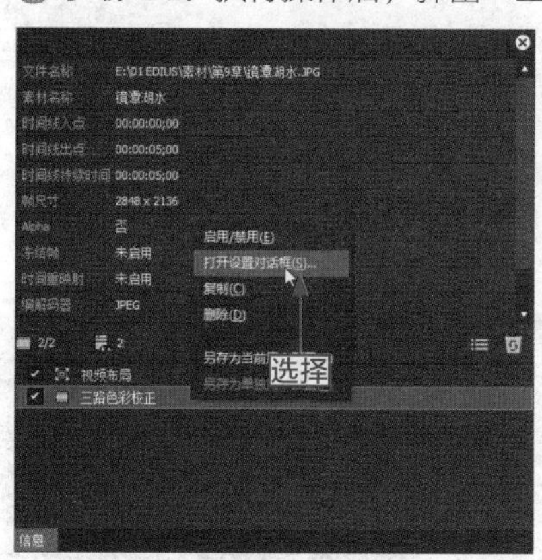

图 9-30　选择“打开设置对话框”命令

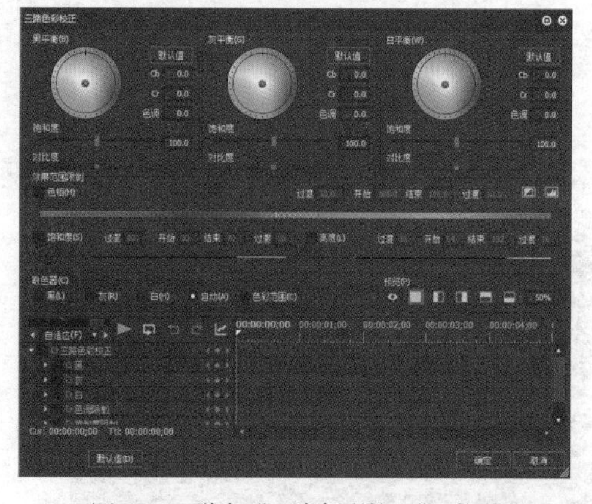

图 9-31　弹出“三路色彩校正”对话框

步骤 07：在“灰平衡”选项区中，设置 Cb 为 -24.9、Cr 为 -29.3，如图 9-32 所示。

步骤 08：在“白平衡”选项区中，设置 Cb 为 43.9，如图 9-33 所示。

步骤 09：设置完成后，单击“确定”按钮，即可运用“三路色彩校正”滤镜调整图像色彩，在录制窗口中可以查看图像的画面效果，如图 9-34 所示。

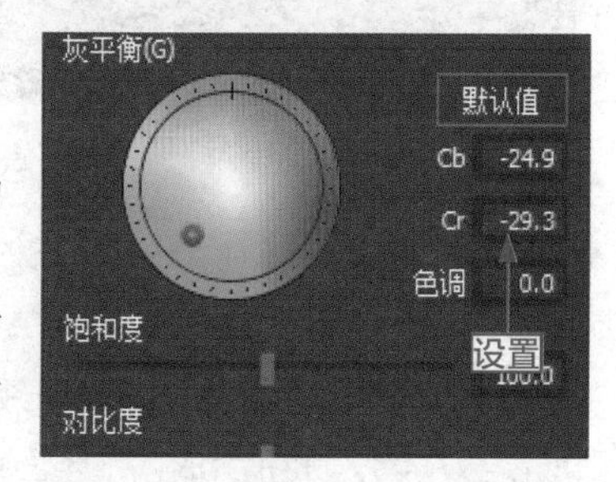

图 9-32　设置图像的灰平衡参数

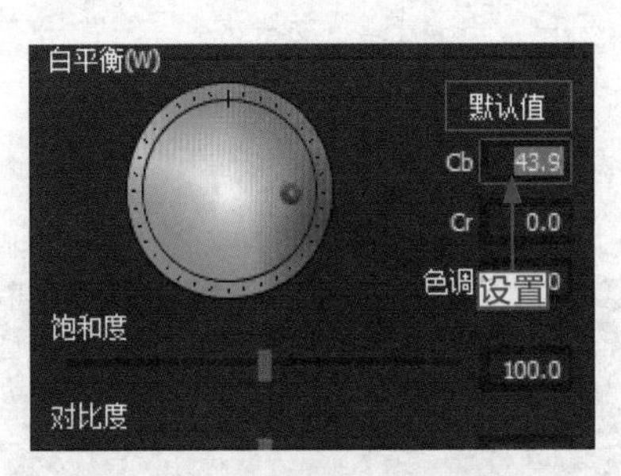

图 9-33 设置图像的白平衡参数

图 9-34 查看图像的画面效果

9.3.3 实例——应用“单色”滤镜

在 EDIUS 9 中，使用“单色”滤镜可以将视频画面调成某种单色效果。下面介绍应用“单色”滤镜调整素材色彩的操作方法。

操练 + 视频 实例——应用“单色”滤镜

素材文件	素材 \ 第 9 章 \ 树叶 .jpg	扫描封底文泉云盘的二维码获取资源
效果文件	效果 \ 第 9 章 \ 树叶 .ezp	
视频文件	视频 \ 第 9 章 \9.3.3 实例——应用“单色”滤镜 .mp4	

步骤 01：在视频轨中导入一张静态图像，如图 9-35 所示。

步骤 02：在录制窗口中，可以查看导入的素材画面效果，如图 9-36 所示。

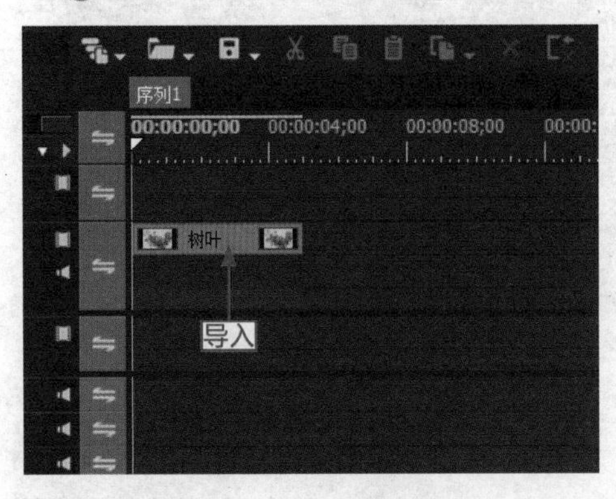

图 9-35 导入一张静态图像

图 9-36 查看导入的素材画面

步骤 03：展开“特效”面板，在“色彩校正”滤镜组中选择“单色”滤镜效果，如图 9-37 所示。

步骤 04：在选择的滤镜效果上按住鼠标左键，将其拖曳至视频轨中的图像素材上方，释放鼠标左键，即可添加“单色”滤镜效果，此时素材画面如图 9-38 所示。

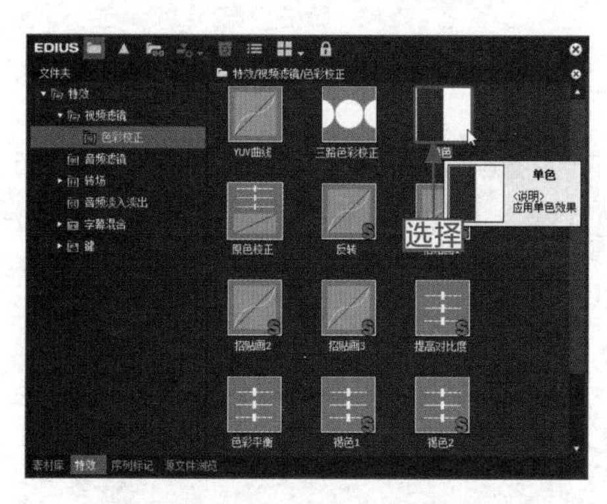

图 9-37　选择“单色”滤镜效果

图 9-38　添加滤镜后的素材画面

步骤 05：在“信息”面板中选择刚添加的“单色”滤镜效果，单击鼠标右键，在弹出的快捷菜单中选择“打开设置对话框”命令，如图 9-39 所示。

步骤 06：执行操作后，弹出“单色”对话框，如图 9-40 所示。

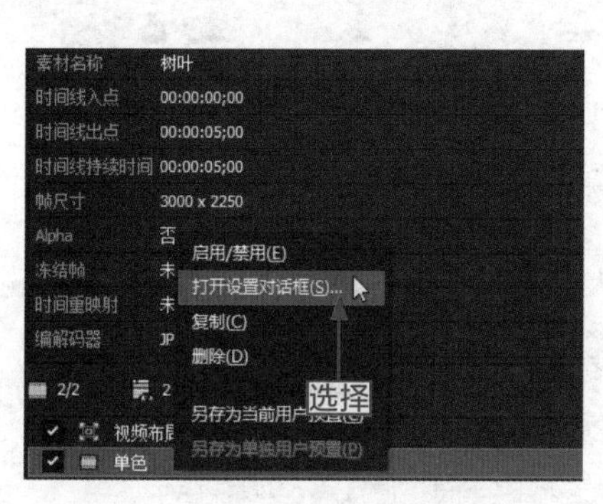

图 9-39　选择“打开设置对话框”命令

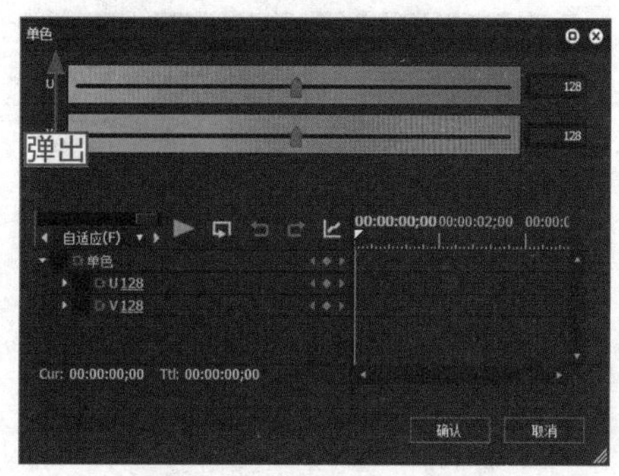

图 9-40　弹出“单色”对话框

步骤 07：在对话框的上方拖曳 U 右侧的滑块至 65 的位置处，拖曳 V 右侧的滑块至 180 的位置处，调整图像色调，如图 9-41 所示。

步骤 08：设置完成后，单击“确认”按钮，即可运用“单色”滤镜调整图像的色彩，在录制窗口中可以查看图像的画面效果，如图 9-42 所示。

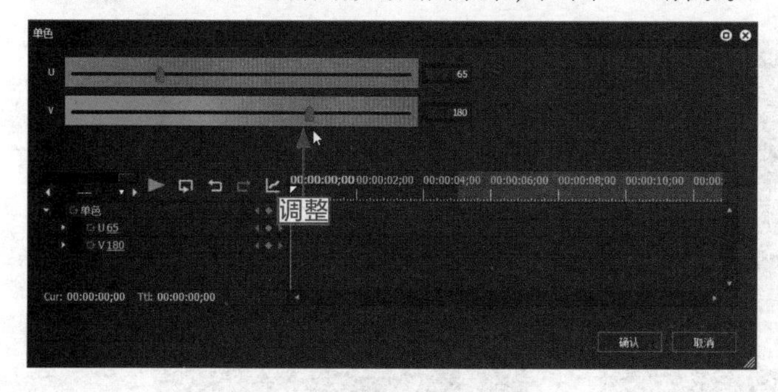

图 9-41　调整图像色调的参数

图 9-42　查看图像的画面效果

9.3.4 实例——应用“色彩平衡”滤镜

在“色彩平衡”滤镜中，除了可以调整画面的色彩倾向以外，还可以调节色度、亮度和对比度参数，也是EDIUS软件中使用最频繁的校色滤镜之一。下面介绍应用“色彩平衡”滤镜调整素材色彩的操作方法。

操练+视频 实例——应用“色彩平衡”滤镜

素材文件	素材\第9章\可爱女人.jpg	扫描封底文泉云盘的二维码获取资源
效果文件	效果\第9章\可爱女人.ezp	
视频文件	视频\第9章\9.3.4 实例——应用“色彩平衡”滤镜.mp4	

步骤01：在视频轨中导入一张静态图像，如图9-43所示。

步骤02：在录制窗口中，可以查看导入的素材画面效果，如图9-44所示。

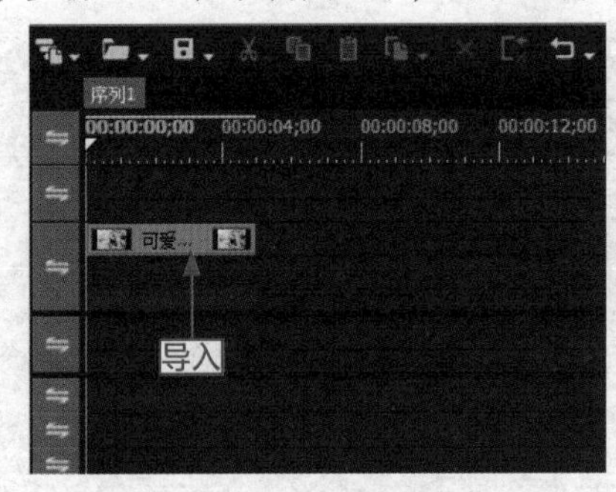

图9-43 导入一张静态图像

图9-44 查看导入的素材画面

步骤03：展开“特效”面板，在“色彩校正”滤镜组中选择“色彩平衡”滤镜效果，如图9-45所示。

步骤04：在选择的滤镜效果上按住鼠标左键，将其拖曳至视频轨中的图像素材上方，释放鼠标左键，即可添加“色彩平衡”滤镜效果，在“信息”面板中，选择“色彩平衡”滤镜效果，如图9-46所示。

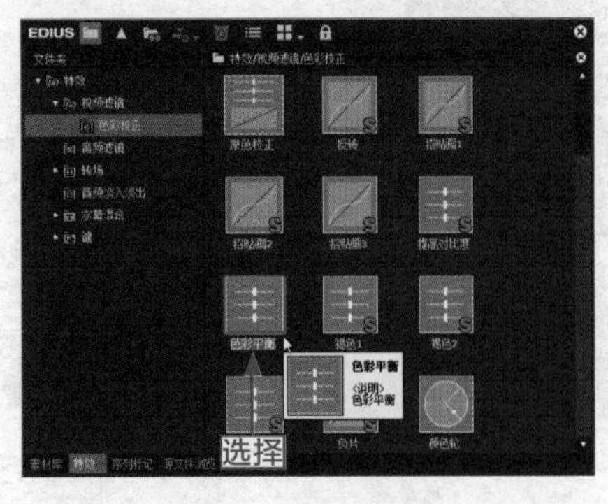

图9-45 选择滤镜效果

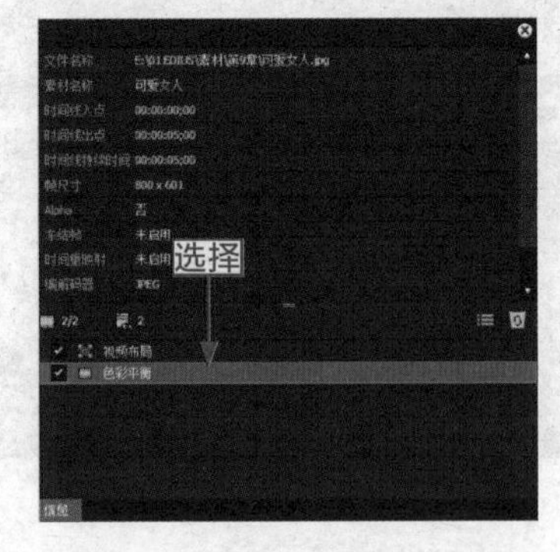

图9-46 选择“色彩平衡”滤镜

步骤 05： 在选择的滤镜效果上双击，即可弹出“色彩平衡”对话框，在其中设置“红”为 19、“绿”为 6、“蓝”为 -14，调整色彩平衡参数值，如图 9-47 所示。

步骤 06： 设置完成后，单击“确定”按钮，即可运用“色彩平衡”滤镜调整图像的色彩，在录制窗口中可以查看图像的画面效果，如图 9-48 所示。

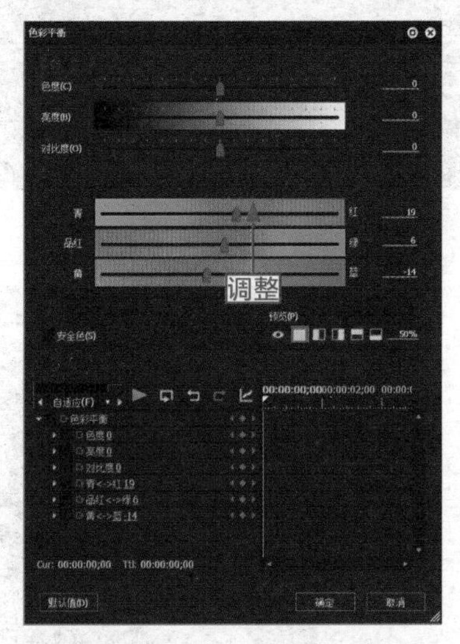

图 9-47　调整色彩平衡参数值

图 9-48　查看图像的画面效果

9.3.5　实例——应用“颜色轮”滤镜

“颜色轮”滤镜提供了色轮的功能，对于颜色的转换比较有用。下面介绍运用“颜色轮”滤镜调整素材色彩的操作方法。

操练 + 视频　实例——应用“颜色轮”滤镜

素材文件	素材 \ 第 9 章 \ 秋景 .jpg	扫描封底文泉云盘的二维码获取资源
效果文件	效果 \ 第 9 章 \ 秋景 .ezp	
视频文件	视频 \ 第 9 章 \9.3.5 实例——应用“颜色轮”滤镜 .mp4	

步骤 01： 在视频轨中导入一张静态图像，如图 9-49 所示。

步骤 02： 在录制窗口中，可以查看导入的素材画面效果，如图 9-50 所示。

步骤 03： 展开“特效”面板，在“色彩校正”滤镜组中选择“颜色轮”滤镜效果，如图 9-51 所示。

步骤 04： 在选择的滤镜效果上按住鼠标左键，将其拖曳至视频轨中的图像素材上方，释放鼠标左键，即可添加“颜色轮”滤镜效果，在“信息”面板中，选择“颜色轮”滤镜效果，如图 9-52 所示。

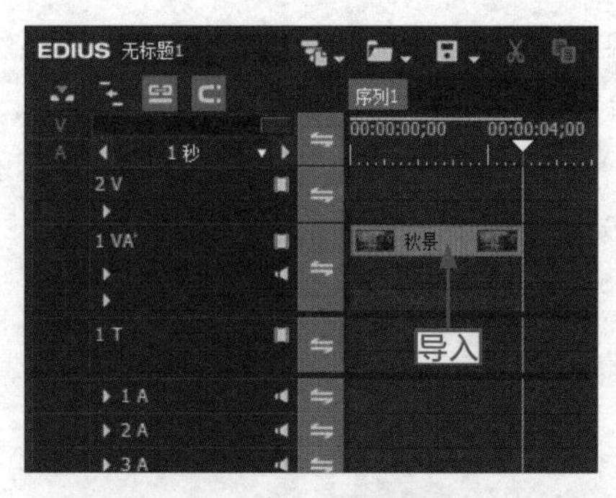

图 9-49　导入一张静态图像

图 9-50　查看导入的素材画面

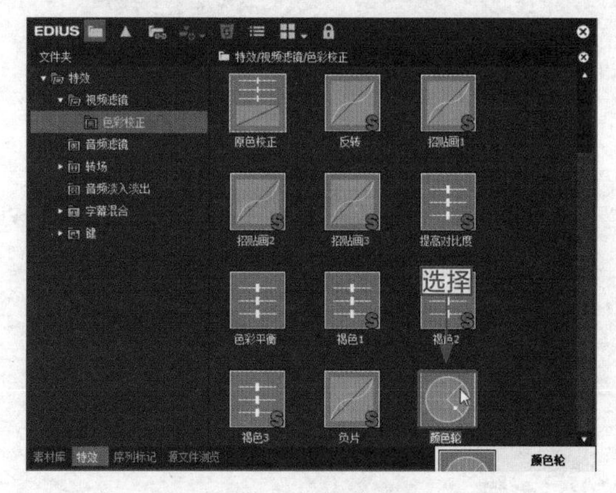

图 9-51　选择滤镜效果

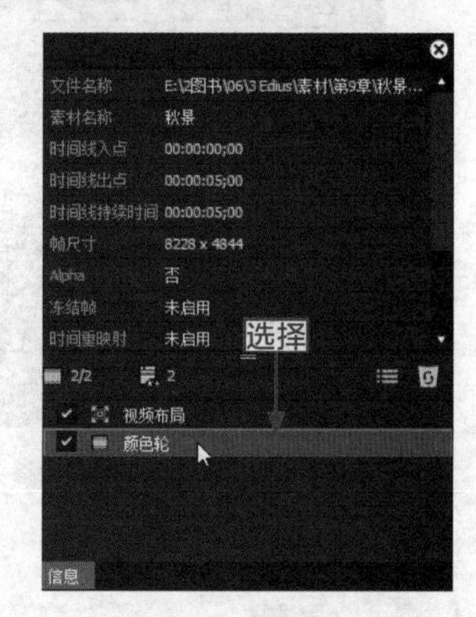

图 9-52　选择“颜色轮”滤镜

步骤 05：在选择的滤镜效果上双击，即可弹出“颜色轮”对话框，在其中设置“饱和度”为 60，如图 9-53 所示。

步骤 06：设置完成后，单击“确定”按钮，即可运用“颜色轮”滤镜调整图像的色彩，在录制窗口中可以查看图像的画面效果，如图 9-54 所示。

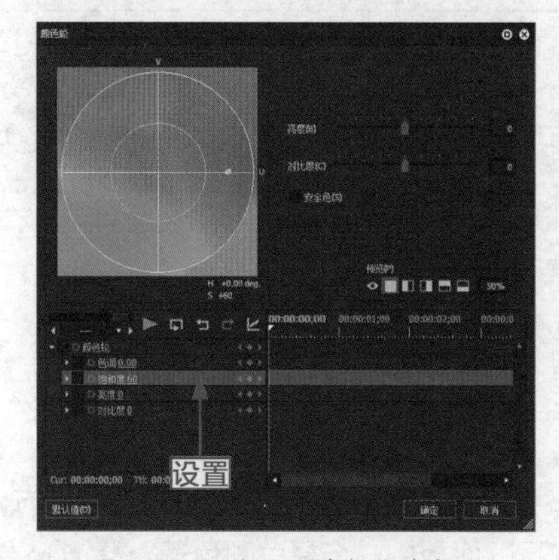

图 9-53　设置“色调”参数

图 9-54　查看图像的画面效果

9.4 视频滤镜精彩应用

EDIUS 9 为用户提供了大量的滤镜效果，主要包括“光栅滚动”滤镜、“动态模糊”滤镜、“块颜色”滤镜、“浮雕”滤镜以及“老电影”滤镜等，用户可以根据需要应用这些滤镜效果，制作出精美的视频画面。本节主要介绍应用视频滤镜的操作方法。

9.4.1 实例——“光栅滚动”滤镜：晚霞艺术

在 EDIUS 9 中，使用“光栅滚动”滤镜，可以创建视频画面的波浪扭动变形效果，可以为变形程度设置关键帧。下面介绍运用“光栅滚动”视频滤镜的操作方法。

操练 + 视频 实例——“光栅滚动”滤镜：晚霞艺术

素材文件	素材 \ 第 9 章 \ 晚霞艺术 .jpg	扫描封底文泉云盘的二维码获取资源
效果文件	效果 \ 第 9 章 \ 晚霞艺术 .ezp	
视频文件	视频 \ 第 9 章 \9.4.1 实例——“光栅滚动”滤镜：晚霞艺术 .mp4	

步骤 01：在视频轨中导入一张静态图像，如图 9-55 所示。

步骤 02：在录制窗口中，可以查看导入的素材画面效果，如图 9-56 所示。

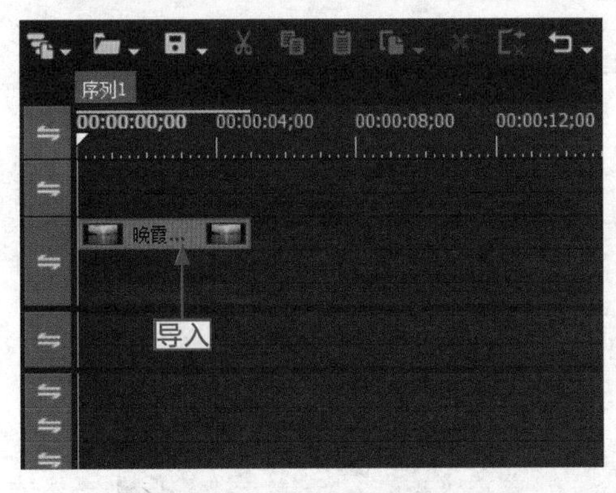

图 9-55 导入一张静态图像

图 9-56 查看导入的素材画面

步骤 03：展开“特效”面板，在“视频滤镜”滤镜组中选择“光栅滚动”滤镜效果，如图 9-57 所示。

步骤 04：在选择的滤镜效果上按住鼠标左键，将其拖曳至视频轨中的图像素材上方，如图 9-58 所示，释放鼠标左键，即可添加“光栅滚动”滤镜效果。

步骤 05：添加“光栅滚动”滤镜后的素材画面效果如图 9-59 所示。

步骤 06：在“信息”面板中，选择添加的“光栅滚动”滤镜效果，如图 9-60 所示。

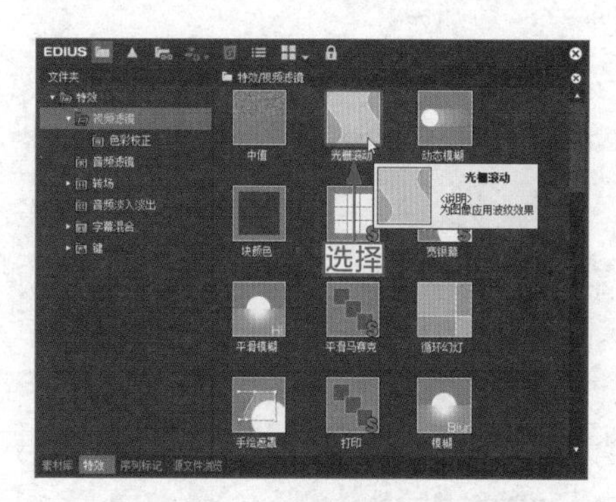

图 9-57　选择滤镜效果

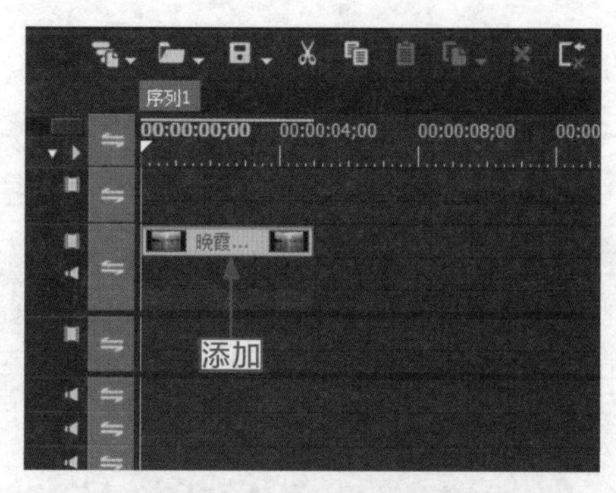

图 9-58　添加滤镜效果

图 9-59　添加滤镜后的素材画面

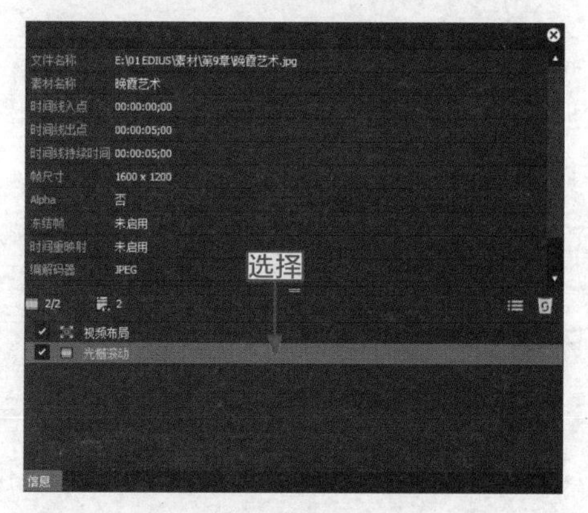

图 9-60　选择滤镜效果

步骤 07：在选择的滤镜效果上双击，弹出“光栅滚动”对话框，在其中设置各参数，并在“波长”选项区中添加 4 个关键帧，用来控制波浪的变形效果，如图 9-61 所示。

步骤 08：设置完成后，单击“确认”按钮，单击录制窗口下方的“播放”按钮，预览添加“光栅滚动”滤镜后的视频画面效果，如图 9-62 所示。

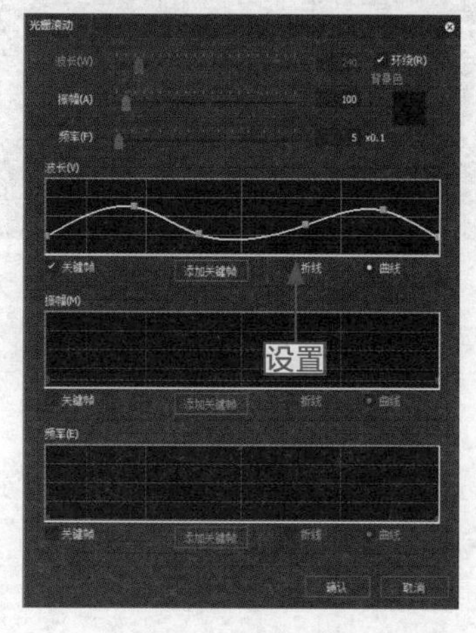

图 9-61　设置各参数

图 9-62　预览视频滤镜效果

9.4.2　实例——“浮雕”滤镜：距瓣豆

在 EDIUS 9 中，“浮雕”滤镜可以让图像立体感看起来像石版画。下面介绍添加“浮雕”视频滤镜的操作方法。

操练 + 视频　实例——“浮雕”滤镜：距瓣豆

素材文件	素材 \ 第 9 章 \ 距瓣豆 .jpg	扫描封底文泉云盘的二维码获取资源
效果文件	效果 \ 第 9 章 \ 距瓣豆 .ezp	
视频文件	视频 \ 第 9 章 \9.4.2 实例——“浮雕”滤镜：距瓣豆 .mp4	

步骤 01：在视频轨中导入一张静态图像，如图 9-63 所示。

步骤 02：在录制窗口中，可以查看导入的素材画面效果，如图 9-64 所示。

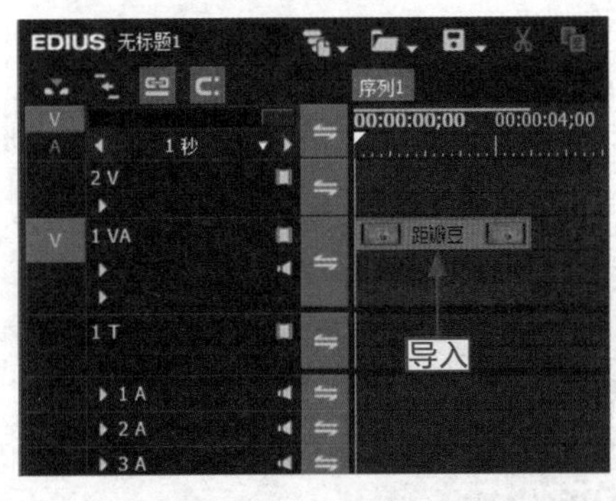

图 9-63　导入一张静态图像

图 9-64　查看导入的素材画面

步骤 03：展开“特效”面板，在“视频滤镜”滤镜组中选择“浮雕”滤镜效果，如图 9-65 所示。

步骤 04：在选择的滤镜效果上按住鼠标左键的同时，将其拖曳至“信息”面板下方，如图 9-66 所示。

图 9-65　选择“浮雕”滤镜效果

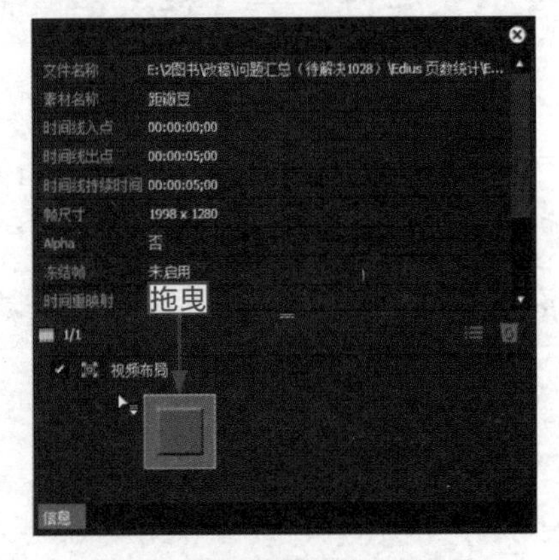

图 9-66　拖曳至“信息”面板下方

步骤 05：释放鼠标左键，即可为素材添加“浮雕”滤镜效果，如图 9-67 所示。

步骤 06：在选择的滤镜效果上双击鼠标左键，弹出“浮雕”对话框，在其中设置“深度”为 3，如图 9-68 所示。

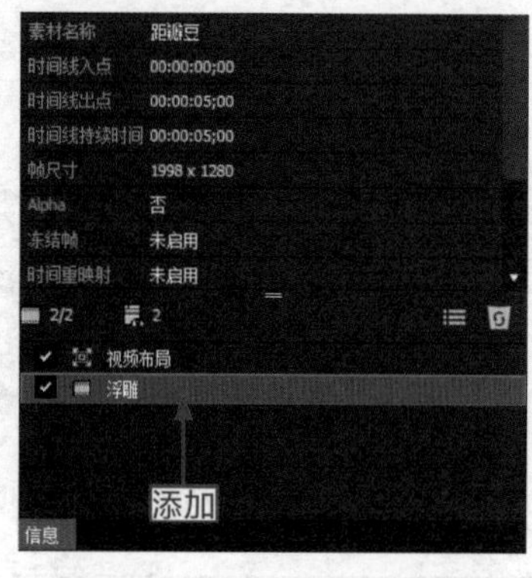

图 9-67　添加“浮雕”滤镜效果

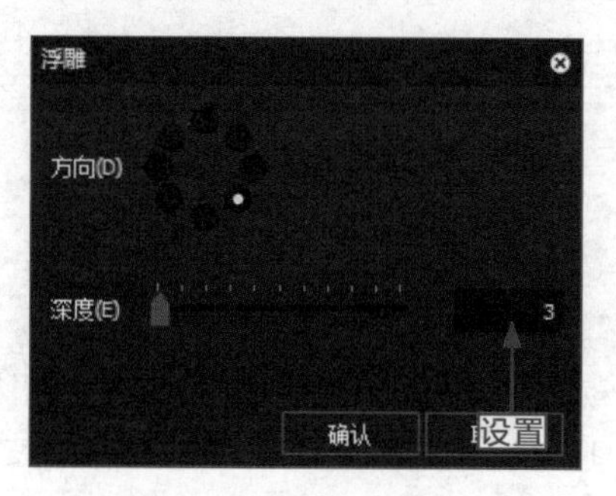

图 9-68　设置“深度”为 3

步骤 07：设置完成后，单击“确认”按钮，在录制窗口中，可以预览添加“浮雕”滤镜后的视频画面效果，如图 9-69 所示。

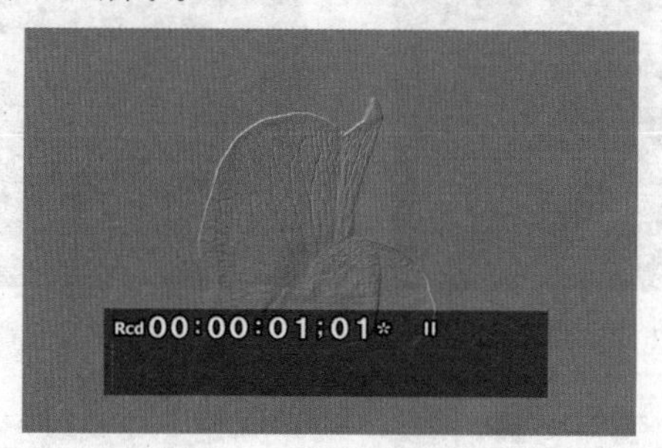

图 9-69　预览添加“浮雕”滤镜后的视频画面效果

9.4.3　实例——“老电影”滤镜：电影画面

“老电影”滤镜能够惟妙惟肖地模拟老电影中特有的帧跳动、落在胶片上的毛发杂物等效果，配合色彩校正使其变得泛黄或者黑白化，可能真的无法分辨出哪个才是真正的“老古董”，这也是使用频率较高的一类特效。下面介绍添加“老电影”视频滤镜的操作方法。

操练 + 视频　实例——“老电影”滤镜：电影画面

素材文件	素材 \ 第 9 章 \ 老电影视频 .jpg	扫描封底文泉云盘的二维码获取资源
效果文件	效果 \ 第 9 章 \ 老电影视频 .ezp	
视频文件	视频 \ 第 9 章 \9.4.3 实例——“老电影”滤镜：电影画面 .mp4	

步骤 01：在视频轨中导入一张静态图像，如图 9-70 所示。

步骤 02：在录制窗口中，可以查看导入的素材画面效果，如图 9-71 所示。

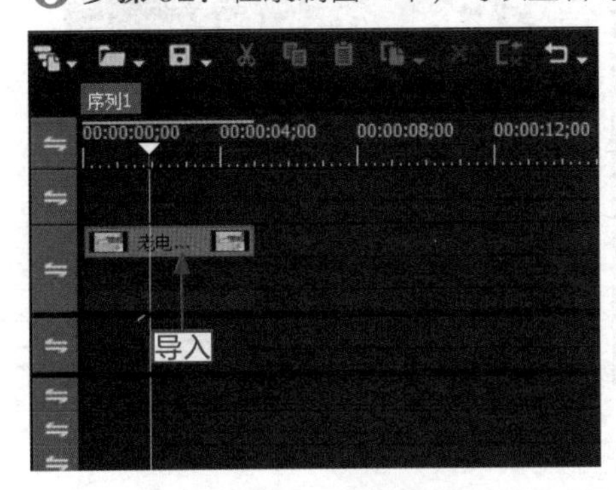

图 9-70　导入一张静态图像

图 9-71　查看导入的素材画面

步骤 03：展开“特效”面板，在“视频滤镜”滤镜组中选择“老电影”滤镜效果，如图 9-72 所示。

步骤 04：在选择的滤镜效果上按住鼠标左键，将其拖曳至“信息”面板下方，如图 9-73 所示。

图 9-72　选择滤镜效果

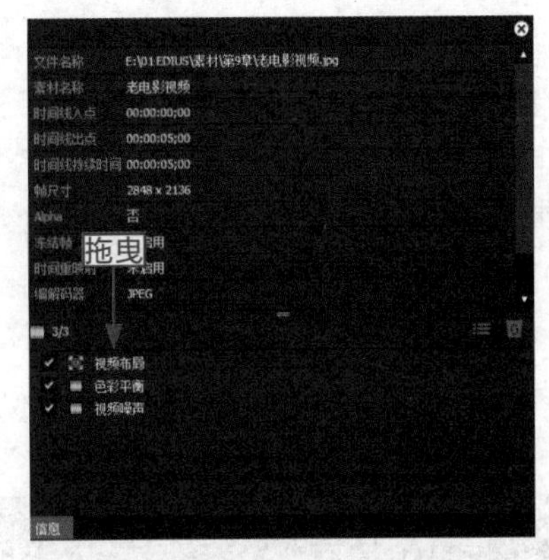

图 9-73　拖曳至“信息”面板下方

步骤 05：再次在“特效”面板中选择另一个“老电影”滤镜效果，如图 9-74 所示。

步骤 06：在选择的滤镜效果上按住鼠标左键，将其拖曳至“信息”面板下方，再次添加一个“老电影”视频滤镜，如图 9-75 所示。

步骤 07：在“信息”面板的“色彩平衡”滤镜上单击鼠标右键，在弹出的快捷菜单中选择“打开设置对话框”命令，弹出“色彩平衡”对话框，在其中设置“色度”为 -128、“亮度”为 -6、“对比度”为 20，如图 9-76 所示。

> **专家指点**　在“信息”面板中，取消选中相应滤镜选项前的对钩符号☑，即可取消该视频滤镜在素材中的应用操作。

图 9-74 选择滤镜效果

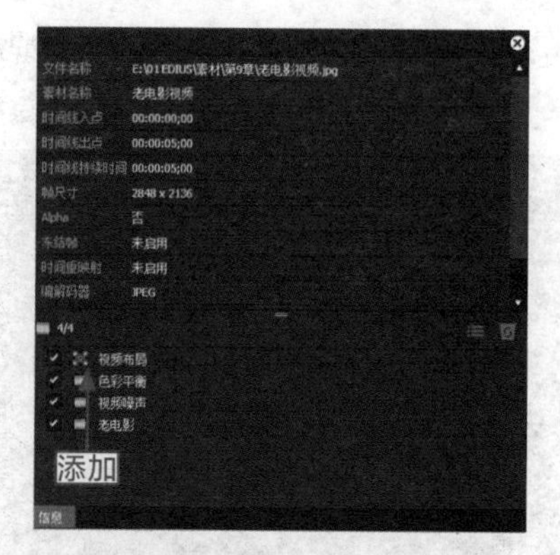

图 9-75 再次添加视频滤镜

图 9-76 设置“色彩平衡”各参数

步骤 08: 设置完成后，单击对话框下方的“确定”按钮，完成“色彩平衡”滤镜的设置。在“信息”面板的“老电影”滤镜上双击，弹出“老电影”对话框，在“尘粒和毛发”选项区中，保持默认参数；在“刮痕和噪声”选项区中，设置“数量”为 75、“亮度”为 56、“移动性”为 207、“持续时间”为 80；在“帧跳动”选项区中，设置“偏移”为 60、“概率”为 10；在“闪烁”选项区中，设置“幅度”为 16，如图 9-77 所示。

步骤 09: 设置完成后，单击“确认”按钮，完成对“老电影”滤镜效果的设置，在录制窗口中，单击“播放”按钮，即可预览添加“老电影”滤镜后的视频画面效果，如图 9-78 所示。

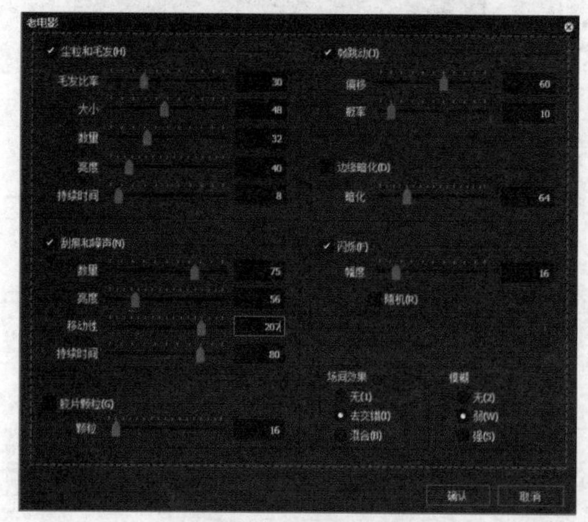

图 9-77 设置各参数

图 9-78 预览添加“老电影”滤镜后的视频画面效果

9.4.4 实例——“镜像”滤镜：格桑花

在“镜像”滤镜中，可以对视频画面进行垂直或者水平镜像操作。下面介绍添加“镜像”视频滤镜的操作方法。

操练 + 视频　实例——“镜像”滤镜：格桑花

素材文件	素材 \ 第 9 章 \ 格桑花 .jpg	扫描封底文泉云盘的二维码获取资源
效果文件	效果 \ 第 9 章 \ 格桑花 .ezp	
视频文件	视频 \ 第 9 章 \9.4.4 实例——“镜像”滤镜：格桑花 .mp4	

步骤 01：在视频轨中导入一张静态图像，如图 9-79 所示。

步骤 02：在录制窗口中，可以查看导入的素材画面效果，如图 9-80 所示。

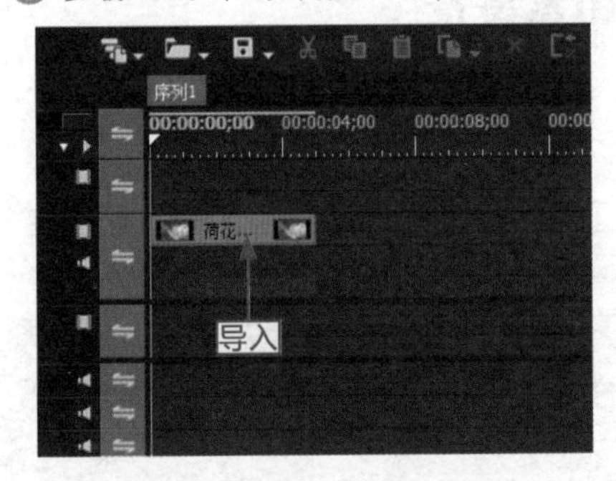

图 9-79　导入一张静态图像

图 9-80　查看导入的素材画面

步骤 03：展开“特效”面板，在“视频滤镜”滤镜组中选择“镜像”滤镜效果，如图 9-81 所示。

步骤 04：在选择的滤镜效果上按住鼠标左键，将其拖曳至“信息”面板下方，如图 9-82 所示。

图 9-81　选择“镜像”滤镜效果

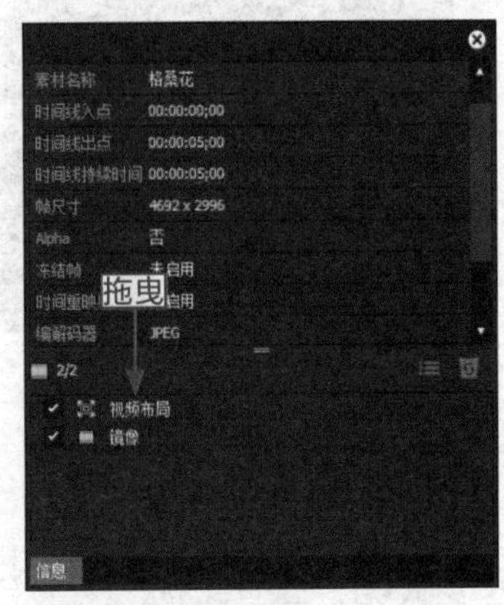

图 9-82　拖曳至“信息”面板下方

步骤 05：执行操作后，即可在视频中应用“镜像”滤镜效果。在录制窗口中，即可预览添加“镜像”滤镜后的视频画面效果，如图 9-83 所示。

图 9-83　预览添加“镜像”滤镜后的视频画面效果

9.4.5　实例——“铅笔画”滤镜：山水美景

在 EDIUS 工作界面中，“铅笔画”滤镜可以让画面看起来好像是素描一样的效果。下面介绍添加“铅笔画”视频滤镜的操作方法。

操练 + 视频　实例——“铅笔画”滤镜：国画效果

素材文件	素材 \ 第 9 章 \ 山水美景 .jpg	扫描封底文泉云盘的二维码获取资源
效果文件	效果 \ 第 9 章 \ 山水美景 .ezp	
视频文件	视频 \ 第 9 章 \9.4.5　实例——“铅笔画”滤镜：国画效果 .mp4	

步骤 01：在视频轨中导入一张静态图像，如图 9-84 所示。

步骤 02：在录制窗口中，可以查看导入的素材画面效果，如图 9-85 所示。

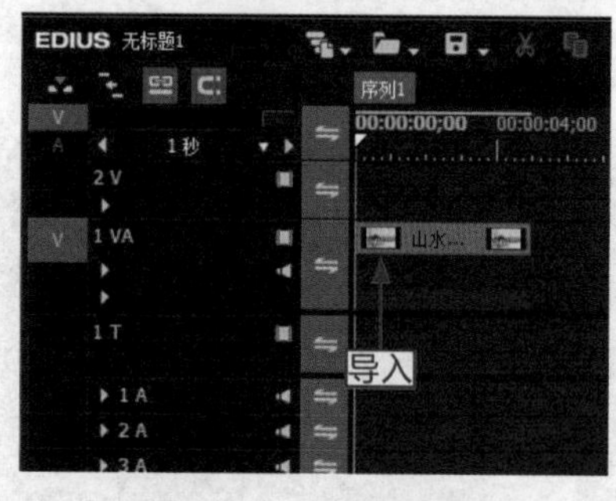

图 9-84　导入一张静态图像

图 9-85　查看导入的素材画面

步骤 03：展开“特效”面板，在“视频滤镜”滤镜组中选择“铅笔画”滤镜效果，如图 9-86 所示。

步骤 04：在选择的滤镜效果上按住鼠标左键，将其拖曳至“信息”面板下方，如图 9-87 所示。

图 9-86　选择“铅笔画”滤镜效果

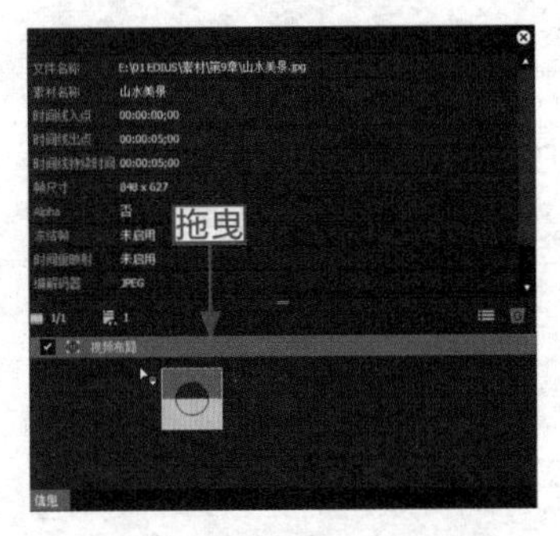

图 9-87　拖曳至“信息”面板下方

步骤 05: 在“信息”面板中的“铅笔画”滤镜上单击鼠标右键，在弹出的快捷菜单中选择“打开设置对话框”命令，如图 9-88 所示。

步骤 06: 执行操作后，弹出“铅笔画”对话框，在其中设置“密度”为 2，选中“翻转”复选框，如图 9-89 所示。

步骤 07: 设置完成后，单击“确认”按钮，完成对“铅笔画”滤镜的设置。在录制窗口中，可以预览添加“铅笔画”滤镜后的视频画面效果，如图 9-90 所示。

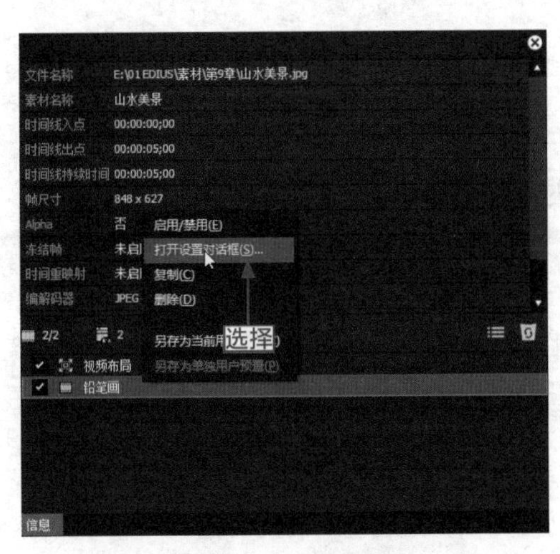

图 9-88　选择“打开设置对话框”命令

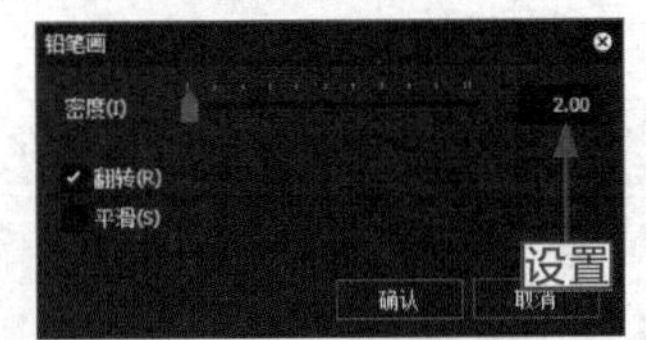

图 9-89　设置各参数

图 9-90　预览添加“铅笔画”滤镜后的视频画面效果

9.5　本章小结

本章全面介绍了 EDIUS 9 中视频滤镜效果的添加、删除以及设置的操作方法，本章以实例的形式将添加与编辑滤镜特效的每一种方法、每一个选项都进行了详细的介绍，以及对色彩校正滤镜的运用也进行了详细的讲解。通过本章的学习，用户可以熟练掌握 EDIUS 中视频滤镜的各种使用方法和技巧，并能够理论结合实践地将视频滤镜效果合理地运用到所制作的视频作品中。

CHAPTER 10

第 10 章 制作合成运动特效

~ 学前提示 ~

合成运动特效是指在原有的视频画面中合成或创建移动、变形和缩放等运动效果。在 EDIUS 9 中，为静态的素材加入适当的运动效果，可以让画面活动起来，显得更加逼真、生动。本章主要介绍影视合成运动效果的制作方法，主要包括关键帧动画、视频布局动画、三维空间动画以及画面合成特效等，希望读者可以熟练掌握本章内容，制作出更多精彩的特效。

~ 本章重点 ~

- 实例——关键帧动画
- 实例——二维变换
- 实例——三维空间动画
- 实例——变暗混合模式
- 实例——色度键
- 实例——创建遮罩

10.1 实例——关键帧动画

在 EDIUS 9 中，通过设置关键帧可以创建图层的位置、角度以及缩放动画，也可以创建视频效果的动画。为了在素材上设置关键帧，可以激活关键帧复选框☑，然后拖动时间线，在不同的时间点设置不同的效果参数值，这样就可以创建效果动画了。下面主要介绍运用关键帧创建视频动画的操作方法。

操练 + 视频 关键帧动画

素材文件	素材 \ 第 10 章 \ 幸福情侣 .jpg	扫描封底文泉云盘的二维码获取资源
效果文件	效果 \ 第 10 章 \ 幸福情侣 .ezp	
视频文件	视频 \ 第 10 章 \10.1 关键帧动画 .mp4	

步骤 01：在视频轨中导入一张静态图像，如图 10-1 所示。

步骤 02：展开“特效”面板，在“视频滤镜”滤镜组中选择“色彩平衡”滤镜效果，将其添加至“信息”面板中，为素材添加“色彩平衡”滤镜。在添加的滤镜效果上单击鼠标右键，在弹出的快捷菜单中选择“打开设置对话框”命令，如图 10-2 所示。

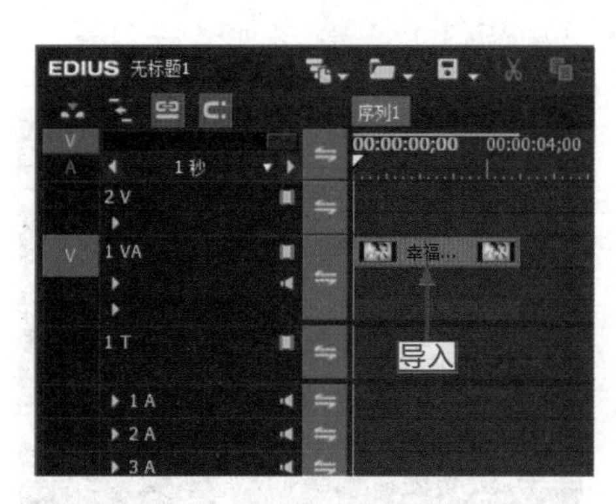

图 10-1　导入一张静态图像

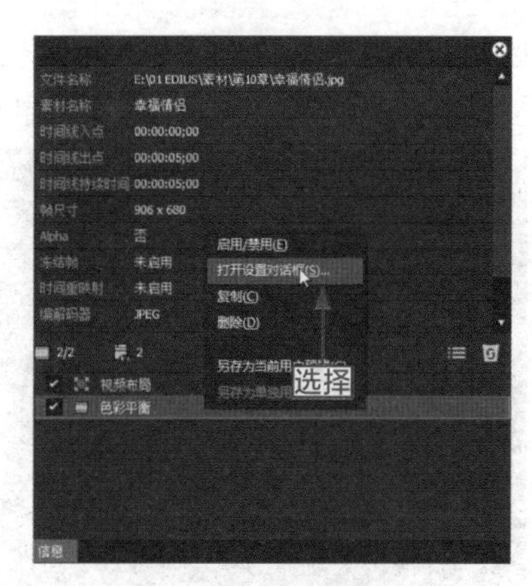

图 10-2　选择相应的命令

步骤 03：执行操作后，弹出“色彩平衡”对话框，如图 10-3 所示。

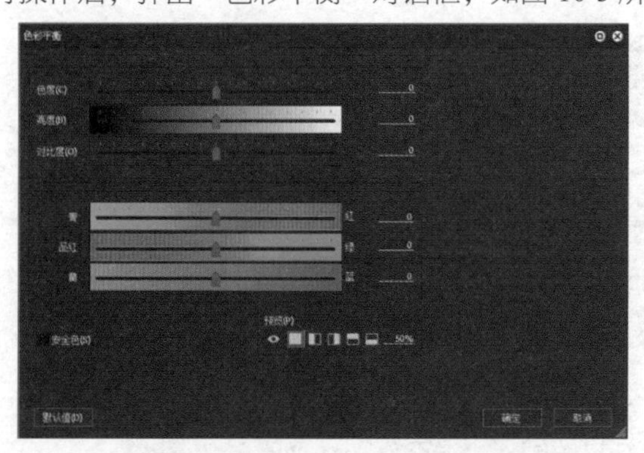

图 10-3　弹出“色彩平衡”对话框

步骤 04：在对话框的下方选中“色彩平衡”复选框，激活关键帧复选框，如图 10-4 所示。

步骤 05：单击“色彩平衡”选项右侧的“添加 / 删除关键帧”按钮，添加一列关键帧，如图 10-5 所示。

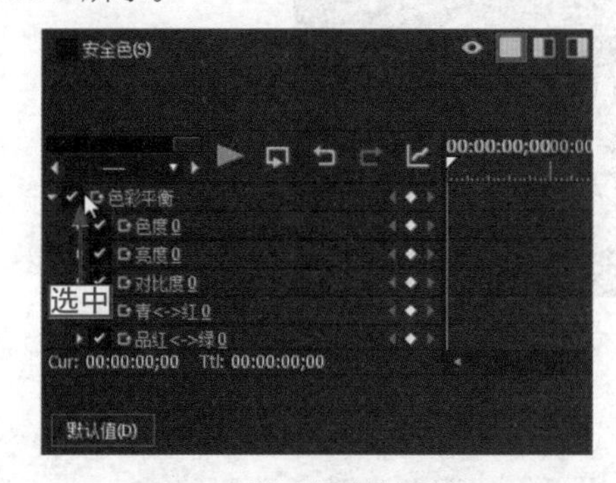

图 10-4　激活关键帧复选框

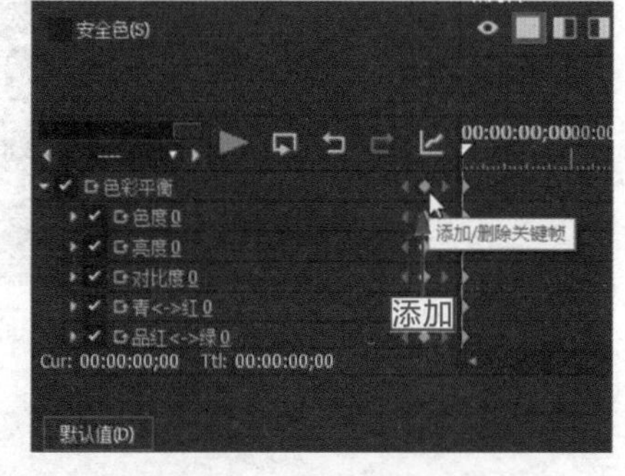

图 10-5　添加一列关键帧

步骤 06：在对话框下方，将时间线移至 00:00:00:13 的位置处，然后拖曳对话框上方各选项中的滑块至合适位置，如图 10-6 所示。

步骤 07：执行操作后，即可在时间线中自动添加相应关键帧，如图 10-7 所示。

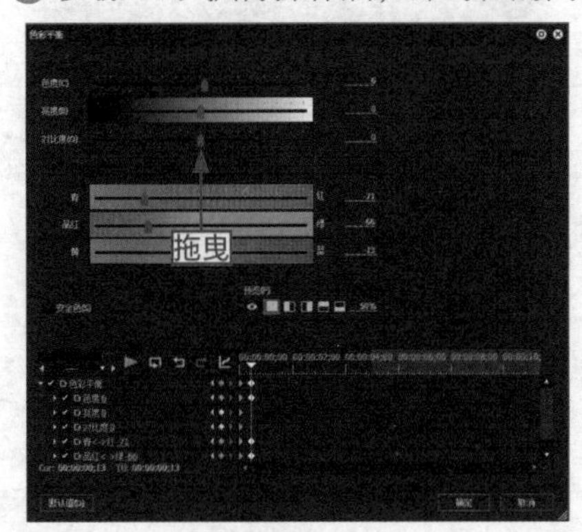

图 10-6　拖曳滑块至合适位置

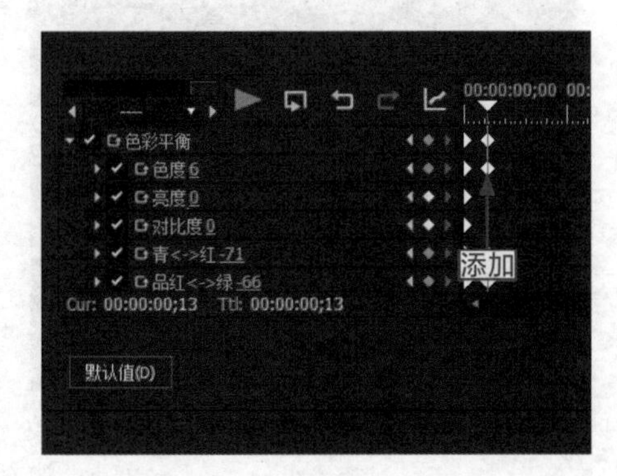

图 10-7　添加相应关键帧

专家指点

在“色彩平衡”对话框中，各选项含义如下。

- “色度”选项：该选项反映的是颜色的色调和饱和度，色度中不包括亮度在内的颜色性质，该选项用于调整素材的不同颜色。
- “亮度”选项：亮度是一种颜色的性质，该选项用于调整画面的明亮程度。
- “对比度”选项：对比度是指图像中明暗区域最亮的白和最暗的黑之间不同亮度层级的测量，差异范围越大代表对比越大，差异范围越小代表对比越小，该选项用于调整画面的对比度差异。

步骤 08：再次将时间线移至 00:00:03:15 的位置处，然后拖曳对话框上方各选项中的滑块至合适位置，在该处自动添加相应关键帧，如图 10-8 所示。

图 10-8　自动添加相应关键帧

专家指点

在“色彩平衡”对话框的时间轴中，“添加 / 删除关键帧”按钮主要用来在当前时间线所在的位置添加或删除关键帧。单击“上一个关键帧”按钮，可以快速跳转到前一个关键帧位置；单击“下一个关键帧”按钮，可以快速跳转到后一个关键帧位置。

步骤 09：设置完成后，单击“确定”按钮，返回 EDIUS 工作界面，单击录制窗口下方的“播放”按钮，预览添加关键帧后的视频动画效果，如图 10-9 所示。

图 10-9　预览添加关键帧后的视频动画效果

10.2　视频布局动画

在 EDIUS 9 中，用户不仅可以设置滤镜参数的动画效果，更多的时候用户还需要设置图像的移动、旋转和缩放等动画，尤其是三维空间中的动画，这就是视频布局动画。本节主要介绍运用视频布局制作视频动画的操作方法，主要包括裁剪图像和三维变换图像等内容，希望读者可以熟练掌握。

10.2.1　视频布局概述

在 EDIUS 工作界面中，单击“素材”菜单，在弹出的菜单列表中选择“视频布局”命令，即可弹出“视频布局”对话框，如图 10-10 所示。

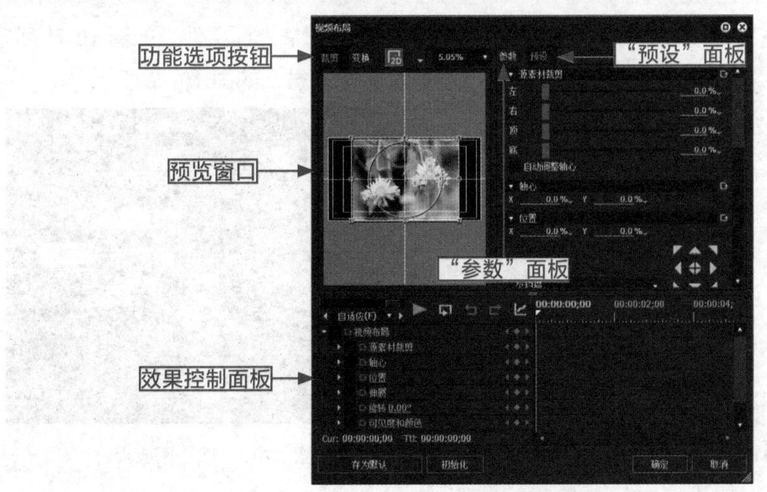

图 10-10　弹出“视频布局”对话框

在“视频布局”对话框中，各部分含义如下。

- 功能选项按钮：在“视频布局”对话框中，有许多功能选项按钮，用于决定图像不同的布局方式。例如，选择“裁剪”选项，图像只有裁剪功能可用，而2D模式、3D模式和显示参考按钮变成灰色，不再可用。
- 预览窗口：预览窗口中显示了源素材视频和在布局窗口中对图像所做的变换。在“显示比例”列表框中，可以选择预览窗口的尺寸。或按【Ctrl + O】组合键，使预览窗口自动匹配布局窗口的尺寸。
- 效果控制面板：在效果控制面板中，可以指定布局参数的数值，并设置相应的参数关键帧。
- “参数”面板：“参数”面板显示了在布局窗口中与选择功能对应的可用的参数设置。
- “预设”面板：在“预设”面板中，可以应用EDIUS软件中预设的多种功能来调整图像的布局。

10.2.2 实例——裁剪图像

为了构图的需要，有时候用户需要重新裁剪素材的画面。单击“裁剪”选项卡，在预览窗口中直接拖曳裁剪控制框，就可以裁剪素材画面了，也可以在“参数”面板中设置“左”“右”“顶”“底”的裁剪比例来裁剪图像画面。下面介绍裁剪图像的操作方法。

操练+视频 实例——裁剪图像

素材文件	素材\第10章\白色婚纱.ezp	扫描封底文泉云盘的二维码获取资源
效果文件	效果\第10章\白色婚纱.ezp	
视频文件	视频\第10章\10.2.2 实例——裁剪图像.mp4	

步骤01：选择“文件”|“打开工程”命令，打开一个工程文件，如图10-11所示。

步骤02：在视频轨中，选择需要进行裁剪的图像素材，如图10-12所示。

图10-11 打开一个工程文件

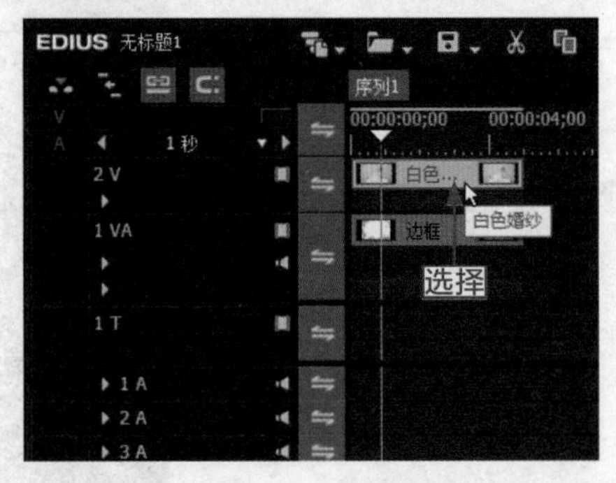

图10-12 选择图像素材

步骤03：在菜单栏中，选择“素材”|“视频布局”命令，如图10-13所示。

步骤 04：弹出“视频布局”对话框，在“裁剪”选项卡的“参数”面板中，设置“左”为 16.10%、“右”为 11.80%、“顶”为 11.90%、“底”为 21.90%，如图 10-14 所示。

步骤 05：设置完成后，单击“确定”按钮，返回 EDIUS 工作界面，在录制窗口中可以查看裁剪后的素材画面，效果如图 10-15 所示。

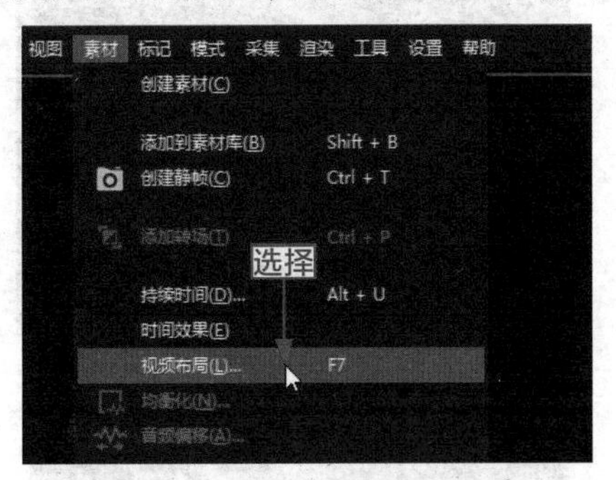

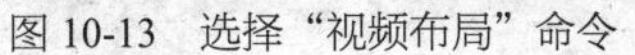
图 10-13　选择“视频布局”命令

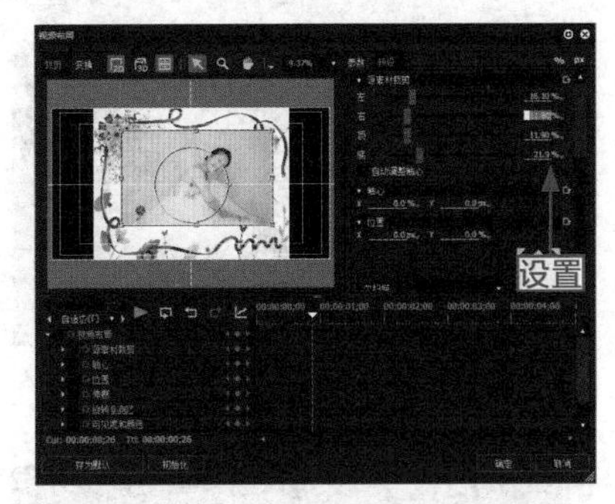

图 10-14　设置各裁剪的参数

图 10-15　查看裁剪后的素材画面

10.2.3　实例——二维变换

在 EDIUS 9 中，除了裁剪素材外，对素材的操作大多是变换操作。下面介绍对素材进行二维变换的操作方法。

操练 + 视频　实例——二维变换

素材文件	素材 \ 第 10 章 \ 海边照片 .ezp	扫描封底文泉云盘的二维码获取资源
效果文件	效果 \ 第 10 章 \ 海边照片 .ezp	
视频文件	视频 \ 第 10 章 \10.2.3　实例——二维变换 .mp4	

步骤 01：选择“文件”|“打开工程”命令，打开一个工程文件，如图 10-16 所示。

步骤 02：在视频轨中，选择需要进行变换的图像素材，如图 10-17 所示。

步骤 03：选择“素材”|“视频布局”命令，弹出“视频布局”对话框，切换至“变换”选项卡，在“参数”面板中，设置“左”为 7.20%，对图像进行裁剪操作，如图 10-18 所示。

步骤 04：在左侧的预览窗口中，通过拖曳四周的控制柄，调整素材的大小与位置，并对素材进行旋转操作，如图 10-19 所示。

图 10-16　打开一个工程文件

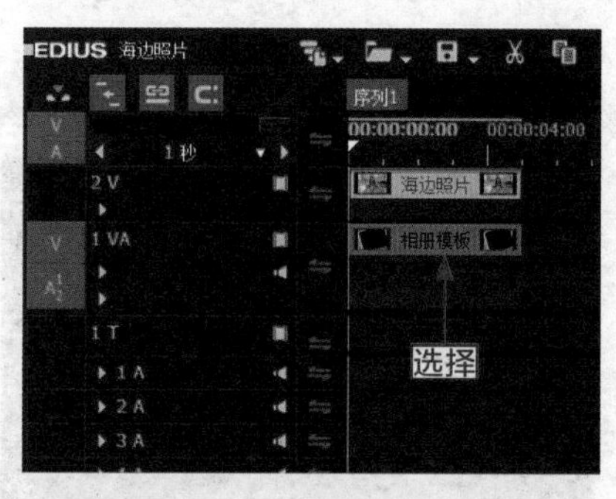

图 10-17　选择图像素材

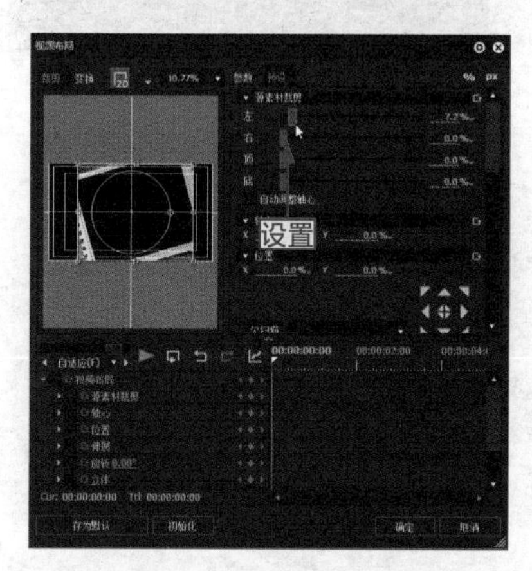

图 10-18　对图像进行裁剪操作

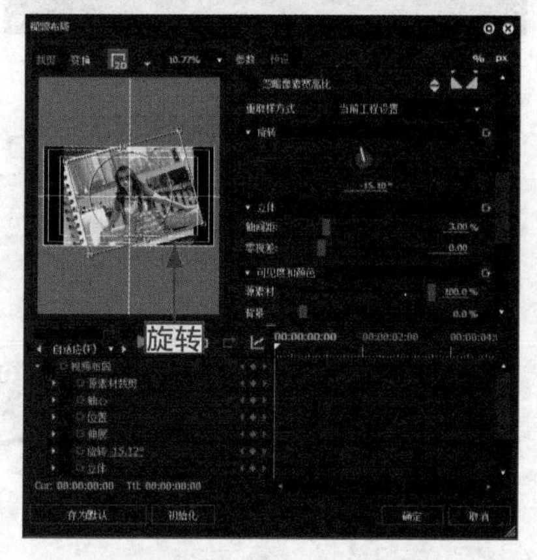

图 10-19　对素材进行旋转操作

步骤 05：设置完成后，单击"确定"按钮，返回 EDIUS 工作界面，在录制窗口中可以查看变换后的素材画面，效果如图 10-20 所示。

图 10-20　查看变换后的素材画面

专家指点

在 EDIUS 9 中，用户还可以通过以下两种方法打开"视频布局"对话框。

- 按【F7】键，可以快速弹出"视频布局"对话框。
- 在"信息"面板中双击"视频布局"选项，也可以弹出"视频布局"对话框。

10.3　三维空间动画

在 EDIUS 9 中，三维变换相对于二维空间来说操作基本相似，只是在位置、轴心和旋转操作上增加了 Z 轴，具有 3 个维度供用户调整。本节主要介绍在三维空间中制作视频动画的操作方法，希望读者可以熟练掌握。

10.3.1　实例——三维空间变换

在“视频布局”对话框中，单击“3D 模式”按钮，激活三维空间，在预览窗口中可以看到图像的变换轴向与二维空间的不同，在该空间中可以对图像进行三维空间变换。下面介绍对图像进行三维空间变换的操作方法。

操练 + 视频　实例——三维空间变换

素材文件	素材 \ 第 10 章 \ 飞跃 .jpg、水墨背景 .jpg	扫描封底文泉云盘的二维码获取资源
效果文件	效果 \ 第 10 章 \ 飞跃画面 .ezp	
视频文件	视频 \ 第 10 章 \10.3.1　实例——三维空间变换 .mp4	

步骤 01：在视频轨中，导入两张静态图像，录制窗口中的画面效果如图 10-21 所示。

步骤 02：在视频轨中选择需要进行三维空间变换的素材，如图 10-22 所示。

图 10-21　录制窗口中的画面效果

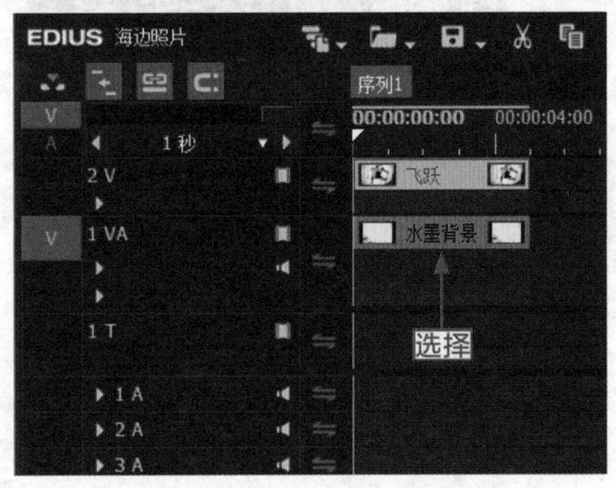

图 10-22　选择需要变换的素材文件

步骤 03：选择“素材”|“视频布局”命令，弹出“视频布局”对话框，单击上方的“3D 模式”按钮，如图 10-23 所示。

步骤 04：执行操作后，进入“3D 模式”编辑界面，如图 10-24 所示。

步骤 05：在“参数”面板的“轴心”选项区中，设置 X 为 -20.00%、Y 为 20.00px、Z 为 -10.00%；在“位置”选项区中，设置 X 为 -12.30%、Y 为 -4.00%、Z 为 -8.20%；在“拉伸”

选项区中，设置 X 为 155.60%，如图 10-25 所示。

步骤 06: 在“旋转”选项区中，设置 X 为 1.80°、Y 为 20.50°、Z 为 14.00°；在“透视”选项区中，设置“透视”为 0.50，如图 10-26 所示。

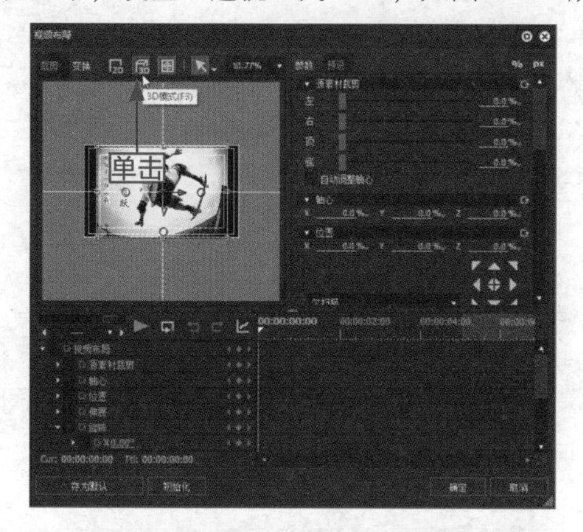

图 10-23　单击“3D 模式”按钮

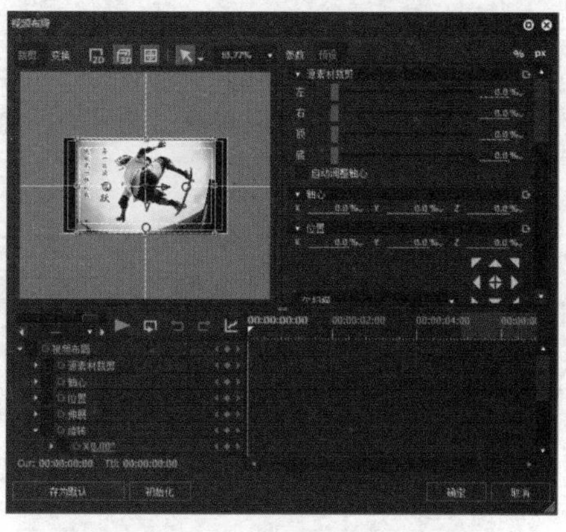

图 10-24　进入“3D 模式”编辑界面

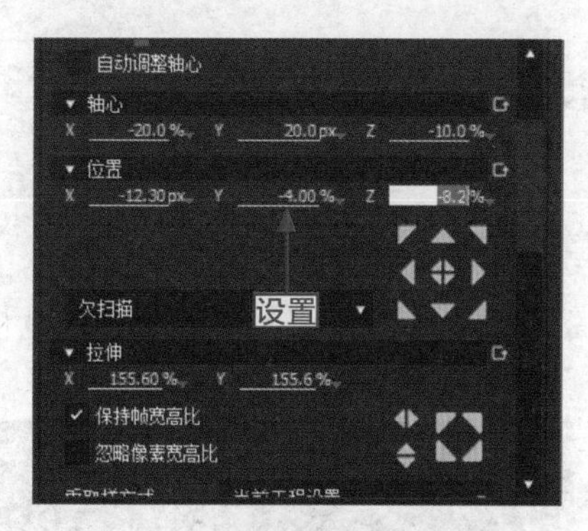

图 10-25　设置各参数（1）

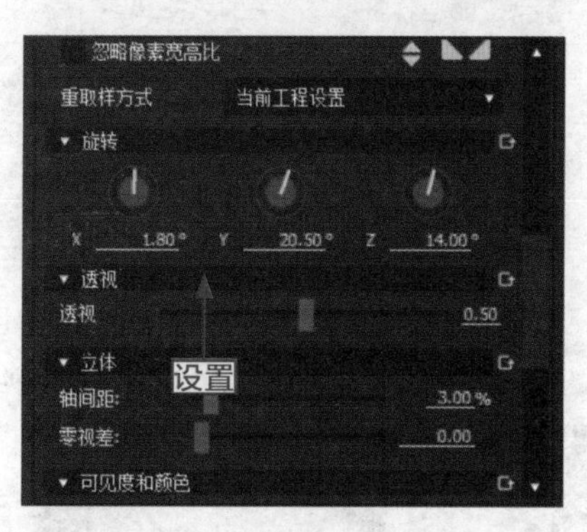

图 10-26　设置各参数（2）

步骤 07: 设置完成后，单击“确定”按钮，返回 EDIUS 工作界面，在录制窗口中可以查看三维空间变换后的素材画面，效果如图 10-27 所示。

图 10-27　查看三维空间变换后的素材画面

10.3.2　实例——三维空间动画

在“视频布局”对话框的“参数”面板中，设置各参数值可以用来控制关键帧的动态效果，主要包括为素材的裁剪、位置、旋转、背景颜色、透视以及边框等参数关键帧的创建、复制以及粘贴等操作。下面介绍制作三维空间动画的操作方法，希望读者可以熟练掌握。

操练 + 视频　实例——三维空间动画

素材文件	素材 \ 第 10 章 \ 沙漠 .jpg、背景 .jpg	扫描封底文泉云盘的二维码获取资源
效果文件	效果 \ 第 10 章 \ 沙漠 .ezp	
视频文件	视频 \ 第 10 章 \10.3.2　实例——三维空间动画 .mp4	

步骤 01：在视频轨中，导入两张静态图像，录制窗口中的画面效果如图 10-28 所示。

步骤 02：在视频轨中，选择需要制作三维空间动画的素材，如图 10-29 所示。

图 10-28　录制窗口中的画面效果

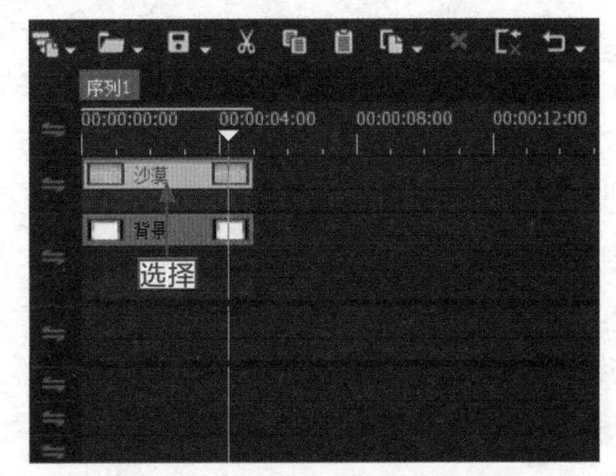

图 10-29　选择需要制作动画的素材

步骤 03：选择“素材”|“视频布局”命令，弹出“视频布局”对话框，单击上方的“3D 模式”按钮，进入“3D 模式”编辑界面，如图 10-30 所示。

步骤 04：在对话框下方添加“位置”“伸展”“旋转”关键帧，如图 10-31 所示。

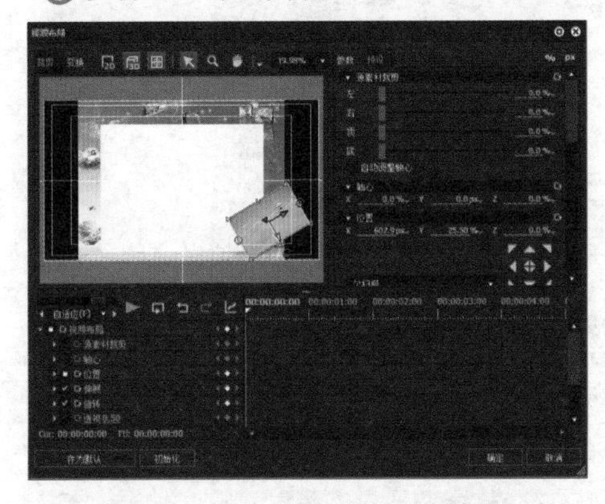

图 10-30　进入“3D 模式”编辑界面

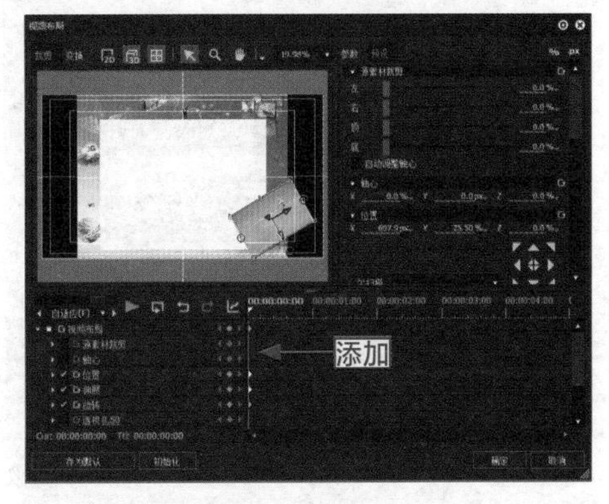

图 10-31　添加 3 个关键帧

步骤05: 在“参数”面板的“位置”选项区中，设置X为32.10%、Y为22.10%；在“拉伸”选项区中，设置X为50.20%、Y为320.1px，如图10-32所示。

步骤06: 在“旋转”选项区中，设置Z为-29.90°，如图10-33所示。

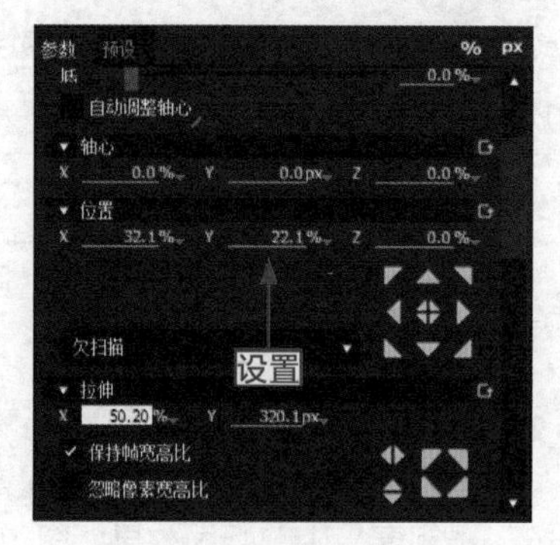

图10-32　设置各参数（1）

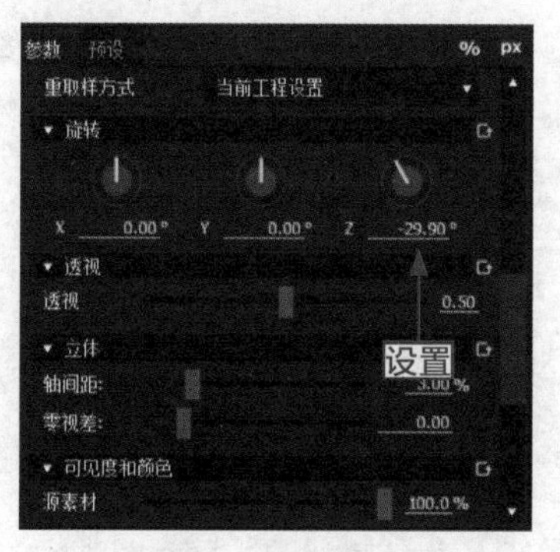

图10-33　设置各参数（2）

步骤07: 用与上面同样的方法，在效果控制面板中的相应时间线位置分别添加相应的关键帧，并在“参数”面板中设置关键帧的动态属性，如图10-34所示。

步骤08: 设置完成后，单击“确定”按钮，返回EDIUS工作界面。单击录制窗口下方的“播放”按钮，预览制作的三维空间动画效果，如图10-35所示。

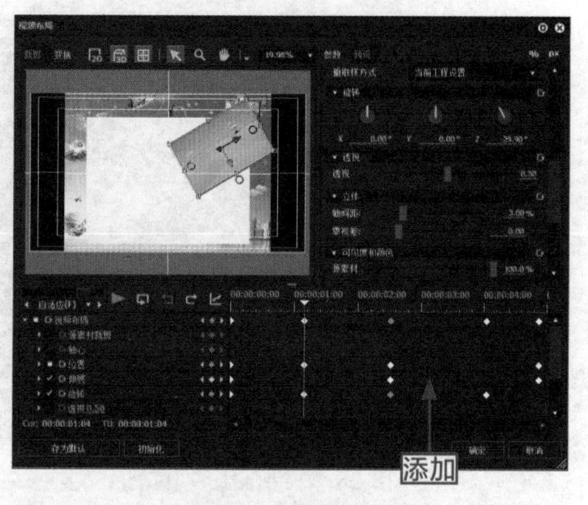

图10-34　添加相应关键帧

图10-35　预览制作的三维空间动画效果

10.4　混合模式

在 EDIUS 工作界面中，用户可以使用一些特定的色彩混合算法将两个轨道的视频叠加在一起，这对于某些特效的合成来说非常有效。本节主要介绍运用色彩混合模式制作各种视频特效等内容。

10.4.1　实例——变暗混合模式

在 EDIUS 9 中，变暗模式是指取上下两像素中较低的值成为混合后的颜色，总的颜色灰度级降低，造成变暗的效果。下面介绍运用变暗混合模式制作视频特效的操作方法。

操练 + 视频　实例——变暗混合模式

素材文件	素材 \ 第 10 章 \ 童年记忆 1.jpg、边框 .jpg	扫描封底文泉云盘的二维码获取资源
效果文件	效果 \ 第 10 章 \ 童年记忆 .ezp	
视频文件	视频 \ 第 10 章 \10.4.1　实例——变暗混合模式 .mp4	

步骤 01：在视频轨中，分别导入两张静态图像，如图 10-36 所示。

图 10-36　分别导入两张静态图像

步骤 02：展开“特效”面板，选择“变暗模式”特效，如图 10-37 所示。

步骤 03：按住鼠标左键将其拖曳至视频轨中的图像缩略图下方，如图 10-38 所示。

图 10-37　选择“变暗模式”特效

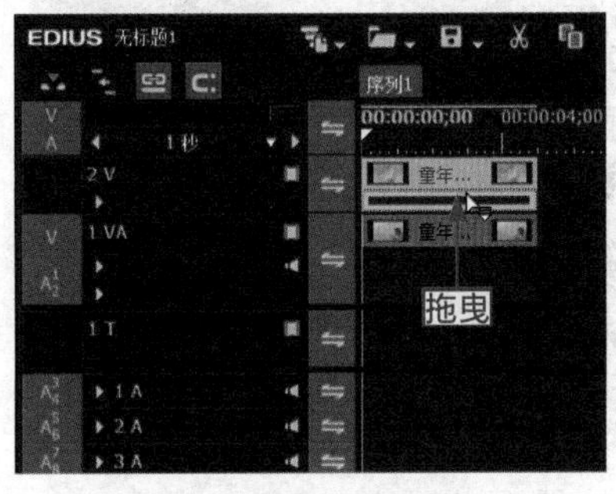

图 10-38　拖曳至图像缩略图下方

步骤 04：释放鼠标左键，即可添加“变暗模式”特效，在录制窗口中可以预览添加“变暗模式”特效后的视频画面，效果如图 10-39 所示。

图 10-39　预览添加特效后的视频画面

10.4.2　实例——叠加混合模式

在 EDIUS 9 中，叠加模式是指以中性灰（RGB = 128，128，128）为中间点，大于中性灰（更亮），则提高背景图亮度；反之则变暗，中性灰不变。下面介绍运用叠加混合模式制作视频特效的操作方法。

操练 + 视频　实例——叠加混合模式

素材文件	素材 \ 第 10 章 \ 星球 .jpg、梦幻场景 .jpg	扫描封底文泉云盘的二维码获取资源
效果文件	效果 \ 第 10 章 \ 梦幻场景 .ezp	
视频文件	视频 \ 第 10 章 \10.4.2　实例——叠加混合模式 .mp4	

步骤 01：在视频轨中，分别导入两张静态图像，如图 10-40 所示。

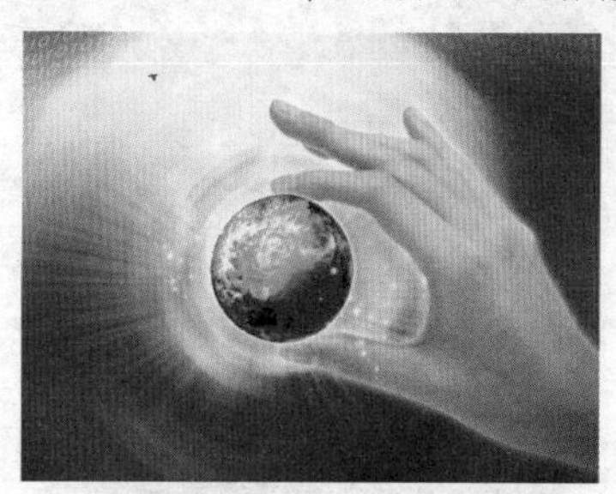

图 10-40　分别导入两张静态图像

步骤 02：展开“特效”面板，选择“叠加模式”特效，如图 10-41 所示。

步骤 03：在选择的特效上按住鼠标左键，将其拖曳至视频轨中的图像缩略图下方，如图 10-42 所示。

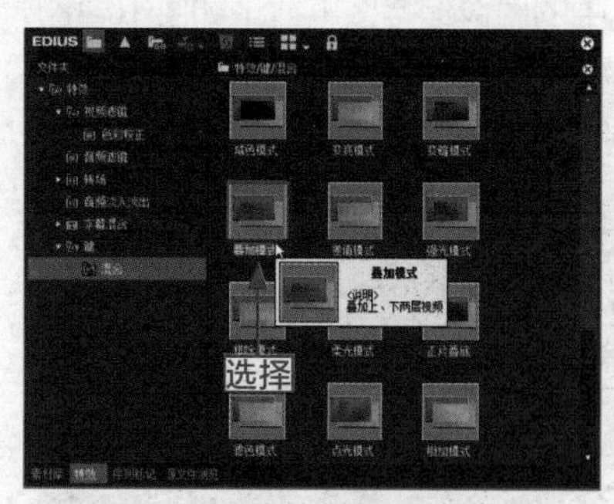

图 10-41　选择“叠加模式”特效

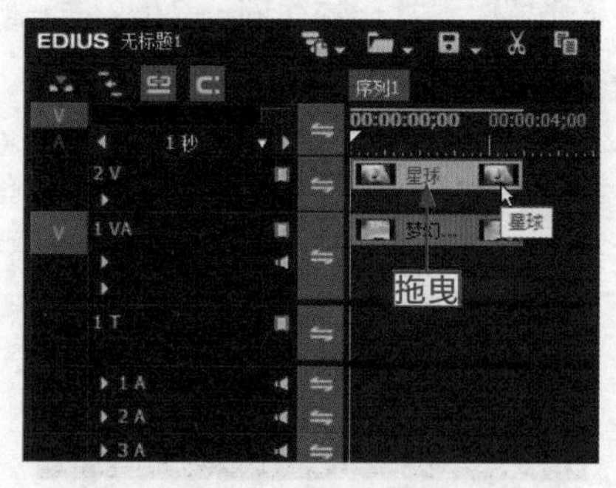

图 10-42　拖曳至图像缩略图下方

在“特效”面板的“混合”特效组中选择“叠加模式”特效后，在选择的特效上单击鼠标右键，在弹出的快捷菜单中选择“添加到时间线”命令，也可以快速将该特效添加到素材画面上。

步骤 04: 释放鼠标左键，即可添加“叠加模式”特效，在录制窗口中可以预览添加“叠加模式”特效后的视频画面，效果如图 10-43 所示。

图 10-43　预览添加特效后的视频画面

专家指点

在“特效”面板的“混合”特效组中，其他部分特效的含义如下。

- 变亮模式：将上下两像素进行比较后，取高值成为混合后的颜色，因而总的颜色灰度级升高，造成变亮的效果。用黑色合成图像时无作用，用白色时则仍为白色。
- 差值模式：将上下两像素相减后取绝对值，常用来创建类似负片的效果。
- 排除模式：与差值模式的作用类似，但效果比较柔和，产生的对比度比较低。
- 强光模式：根据图像像素与中性灰的比较，进行提亮或变暗，幅度较大，效果特别强烈。
- 柔光模式：同样以中性灰为中间点，大于中性灰，则提高背景图亮度；反之则变暗，中性灰不变。只不过无论提亮还是变暗，幅度都比较小，效果柔和，所以称之为“柔光”。
- 滤色模式：应用到一般画面上的主要效果是提高亮度。比较特殊的是，黑色与任何背景叠加得到原背景，白色与任何背景叠加得到白色。
- 正片叠底：应用到一般画面上的主要效果是降低亮度。比较特殊的是，白色与任何背景叠加得到原背景，黑色与任何背景叠加得到黑色，与滤色模式正好相反。
- 减色模式：与正片叠底的作用类似，但效果更为强烈和夸张。
- 相加模式：将上下两像素相加成为混合后的颜色，因而画面变亮的效果非常强烈。
- 线性光模式：与柔光、强光等特效原理相同，只是在效果程度上有些许差别。
- 艳光模式：仍然是根据图像像素与中性灰的比较进行提亮或变暗，与强光模式相比效果显得更为强烈和夸张。
- 颜色加深：应用到一般画面上的主要效果是加深画面，且根据叠加的像素颜色相应增加底层的对比度。
- 颜色减淡：与颜色加深效果正相反，主要是减淡画面。

10.5 抠像

在 EDIUS 9 中，通过指定一个特定的色彩进行抠像，对于一些虚拟演播室、虚拟背景的合成非常有用。本节主要介绍抠像的各种操作方法。

10.5.1 实例——色度键

在“特效”面板中，选择“键”特效组中的“色度键”特效，可以对图像进行色彩的抠像处理。下面介绍运用“色度键”特效抠取图像的操作方法。

操练 + 视频 实例——色度键

素材文件	素材 \ 第 10 章 \ 红色玫瑰 .jpg	扫描封底文泉云盘的二维码获取资源
效果文件	效果 \ 第 10 章 \ 红色玫瑰 .ezp	
视频文件	视频 \ 第 10 章 \10.5.1 实例——色度键 .mp4	

步骤 01：在视频轨中导入一张静态图像，如图 10-44 所示。

步骤 02：在“键”特效组中，选择“色度键”特效，如图 10-45 所示。

图 10-44 导入一张静态图像

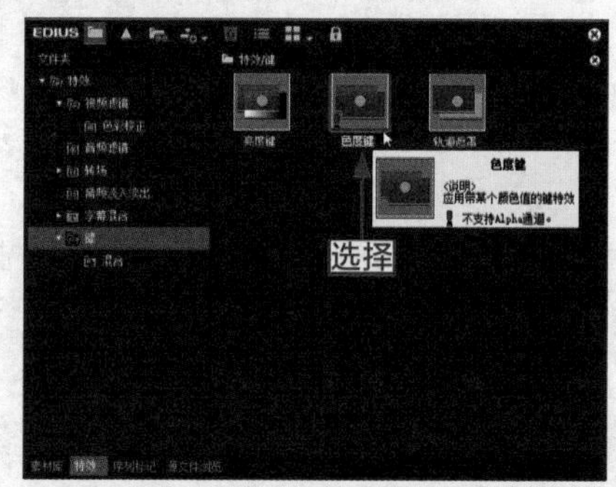

图 10-45 选择“色度键”特效

步骤 03：按住鼠标左键将其拖曳至视频轨中的素材上，如图 10-46 所示，为素材添加“色度键”特效。

步骤 04：在“信息”面板中选择“色度键”特效，单击鼠标右键，在弹出的快捷菜单中选择“打开设置对话框”命令，如图 10-47 所示。

步骤 05：执行操作后，弹出“色度键”对话框，选中上方的“键显示”复选框，如图 10-48 所示。

步骤 06：将鼠标移至对话框中的预览窗口内，在图像中的适当位置单击鼠标，获取图像颜色，如图 10-49 所示。

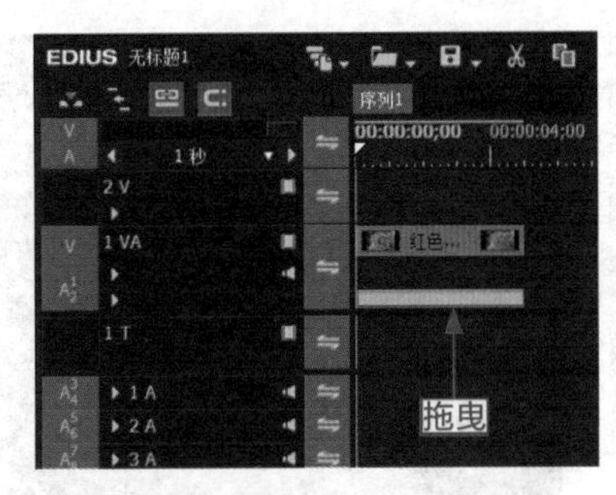

图 10-46　为素材添加“色度键”特效

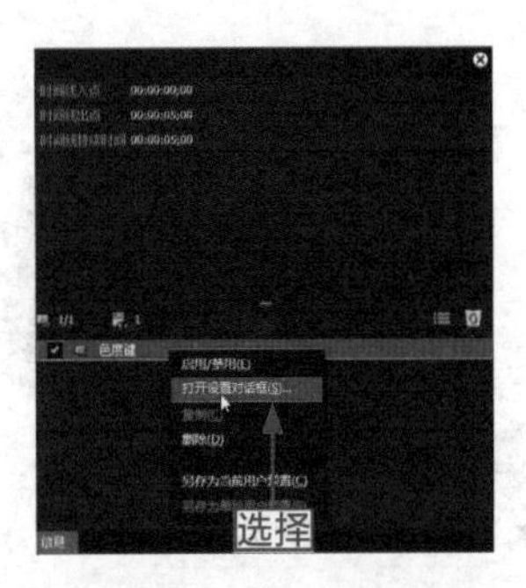

图 10-47　选择相应命令

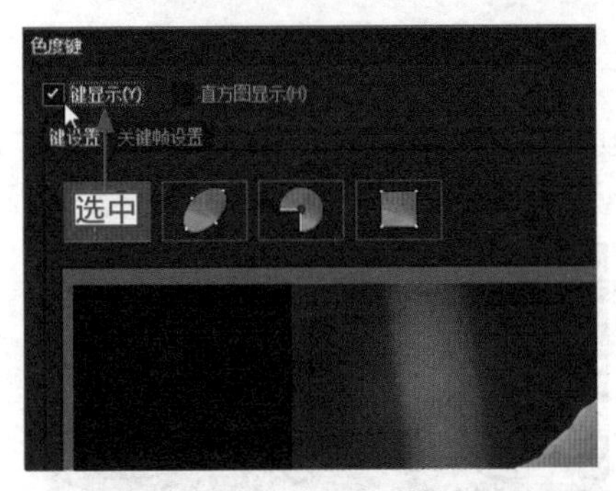

图 10-48　选中“键显示”复选框

图 10-49　获取图像的颜色

步骤 07: 单击“确定”按钮，完成图像的抠图操作，在录制窗口中可以预览抠取的图像效果，如图 10-50 所示。

图 10-50　预览抠取的图像效果

10.5.2　实例——亮度键

在 EDIUS 9 中，除了有针对色彩抠像的“色度键”特效外，在某些场景中可能使用对象的亮度信息能得到更为清晰、准确的遮罩范围。下面介绍使用“亮度键”特效抠取图像的操作方法。

操练 + 视频　实例——亮度键

素材文件	素材 \ 第 10 章 \ 清新淡雅 1.jpg、清新淡雅 2.jpg	扫描封底文泉云盘的二维码获取资源
效果文件	效果 \ 第 10 章 \ 清新淡雅 .ezp	
视频文件	视频 \ 第 10 章 \10.5.2　实例——亮度键 .mp4	

步骤 01: 在视频轨中分别导入两张静态图像，如图 10-51 所示。

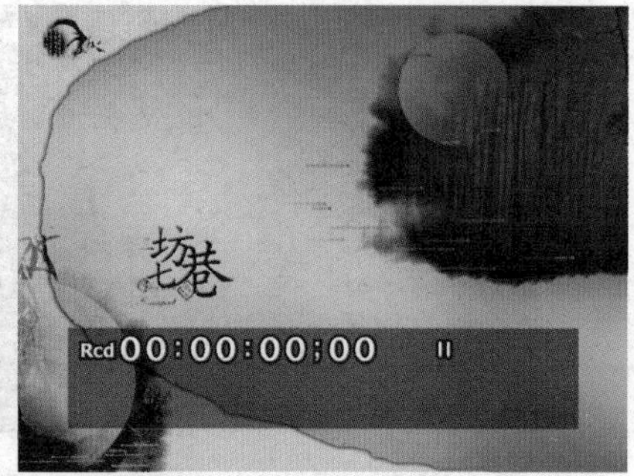

图 10-51　导入两张静态图像

步骤 02：在“键”特效组中选择“亮度键”特效，如图 10-52 所示。

步骤 03：按住鼠标左键将其拖曳至视频轨中的素材上，如图 10-53 所示，为素材添加“亮度键”特效。

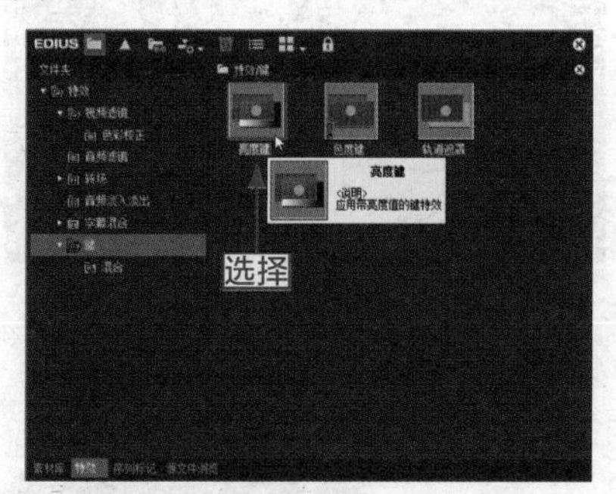

图 10-52　选择“亮度键”特效

图 10-53　为素材添加“亮度键”特效

步骤 04：在“信息”面板中的“亮度键”特效上双击，弹出“亮度键”对话框，在其中设置“亮度下限”为 109、过渡为 37；“亮度上限”为 147、“过渡”为 96，如图 10-54 所示。

步骤 05：设置完成后，单击“确定”按钮，完成图像的抠图操作，在录制窗口中可以预览抠取的图像效果，如图 10-55 所示。

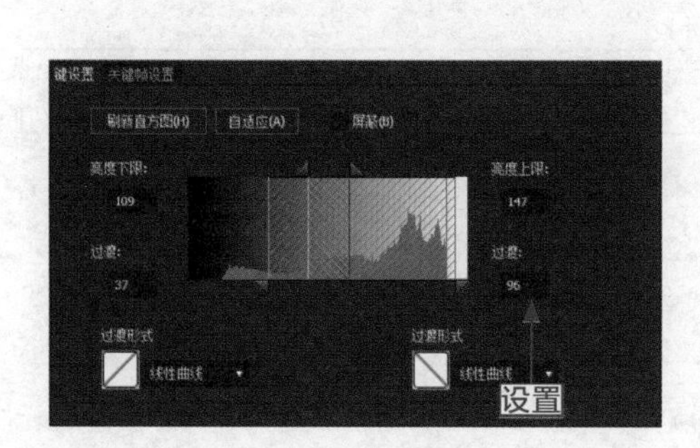

图 10-54　设置各参数

图 10-55　预览抠取的图像效果

10.6　遮罩

在 EDIUS 9 中，手绘遮罩经常被用来以各种形状对视频或图像进行裁切操作，实现视频的叠加效果。手绘遮罩是常用的视频特效之一，遮罩面板中包含多种绘制工具，可以绘制矩形、圆形以及自由形状的遮罩样式，还可以设置遮罩的柔和边缘以及可见度等属性，可以实现视频的遮罩特效。

10.6.1　实例——创建遮罩

在 EDIUS 工作界面中，主要通过“手绘遮罩”滤镜创建视频遮罩特效。下面介绍创建遮罩效果的操作方法。

操练 + 视频　实例——创建遮罩

素材文件	素材 \ 第 10 章 \ 唐风古韵 1.jpg、唐风古韵 2.jpg	扫描封底文泉云盘的二维码获取资源
效果文件	效果 \ 第 10 章 \ 唐风古韵 .ezp	
视频文件	视频 \ 第 10 章 \10.6.1 实例——创建遮罩 .mp4	

步骤 01：在视频轨中分别导入两张静态图像，如图 10-56 所示。

图 10-56　分别导入两张静态图像

步骤 02：在“视频滤镜”滤镜组中选择“手绘遮罩”滤镜效果，如图 10-57 所示。

步骤 03：将该滤镜效果拖曳至视频轨中的素材上方，如图 10-58 所示，添加滤镜。

步骤 04：在“信息”面板中，选择添加的“手绘遮罩”滤镜效果，单击鼠标右键，在弹出的快捷菜单中选择“打开设置对话框”命令，如图 10-59 所示。

步骤 05：弹出“手绘遮罩”对话框，单击“绘制椭圆”按钮，如图 10-60 所示。

图 10-57　选择滤镜效果

图 10-58　添加滤镜效果

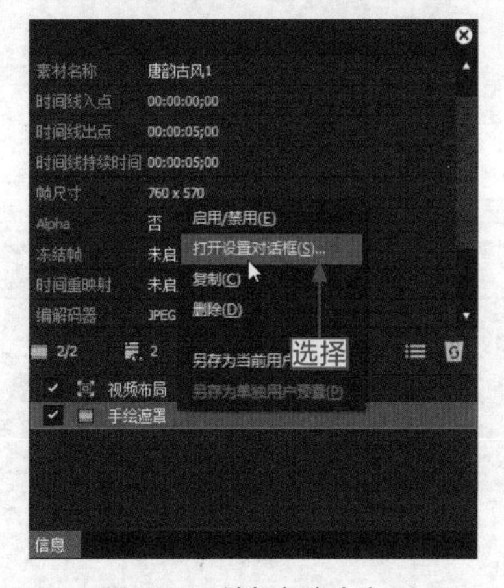

图 10-59　选择相应命令

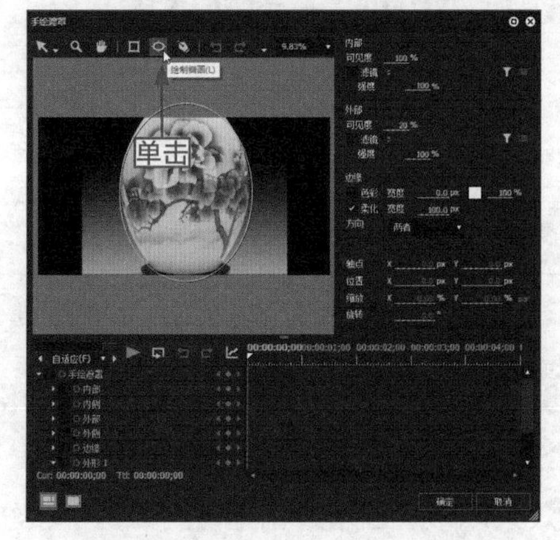

图 10-60　单击“绘制椭圆”按钮

步骤 06：在中间的预览窗口中，按住鼠标左键并拖曳，绘制一个矩形遮罩形状，如图 10-61 所示。

步骤 07：在右侧的“外部”选项区中，设置“可见度”为 20%，选中“滤镜”复选框；在“边缘”选项区中，选中“柔化”复选框，设置“宽度”为 100.0px，如图 10-62 所示。

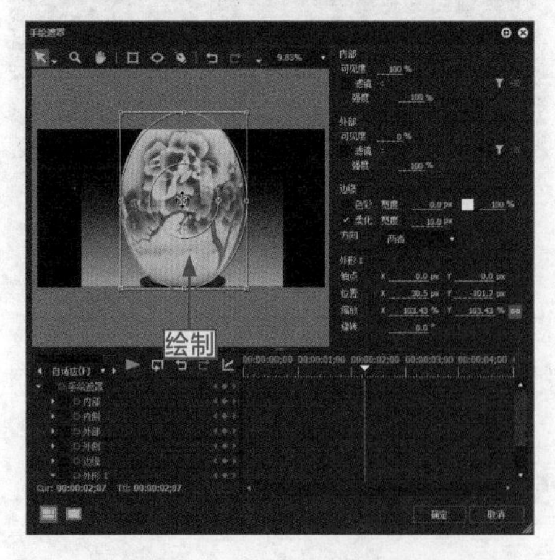

图 10-61　绘制一个矩形遮罩形状

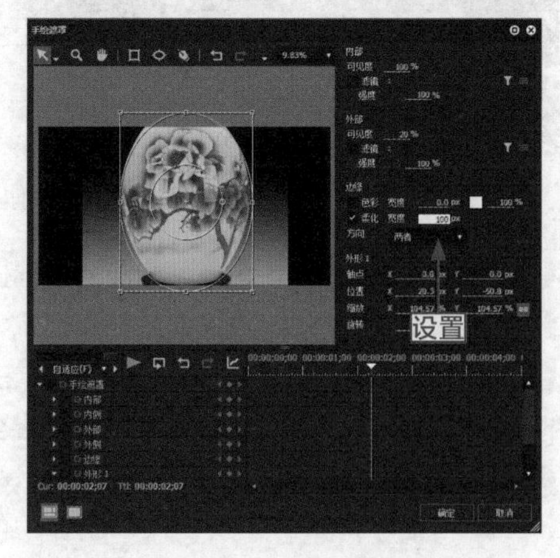

图 10-62　设置各参数

步骤 08：设置完成后，单击“确定”按钮，返回 EDIUS 工作界面，在录制窗口中即可查看创建遮罩后的视频画面效果，如图 10-63 所示。

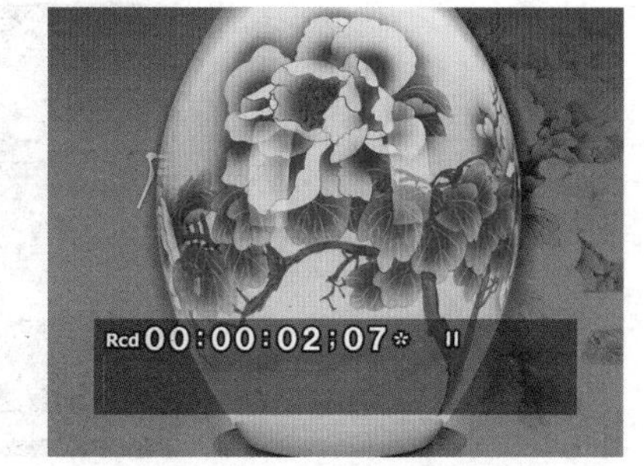

图 10-63　查看创建遮罩后的视频画面效果

10.6.2　实例——轨道遮罩

在 EDIUS 9 中，轨道遮罩也称为轨道蒙版，其作用是为蒙版素材的亮度或者 Alpha 通道通过底层原始素材的 Alpha 通道来创建原始素材的遮罩蒙版效果。下面介绍创建轨道蒙版遮罩效果的操作方法，希望读者可以熟练掌握。

操练 + 视频　实例——轨道遮罩

素材文件	素材 \ 第 10 章 \ 停留 .jpg、边框 .jpg	扫描封底文泉云盘的二维码获取资源
效果文件	效果 \ 第 10 章 \ 停留 .ezp	
视频文件	视频 \ 第 10 章 \10.6.2　实例——轨道遮罩 .mp4	

步骤 01：在视频轨中分别导入两张静态图像，如图 10-64 所示。

图 10-64　分别导入两张静态图像

步骤 02：在“键”特效组中选择“轨道遮罩”特效，如图 10-65 所示。

步骤 03：将该特效添加至视频轨中的素材上方，如图 10-66 所示。

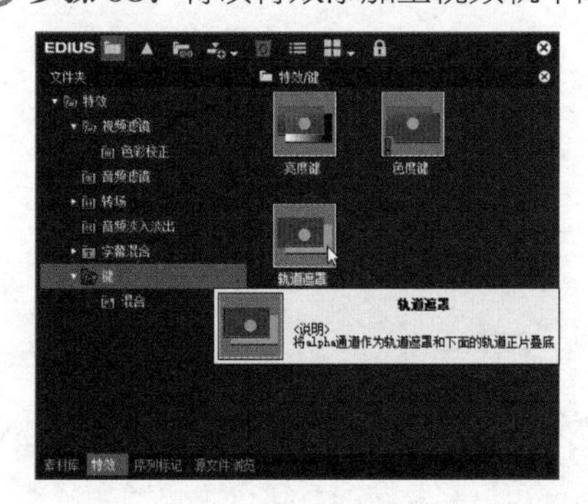

图 10-65　选择“轨道遮罩”特效

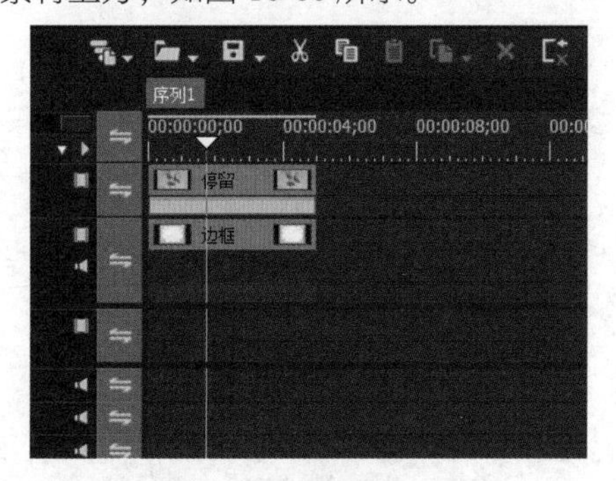

图 10-66　添加至素材上方

步骤 04： 在录制窗口中可以预览添加轨道蒙版后的视频遮罩效果，如图 10-67 所示。

图 10-67　预览添加轨道蒙版后的视频遮罩效果

10.7　本章小结

合成运动特效就是画面的叠加，在屏幕上同时显示多个画面效果，通过 EDIUS 9 中的合成运动特效功能，可以很轻松地制作出静态以及动态的画中画效果，从而使视频作品更具有观赏性。本章以实例的形式全面介绍了 EDIUS 9 中的合成运动功能，这对于读者在实际视频编辑工作中，制作丰富的视频叠加效果起到了很大的作用。

通过本章的学习，用户在进行视频编辑时，可以大胆地使用 EDIUS 9 提供的各种合成运动模式，使制作的视频更加多样化。

CHAPTER 11

第 11 章 制作标题字幕效果

~ 学前提示 ~

如今，在各种各样的影视广告中，字幕的应用越来越频繁，这些精美的字幕不仅能够起到为影视增色的目的，还能够直接向观众传递影视信息或制作理念。字幕是现代视频中的重要组成部分，可以使观众们能够更好地理解视频的含义。本章主要介绍制作标题字幕效果的操作方法，主要包括添加标题字幕、设置标题字幕的时间以及设置标题字幕的属性等内容。

~ 本章重点 ~

- 实例——创建单个标题字幕
- 实例——创建多个标题字幕
- 实例——设置字幕间距
- 实例——更改字幕方向
- 实例——运用颜色填充字幕
- 实例——制作字幕阴影效果

11.1 添加标题字幕

在 EDIUS 9 中，标题字幕是视频中必不可少的元素，好的标题不仅可以传达画面以外的信息，还可以增强视频的艺术效果。为视频设置漂亮的标题字幕，可以使视频更具有吸引力和感染力。本节主要介绍添加标题字幕的操作方法。

11.1.1 实例——创建单个标题字幕

在各种影视画面中，字幕是不可缺少的一个重要组成部分，起着解释画面、补充内容的作用，有画龙点睛之效。下面介绍创建单个标题字幕的操作方法。

操练 + 视频 实例——创建单个标题字幕

素材文件	素材 \ 第 11 章 \ 音箱 .jpg	扫描封底文泉云盘的二维码获取资源
效果文件	效果 \ 第 11 章 \ 柠檬音箱 .ezp	
视频文件	视频 \ 第 11 章 \11.1.1 实例——创建单个标题字幕 .mp4	

步骤 01：在视频轨中导入一张静态图像，如图 11-1 所示。

步骤 02：在轨道面板上方单击“创建字幕”按钮，在弹出的列表框中选择“在 1T 轨道上创建字幕”选项，如图 11-2 所示。

图 11-1　导入一张静态图像

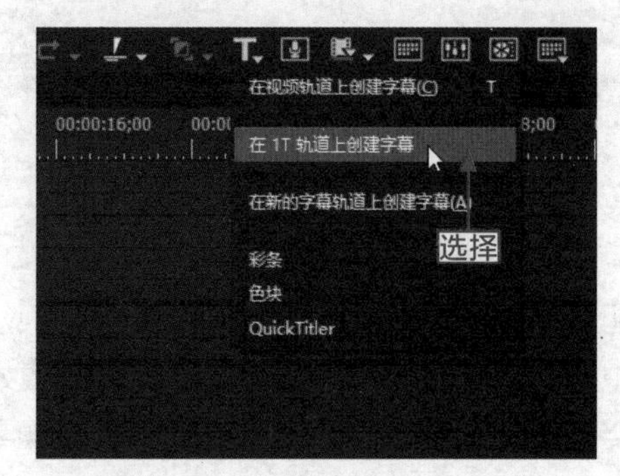

图 11-2　选择相应的选项

步骤 03：执行操作后，即可打开字幕窗口，如图 11-3 所示。

步骤 04：在左侧的工具箱中选取横向文本工具，如图 11-4 所示。

图 11-3　打开字幕窗口

图 11-4　选取横向文本工具

步骤 05：在预览窗口中的适当位置双击鼠标左键，定位光标位置，然后输入相应文本内容，如图 11-5 所示。

步骤 06：在“文本属性”面板中，根据需要设置文本的相应属性，如图 11-6 所示。

图 11-5　输入相应文本内容

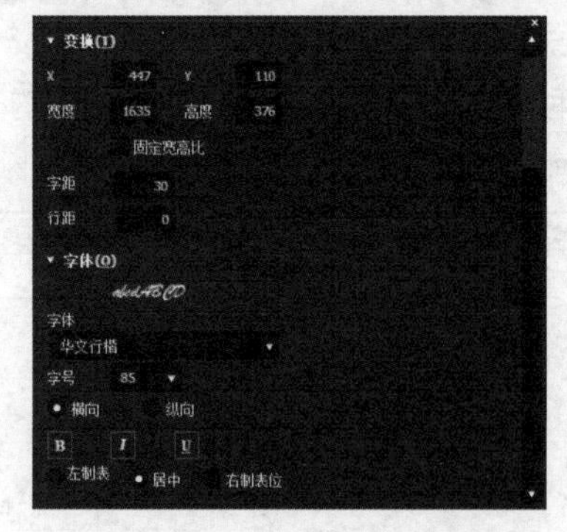

图 11-6　设置文本的相应属性

专家指点　在字幕窗口左侧的工具箱中，按住横向文本工具不放，即可弹出隐藏的其他文本工具，用户还可以选取纵向文本工具，在预览窗口中输入纵向文本内容。

步骤 07：单击字幕窗口上方的“保存”按钮，保存字幕，退出字幕窗口，在录制窗口中即可预览制作的标题字幕效果，如图 11-7 所示。

图 11-7　预览制作的标题字幕效果

专家指点　在轨道面板上方单击“创建字幕”按钮，在弹出的列表框中选择“在视频轨道上创建字幕”选项，即可在视频轨道上创建字幕，而不是在 1T 轨道上创建字幕。

11.1.2　实例——创建模板标题字幕

EDIUS 9 的字幕窗口提供了丰富的预设标题样式，用户可以直接应用现成的标题模板样式创建各种标题字幕。下面介绍应用标题模板创建标题字幕的操作方法。

操练 + 视频　实例——创建模板标题字幕

素材文件	素材 \ 第 11 章 \ 多肉 .ezp	扫描封底文泉云盘的二维码获取资源
效果文件	效果 \ 第 11 章 \ 多肉 .ezp	
视频文件	视频 \ 第 11 章 \11.1.2　实例——创建模板标题字幕 .mp4	

步骤 01：选择“文件”|“打开工程”命令，打开一个工程文件，如图 11-8 所示。

步骤 02：展开“素材库”面板中，在其中选择需要创建模板标题的字幕对象，如图 11-9 所示。

步骤 03：在选择的字幕对象上双击鼠标左键，打开字幕窗口，在左侧的工具箱中选取选择对象工具，在预览窗口中选择相应文本对象，如图 11-10 所示。

步骤 04：在字幕窗口的下方选择需要应用的标题字幕模板，在选择的模板上双击鼠标左键，如图 11-11 所示，应用标题字幕模板。

图 11-8　打开一个工程文件

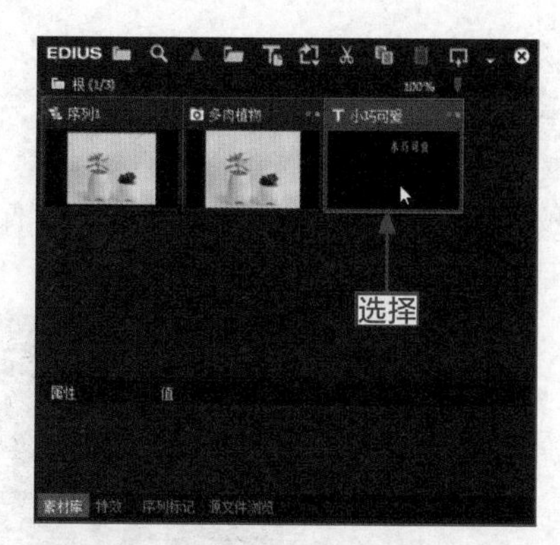

图 11-9　选择相应字幕对象

图 11-10　选择相应文本对象

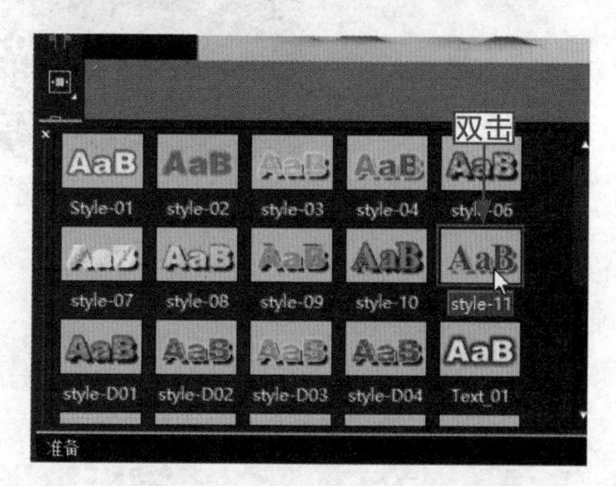

图 11-11　应用标题字幕模板

步骤 05：在预览窗口中拖曳标题字幕四周的控制柄，调整标题字幕的大小，并调整标题字幕的显示位置，如图 11-12 所示。

步骤 06：设置完成后，单击字幕窗口上方的“保存”按钮，如图 11-13 所示，退出字幕编辑窗口。

图 11-12　调整标题字幕的大小

图 11-13　单击上方的“保存”按钮

步骤 07：在录制窗口中，即可预览应用标题字幕模板后的画面效果，如图 11-14 所示。

图 11-14　预览应用标题字幕模板后的画面效果

在 EDIUS 9 中，用户还可以通过以下 3 种方法打开字幕窗口。

- 按【Ctrl + Enter】组合键，即可快速打开字幕窗口。
- 在 1T 字幕轨道中双击需要编辑的字幕对象，即可快速打开字幕窗口。
- 在“素材库”面板中选择需要编辑的标题字幕，单击鼠标右键，在弹出的快捷菜单中选择“编辑”命令，即可快速打开字幕窗口。

11.1.3　实例——创建多个标题字幕

在 EDIUS 9 中，用户可以根据需要在字幕轨道中创建多个标题字幕，使制作的字幕效果更加符合用户的需求。下面介绍创建多个标题字幕的操作方法。

操练 + 视频　实例——创建多个标题字幕

素材文件	素材 \ 第 11 章 \ 护肤品 .jpg	扫描封底文泉云盘的二维码获取资源
效果文件	效果 \ 第 11 章 \ 护肤品 .ezp	
视频文件	视频 \ 第 11 章 \11.1.3　实例——创建多个标题字幕 .mp4	

步骤 01：在视频轨中导入一张静态图像，如图 11-15 所示。

步骤 02：在轨道面板上方单击“创建字幕”按钮，在弹出的列表框中选择“在 1T 轨道上创建字幕”选项，如图 11-16 所示。

步骤 03：执行操作后，打开字幕窗口，选取工具箱中的横向文本工具，在预览窗口中的适当位置输入文本“滋润保湿”，在“文本属性”面板的“变换”选项区中，设置 X 为 646、Y 为 389、“字距”为 0；在“字体”选项区中，设置“字体”为相应字体、“字号”为 60；在“填充颜色”选项区中，设置“颜色”为玫红色，设置完成后，此时字幕窗口中的字幕效果如图 11-17 所示。

步骤 04：单击字幕窗口上方的“保存”按钮，保存字幕效果，退出字幕窗口，在 1T 字幕轨道中，显示了刚创建的标题字幕，如图 11-18 所示。

图 11-15　导入一张静态图像

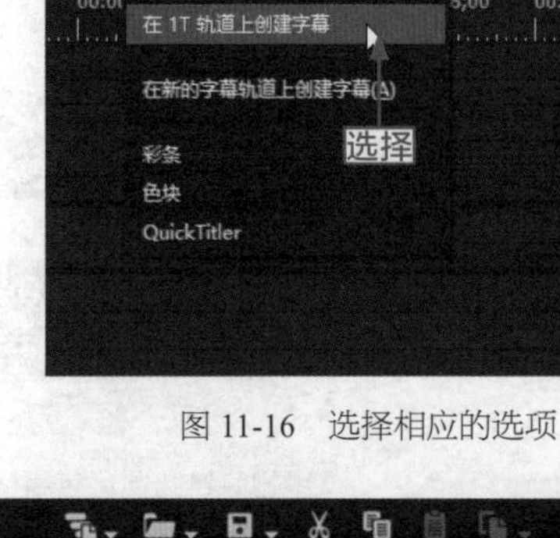

图 11-16　选择相应的选项

图 11-17　字幕窗口中的字幕效果

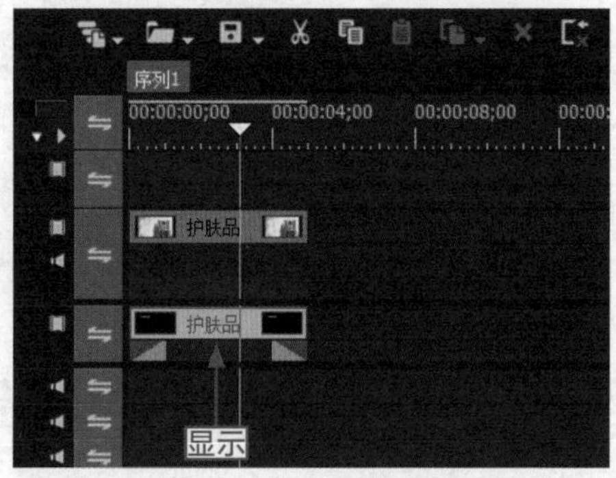

图 11-18　显示了刚创建的标题字幕

步骤 05：确定时间线在视频轨中的开始位置，在轨道面板上方单击“创建字幕”按钮，在弹出的列表框中选择“在新的字幕轨道上创建字幕”选项，如图 11-19 所示。

步骤 06：执行操作后，打开字幕窗口，运用横向文本工具，在预览窗口中的适当位置输入相应文本内容，在“文本属性”面板中，设置文本的相应属性，此时字幕窗口中创建的文本效果如图 11-20 所示。

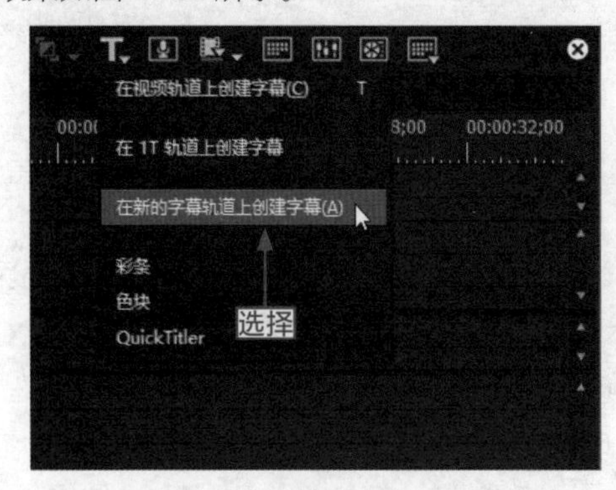

图 11-19　选择相应的选项

图 11-20　创建的字幕效果

专家指点

在字幕窗口中，左侧工具箱中的各工具含义如下。

- 选择对象工具：使用该工具，可以选择预览窗口中的字幕对象。
- 横向文本工具：使用该工具，可以在预览窗口中的适当位置创建横向文本内容。
- 图像工具：使用该工具，可以在预览窗口中创建各种类型的图形对象，丰富视频画面。
- 矩形工具：使用该工具，可以在预览窗口中创建矩形。
- 椭圆形工具：使用该工具，可以在预览窗口中创建椭圆形。
- 等腰三角形工具：使用该工具，可以在预览窗口中创建等腰三角形。
- 线性工具：使用该工具，可以在预览窗口中创建相应线性图形。

步骤 07：单击字幕窗口上方的“保存”按钮，保存字幕效果，退出字幕窗口，在 2T 字幕轨道中，显示了刚创建的第 2 个标题字幕，如图 11-21 所示。

步骤 08：在“素材库”面板中，显示了创建的两个标题字幕文件，如图 11-22 所示。

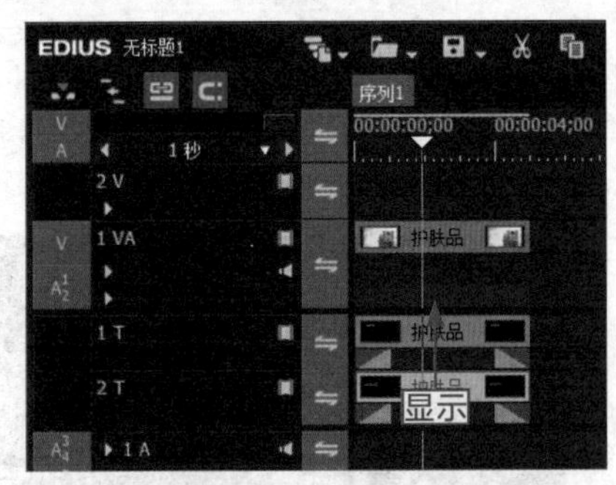

图 11-21　显示了创建的字幕

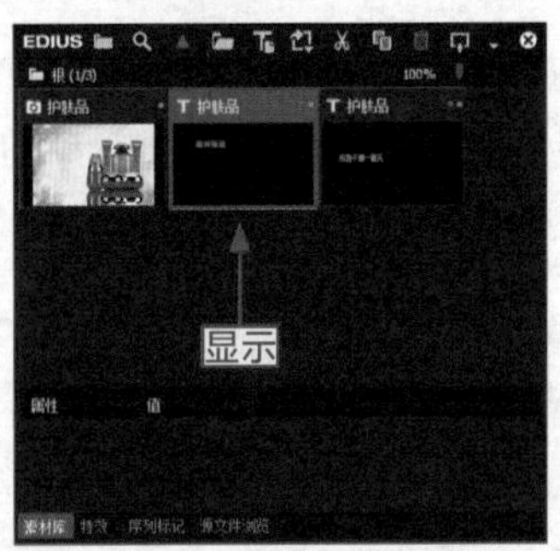

图 11-22　显示了创建的两个标题

步骤 09：在录制窗口中，可以预览创建的多个标题字幕，效果如图 11-23 所示。

图 11-23　预览创建的多个标题字幕

11.2　设置标题字幕的属性

EDIUS 9 中的字幕编辑功能与 Word 等文字处理软件相似，提供了较为完善的字幕编辑和设置功能，用户可以对文本或其他字幕对象进行编辑和美化操作。本节主要介绍编辑标题字幕属性的各种操作方法。

11.2.1 实例——变换标题字幕

在字幕窗口中，变换标题字幕是指调整标题字幕在视频中的X轴和Y轴的位置，以及调整字幕的宽度与高度等属性，使制作的标题字幕更加符合用户的需求。

操练+视频 实例——变换标题字幕

素材文件	素材\第11章\耳钉.ezp	扫描封底文泉云盘的二维码获取资源
效果文件	效果\第11章\耳钉.ezp	
视频文件	视频\第11章\11.2.1 实例——变换标题字幕.mp4	

步骤01：选择"文件"|"打开工程"命令，打开一个工程文件，如图11-24所示。

步骤02：在1T字幕轨道中选择需要变换的标题字幕，如图11-25所示。

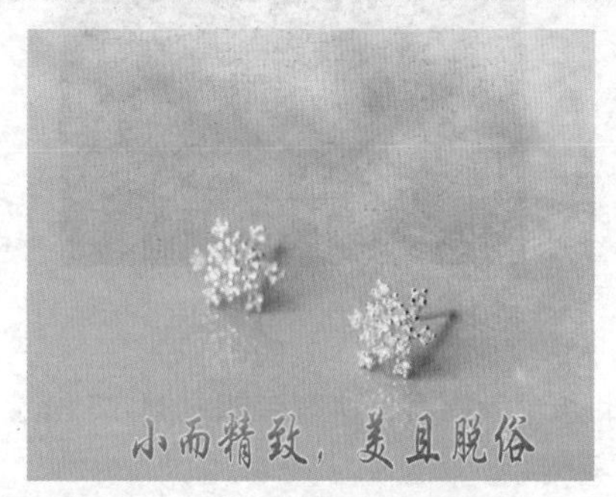

图11-24 打开一个工程文件

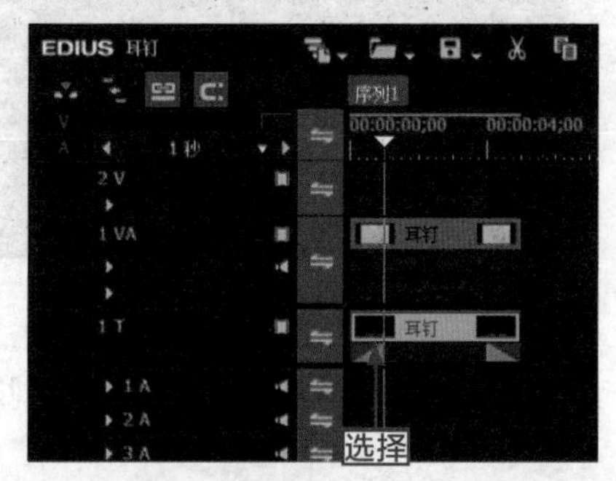

图11-25 在轨道中选择字幕

步骤03：在选择的标题字幕上双击鼠标左键，打开字幕窗口，运用选择对象工具，在预览窗口中选择需要变换的标题字幕内容，如图11-26所示。

步骤04：在"文本属性"面板的"变换"选项区中，设置X为1095、Y为431，如图11-27所示，变换文本内容。

图11-26 在预览窗口中选择字幕

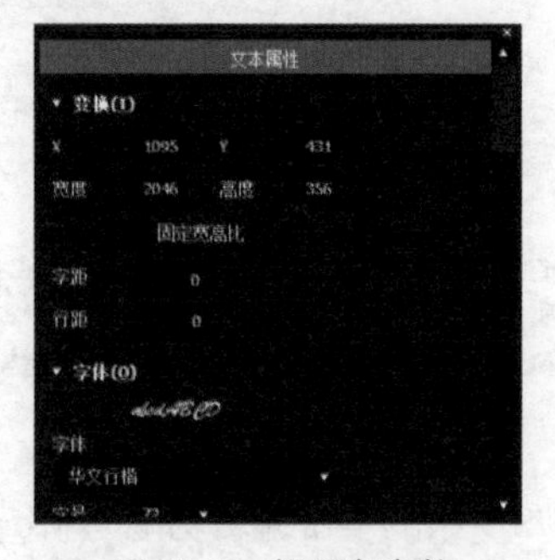

图11-27 设置各参数

步骤 05： 单击字幕窗口上方的“保存”按钮，保存更改后的标题字幕，退出字幕窗口，将时间线移至素材的开始位置，单击“播放”按钮，预览变换标题字幕后的视频效果，如图 11-28 所示。

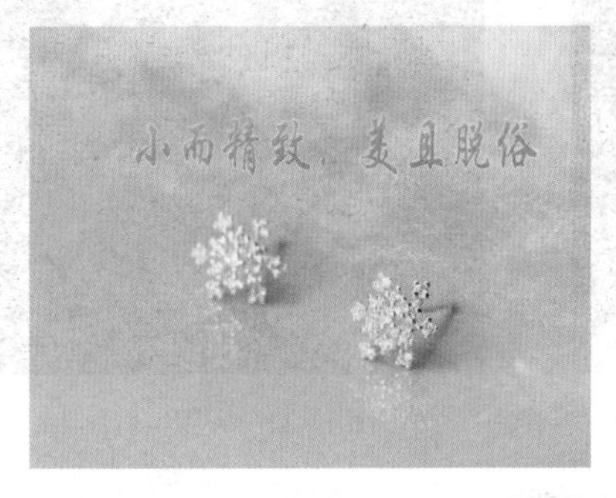

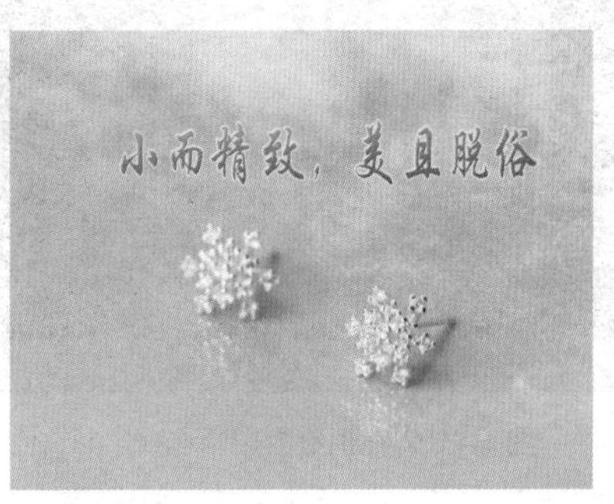

图 11-28　预览变换标题字幕后的视频效果

11.2.2　实例——设置字幕间距

在 EDIUS 工作界面中，如果制作的标题字幕太过紧凑，影响了视频的美观程度，此时可以通过调整字幕的间距，使制作的标题字幕变得宽松。下面介绍设置标题字幕间距的操作方法。

操练 + 视频　实例——设置字幕间距

素材文件	素材 \ 第 11 章 \ 发光台灯 .ezp	扫描封底文泉云盘的二维码获取资源
效果文件	效果 \ 第 11 章 \ 发光台灯 .ezp	
视频文件	视频 \ 第 11 章 \11.2.2　实例——设置字幕间距 .mp4	

步骤 01： 选择“文件” | “打开工程”命令，打开一个工程文件，如图 11-29 所示。

步骤 02： 在 1T 字幕轨道中选择需要设置间距的标题字幕，如图 11-30 所示。

图 11-29　打开一个工程文件

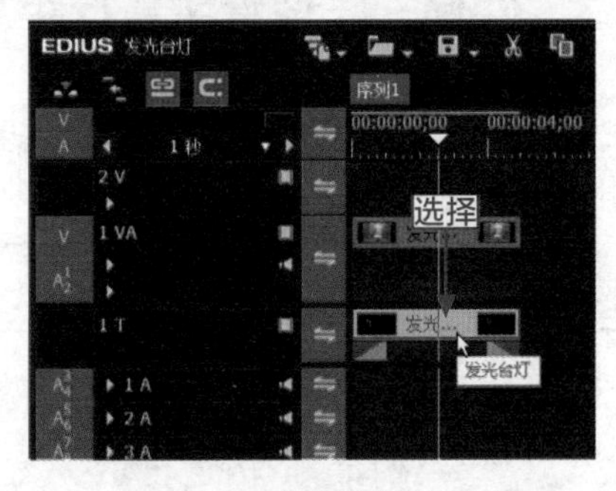

图 11-30　在轨道中选择字幕

步骤 03： 在选择的标题字幕上双击鼠标左键，打开字幕窗口，运用选择对象工具，在预览窗口中选择需要设置间距的标题字幕内容，如图 11-31 所示。

步骤 04：在“文本属性”面板中，设置“字距”为 25，如图 11-32 所示。

图 11-31　在预览窗口中选择字幕

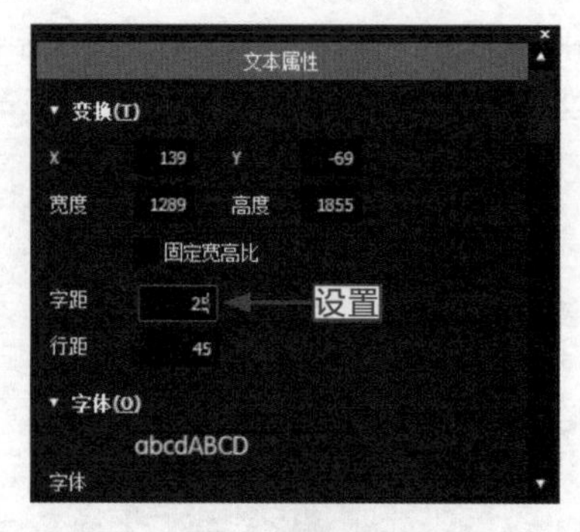

图 11-32　设置字幕间距

步骤 05：设置完成后，单击“保存”按钮，退出字幕窗口，单击“播放”按钮，预览设置标题字幕间距后的视频效果，如图 11-33 所示。

图 11-33　预览设置标题字幕间距后的视频效果

专家指点　在轨道面板中创建的字幕效果，EDIUS 都会为其默认添加淡入淡出特效，使制作的字幕效果与视频更加融合，保持画面的流畅程度。

11.2.3　实例——设置字幕行距

在 EDIUS 工作界面中，用户可以根据需要调整字幕的行距，使制作的字幕更加美观。下面介绍设置字幕行距的操作方法。

操练 + 视频　实例——设置字幕行距

素材文件	素材 \ 第 11 章 \ 桃花酒 .ezp	扫描封底文泉云盘的二维码获取资源
效果文件	效果 \ 第 11 章 \ 桃花酒 .ezp	
视频文件	视频 \ 第 11 章 \11.2.3 实例——设置字幕行距 .mp4	

步骤 01：选择“文件”|“打开工程”命令，打开一个工程文件，如图 11-34 所示。

步骤 02：在 1T 字幕轨道中，选择需要设置行距的标题字幕，如图 11-35 所示。

图 11-34　打开一个工程文件

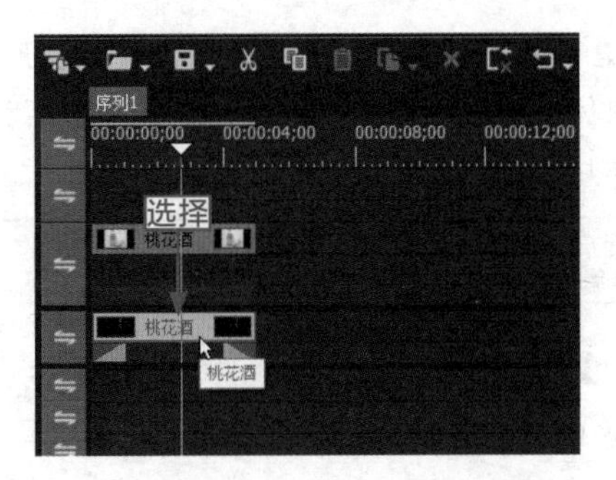

图 11-35　在轨道中选择字幕

步骤 03： 在选择的标题字幕上双击鼠标左键，打开字幕窗口，运用选择对象工具，在预览窗口中选择需要设置行距的标题字幕内容，如图 11-36 所示。

步骤 04： 在“文本属性”面板中，设置“行距”为 60，如图 11-37 所示。

图 11-36　在预览窗口中选择字幕

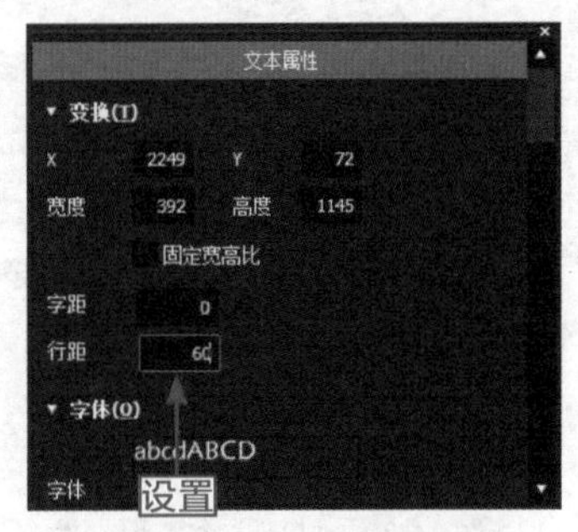

图 11-37　设置字幕行距

步骤 05： 设置完成后，单击“保存”按钮，退出字幕窗口，单击“播放”按钮，预览设置标题字幕行距后的视频效果，如图 11-38 所示。

图 11-38　预览设置标题字幕行距后的视频效果

11.2.4　实例——设置字体类型

EDIUS 软件中所使用的字体，本身只是 Windows 系统的一部分，而不属于 EDIUS 程序，因而在 EDIUS 中可以使用的字体类型取决于用户在 Windows 系统中安装的字体，如果要在

EDIUS 中使用更多的字体，就必须在系统中添加字体。在 EDIUS 中创建的字幕效果，默认字体类型为宋体，如果用户觉得创建的字体类型不美观，或者不能满足需求，可以对字体类型进行修改，使制作的标题字幕更符合要求。

操练 + 视频 实例——设置字体类型

素材文件	素材 \ 第 11 章 \ 美味可口 .ezp	扫描封底文泉云盘的二维码获取资源
效果文件	效果 \ 第 11 章 \ 美味可口 .ezp	
视频文件	视频 \ 第 11 章 \11.2.4 实例——设置字体类型 .mp4	

步骤 01：选择“文件”|“打开工程”命令，打开一个工程文件，如图 11-39 所示。

步骤 02：在 1T 字幕轨道中，选择需要设置字体类型的标题字幕，如图 11-40 所示。

图 11-39 打开一个工程文件

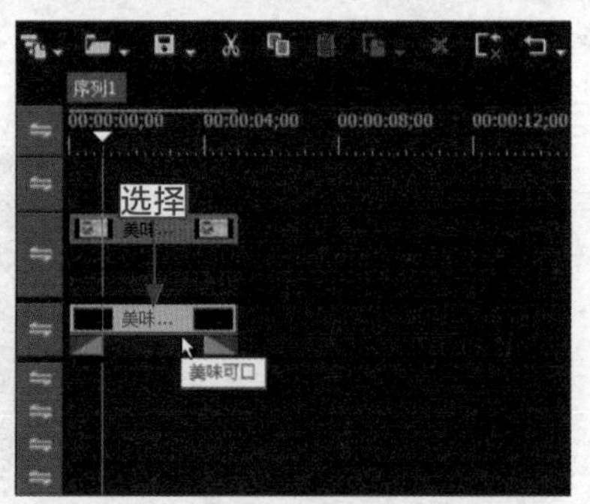

图 11-40 在轨道中选择字幕

步骤 03：在选择的标题字幕上双击鼠标左键，打开字幕窗口，运用选择对象工具，在预览窗口中选择需要设置字体类型的标题字幕内容，如图 11-41 所示。

步骤 04：在“文本属性”面板中单击“字体”右侧的下三角按钮，在弹出的列表框中选择“华文新魏”选项，如图 11-42 所示，设置标题字幕的字体类型。

图 11-41 在预览窗口中选择字幕

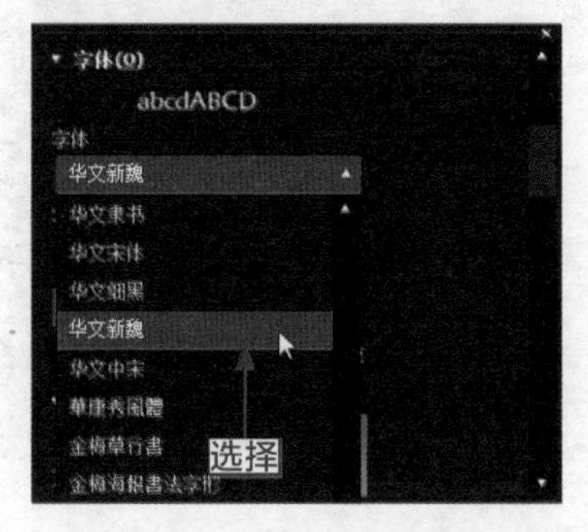

图 11-42 选择“华文新魏”选项

在 EDIUS 工作界面中，有些文本中既包含中文汉字又包含英文字母，系统默认状态下，当用户选择一种西文字体并改变其字体时，只改变选定文本中的西文字符；选择一种中文字体并改变字体后，则中文和英文都会发生改变。

步骤 05：设置完成后，单击“保存”按钮，退出字幕窗口，单击“播放”按钮，预览设置标题字幕字体类型后的视频效果，如图 11-43 所示。

图 11-43　预览设置标题字幕字体类型后的视频效果

11.2.5　实例——设置字号大小

在 EDIUS 工作界面中，字号是指文本的大小，不同的字体大小对视频的美观程度有一定的影响。下面介绍设置文本字号大小的操作方法。

操练 + 视频　实例——设置字号大小

素材文件	素材 \ 第 11 章 \ 花瓶 .ezp	扫描封底文泉云盘的二维码获取资源
效果文件	效果 \ 第 11 章 \ 花瓶 .ezp	
视频文件	视频 \ 第 11 章 \11.2.5　实例——设置字号大小 .mp4	

步骤 01：选择“文件” | “打开工程”命令，打开一个工程文件，如图 11-44 所示。

步骤 02：在 1T 字幕轨道中，选择需要设置字号大小的标题字幕，如图 11-45 所示。

图 11-44　打开一个工程文件

图 11-45　在轨道中选择字幕

步骤 03：在选择的标题字幕上双击鼠标左键，打开字幕窗口，运用选择对象工具，在预览窗口中选择需要设置字号大小的标题字幕内容，如图 11-46 所示。

步骤 04：在“文本属性”面板中，设置“字号”为 90，如图 11-47 所示，设置标题字幕的字号大小，在预览窗口中调整标题字幕至合适位置。

图 11-46　在预览窗口中选择字幕

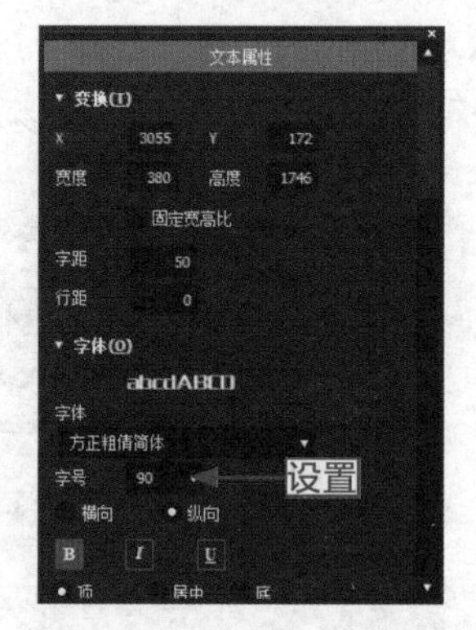

图 11-47　设置“字号”为 90

> **专家指点**　在影视广告中，文字必须要突出影视广告的主题，文字是视频中画龙点睛的重要部分，如果文字太小，会影响广告的美观程度，所以设置合适的文字大小非常重要。

步骤 05： 设置完成后，单击“保存”按钮，退出字幕窗口，单击“播放”按钮，预览设置标题字幕字号大小后的视频效果，如图 11-48 所示。

图 11-48　预览设置标题字幕字号大小后的视频效果

11.2.6　实例——更改字幕方向

在 EDIUS 字幕窗口中，用户可以根据视频的要求，随意更改文本的显示方向。下面介绍更改字幕方向的操作方法。

操练 + 视频　实例——更改字幕方向

素材文件	素材 \ 第 11 章 \ 浓情金秋 .ezp	扫描封底文泉云盘的二维码获取资源
效果文件	效果 \ 第 11 章 \ 浓情金秋 .ezp	
视频文件	视频 \ 第 11 章 \11.2.6　实例——更改字幕方向 .mp4	

步骤 01：选择“文件”|“打开工程”命令，打开一个工程文件，如图 11-49 所示。

步骤 02：在 1T 字幕轨道中，选择需要设置显示方向的标题字幕，如图 11-50 所示。

图 11-49　打开一个工程文件

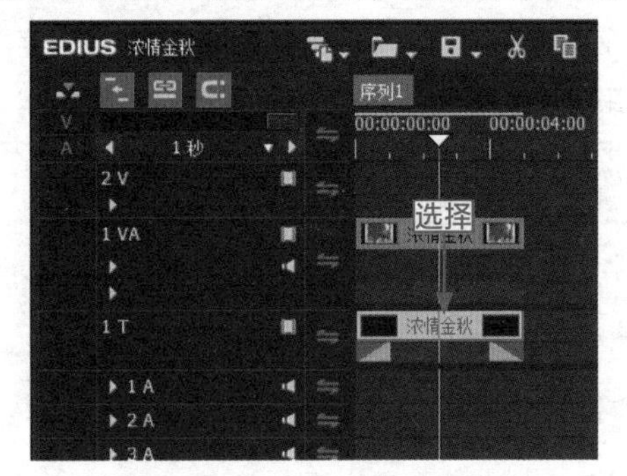

图 11-50　在轨道中选择字幕

步骤 03：打开字幕窗口，在预览窗口中选择标题字幕内容，如图 11-51 所示。

步骤 04：在“文本属性”面板中，选中“纵向”单选按钮，如图 11-52 所示。

图 11-51　在预览窗口中选择字幕

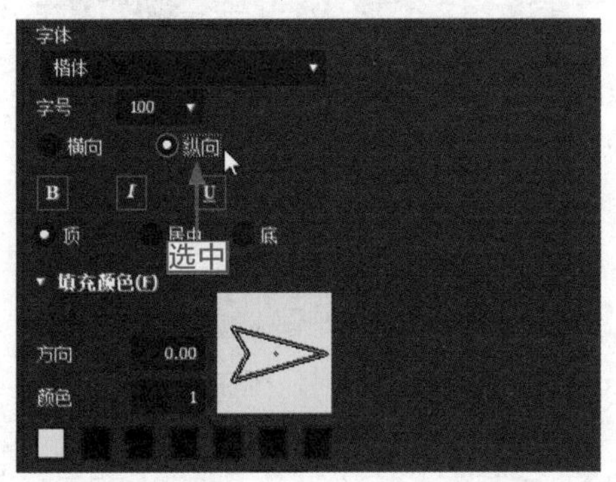

图 11-52　选中“纵向”单选按钮

步骤 05：设置完成后，单击“保存”按钮，退出字幕窗口，单击“播放”按钮，预览设置标题字幕方向后的视频效果，如图 11-53 所示。

图 11-53　预览设置标题字幕方向后的视频效果

11.2.7 实例——添加文本下画线

在影视广告中，如果用户需要突出标题字幕的显示效果，此时可以为标题字幕添加下画线，以此来突出显示文本内容。下面介绍添加文本下画线的操作方法。

操练 + 视频　实例——添加文本下画线

素材文件	素材 \ 第 11 章 \ 海蓝湾沙滩 .ezp	扫描封底文泉云盘的二维码获取资源
效果文件	效果 \ 第 11 章 \ 海蓝湾沙滩 .ezp	
视频文件	视频 \ 第 11 章 \11.2.7 实例——添加文本下画线 .mp4	

步骤 01：选择“文件”|“打开工程”命令，打开一个工程文件，如图 11-54 所示。

步骤 02：在 1T 字幕轨道中，选择需要添加下划线的标题字幕，如图 11-55 所示。

图 11-54　打开一个工程文件

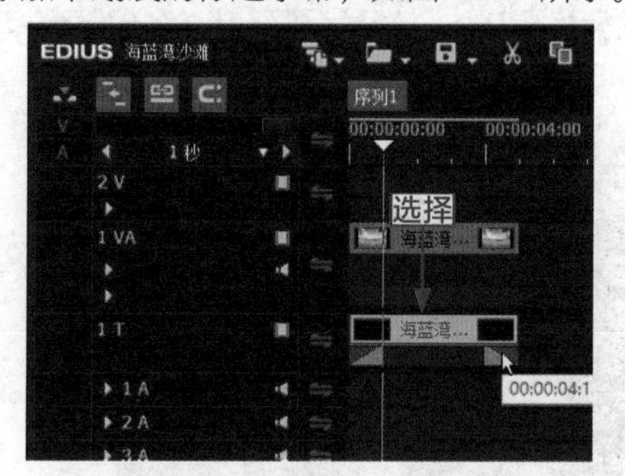

图 11-55　在轨道中选择字幕

步骤 03：打开字幕窗口，在预览窗口中选择标题字幕内容，如图 11-56 所示。

步骤 04：在“文本属性”面板中，单击“下画线”按钮，如图 11-57 所示，即可为标题字幕添加下画线效果。

图 11-56　在预览窗口中选择字幕

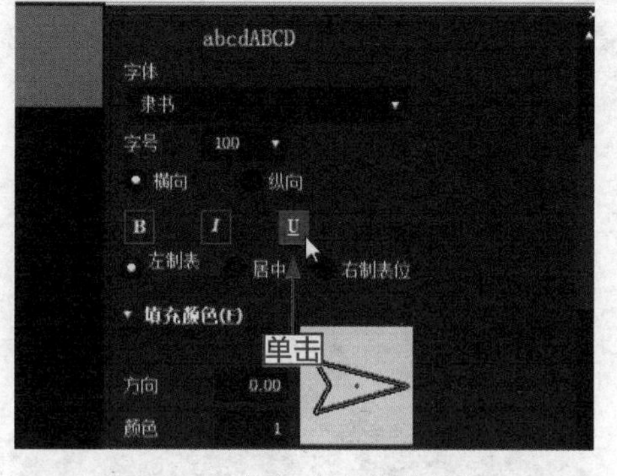

图 11-57　单击“下画线”按钮

步骤 05：设置完成后，单击“保存”按钮，退出字幕窗口，单击“播放”按钮，预览添加文本下画线后的视频效果，如图 11-58 所示。

图 11-58 预览添加文本下画线后的视频效果

11.2.8 实例——调整字幕时间长度

在 EDIUS 工作界面中，当用户在轨道面板中添加相应的标题字幕后，可以调整标题的时间长度，以控制标题文本的播放时间。下面介绍调整字幕时间长度的方法。

操练 + 视频 实例——调整字幕时间长度

素材文件	素材 \ 第 11 章 \ 童年记忆 . ezp	扫描封底文泉云盘的二维码获取资源
效果文件	效果 \ 第 11 章 \ 童年记忆 .ezp	
视频文件	视频 \ 第 11 章 \11.2.8 实例——调整字幕时间长度 .mp4	

步骤 01： 选择“文件” | “打开工程”命令，打开一个工程文件，在 1T 字幕轨道中，选择需要调整时间长度的标题字幕，如图 11-59 所示。

步骤 02： 在选择的标题字幕上单击鼠标右键，在弹出的快捷菜单中选择“持续时间”命令，如图 11-60 所示。

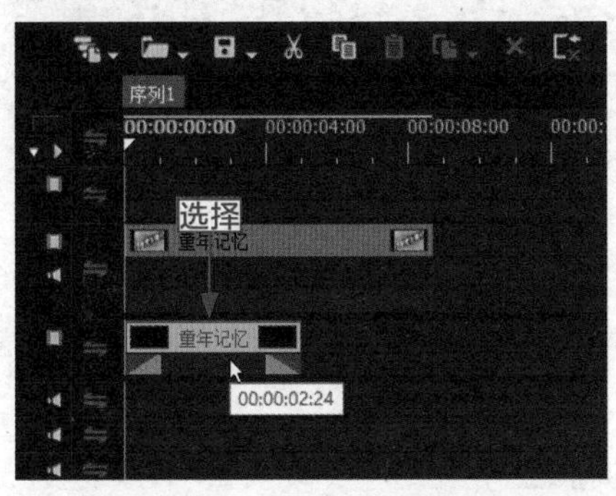

图 11-59 打开一个工程文件

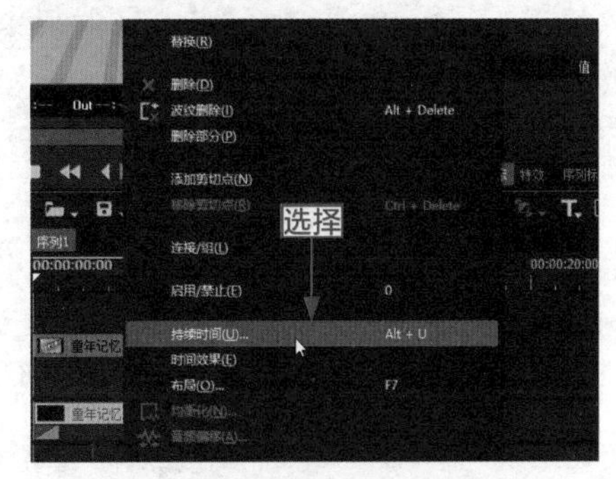

图 11-60 选择“持续时间”命令

步骤 03： 执行操作后，弹出“持续时间”对话框，在其中设置“持续时间”为 00:00:08:18，如图 11-61 所示。

步骤 04：设置完成后，单击“确定”按钮，返回 EDIUS 工作界面，此时 1T 字幕轨道中的标题字幕时间长度将发生变化，如图 11-62 所示。

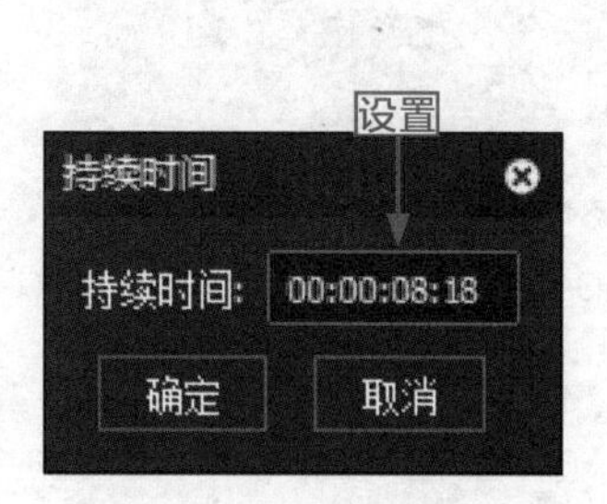

图 11-61　设置持续时间

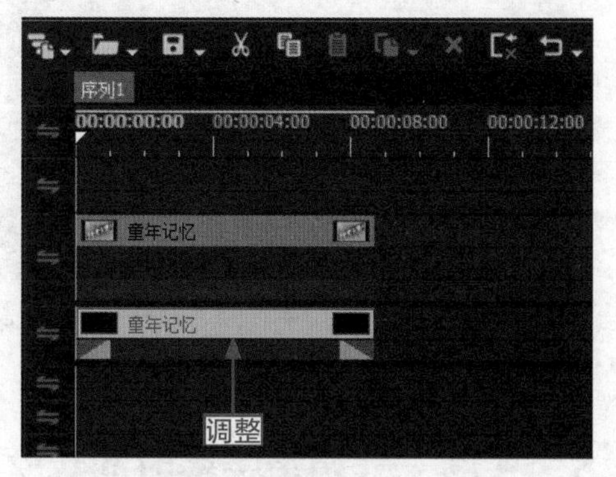

图 11-62　字幕时间长度发生变化

步骤 05：单击“播放”按钮，预览设置标题字幕时间长度后的视频画面效果，如图 11-63 所示。

图 11-63　预览视频画面效果

> **专家指点**　在 1T 字幕轨道中，选择需要调整时间长度的字幕后，将鼠标指针移至字幕右侧的黄色标记上，单击鼠标并向右拖曳，也可以手动调整标题字幕的时间长度。只是该操作对于时间的调整不太精确，不适合比较精细的标题剪辑操作。

11.3　制作标题字幕特殊效果

在 EDIUS 工作界面中，除了改变标题字幕的间距、行距、字体以及大小等属性外，还可以为标题字幕添加一些装饰因素，从而使视频广告更加出彩。本节主要介绍制作标题字幕特殊效果的操作方法，希望读者可以熟练掌握。

11.3.1　实例——运用颜色填充字幕

在 EDIUS 9 中，用户可以通过多种颜色混合填充标题字幕，通过该功能可以制作出五颜六色的标题字幕特效。下面介绍运用颜色填充标题字幕的操作方法。

操练 + 视频　实例——运用颜色填充字幕

素材文件	素材 \ 第 11 章 \ 音乐小明星 .ezp	扫描封底文泉云盘的二维码获取资源
效果文件	效果 \ 第 11 章 \ 音乐小明星 .ezp	
视频文件	视频 \ 第 11 章 \11.3.1　实例——运用颜色填充字幕 .mp4	

步骤 01：选择“文件”|“打开工程”命令，打开一个工程文件，如图 11-64 所示。

步骤 02：在 1T 字幕轨道中，选择需要运用颜色填充的标题字幕，如图 11-65 所示。

图 11-64　打开一个工程文件

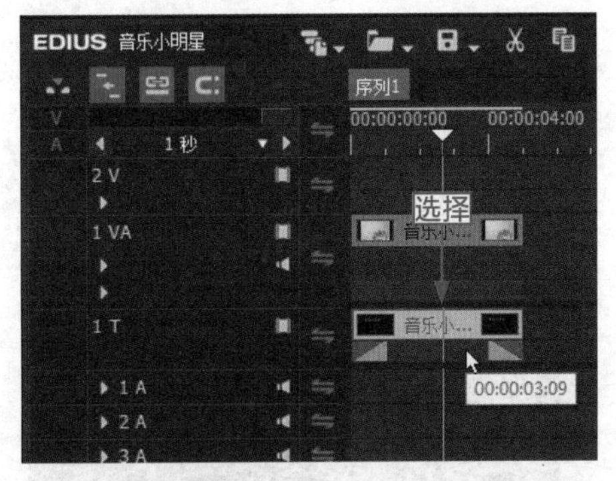

图 11-65　在轨道中选择字幕

步骤 03：在选择的标题字幕上双击鼠标，打开字幕窗口，运用选择对象工具，在预览窗口中选择标题字幕内容，如图 11-66 所示。

步骤 04：在“文本属性”面板的“填充颜色”选项区中，设置“颜色”为 5，如图 11-67 所示。

图 11-66　在预览窗口中选择字幕

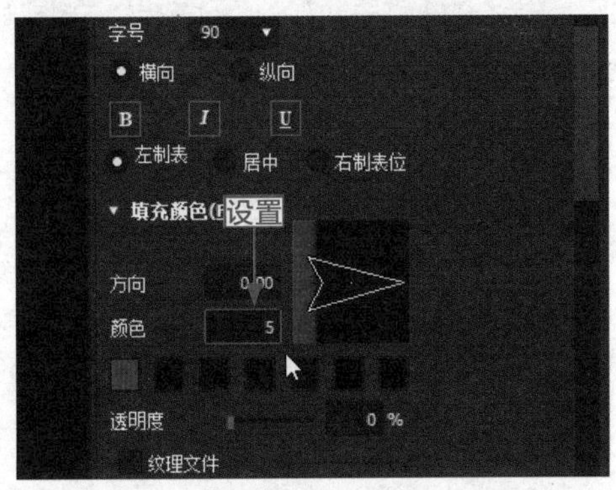

图 11-67　设置“颜色”为 5

步骤 05：单击下方第 2 个色块，弹出“色彩选择 -709”对话框，在其中设置“红”为 138、“绿”为 20、“蓝”为 131，如图 11-68 所示，设置完成后，单击“确定”按钮。

步骤 06：单击下方第 3 个色块，弹出“色彩选择 -709”对话框，在其中设置“红”为 248、“绿”为 33、“蓝”为 -4，如图 11-69 所示，设置完成后，单击“确定”按钮。

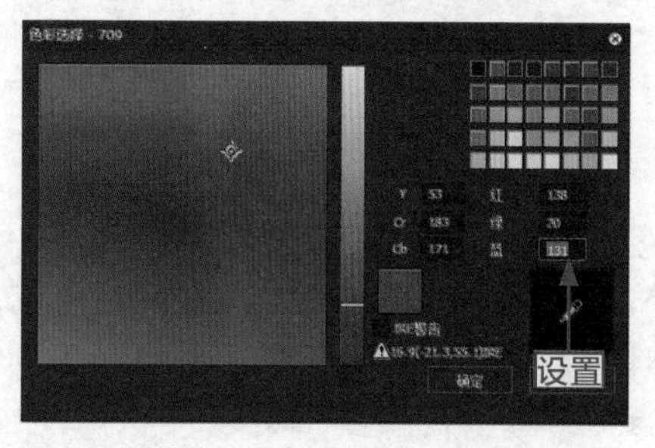

图 11-68　设置“颜色”为紫色

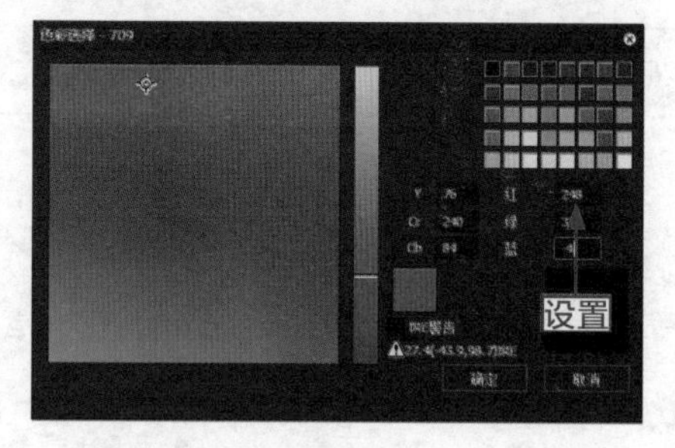

图 11-69　设置“颜色”为橘红色

步骤 07：单击下方第 4 个色块，弹出“色彩选择 -709”对话框，在其中设置“红”为 -10、“绿”为 108、“蓝”为 -3，如图 11-70 所示，设置完成后，单击“确定”按钮。

步骤 08：单击下方第 5 个色块，弹出“色彩选择 -709”对话框，在其中设置“红”为 162、“绿”为 58、“蓝”为 -4，如图 11-71 所示，设置完成后，单击“确定”按钮。

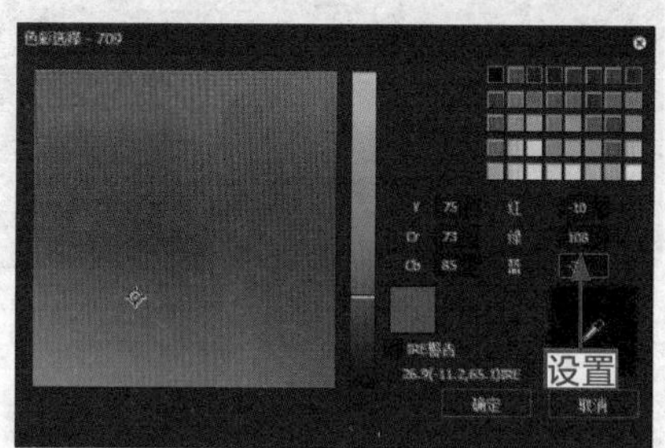

图 11-70　设置“颜色”为绿色

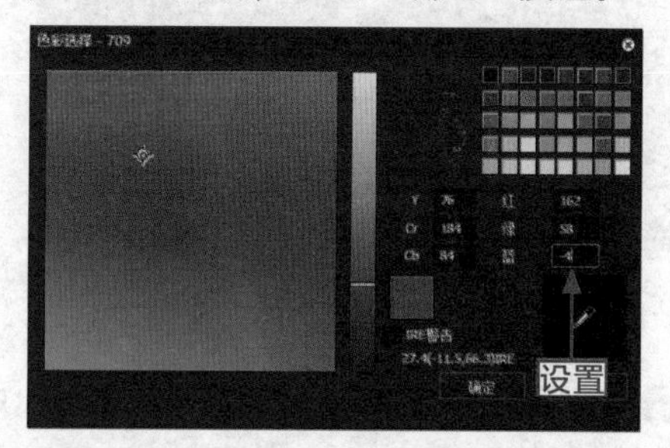

图 11-71　设置“颜色”为棕色

步骤 09：设置完成后，单击“保存”按钮，退出字幕窗口，单击“播放”按钮，预览填充标题字幕颜色后的视频画面效果，如图 11-72 所示。

图 11-72　预览视频画面效果

11.3.2　实例——制作字幕描边效果

在编辑视频的过程中，为了使标题字幕的样式更具艺术美感，可以为字幕添加描边效果。下面介绍制作字幕描边效果的操作方法。

操练 + 视频　实例——制作字幕描边效果

素材文件	素材 \ 第 11 章 \ 女孩的梦想 .ezp	扫描封底文泉云盘的二维码获取资源
效果文件	效果 \ 第 11 章 \ 女孩的梦想 .ezp	
视频文件	视频 \ 第 11 章 \11.3.2 实例——制作字幕描边效果 .mp4	

步骤 01：选择“文件”|“打开工程”命令，打开一个工程文件，如图 11-73 所示。

步骤 02：在 1T 字幕轨道中，选择需要描边的标题字幕，如图 11-74 所示。

图 11-73　打开一个工程文件

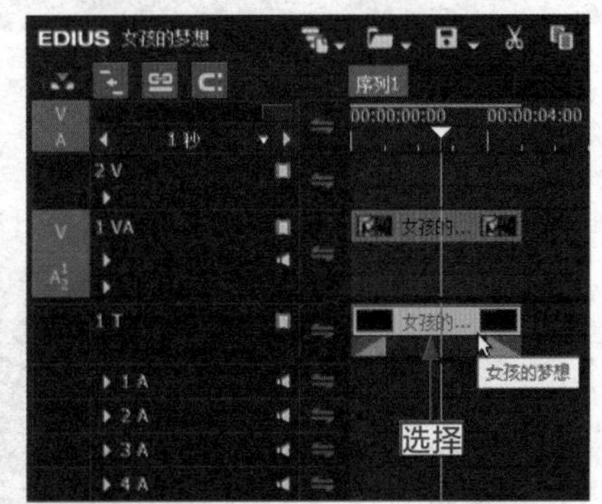

图 11-74　在轨道中选择字幕

步骤 03：在选择的标题字幕上双击鼠标，打开字幕窗口，运用选择对象工具，在预览窗口中选择标题字幕内容，如图 11-75 所示。

步骤 04：在“文本属性”面板中，选中“边缘”复选框，在下方设置“实边宽度”为 5，如图 11-76 所示。

图 11-75　在预览窗口中选择字幕

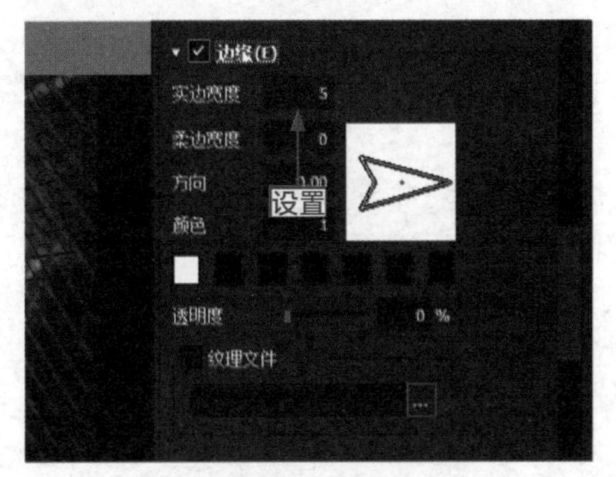

图 11-76　设置“实边宽度”为 5

步骤 05：单击下方第 1 个色块，弹出“色彩选择 -709”对话框，在其中设置“颜色”为白色，如图 11-77 所示。

步骤 06：设置完成后，单击“确定”按钮，返回字幕窗口，在其中可以查看设置描边颜色后的色块属性，如图 11-78 所示。

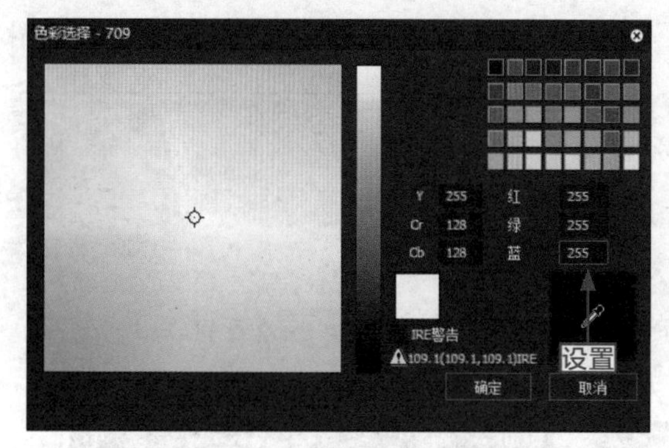

图 11-77　设置“颜色”为白色

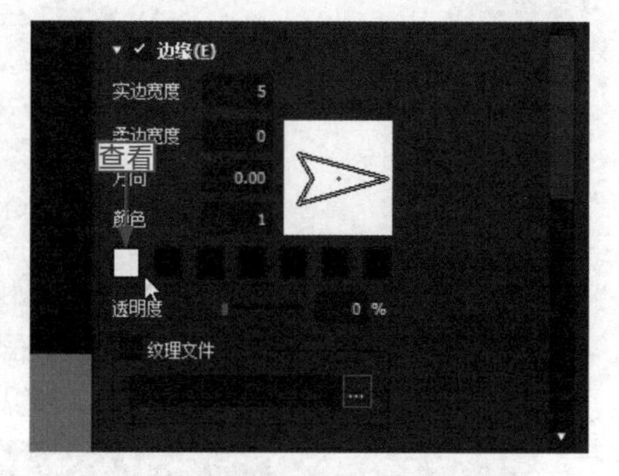

图 11-78　查看设置的描边颜色

步骤 07：设置完成后，单击“保存”按钮，退出字幕窗口，单击“播放”按钮，预览制作描边字幕后的视频画面效果，如图 11-79 所示。

图 11-79　预览视频画面效果

11.3.3　实例——制作字幕阴影效果

制作视频的过程中，如果需要强调或突出显示字幕文本，可以设置字幕的阴影效果。下面介绍制作字幕阴影效果的操作方法。

操练 + 视频　实例——制作字幕阴影效果

素材文件	素材 \ 第 11 章 \ 绿色环保 .ezp	扫描封底文泉云盘的二维码获取资源
效果文件	效果 \ 第 11 章 \ 绿色环保 .ezp	
视频文件	视频 \ 第 11 章 \11.3.3 实例——制作字幕阴影效果 .mp4	

步骤 01：选择"文件"|"打开工程"命令，打开一个工程文件，如图 11-80 所示。

步骤 02：在 1T 字幕轨道中选择需要制作阴影的标题字幕，如图 11-81 所示。

图 11-80　打开一个工程文件

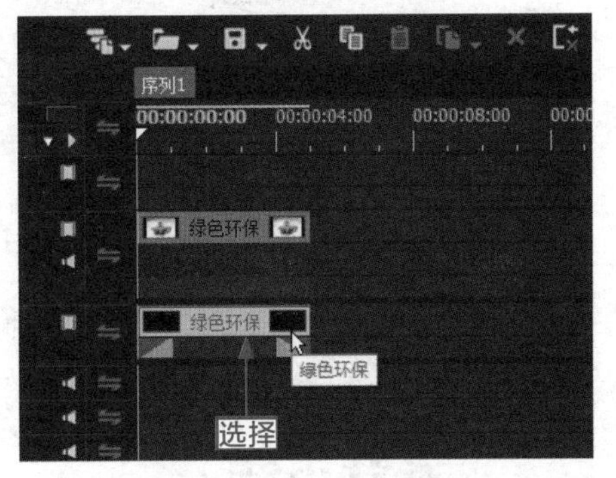

图 11-81　在轨道中选择字幕

步骤 03：在选择的标题字幕上双击鼠标左键，打开字幕窗口，运用选择对象工具，在预览窗口中选择标题字幕内容，如图 11-82 所示。

步骤 04：在"文本属性"面板中选中"阴影"复选框，在下方设置"颜色"为黑色、"横向"为 8、"纵向"为 8，如图 11-83 所示。

图 11-82　在预览窗口中选择字幕

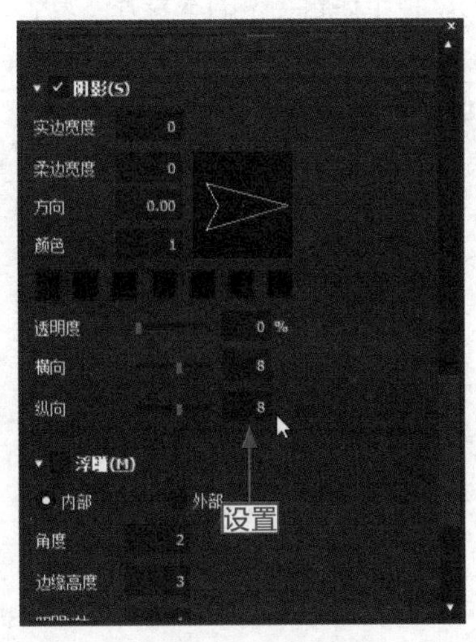

图 11-83　设置各参数

> **专家指点**
> 在"文本属性"面板的"阴影"选项区中，还可以拖曳"透明度"选项右侧的滑块来调整阴影的透明程度，使制作的阴影效果与视频更加协调。

步骤 05：设置完成后，单击"保存"按钮，退出字幕窗口。单击"播放"按钮，预览制作字幕阴影后的视频画面效果，如图 11-84 所示。

图 11-84 预览视频画面效果

11.4 本章小结

在各类影视广告中，标题字幕是不可缺少的设计元素，它可以直接传达设计者的表达意图，好的标题字幕布局和设计效果会起到画龙点睛的作用。因此，对标题字幕的设计与编排是不容忽视的。制作标题字幕的本身并不复杂，但是要制作出好的标题字幕还需要用户多加练习，这样对熟练掌握标题字幕有很大帮助。

本章通过大量的实例，全面、详尽地讲解了 EDIUS 9 中标题字幕的创建、设置以及特效制作技巧，以便用户更深入地掌握标题字幕功能。

CHAPTER 12

第 12 章 制作字幕运动特效

~ 学前提示 ~

字幕是以各种字体、浮雕和动画等形式出现在画面中的文字总称，字幕设计与书写是影片造型的艺术手段之一。字幕的用途是向用户传递一些视频画面所无法表达或难以表现的内容，好的标题还可以增强影片的艺术效果。制作字幕运动特效，可以使影片更具有吸引力和感染力。本章主要介绍制作字幕运动特效的操作方法。

~ 本章重点 ~

- 实例——向上划像运动效果
- 实例——垂直划像运动效果
- 实例——向右软划像运动效果
- 实例——向上淡入淡出运动效果
- 实例——上面激光运动效果
- 实例——左面激光运动效果

12.1 制作划像运动效果

如果说转场是专为视频准备的出 / 入屏方式，那么字幕混合特效就是为字幕轨道准备的出 / 入屏方式。“字幕混合”特效组提供了划像运动效果，其中包括多种不同的划像特效，如向上划像、向下划像、向右划像以及向左划像等，本节主要详细介绍这类划像运动效果的制作方法。

12.1.1 实例——向上划像运动效果

在 EDIUS 9 中，向上划像是指从下往上慢慢显示字幕，待字幕播放结束时，再从下往上慢慢消失字幕的运动效果。下面介绍制作字幕向上划像的运动效果。

操练 + 视频 实例——向上划像运动效果

素材文件	素材 \ 第 12 章 \ 冬天的故事 .ezp	扫描封底文泉云盘的二维码获取资源
效果文件	效果 \ 第 12 章 \ 冬天的故事 .ezp	
视频文件	视频 \ 第 12 章 \12.1.1 实例——向上划像运动效果 .mp4	

步骤 01： 选择“文件”|“打开工程”命令，打开一个工程文件，如图 12-1 所示。

步骤 02： 展开“特效”面板，在“划像”特效组中，选择“向上划像”运动效果，如图 12-2 所示。

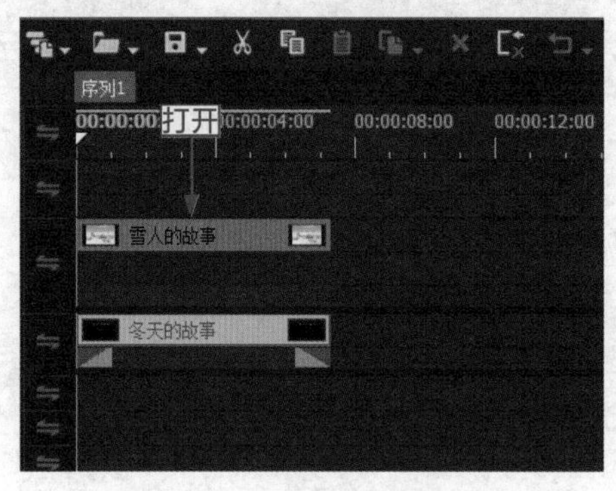

图 12-1 打开一个工程文件

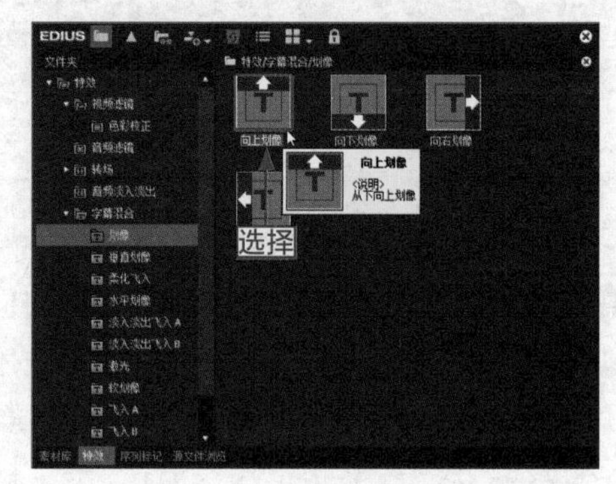

图 12-2 选择字幕混合运动效果

步骤 03： 在选择的运动效果上按住鼠标左键，将其拖曳至 1T 字幕轨道中的字幕文件上，如图 12-3 所示，释放鼠标左键，即可添加“向上划像”运动效果。

步骤 04： 展开“信息”面板，在其中可以查看添加的“向上划像”运动效果，如图 12-4 所示。

图 12-3 为字幕添加运动效果

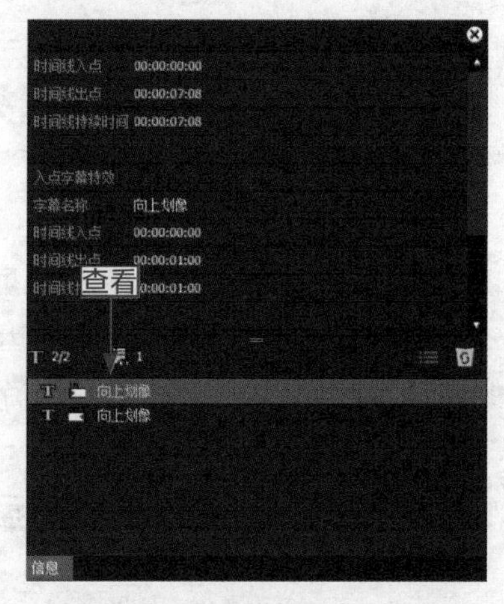

图 12-4 查看添加的运动效果

步骤 05： 将时间线移至轨道面板中的开始位置，单击“播放”按钮，预览添加“向上划像”运动效果后的标题字幕，效果如图 12-5 所示。

在“字幕混合”特效组中，选择相应的字幕特效后，单击鼠标右键，在弹出的快捷菜单中选择“添加到时间线”|“全部”|“中心”命令，即可将选择的字幕特效添加至 1T 字幕轨道中的字幕文件上，按【空格】键，可以快速预览添加的字幕混合运动特效。

图 12-5　预览“向上划像”运动特效

12.1.2　实例——向下划像运动效果

在 EDIUS 9 中，向下划像是指从上往下慢慢地显示或消失字幕的运动效果。下面介绍制作字幕向下划像的运动效果。

操练 + 视频　实例——向下划像运动效果

素材文件	素材 \ 第 12 章 \ 神话剧场 .ezp	扫描封底文泉云盘的二维码获取资源
效果文件	效果 \ 第 12 章 \ 神话剧场 .ezp	
视频文件	视频 \ 第 12 章 \12.1.2　实例——向下划像运动效果 .mp4	

步骤 01：选择“文件” | “打开工程”命令，打开一个工程文件，如图 12-6 所示。

步骤 02：展开“特效”面板，在“划像”特效组中，选择“向下划像”运动效果，如图 12-7 所示。

图 12-6　打开一个工程文件

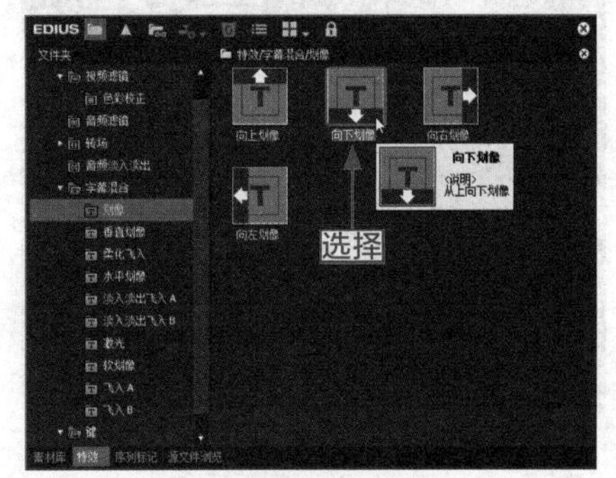

图 12-7　选择字幕混合运动效果

步骤03：在选择的运动效果上按住鼠标左键，将其拖曳至1T字幕轨道中的字幕文件上，释放鼠标左键，即可添加运动效果。单击“播放”按钮，预览添加“向下划像”运动效果后的标题字幕，效果如图12-8所示。

图 12-8 预览“向下划像”运动特效

12.1.3 实例——向右划像运动效果

在 EDIUS 9 中，向右划像是指从左往右慢慢地显示或消失字幕的运动效果。下面介绍制作字幕向右划像的运动效果。

操练 + 视频 实例——向右划像运动效果

素材文件	素材 \ 第 12 章 \ 古典之美 .ezp	扫描封底文泉云盘的二维码获取资源
效果文件	效果 \ 第 12 章 \ 古典之美 .ezp	
视频文件	视频 \ 第 12 章 \12.1.3 实例——向右划像运动效果 .mp4	

步骤01：选择“文件”|“打开工程”命令，打开一个工程文件，如图12-9所示。

步骤02：展开“特效”面板，在“划像”特效组中选择“向右划像”运动效果，如图12-10所示。

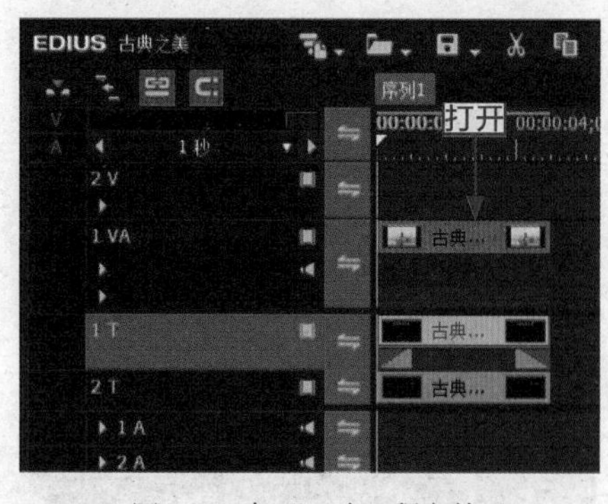

图 12-9 打开一个工程文件

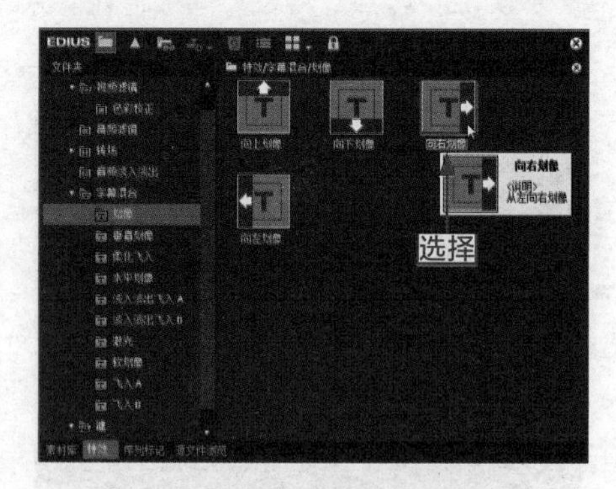

图 12-10 选择字幕混合运动效果

步骤03：在选择的运动效果上按住鼠标左键，将其拖曳至1T字幕轨道中的字幕文件上，释放鼠标左键，即可添加运动效果。单击“播放”按钮，预览添加“向右划像”运动效果后的标题字幕，效果如图 12-11 所示。

图 12-11　预览“向右划像”运动特效

12.1.4　实例——垂直划像运动效果

在 EDIUS 9 中，垂直划像是指以垂直运动的方式慢慢地显示或消失字幕。下面介绍制作字幕垂直划像的运动效果。

操练 + 视频　实例——垂直划像运动效果

素材文件	素材 \ 第 12 章 \ 温暖简约 .ezp	扫描封底文泉云盘的二维码获取资源
效果文件	效果 \ 第 12 章 \ 温暖简约 .ezp	
视频文件	视频 \ 第 12 章 \12.1.4　实例——垂直划像运动效果 .mp4	

步骤 01：选择“文件”|“打开工程”命令，打开一个工程文件，如图 12-12 所示。

步骤 02：展开“特效”面板，在“垂直划像”特效组中选择第 1 个垂直划像运动效果，如图 12-13 所示。

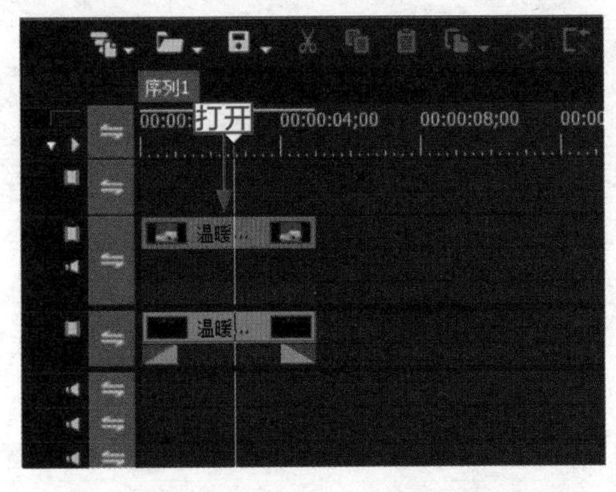

图 12-12　打开一个工程文件

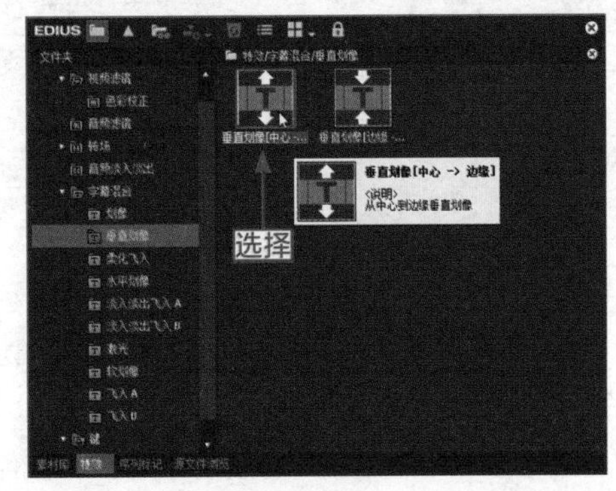

图 12-13　选择字幕混合运动效果

步骤 03：在选择的运动效果上按住鼠标左键，将其拖曳至 1T 字幕轨道中的字幕文件上，释放鼠标左键，即可添加运动效果。单击“播放”按钮，预览添加“垂直划像”运动效果后的标题字幕，效果如图 12-14 所示。

图 12-14 预览“垂直划像”运动特效

12.2 制作柔化飞入运动效果

在 EDIUS 9 中，柔化飞入的运动效果与划像的运动效果基本相同，只是对边缘做了柔化处理。“柔化飞入”特效组一共包含 4 种不同的柔化飞入动画效果，用户可以根据实际需要进行相应选择。本节主要介绍制作柔化飞入运动效果的操作方法，希望读者可以熟练掌握。

12.2.1 实例——向上软划像运动效果

在 EDIUS 9 中，向上软划像是指从下往上慢慢浮入显示字幕的运动效果。下面介绍制作字幕向上软划像的运动效果。

操练 + 视频 实例——向上软划像运动效果

素材文件	素材 \ 第 12 章 \ 丝竹之音 .ezp	扫描封底文泉云盘的二维码获取资源
效果文件	效果 \ 第 12 章 \ 丝竹之音 .ezp	
视频文件	视频 \ 第 12 章 \12.2.1 实例——向上软划像运动效果 .mp4	

步骤 01：选择“文件”|“打开工程”命令，打开一个工程文件，如图 12-15 所示。

步骤 02：展开“特效”面板，在“柔化飞入”特效组中选择“向上软划像”运动效果，如图 12-16 所示。

步骤 03：在选择的运动效果上，按住鼠标左键，将其拖曳至 1T 字幕轨道中的字幕文件上，释放鼠标左键，即可添加运动效果。单击“播放”按钮，预览添加“向上软划像”运动效果后的标题字幕，效果如图 12-17 所示。

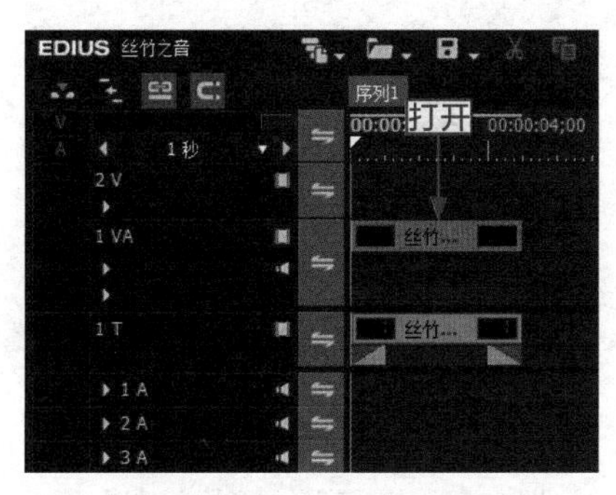

图 12-15　打开一个工程文件

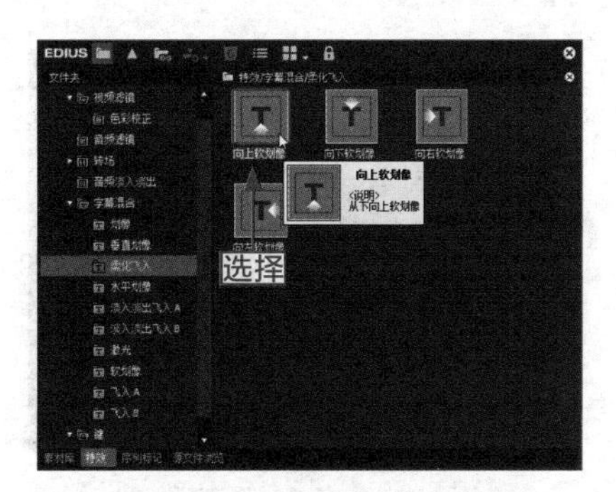

图 12-16　选择字幕混合运动效果

图 12-17　预览"向上软划像"运动特效

12.2.2　实例——向下软划像运动效果

在 EDIUS 9 中，向下软划像是指从上往下慢慢浮入显示字幕的运动效果。下面介绍制作字幕向下软划像的运动效果。

操练 + 视频　实例——向下软划像运动效果

素材文件	素材 \ 第 12 章 \ 清新雅致 .ezp	扫描封底文泉云盘的二维码获取资源
效果文件	效果 \ 第 12 章 \ 清新雅致 .ezp	
视频文件	视频 \ 第 12 章 \12.2.2 实例——向下软划像运动效果 .mp4	

步骤 01: 选择"文件" | "打开工程"命令，打开一个工程文件，如图 12-18 所示。

步骤 02: 展开"特效"面板，在"柔化飞入"特效组中选择"向下软划像"运动效果，如图 12-19 所示。

步骤 03: 在选择的运动效果上按住鼠标左键，将其拖曳至 1T 字幕轨道中的字幕文件上，释放鼠标左键，即可添加运动效果。单击"播放"按钮，预览添加"向下软划像"运动效果后的标题字幕，效果如图 12-20 所示。

图 12-18　打开一个工程文件

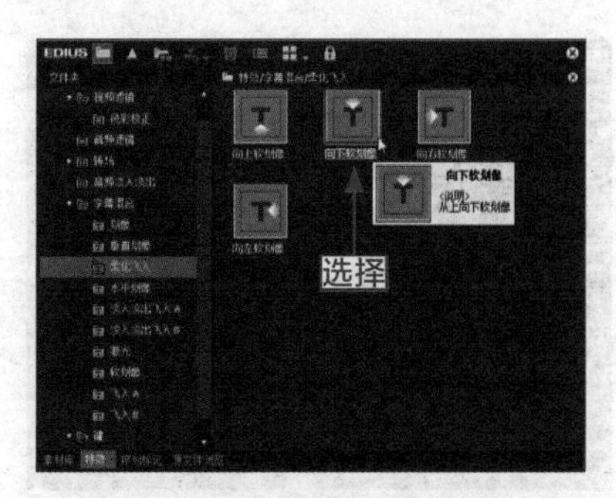
图 12-19　选择字幕混合运动效果

图 12-20　预览“向下软划像”运动特效

12.2.3　实例——向右软划像运动效果

在 EDIUS 9 中，向右软划像是指从左往右慢慢浮入显示字幕的运动效果。下面介绍制作字幕向右软划像的运动效果。

操练 + 视频　实例——向右软划像运动效果

素材文件	素材 \ 第 12 章 \ 岁月静好 .ezp	扫描封底文泉云盘的二维码获取资源
效果文件	效果 \ 第 12 章 \ 岁月静好 .ezp	
视频文件	视频 \ 第 12 章 \12.2.3　实例——向右软划像运动效果 .mp4	

步骤 01：选择“文件”|“打开工程”命令，打开一个工程文件，如图 12-21 所示。

步骤 02：展开“特效”面板，在“柔化飞入”特效组中选择“向右软划像”运动效果，如图 12-22 所示。

步骤 03：在选择的运动效果上按住鼠标左键，将其拖曳至 1T 字幕轨道中的字幕文件上，释放鼠标左键，即可添加运动效果。单击“播放”按钮，预览添加“向右软划像”运动效果后的标题字幕，效果如图 12-23 所示。

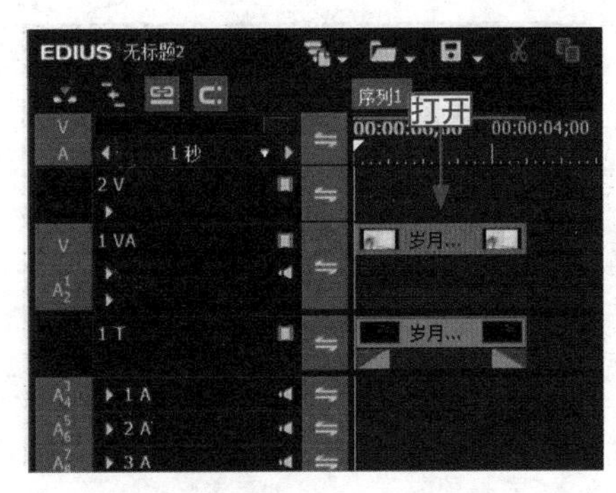

图 12-21　打开一个工程文件

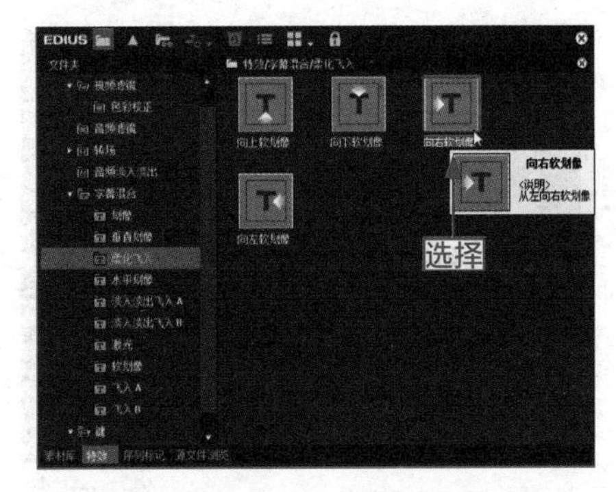

图 12-22　选择字幕混合运动效果

图 12-23　预览“向右软划像”运动特效

12.2.4　实例——向左软划像运动效果

在 EDIUS 9 中，向左软划像是指从右往左慢慢浮入显示字幕的运动效果。

操练 + 视频　实例——向左软划像运动效果

素材文件	素材 \ 第 12 章 \ 单车的故事 .ezp	扫描封底文泉云盘的二维码获取资源
效果文件	效果 \ 第 12 章 \ 单车的故事 .ezp	
视频文件	视频 \ 第 12 章 \12.2.4 实例——向左软划像运动效果 .mp4	

步骤 01：选择“文件” | “打开工程”命令，打开一个工程文件，如图 12-24 所示。

步骤 02：展开“特效”面板，在“柔化飞入”特效组中选择“向左软划像”运动效果，如图 12-25 所示。

步骤 03：在选择的运动效果上按住鼠标左键，将其拖曳至 1T 字幕轨道中的字幕文件上，释放鼠标左键，即可添加运动效果。单击“播放”按钮，预览添加“向左软划像”运动效果后的标题字幕，效果如图 12-26 所示。

图 12-24　打开一个工程文件

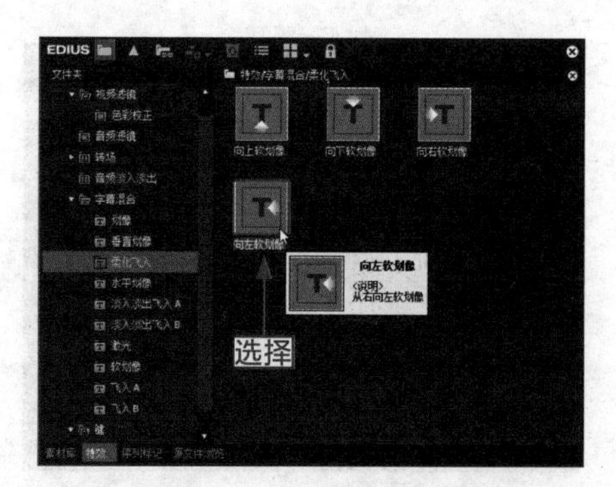

图 12-25　选择字幕混合运动效果

图 12-26　预览“向左软划像”运动特效

12.3　制作淡入淡出飞入运动效果

在 EDIUS 9 中，淡入淡出飞入是指标题字幕以淡入淡出的方式显示或消失的动画效果。本节主要介绍制作淡入淡出飞入动画效果的操作方法，希望读者可以熟练掌握。

12.3.1　实例——向上淡入淡出运动效果

在 EDIUS 9 中，向上淡入淡出是指从下往上通过淡入淡出的方式，慢慢地显示或消失字幕的运动效果。下面介绍制作字幕向上淡入淡出的运动效果。

操练 + 视频　实例——向上淡入淡出运动效果

素材文件	素材 \ 第 12 章 \ 生机勃勃 .ezp	扫描封底文泉云盘的二维码获取资源
效果文件	效果 \ 第 12 章 \ 生机勃勃 .ezp	
视频文件	视频 \ 第 12 章 \12.3.1 实例——向上淡入淡出运动效果 .mp4	

步骤 01：选择“文件”|“打开工程”命令，打开一个工程文件，如图 12-27 所示。

步骤 02：展开“特效”面板，在“淡入淡出飞入 A”特效组中选择“向上淡入淡出飞入

A”运动效果，如图 12-28 所示。

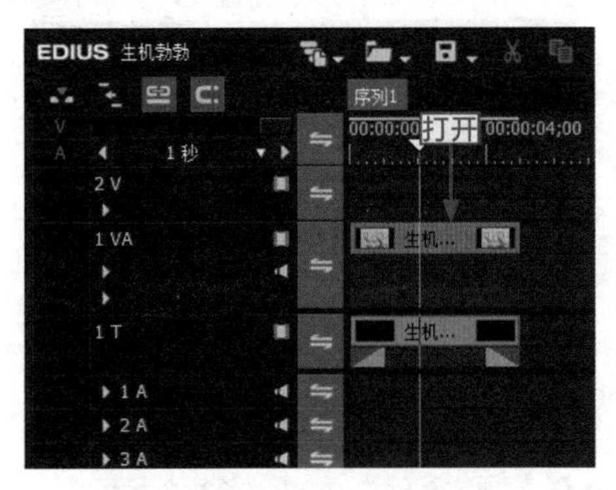

图 12-27　打开一个工程文件

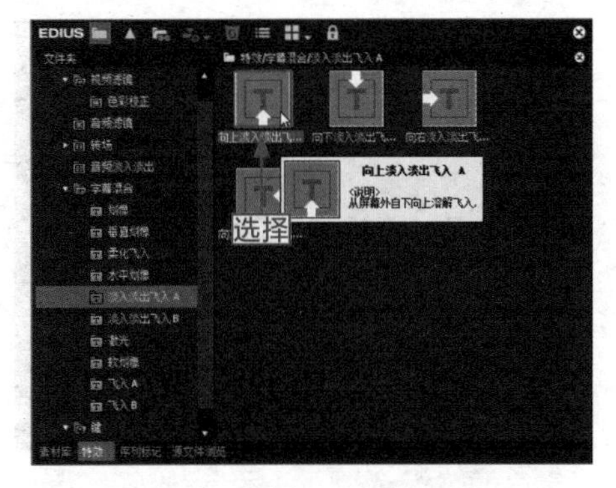

图 12-28　选择字幕混合运动效果

步骤 03：在选择的运动效果上按住鼠标左键，将其拖曳至 1T 字幕轨道中的字幕文件上，释放鼠标左键，即可添加运动效果。单击“播放”按钮，预览添加“向上淡入淡出飞入 A”运动效果后的标题字幕，效果如图 12-29 所示。

图 12-29　预览“向上淡入淡出飞入 A”运动特效

12.3.2　实例——向下淡入淡出运动效果

在 EDIUS 9 中，向下淡入淡出是指从上往下通过淡入淡出的方式，慢慢地显示或消失字幕的运动效果。下面介绍制作字幕向下淡入淡出的运动效果。

操练 + 视频　实例——向下淡入淡出运动效果

素材文件	素材 \ 第 12 章 \ 游遍中国 .ezp	扫描封底文泉云盘的二维码获取资源
效果文件	效果 \ 第 12 章 \ 游遍中国 .ezp	
视频文件	视频 \ 第 12 章 \12.3.2 实例——向下淡入淡出运动效果 .mp4	

步骤 01：选择“文件”|“打开工程”命令，打开一个工程文件，如图 12-30 所示。

步骤 02：展开“特效”面板，在“淡入淡出飞入 A”特效组中选择“向下淡入淡出飞入

A”运动效果，如图 12-31 所示。

图 12-30　打开一个工程文件

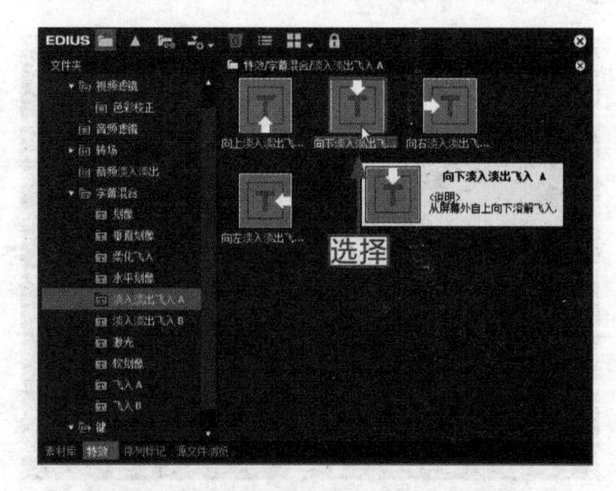

图 12-31　选择字幕混合运动效果

步骤 03: 在选择的运动效果上按住鼠标左键，将其拖曳至 1T 字幕轨道中的字幕文件上，释放鼠标左键，即可添加运动效果。单击“播放”按钮，预览添加“向下淡入淡出飞入 A”运动效果后的标题字幕，效果如图 12-32 所示。

图 12-32　预览“向下淡入淡出飞入 A”运动特效

12.3.3　实例——向右淡入淡出运动效果

在 EDIUS 9 中，向右淡入淡出是指从左往右通过淡入淡出的方式，慢慢地显示或消失字幕的运动效果。下面介绍制作字幕向右淡入淡出的运动效果。

操练 + 视频　实例——向右淡入淡出运动效果

素材文件	素材 \ 第 12 章 \ 智能思维车 .ezp	扫描封底文泉云盘的二维码获取资源
效果文件	效果 \ 第 12 章 \ 智能思维车 .ezp	
视频文件	视频 \ 第 12 章 \12.3.3　实例——向右淡入淡出运动效果 .mp4	

步骤 01: 选择“文件” | “打开工程”命令，打开一个工程文件，如图 12-33 所示。

步骤 02: 展开“特效”面板，在“淡入淡出飞入 A”特效组中，选择“向右淡入淡出飞入

A”运动效果，如图 12-34 所示。

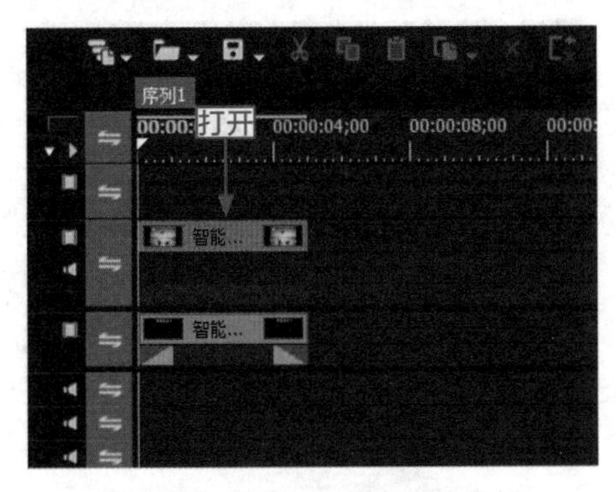

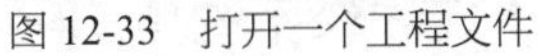
图 12-33　打开一个工程文件

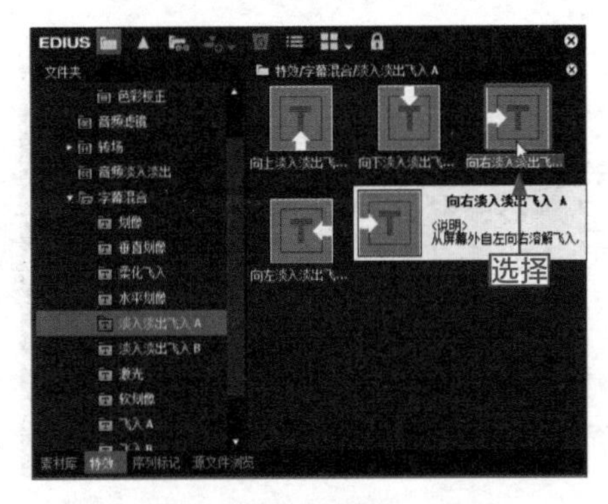

图 12-34　选择字幕混合运动效果

步骤 03：在选择的运动效果上按住鼠标左键，将其拖曳至 1T 字幕轨道中的字幕文件上，释放鼠标左键，即可添加运动效果。单击“播放”按钮，预览添加“向右淡入淡出飞入 A”运动效果后的标题字幕，效果如图 12-35 所示。

图 12-35　预览“向右淡入淡出飞入 A”运动特效

12.3.4　实例——向左淡入淡出运动效果

在 EDIUS 9 中，向左淡入淡出是指从右往左通过淡入淡出的方式，慢慢地显示或消失字幕的运动效果。下面介绍制作字幕向左淡入淡出的运动效果。

操练 + 视频　实例——向左淡入淡出运动效果

素材文件	素材 \ 第 12 章 \ 灵动流苏 .ezp	扫描封底文泉云盘的二维码获取资源
效果文件	效果 \ 第 12 章 \ 灵动流苏 .ezp	
视频文件	视频 \ 第 12 章 \12.3.4 实例——向左淡入淡出运动效果 .mp4	

步骤 01：选择“文件”|“打开工程”命令，打开一个工程文件，如图 12-36 所示。

步骤 02：展开“特效”面板，在“淡入淡出飞入 A”特效组中，选择“向左淡入淡出飞入 A”运动效果，如图 12-37 所示。

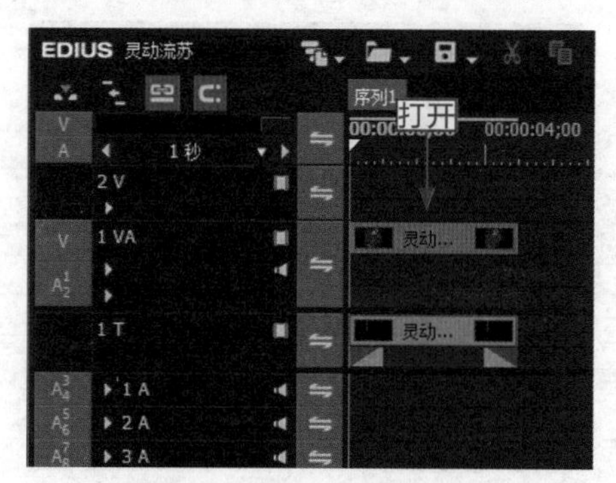

图 12-36　打开一个工程文件

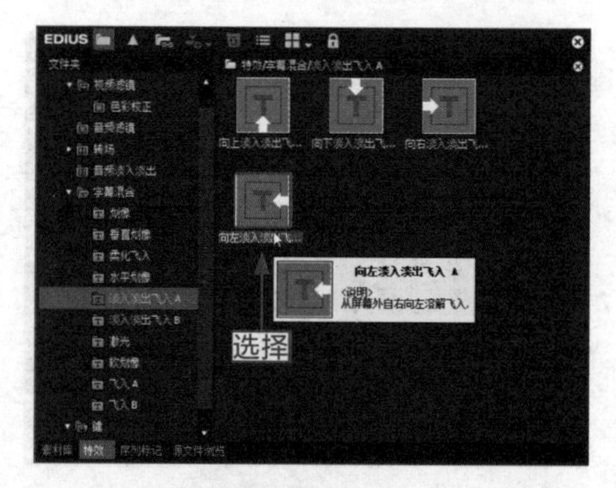

图 12-37　选择字幕混合运动效果

步骤 03：在选择的运动效果上按住鼠标左键，将其拖曳至 1T 字幕轨道中的字幕文件上，释放鼠标左键，即可添加运动效果，单击“播放”按钮，预览添加“向左淡入淡出飞入 A”运动效果后的标题字幕，效果如图 12-38 所示。

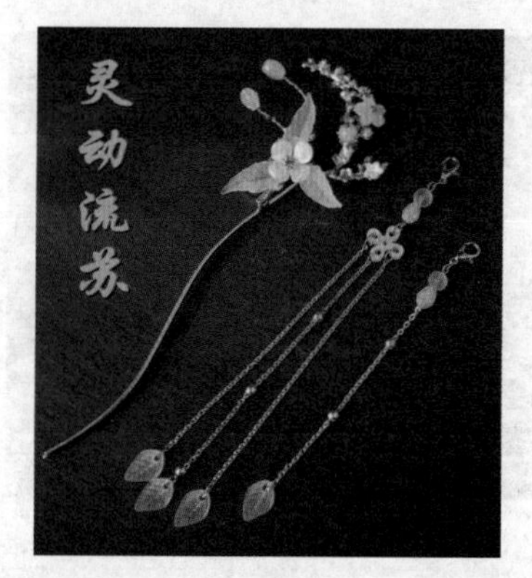

图 12-38　预览“向左淡入淡出飞入 A”运动特效

12.4　制作激光运动效果

在 EDIUS 9 中，激光运动效果是指标题字幕以激光反射的方式显示或消失字幕的动画效果。本节主要介绍制作字幕激光运动效果的操作方法。

12.4.1　实例——上面激光运动效果

在 EDIUS 9 中，上面激光是指激光的方面是从上面显示出来的，通过激光的运动效果慢慢地显示标题字幕。下面介绍制作字幕上面激光的运动效果。

操练 + 视频　实例——上面激光运动效果

素材文件	素材 \ 第 12 章 \ 浓情端午 .ezp	扫描封底文泉云盘的二维码获取资源
效果文件	效果 \ 第 12 章 \ 浓情端午 .ezp	
视频文件	视频 \ 第 12 章 \12.4.1　实例——上面激光运动效果 .mp4	

步骤 01：选择“文件”|“打开工程”命令，打开一个工程文件，如图 12-39 所示。

步骤 02：展开“特效”面板，在“激光”特效组中，选择“上面激光”运动效果，如图 12-40 所示。

图 12-39　打开一个工程文件

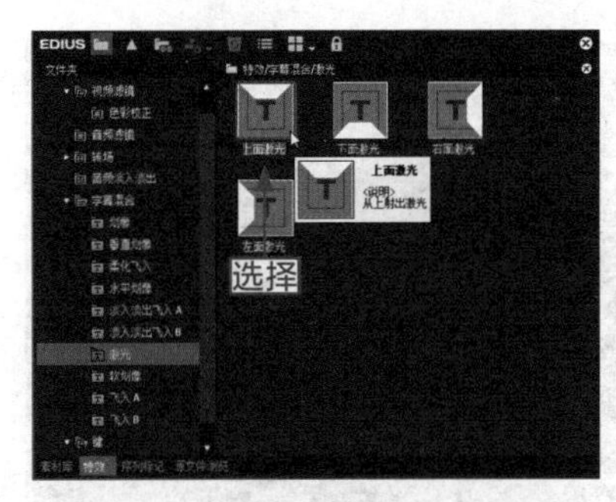

图 12-40　选择字幕混合运动效果

步骤 03：在选择的运动效果上按住鼠标左键，将其拖曳至 1T 字幕轨道中的字幕文件上，释放鼠标左键，即可添加运动效果。单击“播放”按钮，预览添加“上面激光”运动效果后的标题字幕，效果如图 12-41 所示。

图 12-41　预览“上面激光”运动特效

12.4.2　实例——下面激光运动效果

在 EDIUS 9 中，下面激光是指激光的方面是从下面显示出来的，通过激光的运动效果慢慢地显示标题字幕。下面介绍制作字幕下面激光的运动效果。

操练+视频 实例——下面激光运动效果

素材文件	素材 \ 第 12 章 \ 威驰汽车 .ezp	扫描封底文泉云盘的二维码获取资源
效果文件	效果 \ 第 12 章 \ 威驰汽车 .ezp	
视频文件	视频 \ 第 12 章 \12.4.2 实例——下面激光运动效果 .mp4	

步骤 01：选择“文件”|“打开工程”命令，打开一个工程文件，如图 12-42 所示。

步骤 02：展开“特效”面板，在“激光”特效组中，选择“下面激光”运动效果，如图 12-43 所示。

图 12-42 打开一个工程文件

图 12-43 选择字幕混合运动效果

专家指点 在 EDIUS 字幕轨道中，激光字幕特效特别具有立体感，可以增强影视效果的质感和艺术感。

步骤 03：在选择的运动效果上按住鼠标左键，将其拖曳至 1T 字幕轨道中的字幕文件上，释放鼠标左键，即可添加运动效果。单击“播放”按钮，预览添加“下面激光”运动效果后的标题字幕，效果如图 12-44 所示。

图 12-44 预览“下面激光”运动特效

12.4.3 实例——右面激光运动效果

在 EDIUS 9 中，右面激光是指激光的方向是从右面显示出来的，通过激光的运动效果慢慢地显示标题字幕。下面介绍制作字幕右面激光的运动效果。

操练 + 视频　实例——右面激光运动效果

素材文件	素材 \ 第 12 章 \ 数码产品广告 .ezp	扫描封底文泉云盘的二维码获取资源
效果文件	效果 \ 第 12 章 \ 数码产品广告 .ezp	
视频文件	视频 \ 第 12 章 \12.4.3　实例——右面激光运动效果 .mp4	

步骤 01：选择“文件” | “打开工程”命令，打开一个工程文件，如图 12-45 所示。

步骤 02：展开“特效”面板，在“激光”特效组中，选择“右面激光”运动效果，如图 12-46 所示。

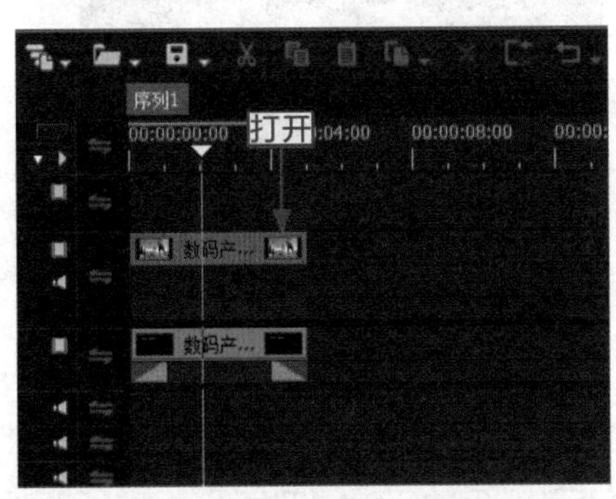

图 12-45　打开一个工程文件

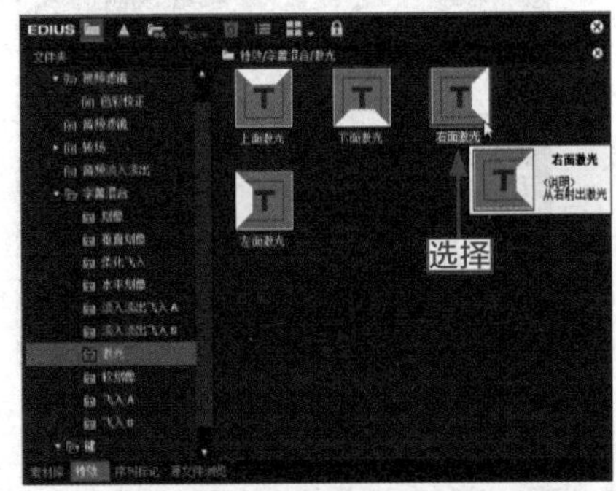

图 12-46　选择字幕混合运动效果

步骤 03：在选择的运动效果上按住鼠标左键，将其拖曳至 1T 字幕轨道中的字幕文件上，释放鼠标左键，即可添加运动效果。单击“播放”按钮，预览添加“右面激光”运动效果后的标题字幕，效果如图 12-47 所示。

图 12-47　预览“右面激光”运动特效

12.4.4　实例——左面激光运动效果

在 EDIUS 9 中，左面激光是指激光的方向是从左面显示出来的，通过激光的运动效果慢慢地显示标题字幕。下面介绍制作字幕左面激光的运动效果。

操练 + 视频　实例——左面激光运动效果

素材文件	素材 \ 第 12 章 \ 专业技巧 .ezp	扫描封底文泉云盘的二维码获取资源
效果文件	效果 \ 第 12 章 \ 专业技巧 .ezp	
视频文件	视频 \ 第 12 章 \12.4.4 实例——左面激光运动效果 .mp4	

步骤 01：选择“文件”|“打开工程”命令，打开一个工程文件，如图 12-48 所示。

步骤 02：展开“特效”面板，在“激光”特效组中，选择“左面激光”运动效果，如图 12-49 所示。

图 12-48　打开一个工程文件

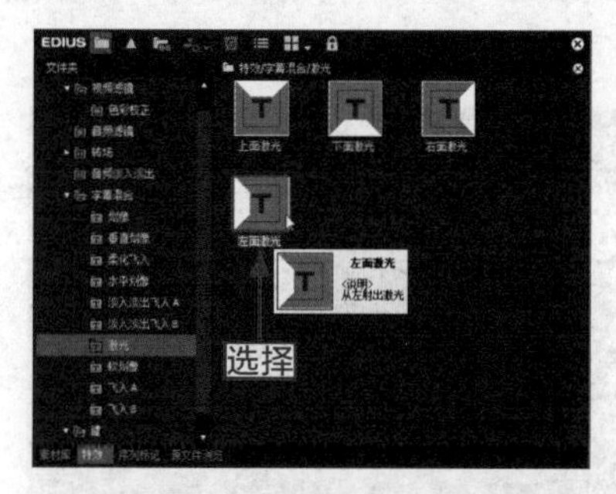

图 12-49　选择字幕混合运动效果

步骤 03：在选择的运动效果上按住鼠标左键，将其拖曳至 1T 字幕轨道中的字幕文件上，释放鼠标左键，即可添加运动效果。单击“播放”按钮，预览添加“左面激光”运动效果后的标题字幕，效果如图 12-50 所示。

图 12-50　预览“左面激光”运动特效

12.5　本章小结

本章使用大量篇幅，全面介绍了 EDIUS 字幕运动效果的具体制作方法和应用技巧，同时对各种常用的字幕运动效果运用实例的形式向读者做了详尽的说明和效果展示。通过本章的学习，读者应该全面、熟练地掌握 EDIUS 字幕运动效果的制作，并对字幕运动效果所产生的画面作用有所了解。

PART FIVE 05 后期处理篇

CHAPTER 13
第 13 章 添加与编辑音频素材

~ 学前提示 ~

影视作品是一门声画艺术，音频在影片中是不可或缺的元素。音频也是一部影片的灵魂，在后期制作中，音频的处理相当重要，如果声音运用恰到好处，往往能给观众带来耳目一新的感觉。本章主要向读者介绍添加与编辑音频素材的各种操作方法，包括添加音频文件、修剪音频素材、管理音频素材库以及调整音频音量大小等内容，希望读者可以熟练掌握。

~ 本章重点 ~

- 实例——通过命令添加音频文件
- 实例——分割音频文件
- 实例——改变音频持续时间
- 实例——改变音频播放速度
- 实例——调整整个音频音量
- 实例——使用调节线调整音量

13.1 添加音频文件

如果一部影片缺少了声音，再优美的画面也将是黯然失色，而优美动听的背景音乐和深情款款的配音不仅可以为影片起到锦上添花的作用，更能使影片颇有感染力，从而使影片更上一个台阶。本节主要介绍添加音频文件的操作方法。

13.1.1 实例——通过命令添加音频文件

在 EDIUS 9 中，用户可以通过“添加素材”命令，将音频文件添加至 EDIUS 轨道中。下面介绍通过命令添加音频文件的操作方法。

操练 + 视频　通过命令添加音频文件

素材文件	素材 \ 第 13 章 \ 音频 1.wav	扫描封底文泉云盘的二维码获取资源
效果文件	效果 \ 第 13 章 \ 音频 1.ezp	
视频文件	视频 \ 第 13 章 \13.1.1 实例——通过命令添加音频文件 .mp4	

步骤 01: 选择“文件”|“新建”|“工程”命令，新建一个工程文件，然后选择“文件”|“添加素材”命令，如图 13-1 所示。

步骤 02: 执行操作后，弹出“添加素材”对话框，在其中选择需要添加的音频文件，如图 13-2 所示。

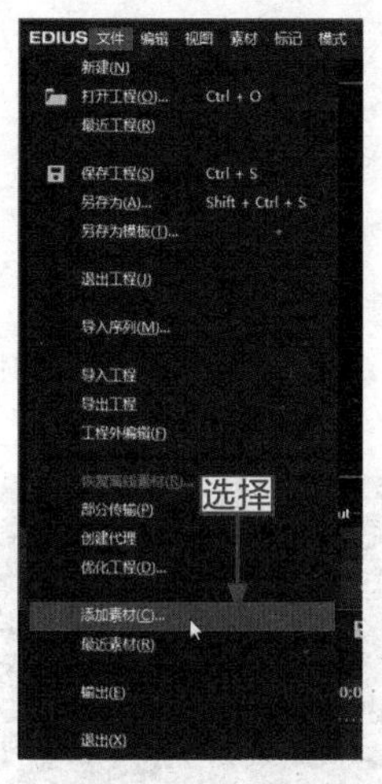

图 13-1　选择“添加素材”命令

图 13-2　选择需要添加的音频文件

专家指点

单击“文件”菜单，在弹出的菜单列表中按【C】键，也可以快速弹出“添加素材”对话框。

步骤 03: 单击 Open 按钮，即可将选择的音频文件导入 EDIUS 工作界面中，在播放窗口中的黑色空白位置上按住鼠标左键，将其拖曳至 1A 音频轨道中，如图 13-3 所示。

步骤 04: 释放鼠标左键，即可将导入的音频文件添加至音频轨道中，如图 13-4 所示。

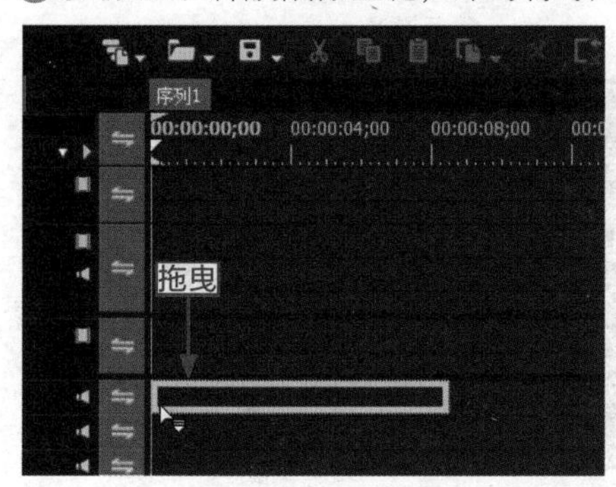

图 13-3　拖曳至 1A 音频轨道中

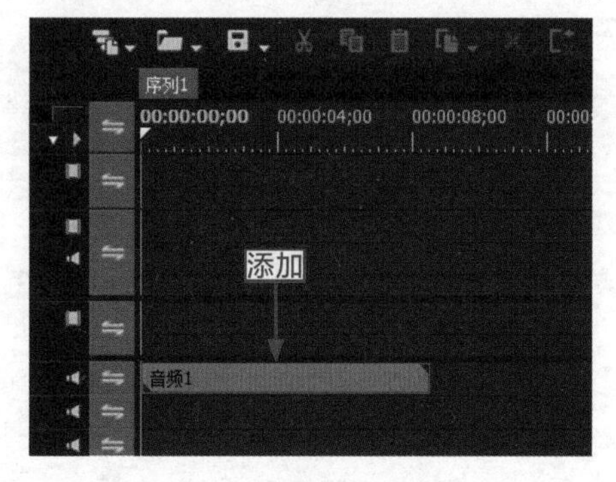

图 13-4　添加至音频轨道中

13.1.2　实例——通过轨道添加音频文件

在 EDIUS 9 中，用户不仅可以通过命令添加音频文件，还可以通过轨道面板导入音频文件。

下面介绍通过轨道添加音频文件的操作方法。

操练 + 视频 实例——通过轨道添加音频文件

素材文件	素材 \ 第 13 章 \ 音频 2.mpa	扫描封底文泉云盘的二维码获取资源
效果文件	效果 \ 第 13 章 \ 音频 2.ezp	
视频文件	视频 \ 第 13 章 \13.1.2 实例——通过轨道添加音频文件 .mp4	

步骤 01：选择“文件”|“新建”|“工程”命令，新建一个工程文件。在轨道面板中选择 1A 音频轨道，然后将时间线移至轨道的开始位置，如图 13-5 所示。

步骤 02：在音频轨道中的空白位置上单击鼠标右键，在弹出的快捷菜单中选择“添加素材”命令，如图 13-6 所示。

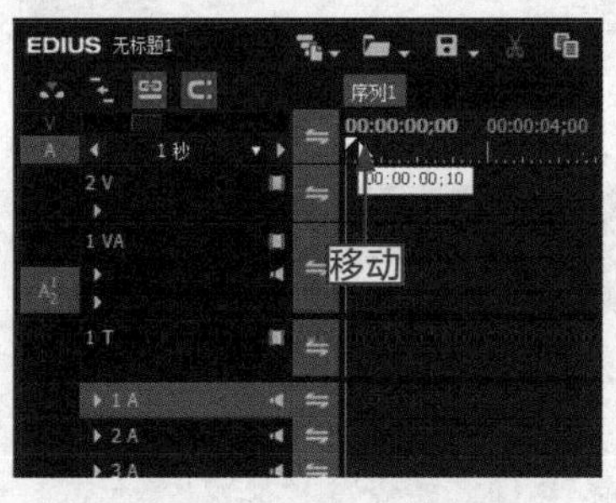

图 13-5　移动时间线位置

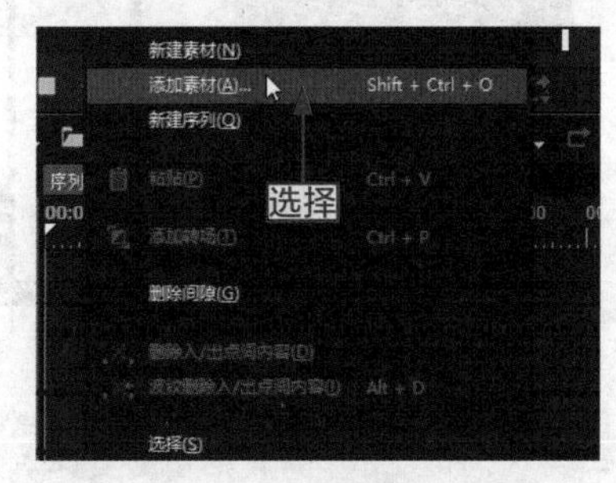

图 13-6　选择“添加素材”命令

步骤 03：执行操作后，弹出 Open 对话框，在其中选择需要添加的音频文件，如图 13-7 所示。

步骤 04：单击 Open 按钮，即可在 1A 音频轨道的时间线位置添加音频文件，如图 13-8 所示。

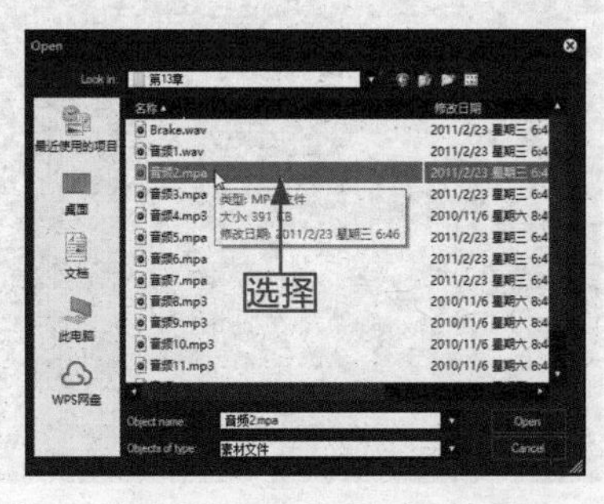

图 13-7　选择添加的音频文件

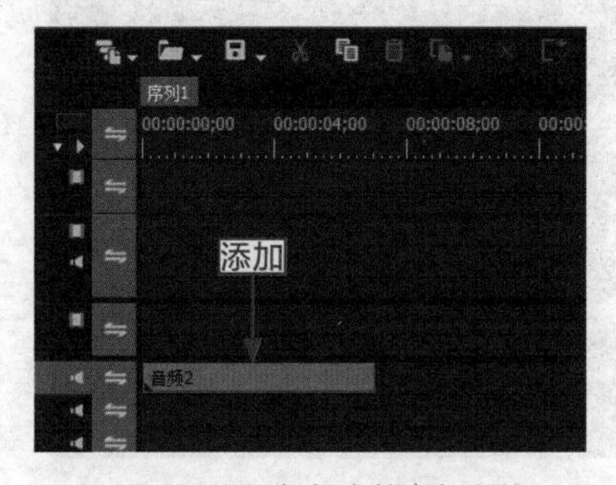

图 13-8　添加相应的音频文件

13.1.3　实例——通过素材库添加音频文件

在 EDIUS 工作界面中，用户可以先将音频文件添加至素材库中，然后从素材库中将需要的音频文件添加至音频轨道中。下面介绍通过素材库添加音频文件的方法。

操练＋视频　实例——通过素材库添加音频文件

素材文件	素材 \ 第 13 章 \ 音频 3.mpa	扫描封底文泉云盘的二维码获取资源
效果文件	效果 \ 第 13 章 \ 音频 3.ezp	
视频文件	视频 \ 第 13 章 \13.1.3 实例——通过素材库添加音频文件 .mp4	

步骤 01: 在“素材库”面板中的空白位置上单击鼠标右键，在弹出的快捷菜单中选择“添加文件”命令，如图 13-9 所示。

步骤 02: 执行操作后，弹出 Open 对话框，在其中选择需要添加的音频文件，如图 13-10 所示。

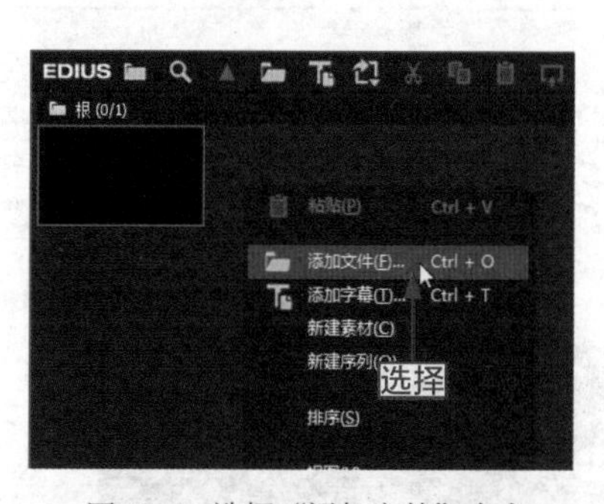

图 13-9　选择“添加文件”命令

图 13-10　选择需要添加的音频

步骤 03: 单击 Open 按钮，即可将音频文件添加至“素材库”面板中，在音频文件的缩略图上显示了音频的音波，如图 13-11 所示。

步骤 04: 在添加的音频文件上按住鼠标左键，将其拖曳至 1A 音频轨道中的开始位置，释放鼠标左键，即可将音频文件添加至轨道中，如图 13-12 所示。单击“播放”按钮，可以试听添加的音频效果。

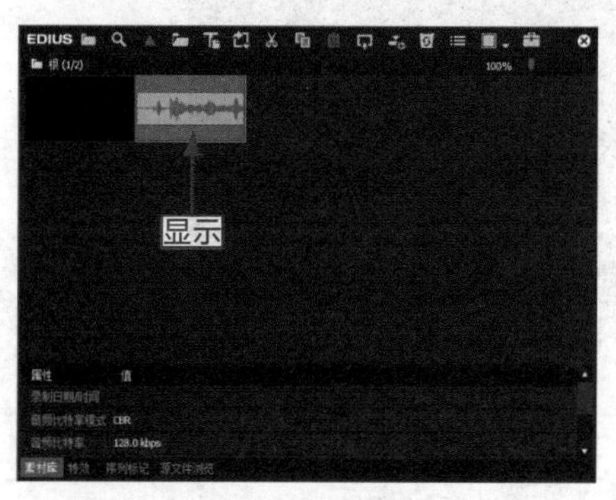

图 13-11　显示了音频的音波

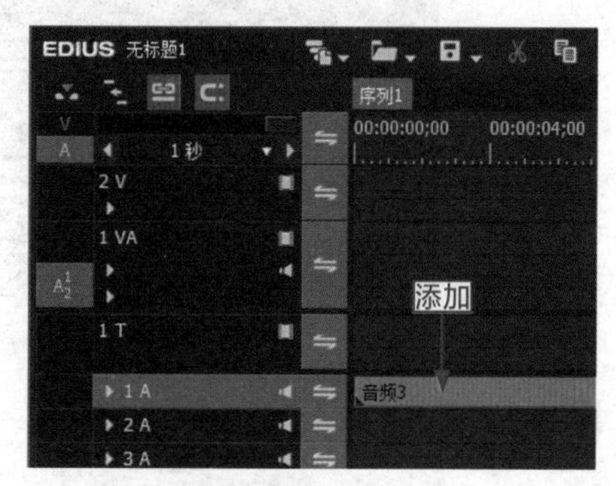

图 13-12　将音频文件添加至轨道中

13.2 修剪音频素材

在 EDIUS 9 中，将声音或背景音乐添加到声音轨道后，用户可以根据影片的需要编辑和修剪音频素材。本节主要介绍修剪音频素材的操作方法。

13.2.1 实例——分割音频文件

在 EDIUS 工作界面中，用户可以根据需要对音频文件进行分割操作，将添加的音频文件分割为两节。下面介绍分割音频文件的操作方法。

操练 + 视频　实例——分割音频文件

素材文件	素材 \ 第 13 章 \ 音频 4.ezp	扫描封底文泉云盘的二维码获取资源
效果文件	效果 \ 第 13 章 \ 音频 4.ezp	
视频文件	视频 \ 第 13 章 \13.2.1 实例——分割音频文件 .mp4	

步骤 01：选择“文件”|“打开工程”命令，打开一个工程文件，如图 13-13 所示。

图 13-13　打开一个工程文件

步骤 02：在轨道面板中，将时间线移至 00:00:12:04 的位置处，如图 13-14 所示。

图 13-14　移动时间线的位置

步骤 03：选择“编辑”|“添加剪切点”|“选定轨道”命令，执行操作后，即可在音频素材之间添加剪切点，对音频素材进行分割操作，如图 13-15 所示。

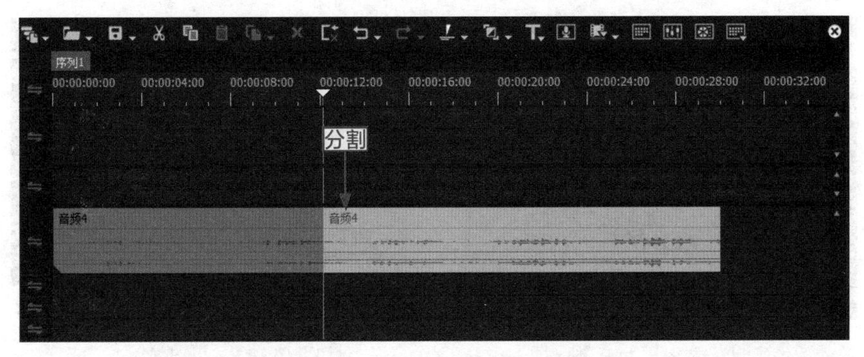

图 13-15　对音频素材进行分割操作

步骤 04：选择分割后的音频文件，按【Delete】键，即可将音频文件进行删除操作，如图 13-16 所示。

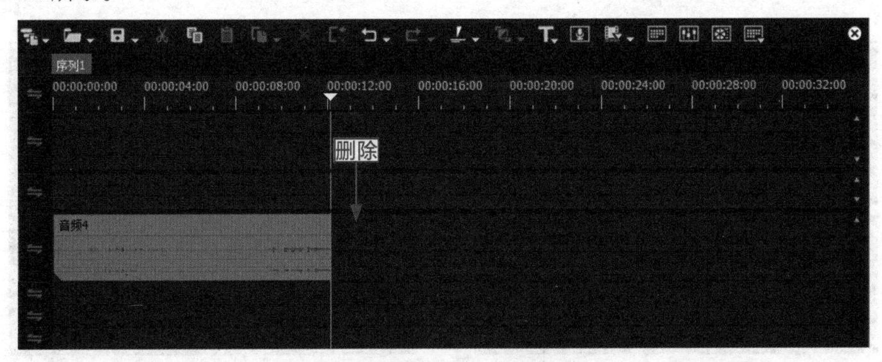

图 13-16　将音频文件进行删除操作

13.2.2　实例——通过区间修整音频

制作视频的过程中，如果音频文件的区间不能满足用户的需求，此时可以对音频的区间进行修整操作。下面介绍通过区间修整音频的操作方法。

操练 + 视频　实例——通过区间修整音频

素材文件	素材 \ 第 13 章 \ 音频 5.mpa	扫描封底文泉云盘的二维码获取资源
效果文件	效果 \ 第 13 章 \ 音频 5.ezp	
视频文件	视频 \ 第 13 章 \13.2.2　实例——通过区间修整音频 .mp4	

步骤 01：在 1A 音频轨道中添加一段音频文件，如图 13-17 所示。

步骤 02：选择音频轨道中的音频文件，将鼠标移至音频末尾处的黄色标记上，如图 13-18 所示。

图 13-17　添加一段音频文件

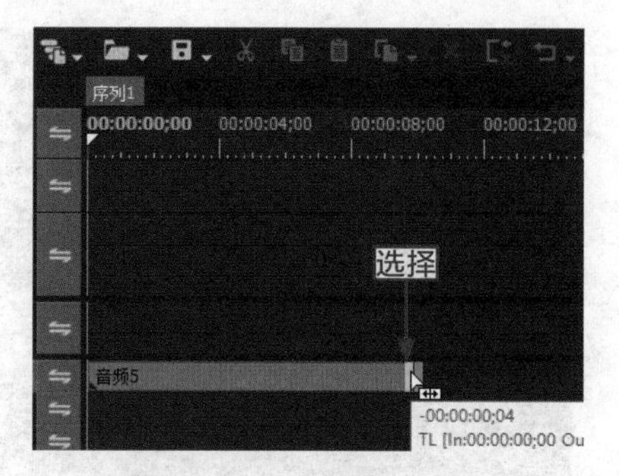

图 13-18　移至黄色标记上

步骤 03：在黄色标记上按住鼠标左键，将其向左拖曳至合适位置，如图 13-19 所示。

步骤 04：释放鼠标左键，即可通过区间修整音频文件。单击“播放”按钮，试听修整后的音频声音，如图 13-20 所示。

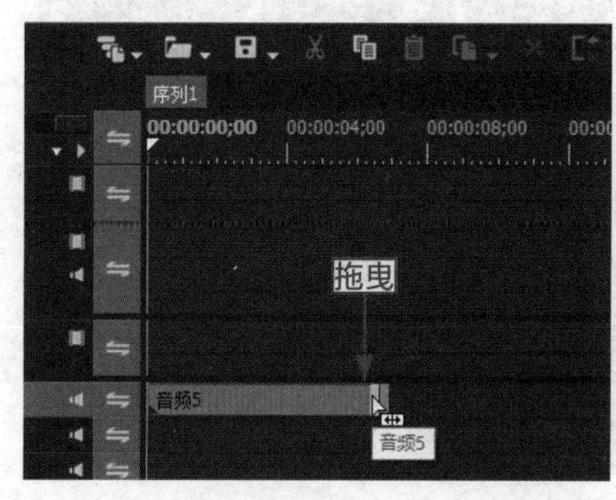

图 13-19　向左拖曳至合适位置

图 13-20　试听修整后的音频声音

13.2.3　实例——改变音频持续时间

在 EDIUS 9 中，用户可以根据需要改变音频文件的持续时间，从而调整音频文件的播放长度。下面介绍改变音频持续时间的操作方法。

操练 + 视频　实例——改变音频持续时间

素材文件	素材 \ 第 13 章 \ 音频 6. mpa	扫描封底文泉云盘的二维码获取资源
效果文件	效果 \ 第 13 章 \ 音频 6.ezp	
视频文件	视频 \ 第 13 章 \13.2.3 实例——改变音频持续时间 .mp4	

步骤 01：在 1A 音频轨道中添加一段音频文件，如图 13-21 所示。

步骤 02：选择添加的音频文件，单击鼠标右键，在弹出的快捷菜单中选择“持续时间”命令，如图 13-22 所示。

图 13-21　添加一段音频文件

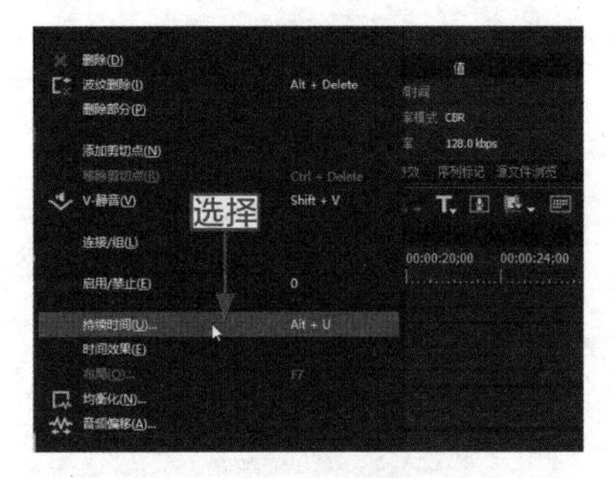

图 13-22　选择“持续时间”命令

步骤 03：执行操作后，弹出“持续时间”对话框，在其中设置“持续时间”为 00:00:09；00，如图 13-23 所示。

步骤 04：单击“确定”按钮，即可完成音频持续时间的修改。此时在 1A 音频轨道中，可以看到音频的时间长度已发生变化，如图 13-24 所示。

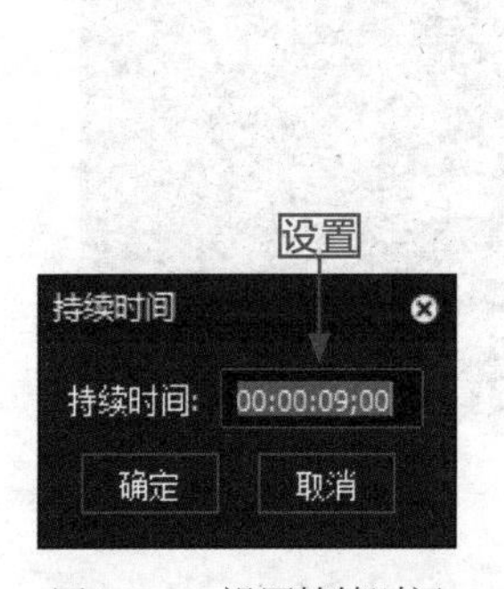

图 13-23　设置持续时间

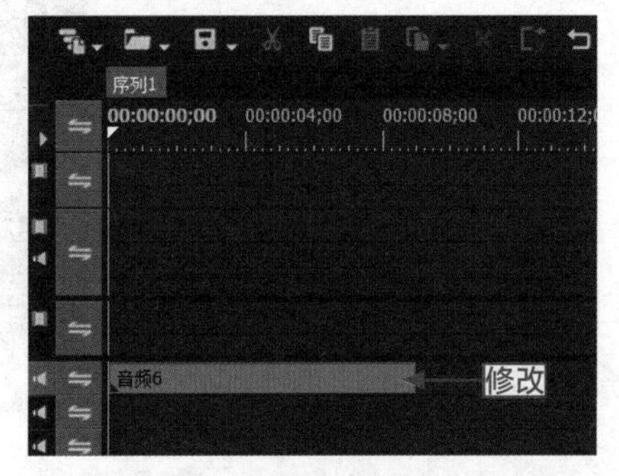

图 13-24　完成音频持续时间的修改

13.2.4　实例——改变音频播放速度

在 EDIUS 9 中，用户还可以通过改变音频的播放速度来修整音频文件的时间长度。下面介绍改变音频播放速度的操作方法。

操练 + 视频　实例——改变音频播放速度

素材文件	素材 \ 第 13 章 \ 音频 7.mpa	扫描封底文泉云盘的二维码获取资源
效果文件	效果 \ 第 13 章 \ 音频 7.ezp	
视频文件	视频 \ 第 13 章 \13.2.4 实例——改变音频播放速度 .mp4	

步骤 01：在 1A 音频轨道中，添加一段音频文件，如图 13-25 所示。

步骤 02：选择添加的音频文件，单击鼠标右键，在弹出的快捷菜单中选择“时间效果”|“速度”命令，如图 13-26 所示。

图 13-25 添加一段音频文件

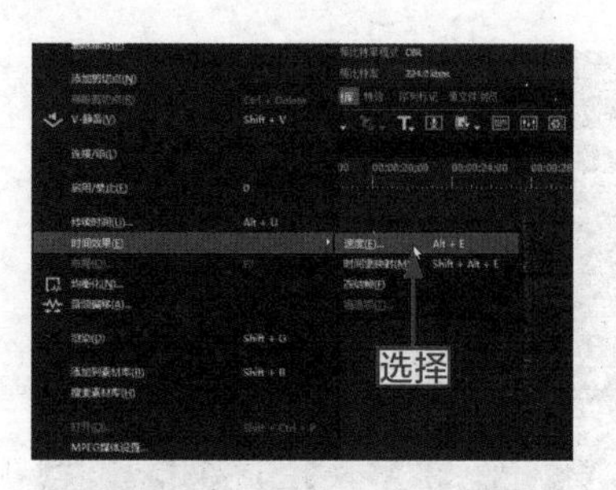

图 13-26 选择“速度”命令

步骤 03：执行操作后，弹出“素材速度”对话框，在其中设置“比率”为 140%，如图 13-27 所示。

步骤 04：设置完成后，单击“确定”按钮，完成音频播放速度的修改。此时在 1A 音频轨道中，可以看到音频的播放速度已发生变化，如图 13-28 所示。

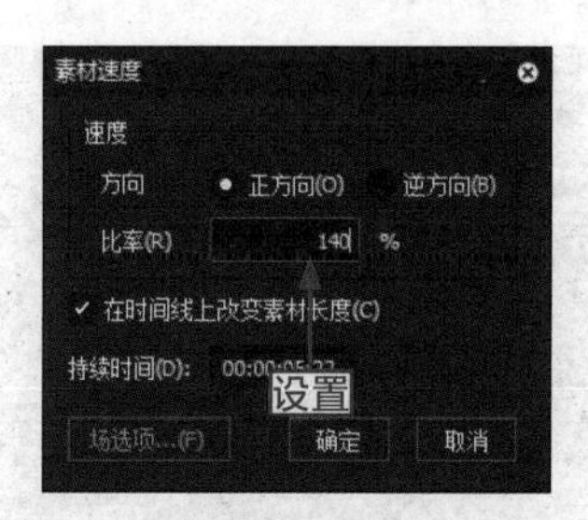

图 13-27 设置“比率”为 140%

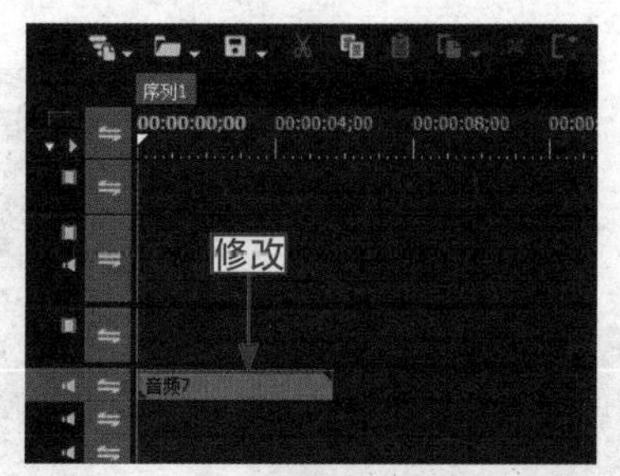

图 13-28 完成音频播放速度的修改

13.3 管理音频素材库

通过对前面知识点的学习，读者已经基本掌握了音频素材的添加与修剪的方法。本节主要介绍管理音频素材的方法，包括重命名素材和删除音频素材，希望读者可以熟练掌握本节内容。

13.3.1 实例——在素材库中重命名素材

在 EDIUS 工作界面中，用户可以对“素材库”面板中的音频文件进行重命名操作，方便音频素材的管理。下面介绍重命名素材的操作方法。

操练 + 视频 实例——在素材库中重命名素材

素材文件	素材 \ 第 13 章 \Brake.wav	扫描封底文泉云盘的二维码获取资源
效果文件	效果 \ 第 13 章 \ 背景音乐 .ezp	
视频文件	视频 \ 第 13 章 \13.3.1 实例——在素材库中重命名素材 .mp4	

步骤 01：在“素材库”面板中导入一段音频文件，如图 13-29 所示。

步骤 02：选择导入的音频文件，单击鼠标右键，在弹出的快捷菜单中选择“重命名”命令，如图 13-30 所示。

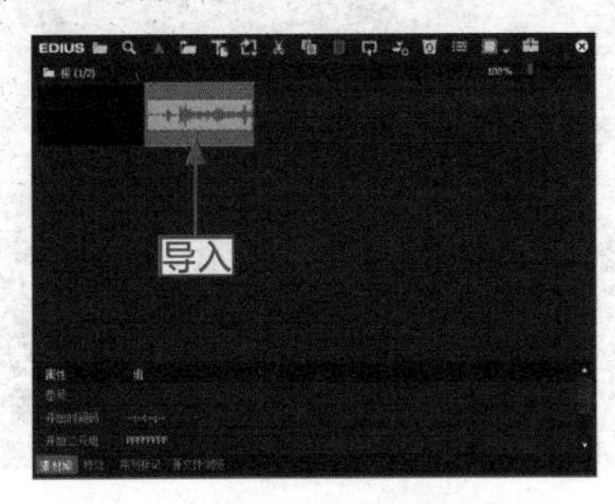

图 13-29　导入一段音频文件

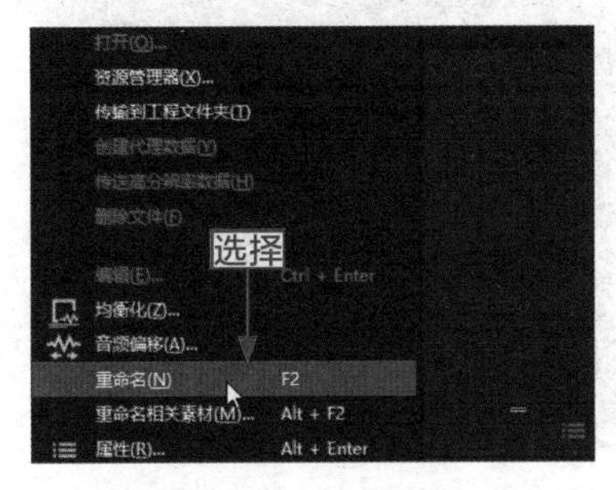

图 13-30　选择“重命名”命令

步骤 03：执行操作后，此时音频文件的名称呈可编辑状态，如图 13-31 所示。

步骤 04：选择一种合适的输入法，重新输入音频文件的名称，然后按【Enter】键确认，即可完成音频文件的重命名操作，如图 13-32 所示。

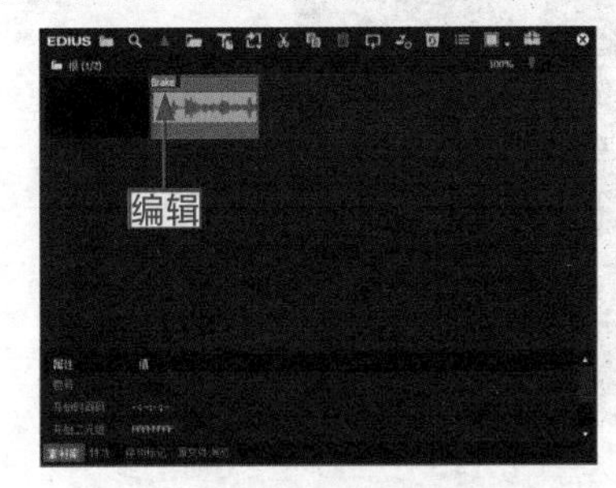

图 13-31　名称呈可编辑状态

图 13-32　完成音频文件的重命名操作

13.3.2　实例——删除素材库中的素材

在 EDIUS 的“素材库”面板中，如果某些音频素材不再需要使用时，此时可以将该音频素材删除。下面向读者介绍删除素材库中音频素材的操作方法。

操练 + 视频　实例——删除素材库中的素材

素材文件	素材 \ 第 13 章 \ 背景音乐 .ezp	扫描封底文泉云盘的二维码获取资源
效果文件	无	
视频文件	视频 \ 第 13 章 \13.3.2 实例——删除素材库中的素材 .mp4	

步骤 01：在“素材库”面板中，选择需要删除的音频素材，如图 13-33 所示。

步骤 02：在选择的音频素材上单击鼠标右键，在弹出的快捷菜单中选择“删除”命令，如图 13-34 所示。

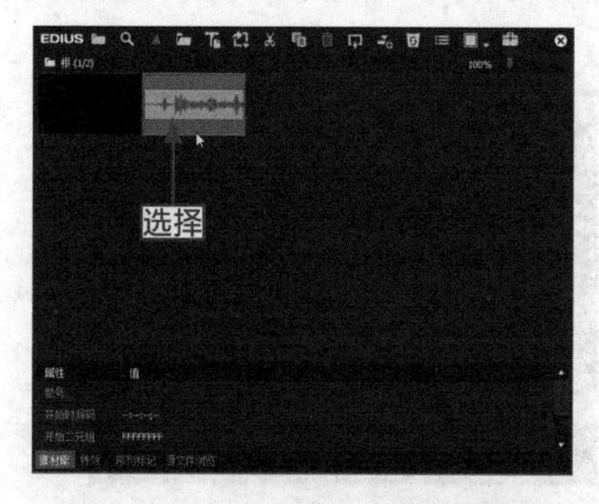

图 13-33　选择需要删除的音频素材

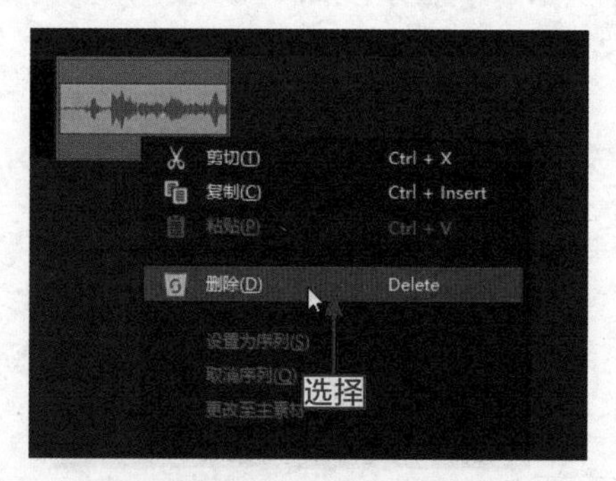

图 13-34　选择“删除”命令

步骤 03：执行操作后，即可将音频素材从“素材库”面板中删除，如图 13-35 所示。

图 13-35　删除音频素材

13.4　调整音频音量

用户在制作视频的过程中，如果背景音乐的音量过大，则会让人感觉很杂、很吵；如果背景音乐的音量过小，也会让人感觉视频不够大气。只有调整至合适的音量，才能制作出非常优质的声效。本节主要介绍调整音频音量的操作方法，希望读者可以熟练掌握本节内容。

13.4.1　实例——调整整个音频音量

在 EDIUS 工作界面中，用户可以针对整个音频轨道中的音频音量进行统一调整，该方法既方便，又快捷。下面介绍调整整个音频音量的操作方法。

步骤 01：选择“文件”|“打开工程”命令，打开一个工程文件，如图 13-36 所示。

步骤 02：在轨道面板上方单击“切换调音台显示”按钮，如图 13-37 所示。

操练 + 视频　实例——调整整个音频音量

素材文件	素材 \ 第 13 章 \ 音频 8.ezp	扫描封底文泉云盘的二维码获取资源
效果文件	效果 \ 第 13 章 \ 音频 8.ezp	
视频文件	视频 \ 第 13 章 \13.4.1　实例——调整整个音频音量 .mp4	

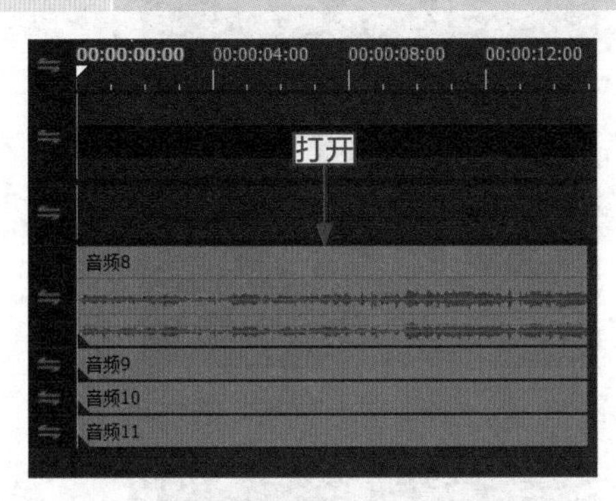

图 13-36　打开一个工程文件

图 13-37　单击“切换调音台显示”按钮

步骤 03: 执行操作后，弹出“调音台（峰值计）”对话框，如图 13-38 所示。

步骤 04: 单击对话框右下角的“播放”按钮，试听 4 个音频轨道中的声音大小，此时显示 4 个音轨中的音量起伏变化，如图 13-39 所示。

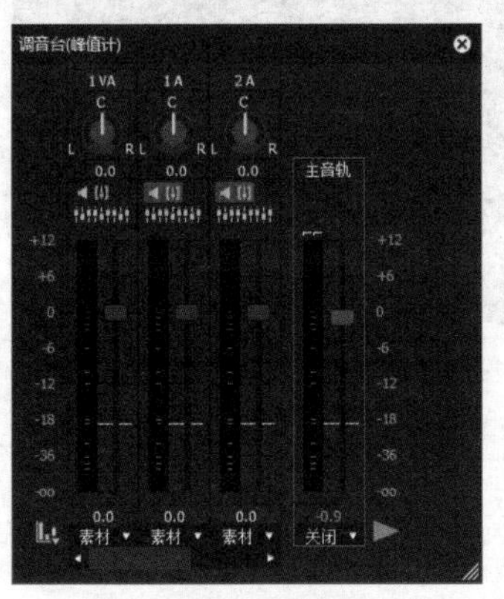

图 13-38　弹出“调音台（峰值计）”对话框

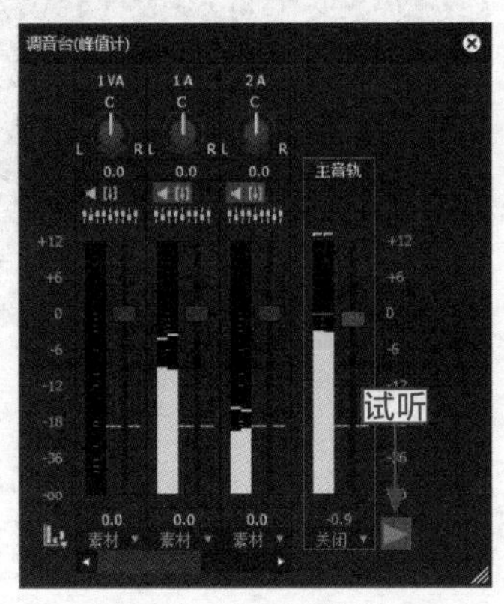

图 13-39　显示 4 个音轨中的音量起伏变化

步骤 05: 在对话框中，将鼠标移至 1A 音频轨道中的滑块上，按住鼠标左键并向下拖曳，使该轨道中的音频音量变小，如图 13-40 所示。

步骤 06: 将鼠标移至 2A 音频轨道中的滑块上，按住鼠标左键并向上拖曳，放大该音频轨道中的音频声音，如图 13-41 所示。

步骤 07: 将鼠标移至 3A 音频轨道中的滑块上，按住鼠标左键并向下拖曳，使该轨道中的音频音量比标准的声音小一点，如图 13-42 所示。

步骤 08: 将鼠标移至主音轨调节滑块上，按住鼠标左键并向下拖曳，将所有轨道中的声音都调小一点，如图 13-43 所示。至此，完成各轨道中音频音量的调整，单击右上角的“关闭”按钮，退出“调音台（峰值计）”对话框。

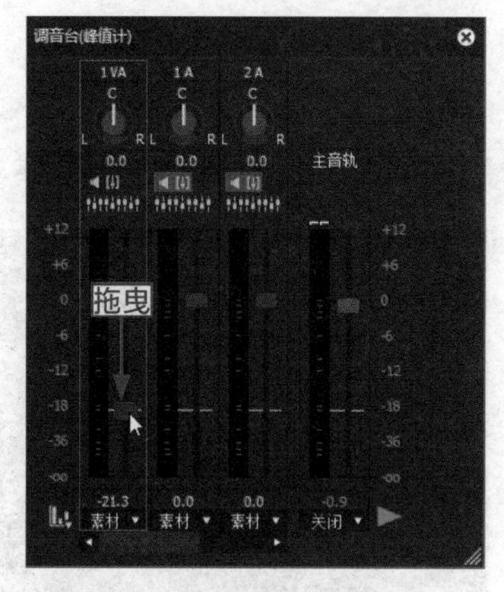

图 13-40　将 1A 音频声音变小

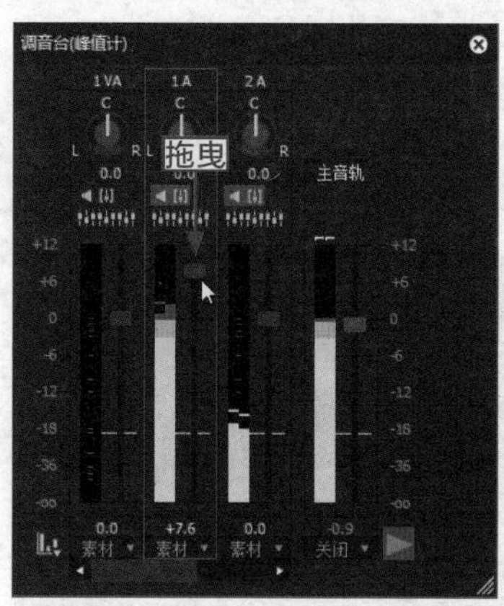

图 13-41　放大 2A 轨道中的音频声音

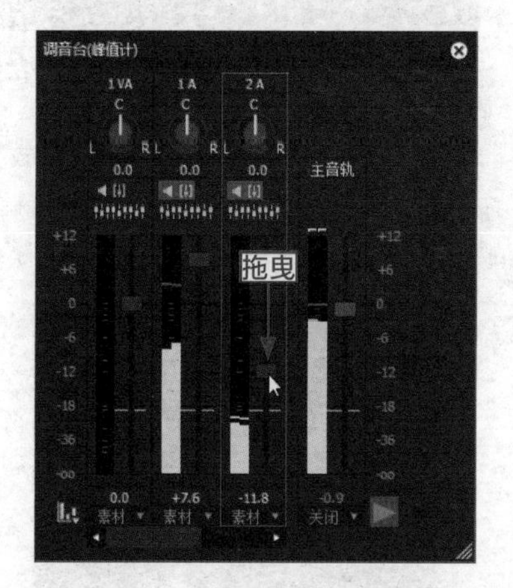

图 13-42　将 3A 音频声音变小

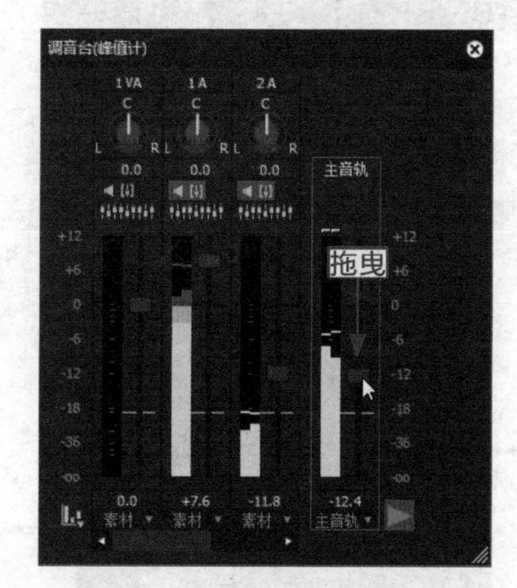

图 13-43　将所有轨道声音调小一点

13.4.2　实例——使用调节线调整音量

在 EDIUS 9 中，用户不仅可以使用调音台对不同轨道中的音频文件的音量进行调整，还可以通过调节线对音频文件的局部声音进行调整。下面介绍使用调节线调整音量的操作方法。

操练 + 视频　实例——使用调节线调整音量

素材文件	素材 \ 第 13 章 \ 音频 12.mpa	扫描封底文泉云盘的二维码获取资源
效果文件	效果 \ 第 13 章 \ 音频 12.ezp	
视频文件	视频 \ 第 13 章 \13.4.2　实例——使用调节线调整音量 .mp4	

步骤 01： 在 1A 音频轨道中，添加一段音频文件，如图 13-44 所示。

步骤 02： 单击“音量 / 声相”按钮，进入 VOL 音量控制状态，如图 13-45 所示。

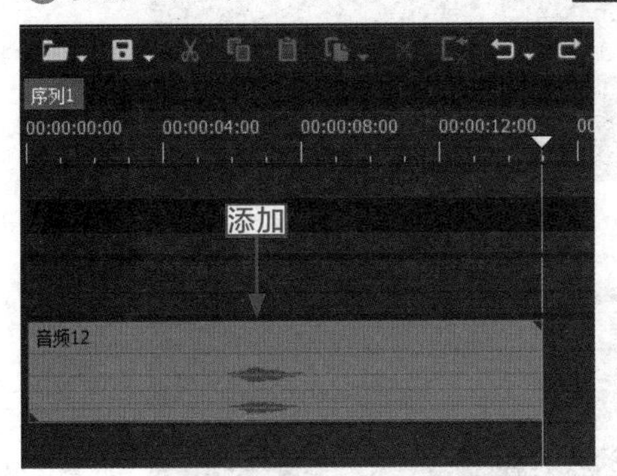

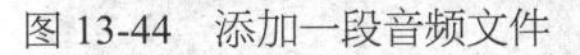

图 13-44　添加一段音频文件

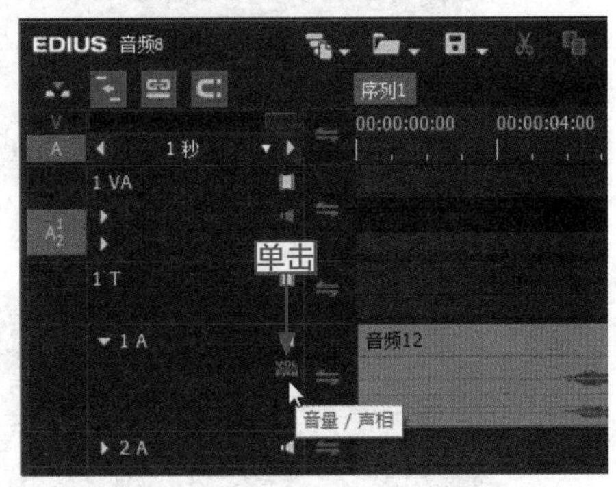

图 13-45　进入 VOL 音量控制状态

步骤 03： 在橘色调节线的合适位置，按住鼠标左键并向下拖曳，添加一个音量控制关键帧，控制音量的大小，如图 13-46 所示。

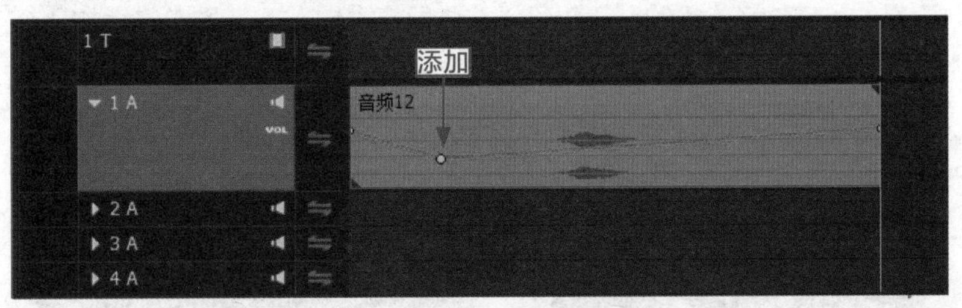

图 13-46　添加一个音量控制关键帧

> **专家指点**　在 EDIUS 工作界面中，当用户切换至 PAN 声相控制状态时，蓝色调节线在中央位置即表示声道平衡，移到顶端即表示只使用左声道，移到底端即表示只使用右声道。

步骤 04： 再次在调节线上添加第二个关键帧，控制音量的大小，如图 13-47 所示。

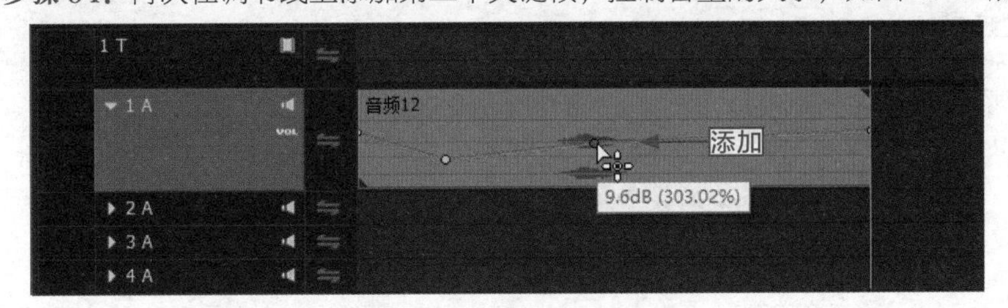

图 13-47　添加第二个关键帧

步骤 05： 在调节线上添加第三个关键帧，控制音量的大小，如图 13-48 所示，使整段音量的音波得到起伏变化。

步骤 06： 在 1A 音频轨道中，单击“音量”按钮，切换至 PAN 声相控制状态，显示一根蓝色调节线，如图 13-49 所示。

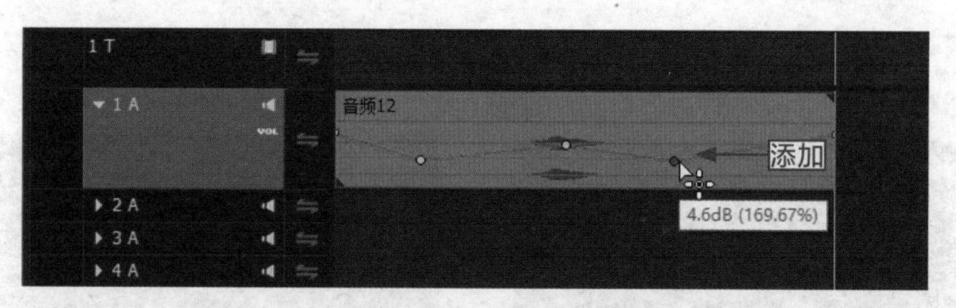

图 13-48　添加第三个关键帧

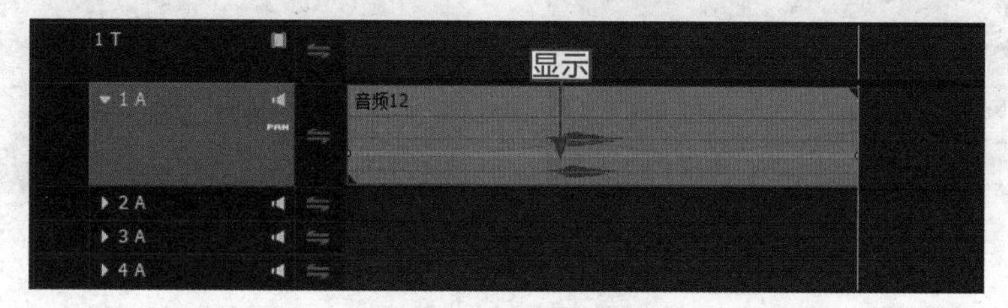

图 13-49　切换至 PAN 声相控制状态

步骤 07：在蓝色调节线的合适位置，按住鼠标左键并向下拖曳，添加一个声相控制关键帧，控制声相的大小，如图 13-50 所示。

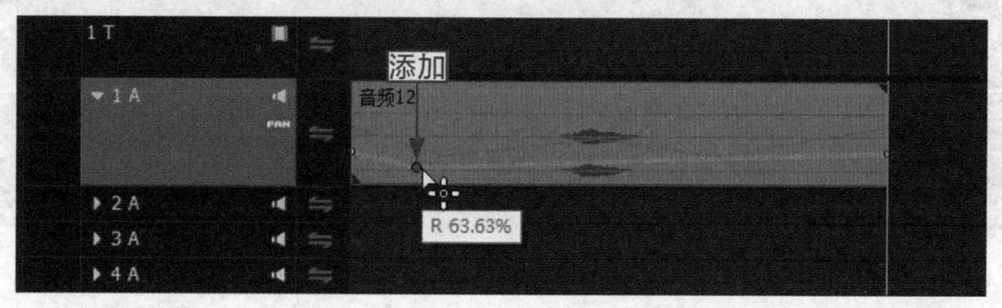

图 13-50　添加一个声相控制关键帧

步骤 08：用与上同样的方法，在蓝色调节线上添加第二个关键帧，控制声相的大小，如图 13-51 所示。单击“播放”按钮，试听调整音量后的声音效果。至此，通过调节线调节音量操作完成。

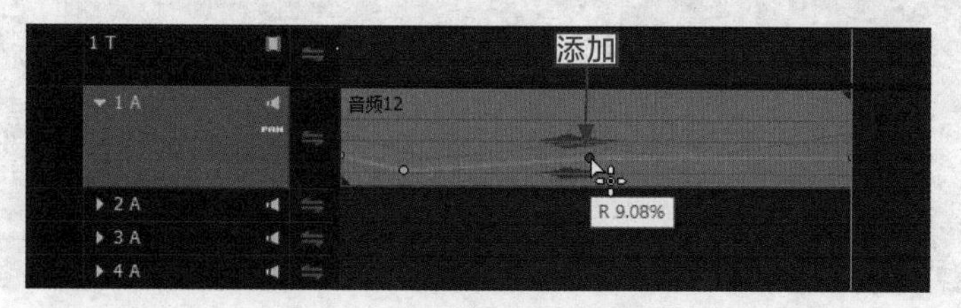

图 13-51　添加第二个关键帧

13.4.3　实例——设置音频文件静音

在 EDIUS 工作界面中，为了更好地编辑视频，用户还可以将音频文件设置为静音状态。

下面介绍设置音频文件静音的操作方法。

操练＋视频　实例——设置音频文件静音

素材文件	素材 \ 第 13 章 \ 音频 13.mpa	扫描封底文泉云盘的二维码获取资源
效果文件	效果 \ 第 13 章 \ 音频 13.ezp	
视频文件	视频 \ 第 13 章 \13.4.3 实例——设置音频文件静音 .mp4	

步骤 01：在 1A 音频轨道中，添加一段音频文件，如图 13-52 所示。

步骤 02：在 1A 音频轨道中，单击“音频静音”按钮，如图 13-53 所示，即可将音频文件设置为静音状态。

图 13-52　添加一段音频文件

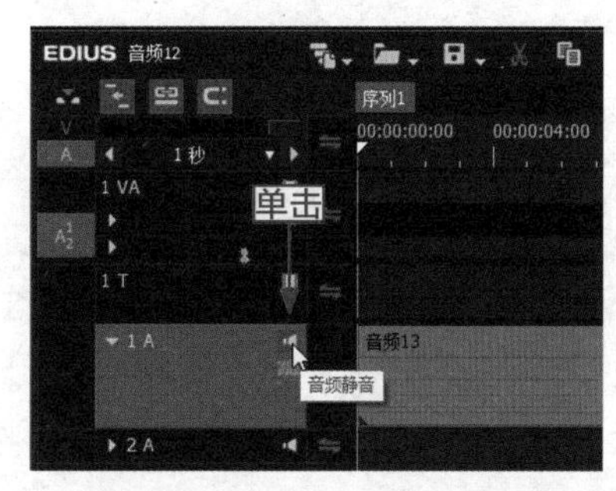

图 13-53　单击“音频静音”按钮

13.5　本章小结

优美动听的背景音乐和深情款款的配音不仅可以为影片起到锦上添花的作用，更能使影片颇有感染力，从而使影片更上一个台阶。本章主要介绍了如何使用 EDIUS 为影片添加背景音乐或者声音的操作方法，以及如何修剪音频文件和合理地调整各轨道中的音频音量，以便得到满意的效果。

通过本章的学习，可以使读者掌握和了解在影片中，音频的添加与混合效果的制作，从而为自己的影视作品做出完美的音乐声效。

CHAPTER 14

第 14 章 制作音频声音特效

~ 学前提示 ~

在 EDIUS 9 中，为影片添加优美动听的音乐，可以使制作的影片更上一个台阶。因此，音频的编辑与特效的制作是完成影视节目必不可少的一个重要环节。在上一章内容中，主要向读者介绍了添加与修剪音频文件的操作方法，而在本章主要向读者介绍录制声音与制作音频声音特效的方法，使制作的声音更加动听与专业，希望读者熟练掌握本章内容。

~ 本章重点 ~

- 实例——将声音录进轨道
- 实例——将声音录进素材库
- 实例——低通滤波特效
- 实例——图形均衡器特效
- 实例——变调特效
- 实例——延迟特效

14.1 为视频录制声音

在 EDIUS 9 中，用户可以根据需要为视频文件录制声音旁白，使制作的视频更具有艺术感。本节主要介绍为视频录制声音的操作方法。

14.1.1 实例——设置录音属性

在录制声音之前，首先需要设置录音的相关属性，使录制的声音文件更符合用户的需求。下面介绍设置录音属性的操作方法。

操练 + 视频　实例——设置录音属性

素材文件	素材 \ 第 14 章 \ 美汁汁 .ezp	扫描封底文泉云盘的二维码获取资源
效果文件	效果 \ 第 14 章 \ 美汁汁 .ezp	
视频文件	视频 \ 第 14 章 \14.1.1 实例——设置录音属性 .mp4	

步骤 01：选择“文件” | “打开工程”命令，打开一个工程文件，如图 14-1 所示。

图 14-1　打开一个工程文件

步骤 02：在轨道面板中，单击“切换同步录音显示”按钮，如图 14-2 所示。

步骤 03：执行操作后，弹出“同步录音”对话框，如图 14-3 所示。

图 14-2　单击“切换同步录音显示”按钮　　图 14-3　弹出“同步录音”对话框

步骤 04：选择一种合适的输入法，在“文件名”右侧的文本框中输入声音文件的保存名称，如图 14-4 所示。

步骤 05：如果用户需要设置录制的声音文件的保存位置，可以单击右侧的按钮，如图 14-5 所示。

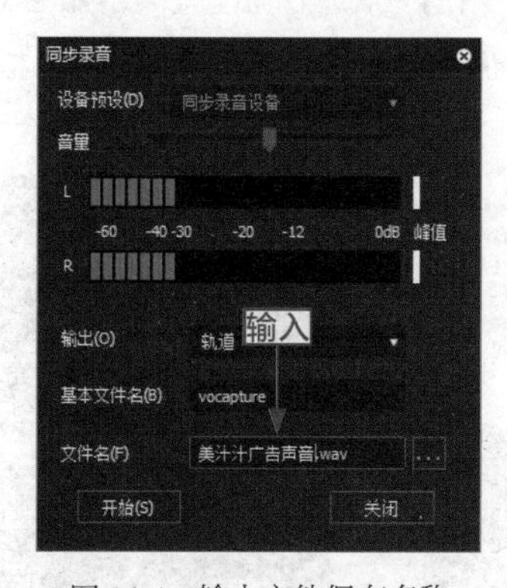

图 14-4　输入文件保存名称

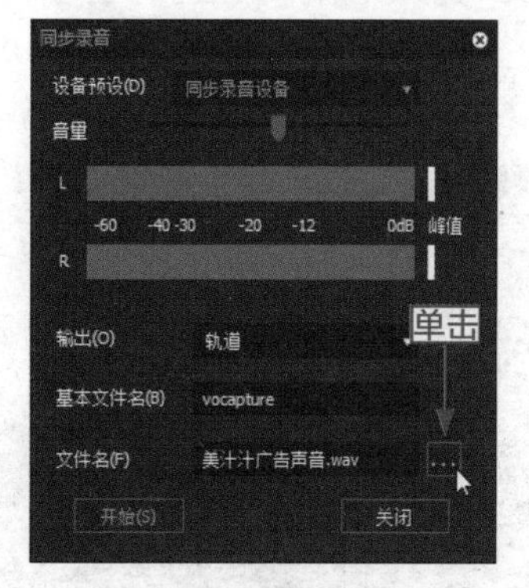

图 14-5　单击右侧的按钮

步骤 06：执行操作后，弹出“请选择采集文件夹”对话框，在中间的下拉列表框中选择声音文件的保存位置，如图 14-6 所示。

步骤 07: 设置完成后，单击“确定”按钮，返回“同步录音”对话框，向右拖曳“音量”右侧的滑块，调节录制的声音文件的音量大小，如图 14-7 所示，完成设置与操作。

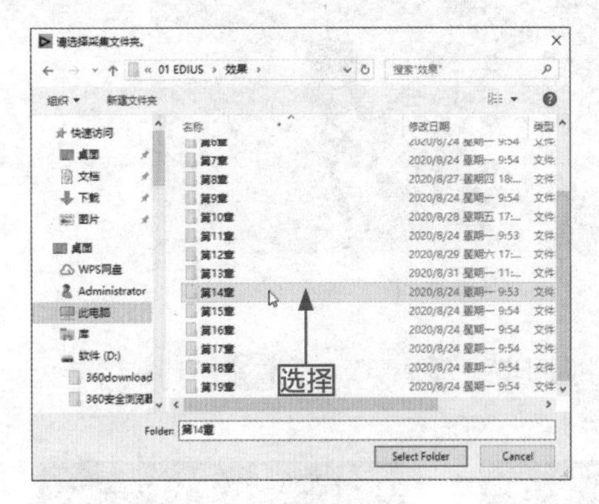

图 14-6　设置文件保存位置

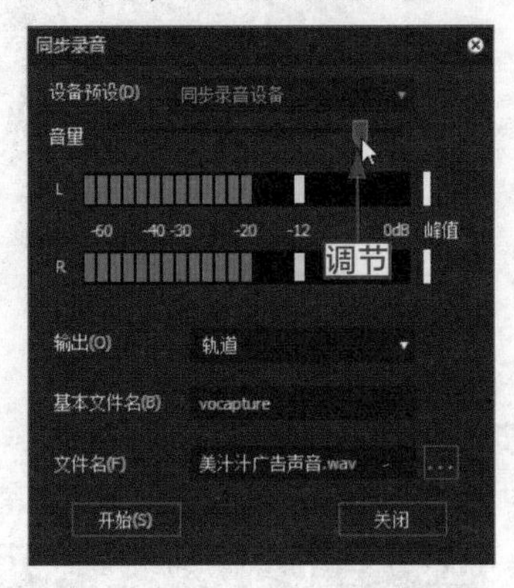

图 14-7　调节声音文件的音量

14.1.2　实例——将声音录进轨道

在 EDIUS 9 中，用户可以很方便地将声音录进轨道面板中，对于录制完成的声音，用户还可以通过轨道面板对其进行修剪与编辑操作。

操练 + 视频　实例——将声音录进轨道

素材文件	素材 \ 第 14 章 \ 风景独好 .ezp	扫描封底文泉云盘的二维码获取资源
效果文件	效果 \ 第 14 章 \ 风景独好 .ezp	
视频文件	视频 \ 第 14 章 \14.1.2　实例——将声音录进轨道 .mp4	

步骤 01: 选择“文件” | “打开工程”命令，打开一个工程文件，如图 14-8 所示。

步骤 02: 单击“切换同步录音显示”按钮，弹出“同步录音”对话框，单击“输出”右侧的下拉按钮，在弹出的列表框中选择“轨道”选项，如图 14-9 所示。

图 14-8　打开一个工程文件

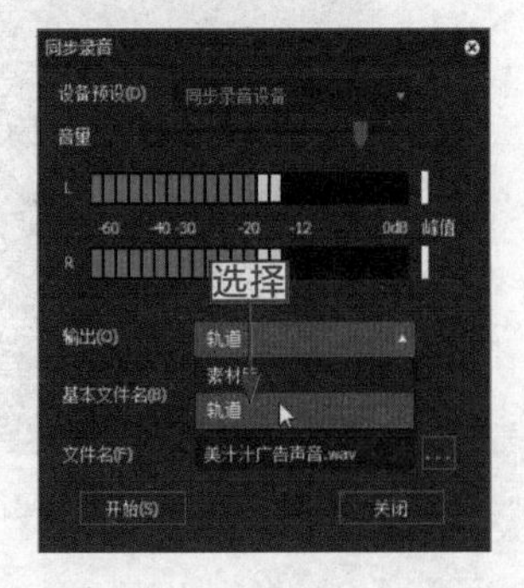

图 14-9　选择“轨道”选项

步骤 03：将录制的声音输出至轨道中，单击“开始”按钮，如图 14-10 所示。

步骤 04：开始录制声音，待声音录制完成后，单击“结束”按钮，如图 14-11 所示。

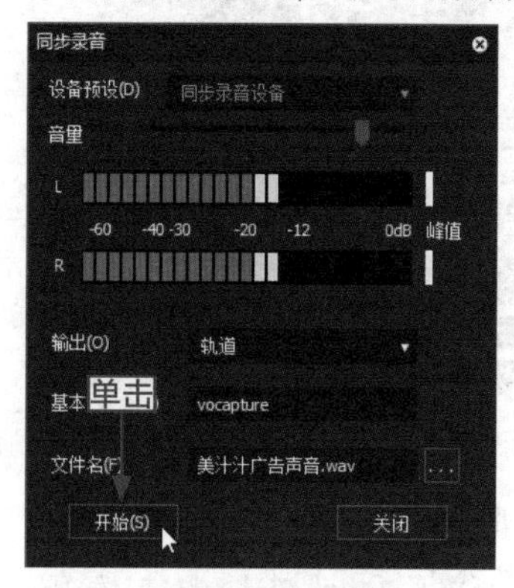

图 14-10　单击“开始”按钮

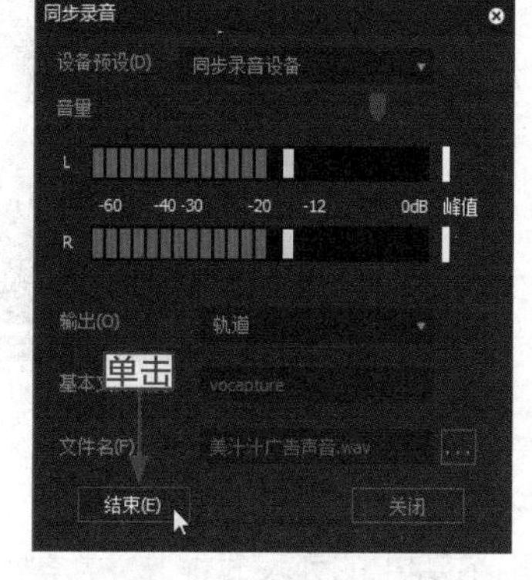

图 14-11　单击“结束”按钮

步骤 05：弹出信息提示框，提示用户是否使用此波形文件，如图 14-12 所示。

步骤 06：单击“是”按钮，即可将录制的声音输出至轨道面板中，单击“关闭”按钮，关闭“同步录音”对话框，在轨道面板中即可查看录制的声音波形文件，如图 14-13 所示。

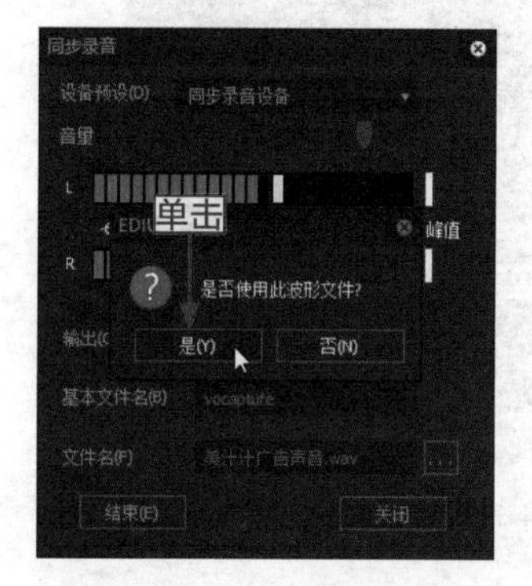

图 14-12　弹出提示信息框

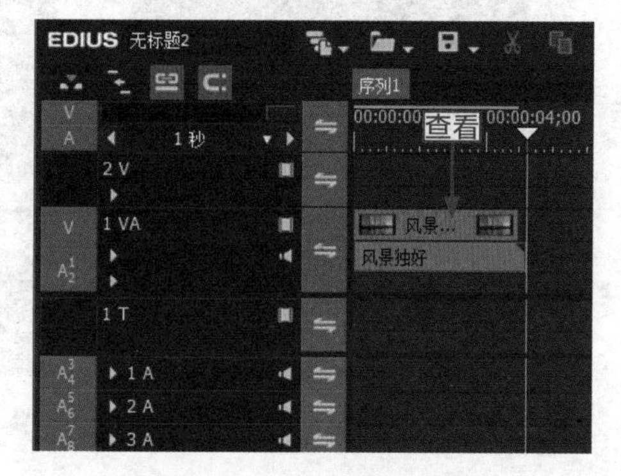

图 14-13　查看录制的波形文件

14.1.3　实例——将声音录进素材库

在 EDIUS 9 中，用户不仅可以将录制的声音输出至轨道面板，还可以将声音输出至素材库，待以后使用。下面介绍将声音录进素材库的操作方法。

操练 + 视频　实例——将声音录进素材库

素材文件	素材 \ 第 14 章 \ 照片 .ezp	扫描封底文泉云盘的二维码获取资源
效果文件	效果 \ 第 14 章 \ 照片 .ezp	
视频文件	视频 \ 第 14 章 \14.1.3 实例——将声音录进素材库 .mp4	

步骤 01：选择“文件”|“打开工程”命令，打开一个工程文件，如图 14-14 所示。

图 14-14　打开一个工程文件

步骤 02：单击“切换同步录音显示”按钮，弹出“同步录音”对话框，单击“输出”右侧的下拉按钮，在弹出的列表框中选择“素材库”选项，如图 14-15 所示，将声音录进“素材库”面板中。

步骤 03：设置完成后，单击对话框下方的“开始”按钮，如图 14-16 所示。

图 14-15　选择“素材库”选项

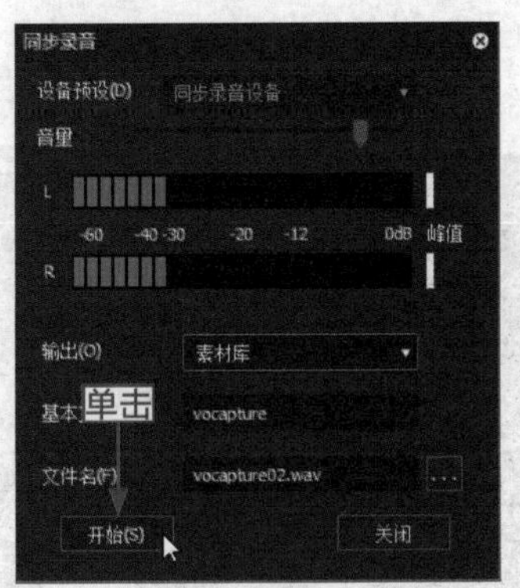

图 14-16　单击“开始”按钮

步骤 04：开始录制声音，待声音录制完成后，单击“结束”按钮，如图 14-17 所示。

步骤 05：弹出信息提示框，提示用户是否使用此波形文件，如图 14-18 所示。

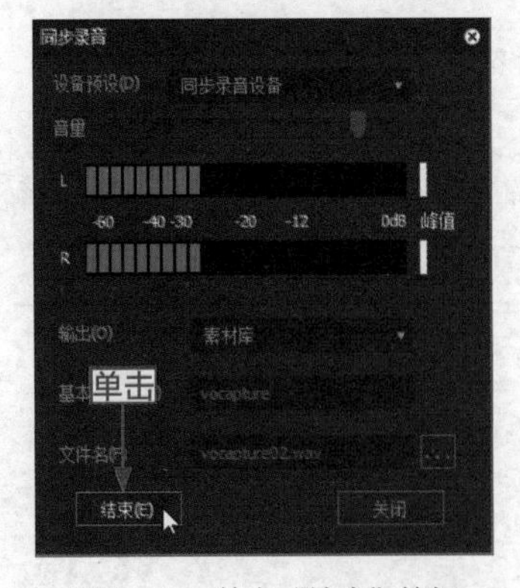

图 14-17　单击“结束”按钮

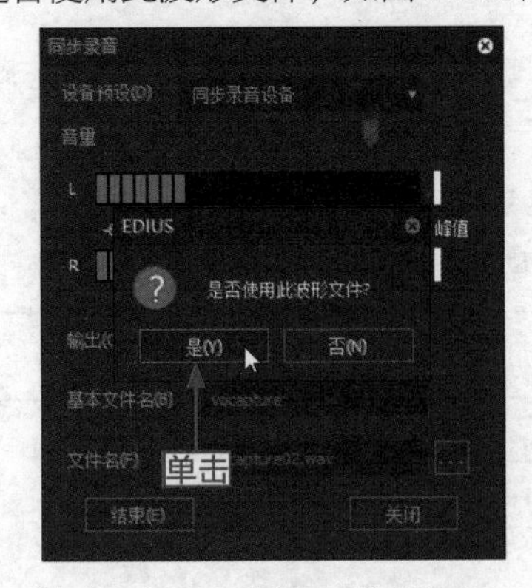

图 14-18　弹出提示信息框

步骤 06： 单击"是"按钮，即可将录制的声音输出至"素材库"面板中，单击"关闭"按钮，关闭"同步录音"对话框，在"素材库"面板中即可查看录制的声音波形文件，如图 14-19 所示。

图 14-19　查看录制的声音波形文件

14.1.4　实例——删除录制的声音文件

在 EDIUS 9 中，当用户对录制的声音不满意时，可以将录制的声音文件进行删除操作。下面介绍删除录制的声音文件的操作方法。

操练 + 视频　实例——删除录制的声音文件

素材文件	素材 \ 第 14 章 \ 旅游回忆 .ezp	扫描封底文泉云盘的二维码获取资源
效果文件	效果 \ 第 14 章 \ 旅游回忆 .ezp	
视频文件	视频 \ 第 14 章 \14.1.4　实例——删除录制的声音文件 .mp4	

步骤 01： 选择"文件"|"打开工程"命令，打开一个工程文件，在声音轨道中，选择需要删除的声音文件，如图 14-20 所示。

步骤 02： 在选择的声音文件上单击鼠标右键，在弹出的快捷菜单中选择"删除"命令，如图 14-21 所示，执行操作后，即可删除声音文件。

图 14-20　选择需要删除的声音文件

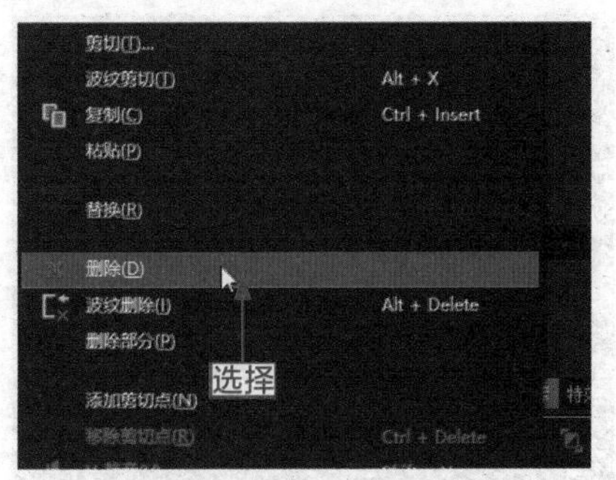

图 14-21　选择"删除"命令

14.2 制作音频声音特效

在 EDIUS 9 中，为声音文件添加不同的特效，可以制作出优美动听的音乐效果。本节主要介绍制作音频声音特效的操作方法。

14.2.1 实例——低通滤波特效

低通滤波是指声音低于某给定频率的信号可以有效传输，而高于此频率（滤波器截止频率）的信号将受到很大的衰减。通俗地说，低通滤波可以除去声音中的高音部分（相对）。下面介绍制作低通滤波声音特效的操作方法。

操练 + 视频　实例——低通滤波特效

素材文件	素材 \ 第 14 章 \ 伊瑟兰斯广告 .ezp	扫描封底文泉云盘的二维码获取资源
效果文件	效果 \ 第 14 章 \ 伊瑟兰斯广告 .ezp	
视频文件	视频 \ 第 14 章 \14.2.1 实例——低通滤波特效 .mp4	

步骤 01：选择“文件”|“打开工程”命令，打开一个工程文件，如图 14-22 所示。

图 14-22　打开一个工程文件

步骤 02：在轨道面板中选择需要制作特效的声音文件，如图 14-23 所示。

步骤 03：在“音频滤镜”特效组中选择“低通滤波”特效，如图 14-24 所示。

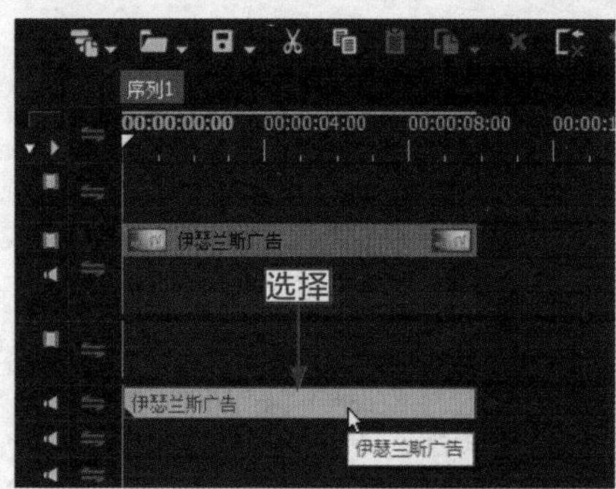

图 14-23　选择声音文件

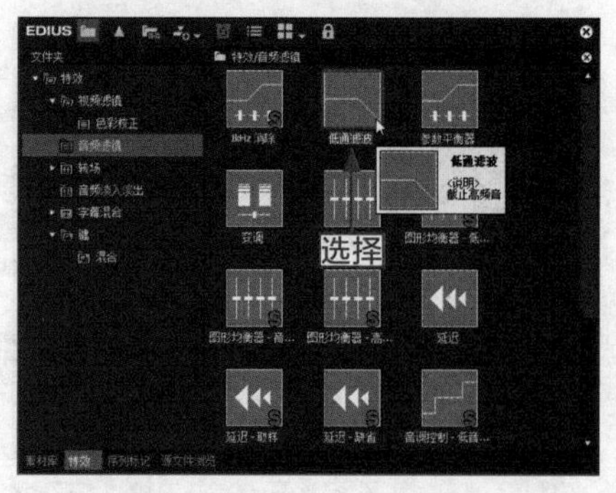

图 14-24　选择“低通滤波”特效

步骤 04： 按住鼠标左键，将其拖曳至轨道面板中的声音文件上，如图 14-25 所示。

步骤 05： 在"信息"面板中可以查看已添加的声音特效，如图 14-26 所示。

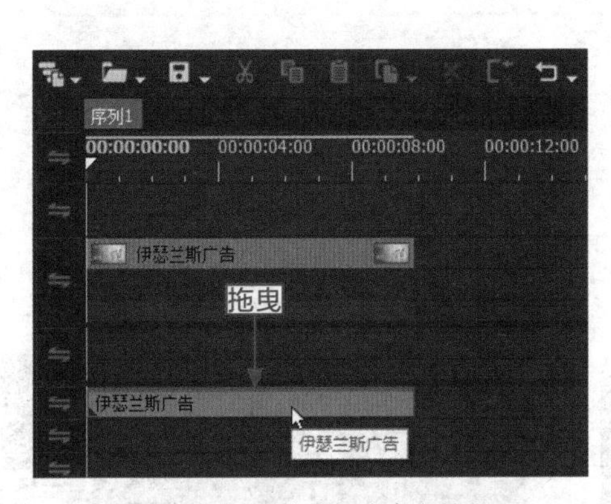

图 14-25　拖曳至声音文件上

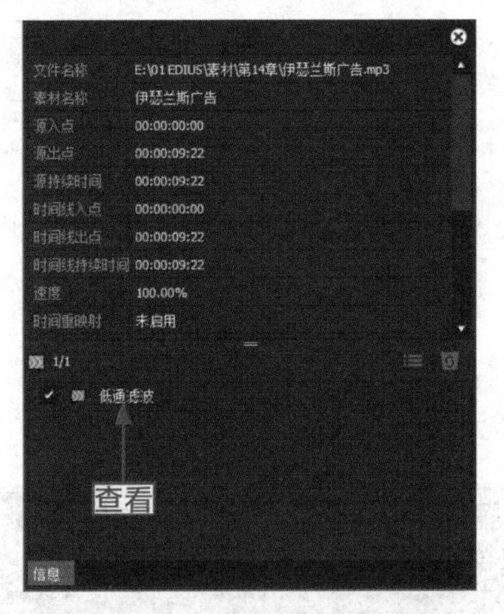

图 14-26　查看添加的声音特效

步骤 06： 在"信息"面板中的声音特效上单击鼠标右键，在弹出的快捷菜单中选择"打开设置对话框"命令，如图 14-27 所示。

步骤 07： 执行操作后，弹出"低通滤波"对话框，在其中设置"截止频率"为 3167Hz、Q 为 1.1，如图 14-28 所示，设置声音的截止频率参数，单击"确定"按钮，"低通滤波"声音特效制作完成。单击录制窗口中的"播放"按钮，试听制作的声音特效。

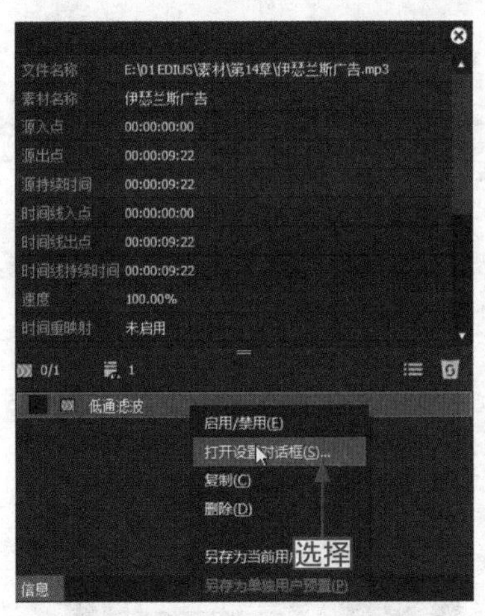

图 14-27　选择"打开设置对话框"命令

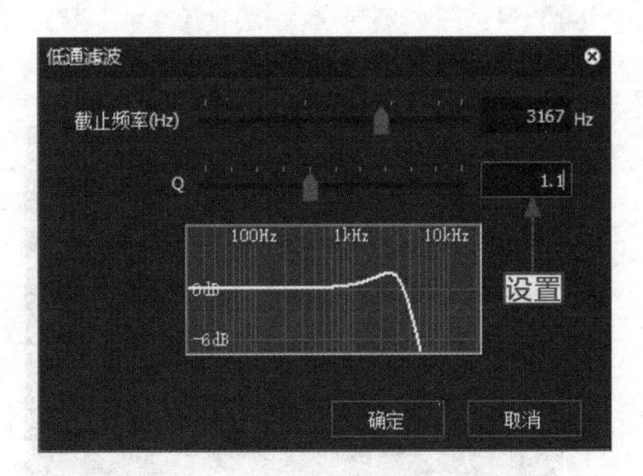

图 14-28　设置声音的截止频率参数

14.2.2　实例——参数平衡器特效

在 EDIUS 9 中，使用参数平衡器特效可以对不同频率的声音信号进行不同程度的提升或衰减，以达到补偿声音中欠缺的频率成分和抑制过多的频率成分的目的。下面介绍制作参数平衡器特效的操作方法。

操练 + 视频　实例——参数平衡器特效

素材文件	素材 \ 第 14 章 \ 钻石情缘 .ezp	扫描封底文泉云盘的二维码获取资源
效果文件	效果 \ 第 14 章 \ 钻石情缘 .ezp	
视频文件	视频 \ 第 14 章 \14.2.2 实例——参数平衡器特效 .mp4	

步骤 01：选择“文件”|“打开工程”命令，打开一个工程文件，如图 14-29 所示。

步骤 02：在“音频滤镜”特效组中选择“参数平衡器”特效，如图 14-30 所示。

图 14-29　打开一个工程文件

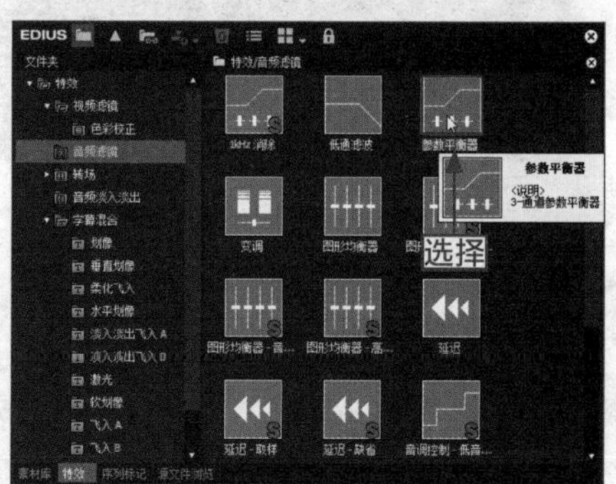

图 14-30　选择“参数平衡器”特效

步骤 03：在选择的特效上按住鼠标左键，将其拖曳至轨道面板的声音文件上，如图 14-31 所示，为声音文件添加“参数平衡器”特效。

步骤 04：在“信息”面板中选择添加的“参数平衡器”特效，如图 14-32 所示。

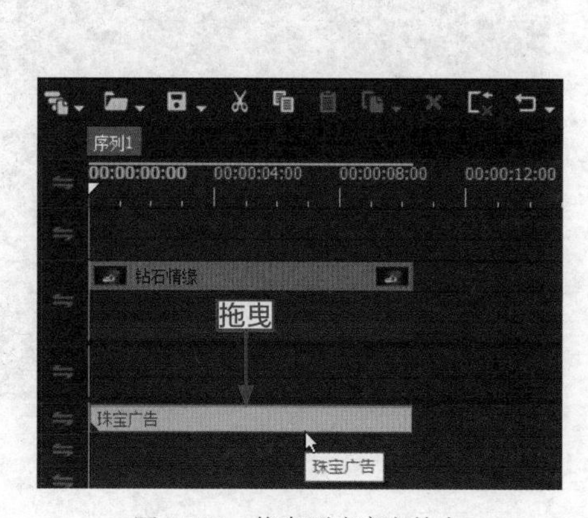

图 14-31　拖曳至声音文件上

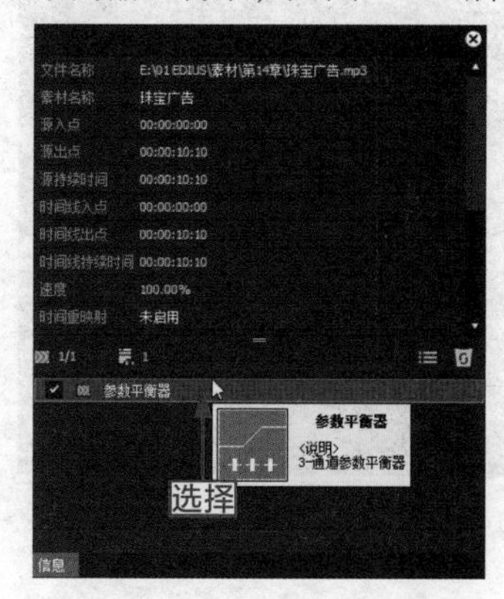

图 14-32　选择添加的声音特效

步骤 05：在选择的特效上双击鼠标，弹出“参数平衡器”对话框，在“波段 1（蓝）”选项区中，设置“频率”为 87Hz、“增益”为 9.0dB；在“波段 2（绿）”选项区中，设置“频率”为 905Hz、“增益”为 -7.0dB；在“波段 3（红）”选项区中，设置“频率”为 10444Hz、“增益”为 10.0dB，如图 14-33 所示，设置特效参数，单击“确定”按钮，返回 EDIUS 工作界面。单击录制窗口中的“播放”按钮，试听制作的声音特效。

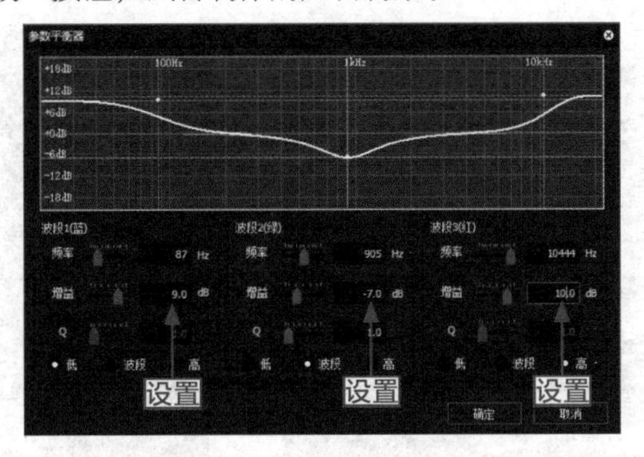

图 14-33　设置特效参数

专家指点　在“参数平衡器”对话框中，用户还可以直接拖曳对话框上方窗口中的 3 个不同的节点，来调整不同频段中的声音信号。

14.2.3　实例——图形均衡器特效

在 EDIUS 9 中，图形均衡器特效可以将整个音频频率范围分为若干个频段，然后对其中不同频率的声音信号进行不同的编辑操作。下面介绍制作图形均衡器特效的操作方法。

操练 + 视频　实例——图形均衡器特效

素材文件	素材 \ 第 14 章 \ 汽车广告 .ezp	扫描封底文泉云盘的二维码获取资源
效果文件	效果 \ 第 14 章 \ 汽车广告 .ezp	
视频文件	视频 \ 第 14 章 \14.2.3　实例——图形均衡器特效 .mp4	

步骤 01：选择“文件”|“打开工程”命令，打开一个工程文件，如图 14-34 所示。

步骤 02：在“音频滤镜”特效组中选择“图形均衡器”特效，如图 14-35 所示。

图 14-34　打开一个工程文件

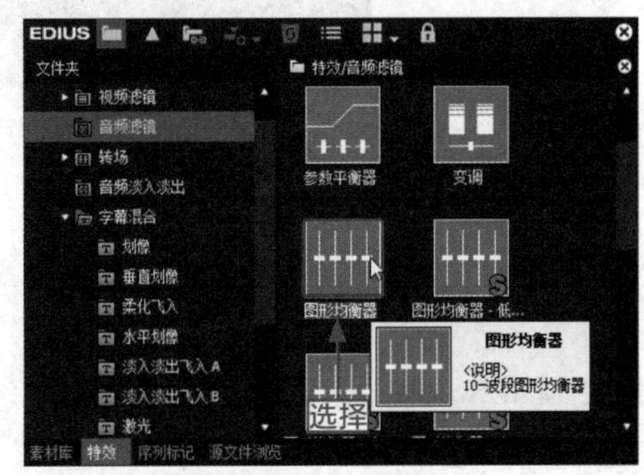

图 14-35　选择“图形均衡器”特效

步骤 03： 将选择的特效拖曳至轨道面板的声音文件上，如图 14-36 所示。

步骤 04： 在“信息”面板中选择添加的“图形均衡器”特效，如图 14-37 所示。

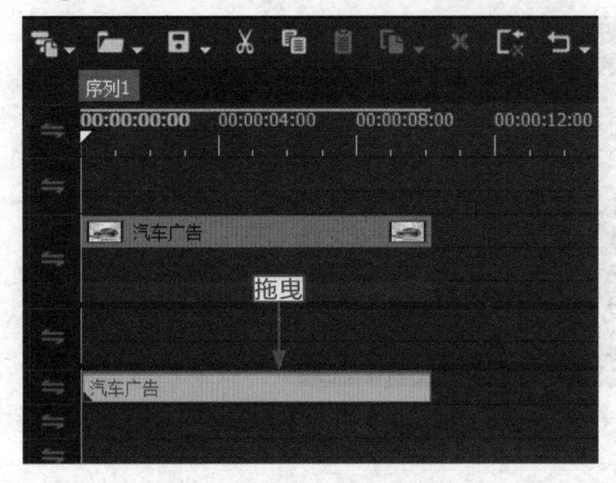

图 14-36　拖曳至声音文件上

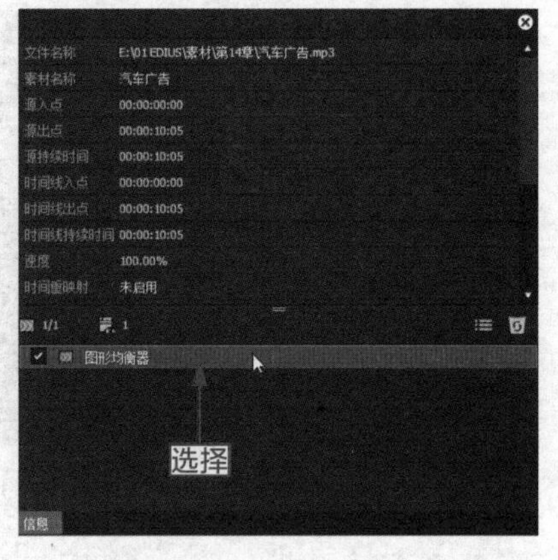

图 14-37　选择添加的声音特效

步骤 05： 在选择的特效上双击鼠标，弹出“图形均衡器”对话框，在其中拖曳各滑块，调节各频段的参数，如图 14-38 所示，单击“确定”按钮，返回 EDIUS 工作界面。单击录制窗口中的“播放”按钮，试听制作的声音特效。

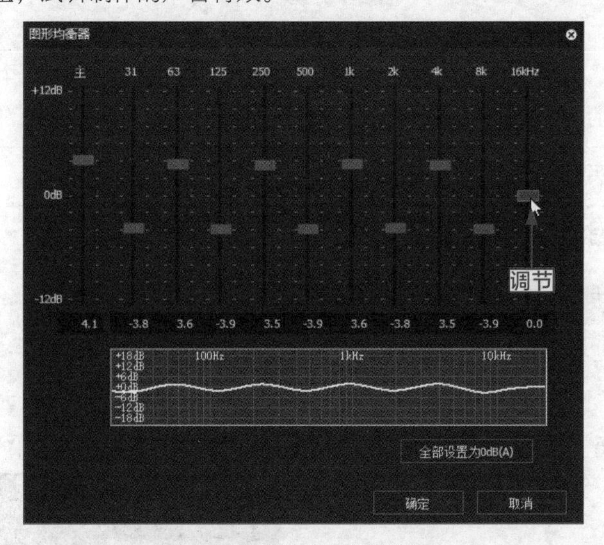

图 14-38　调节各频段的参数

14.2.4　实例——音调控制器特效

在 EDIUS 9 中，使用音调控制器特效可以控制不同频段中的声音音调。下面介绍制作音调控制器特效的操作方法。

操练 + 视频　实例——音调控制器特效

素材文件	素材 \ 第 14 章 \ 月饼促销 .ezp	扫描封底文泉云盘的二维码获取资源
效果文件	效果 \ 第 14 章 \ 月饼促销 .ezp	
视频文件	视频 \ 第 14 章 \14.2.4　实例——音调控制器特效 .mp4	

步骤 01： 选择“文件”|“打开工程”命令，打开一个工程文件，如图 14-39 所示。

步骤 02： 在“音频滤镜”特效组中选择“音调控制器”特效，如图 14-40 所示。

图 14-39　打开一个工程文件

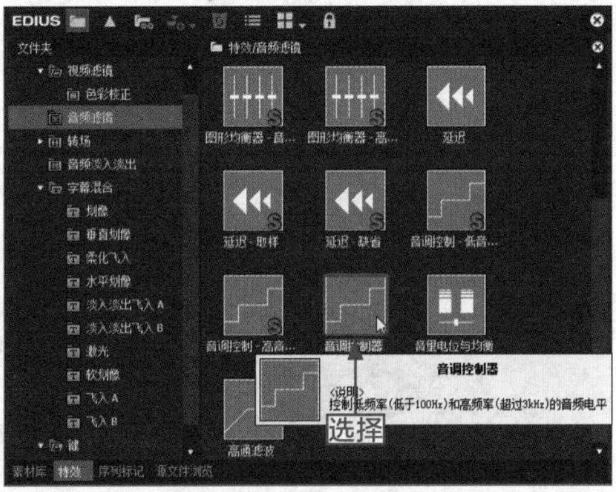

图 14-40　选择“音调控制器”特效

步骤 03： 将选择的特效拖曳至轨道面板的声音文件上，如图 14-41 所示。

步骤 04： 在“信息”面板中，选择添加的“音调控制器”特效，如图 14-42 所示。

步骤 05： 在选择的特效上双击，弹出“音调控制器”对话框，在其中设置“低音”为 8.0dB、“高音”为 -8.0dB，如图 14-43 所示，调整声音中低音与高音的音调增益属性，单击“确定”按钮，返回 EDIUS 工作界面。单击录制窗口中的“播放”按钮，试听制作的声音特效。

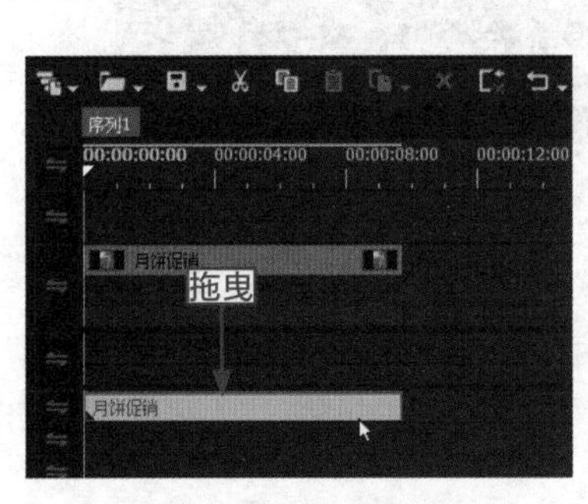

图 14-41　拖曳至声音文件上

图 14-42　选择添加的声音特效

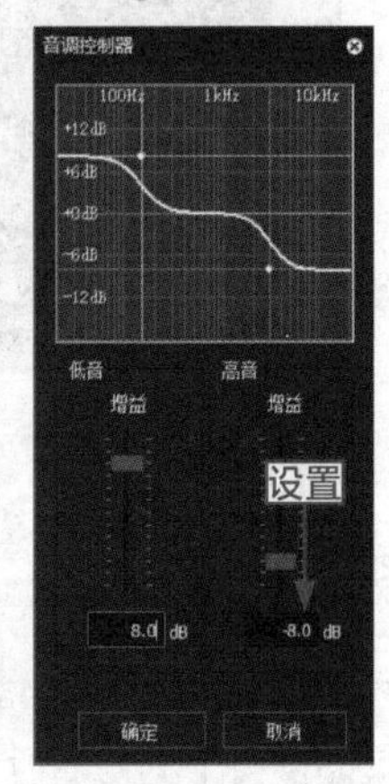

图 14-43　设置各参数

14.2.5 实例——变调特效

在 EDIUS 9 中，变调特效可以改变声音中的部分音调，使其音质更加完美。下面介绍制作变调特效的操作方法。

操练 + 视频 实例——变调特效

素材文件	素材 \ 第 14 章 \ 雅志汽车 .ezp	扫描封底文泉云盘的二维码获取资源
效果文件	效果 \ 第 14 章 \ 雅志汽车 .ezp	
视频文件	视频 \ 第 14 章 \14.2.5 实例——变调特效 .mp4	

步骤 01： 选择“文件”|“打开工程”命令，打开一个工程文件，如图 14-44 所示。

图 14-44 打开一个工程文件

步骤 02： 在“音频滤镜”特效组中选择“变调”特效，如图 14-45 所示。

步骤 03： 将选择的特效拖曳至轨道面板的声音文件上，如图 14-46 所示。

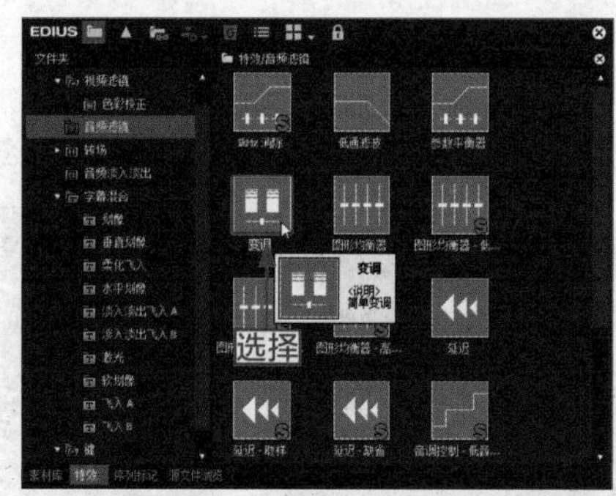

图 14-45 选择“变调”特效

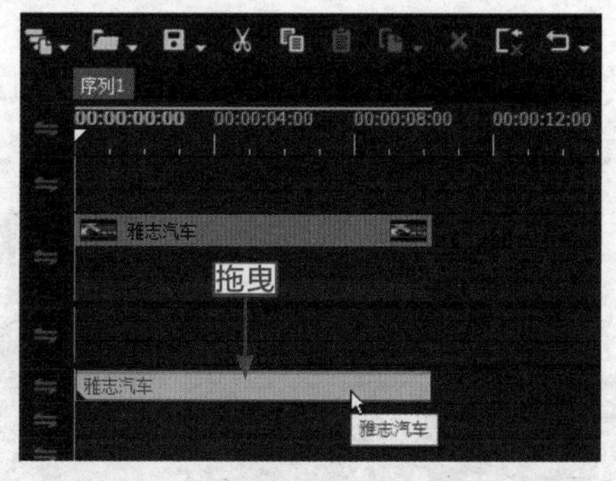

图 14-46 拖曳至声音文件上

步骤 04： 在“信息”面板中选择添加的“变调”特效，如图 14-47 所示。

步骤 05： 在选择的特效上双击，弹出“变调”对话框，在其中拖曳滑块，设置“音高”为 122%，如图 14-48 所示，设置变调属性，单击“确定”按钮，返回 EDIUS 工作界面。单击录制窗口中的“播放”按钮，试听制作的声音特效。

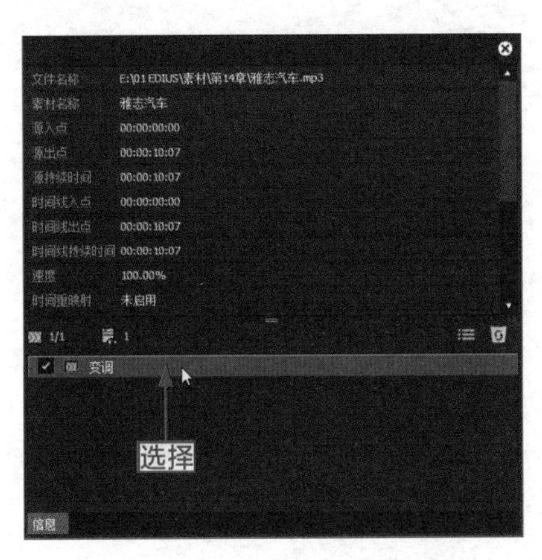

图 14-47　选择添加的声音特效

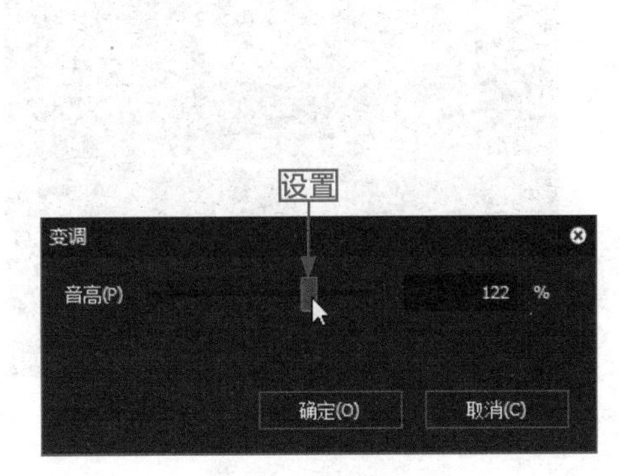

图 14-48　设置“音高”为 122%

14.2.6　实例——延迟特效

在 EDIUS 9 中，调节声音的延迟参数，使声音听上去像是有回声一样，增加听觉空间上的空旷感。下面介绍制作延迟特效的操作方法。

操练 + 视频　实例——延迟特效

素材文件	素材 \ 第 14 章 \ 欧莎时尚百货 .ezp	扫描封底文泉云盘的二维码获取资源
效果文件	效果 \ 第 14 章 \ 欧莎时尚百货 .ezp	
视频文件	视频 \ 第 14 章 \14.2.6 实例——延迟特效 .mp4	

步骤 01： 选择“文件”|“打开工程”命令，打开一个工程文件，如图 14-49 所示。

步骤 02： 在“音频滤镜”特效组中选择“延迟”特效，如图 14-50 所示。

图 14-49　打开一个工程文件

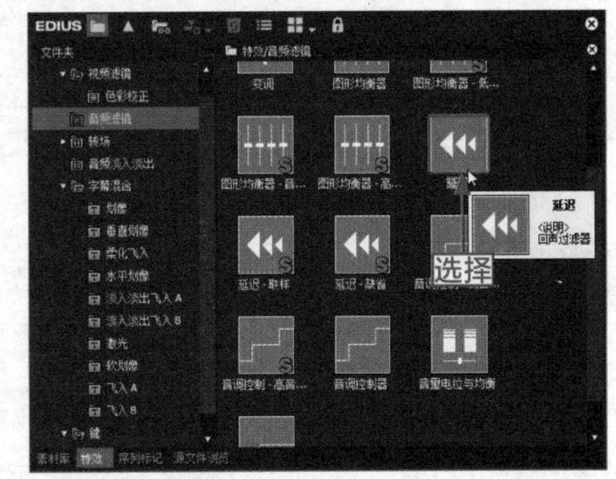

图 14-50　选择“延迟”特效

步骤 03： 将选择的特效拖曳至轨道面板的声音文件上，如图 14-51 所示。

步骤 04： 在“信息”面板中选择添加的“延迟”特效，如图 14-52 所示。

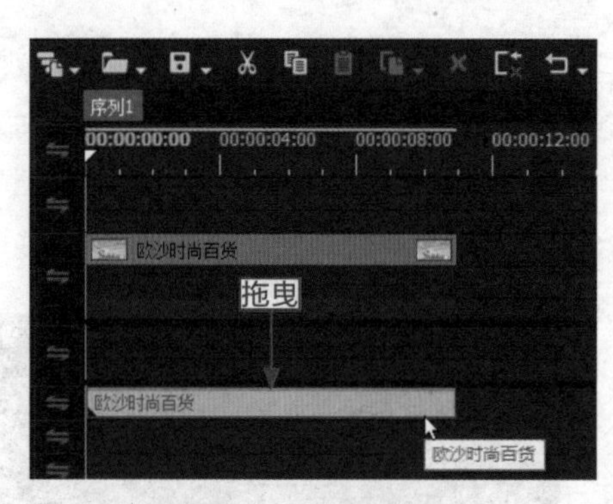

图 14-51　拖曳至声音文件上

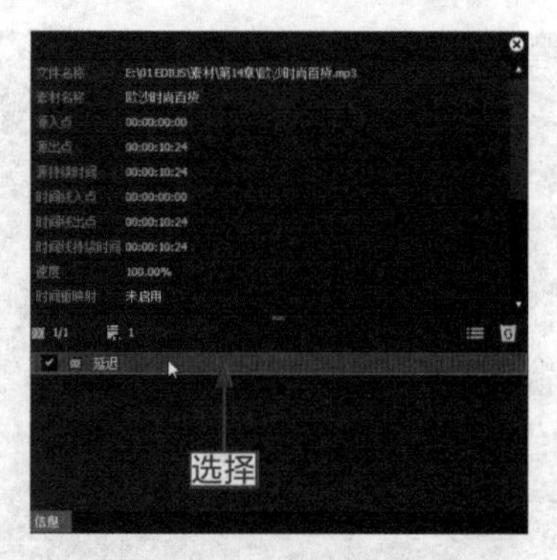

图 14-52　选择添加的声音特效

步骤 05：在选择的特效上双击，弹出“延迟”对话框，在其中设置“延迟时间”为 815 毫秒、“延迟增益”为 21%、“反馈增益”为 47%、“主音量”为 76%，如图 14-53 所示，调节延迟各参数值，单击“确定”按钮，返回 EDIUS 工作界面。单击录制窗口中的“播放”按钮，试听制作的声音特效。

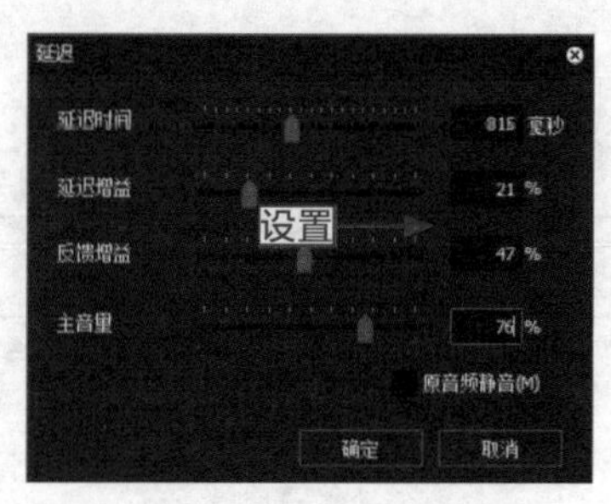

图 14-53　设置延迟各参数值

14.2.7　实例——高通滤波特效

高通滤波与低通滤波的作用刚好相反，高通滤波是指高于某给定频率的信号可以有效传输，而低于此频率（滤波器截止频率）的信号将受到很大的衰减。下面介绍制作高通滤波声音特效的操作方法。

操练 + 视频　实例——高通滤波特效

素材文件	素材 \ 第 14 章 \ 糕点 .ezp	扫描封底文泉云盘的二维码获取资源
效果文件	效果 \ 第 14 章 \ 糕点 .ezp	
视频文件	视频 \ 第 14 章 \14.2.7　实例——高通滤波特效 .mp4	

步骤 01：选择“文件”|“打开工程”命令，打开一个工程文件，如图 14-54 所示。

步骤 02：在“音频滤镜”特效组中选择“高通滤波”特效，如图 14-55 所示。

图 14-54　打开一个工程文件

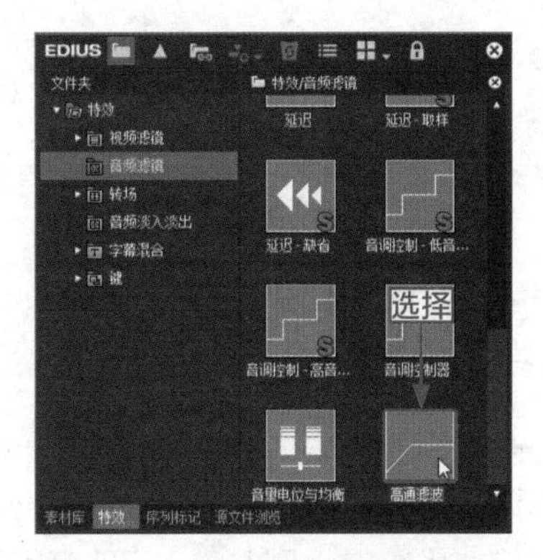

图 14-55　选择“高通滤波”特效

步骤 03：将选择的特效拖曳至轨道面板的声音文件上，如图 14-56 所示。

步骤 04：在“信息”面板中选择添加的“高通滤波”特效，如图 14-57 所示。

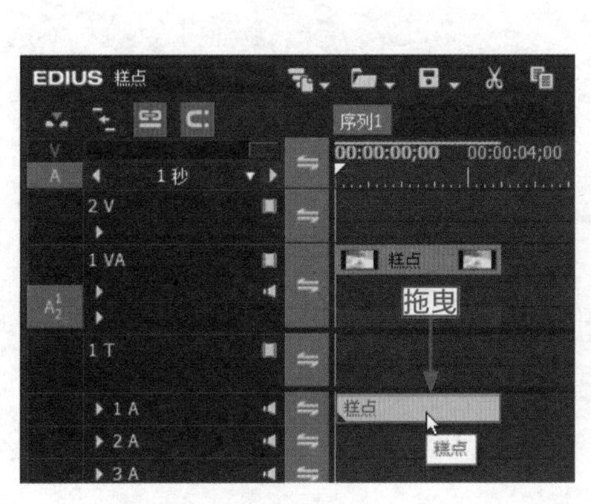

图 14-56　拖曳至声音文件上

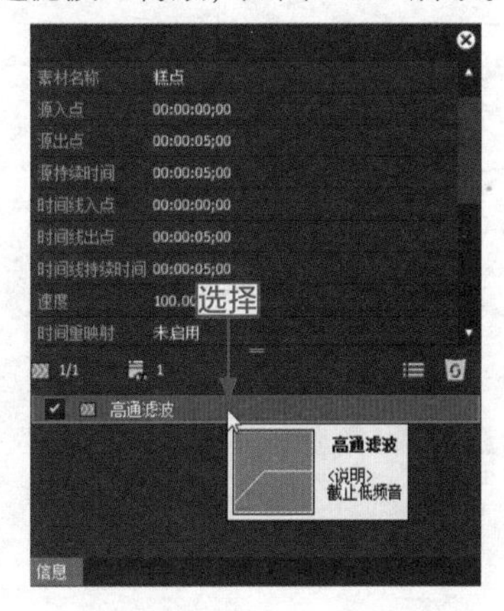

图 14-57　选择添加的声音特效

步骤 05：在选择的特效上双击，弹出“高通滤波”对话框，在其中设置“截止频率”为 100Hz、Q 为 1.3，如图 14-58 所示，单击“确定”按钮，返回 EDIUS 工作界面。单击录制窗口中的“播放”按钮，试听制作的声音特效。

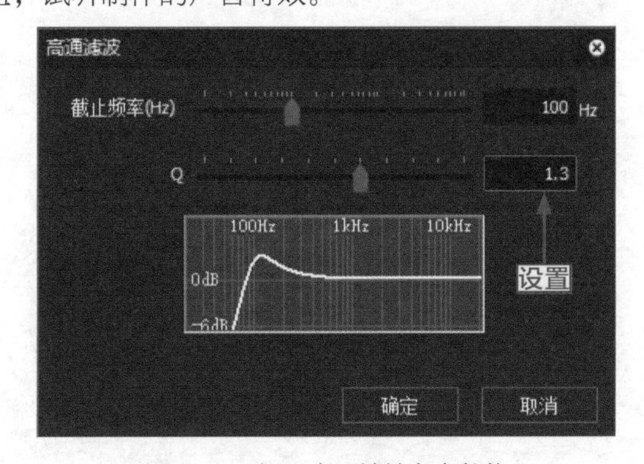

图 14-58　设置高通滤波各参数值

专家指点　在“高通滤波”对话框中，用户不仅可以通过左右拖曳滑块的方式设置各参数值，还可以在右侧的参数数值框中手动输入相应的参数值。

14.3 本章小结

本章使用大量篇幅，全面介绍了 EDIUS 9 中声音文件的录制与删除技巧，以及各种常用音频特效的制作方法，同时对常用的音频特效运用实例的形式向读者做了详尽的说明和过程展示。通过本章的学习，读者应该全面、熟练地掌握 EDIUS 9 中音频特效的制作方法，并对音频特效所产生的声音变化作用有所了解。

CHAPTER 15

第 15 章 输出与刻录视频文件

~ 学前提示 ~

经过一系列烦琐编辑后，用户便可将编辑完成的视频输出成视频文件。通过 EDIUS 9 中提供的输出和渲染功能，用户可以将编辑完成的视频画面进行渲染以及输出成视频文件。本章主要向读者介绍渲染视频与音频文件的各种操作方法，包括输出视频文件、渲染视频文件以及刻录 DVD 光盘等内容，希望读者能够熟练掌握本章内容，全面了解视频输出过程。

~ 本章重点 ~

- 实例——输出 AVI 视频文件
- 实例——输出 MPEG 视频文件
- 实例——批量输出视频文件
- 实例——渲染全部视频
- 实例——渲染入 / 出点视频
- 实例——刻录 DVD 光盘

15.1 输出视频文件

用户在创建并保存编辑完成的视频文件后，即可将其渲染并输出到计算机的硬盘中。本节主要介绍输出视频文件的各种操作方法，主要包括设置视频输出属性、输出 AVI 视频文件、输出 MPEG 视频文件以及输出入出点间的视频等内容。

15.1.1 实例——设置视频输出属性

在输出视频文件之前，首先要设置相应的视频输出属性，这样才能输出满意的视频文件。下面介绍设置视频输出属性的操作方法。

操练 + 视频　实例——设置视频输出属性

素材文件	素材 \ 第 15 章 \ 全色童年 .ezp	扫描封底文泉云盘的二维码获取资源
效果文件	无	
视频文件	视频 \ 第 15 章 \15.1.1 实例——设置视频输出属性 .mp4	

步骤 01：选择“文件”|“打开工程”命令，打开一个工程文件，如图 15-1 所示。

图 15-1 打开一个工程文件

步骤 02：在录制窗口下方，单击“输出”按钮，在弹出的列表框中选择“输出到文件”选项，如图 15-2 所示。

步骤 03：弹出“输出到文件”对话框，单击下方的“输出”按钮，如图 15-3 所示。

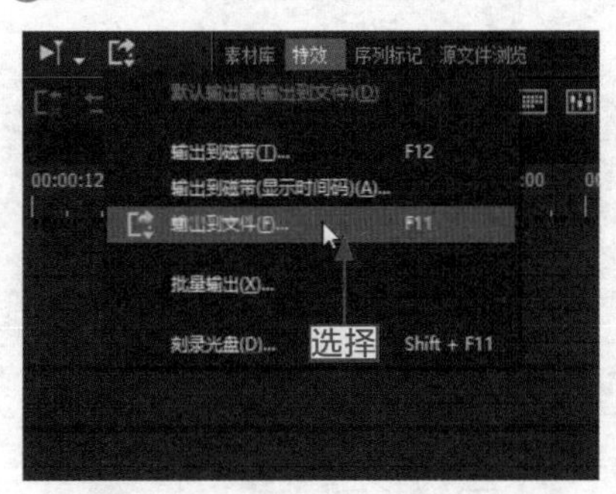

图 15-2 选择“输出到文件”选项

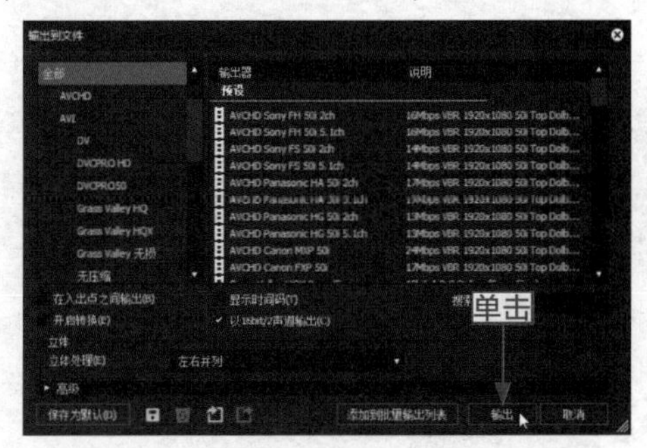

图 15-3 单击“输出”按钮

步骤 04：执行操作后，弹出 AVCHD 对话框，在 File name 右侧的文本框中可以输入视频输出的名称；在 Save as type 列表框中可以设置视频的保存类型，如图 15-4 所示。

步骤 05：在对话框下方的“基本设置”选项卡中，可以设置视频的配置文件、比特率类型、平均、最大以及画质等属性，在右侧可以设置音频的属性，如图 15-5 所示。

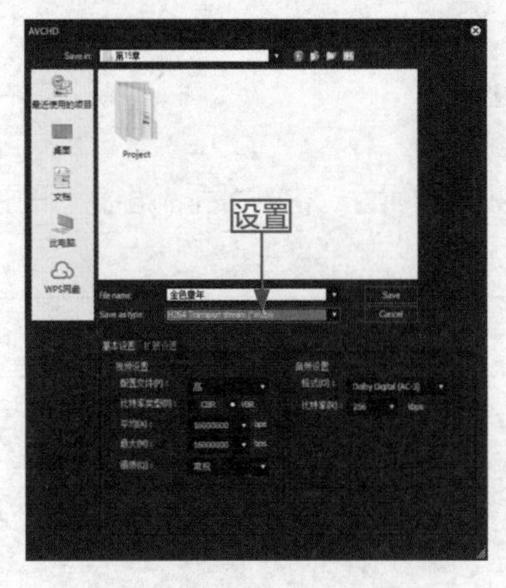

图 15-4 设置名称与类型

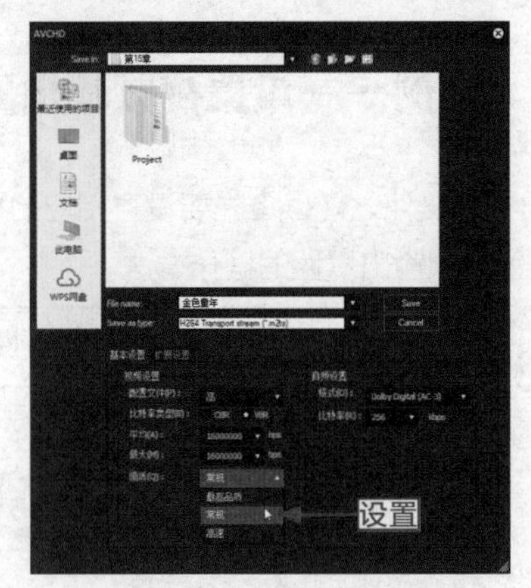

图 15-5 设置视频输出属性

步骤 06：单击“扩展设置”标签，切换至“扩展设置”选项卡，在其中可以设置 GOP 结构、GOP 长度、参考帧数量以及熵编码模式等属性，如图 15-6 所示。

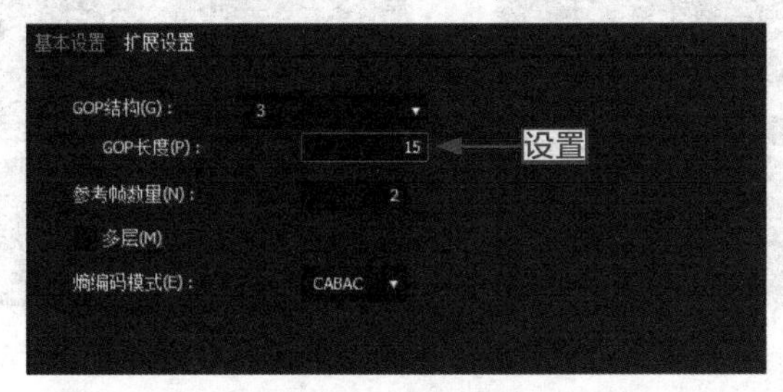

图 15-6　视频扩展设置

> **专家指点**　在 EDIUS 工作界面中按【F11】键，也可以快速弹出“输出到文件”对话框。

15.1.2　实例——输出 AVI 视频文件

AVI 主要应用在多媒体光盘上，用来保存电视、电影等各种影像信息，它的优点是兼容性好，图像质量好，只是输出的尺寸和容量有点偏大。下面介绍输出 AVI 视频文件的操作方法。

操练 + 视频　实例——输出 AVI 视频文件

素材文件	素材 \ 第 15 章 \ 小狗 .ezp	扫描封底文泉云盘的二维码获取资源
效果文件	效果 \ 第 15 章 \ 小狗 .avi	
视频文件	视频 \ 第 15 章 \15.1.2　实例——输出 AVI 视频文件 .mp4	

步骤 01：选择“文件”|“打开工程”命令，打开一个工程文件，如图 15-7 所示。

图 15-7　打开一个工程文件

步骤 02：在录制窗口下方单击“输出”按钮，在弹出的列表框中选择“输出到文件”选项，如图 15-8 所示。

步骤 03：执行操作后，弹出“输出到文件”对话框，在左侧窗口中选择 AVI 选项，如图 15-9 所示，是指输出的格式为 AVI 格式。

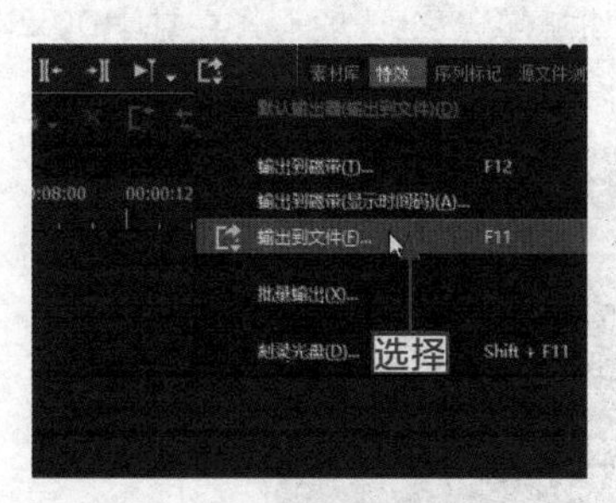

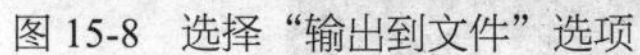

图 15-8　选择“输出到文件”选项

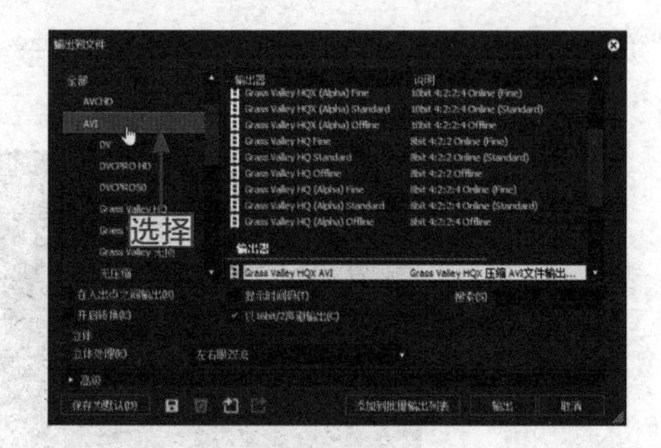

图 15-9　选择 AVI 选项

步骤 04: 单击下方的“输出”按钮，弹出相应对话框，在其中设置 File name 为“小狗”，并设置视频的保存类型为 AVI，如图 15-10 所示。

步骤 05: 单击 Save 按钮，执行操作后，弹出“渲染”对话框，开始输出 AVI 视频文件，并显示输出进度，如图 15-11 所示。

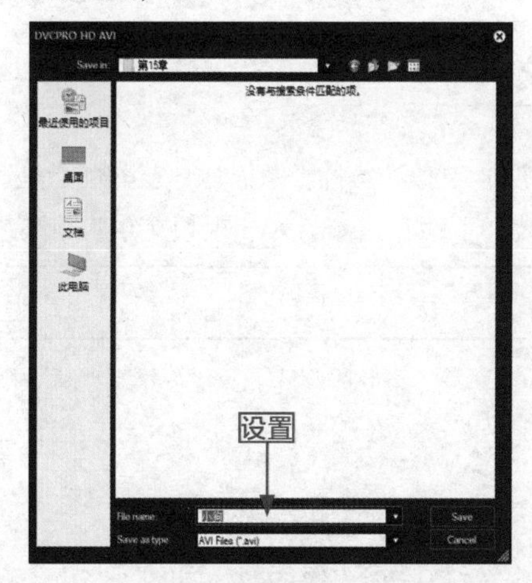

图 15-10　设置文件名与类型

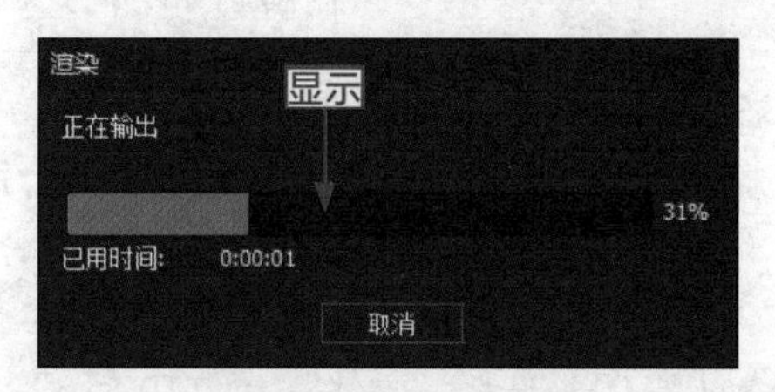

图 15-11　显示输出进度

步骤 06: 稍等片刻，待视频文件输出完成后，在“素材库”面板中即可显示输出的 AVI 视频文件，如图 15-12 所示。

图 15-12　显示输出的 AVI 视频文件

15.1.3　实例——输出 MPEG 视频文件

在 EDIUS 工作界面中，用户不仅可以输出 AVI 视频文件，还可以输出 MPEG 视频文件。下面介绍输出 MPEG 视频文件的操作方法。

操练 + 视频　实例——输出 MPEG 视频文件

素材文件	素材 \ 第 15 章 \ 喔喔奶糖 .ezp	扫描封底文泉云盘的二维码获取资源
效果文件	效果 \ 第 15 章 \ 喔喔奶糖 .m2v	
视频文件	视频 \ 第 15 章 \15.1.3　实例——输出 MPEG 视频文件 .mp4	

步骤 01： 选择“文件”|“打开工程”命令，打开一个工程文件，如图 15-13 所示。

步骤 02： 在录制窗口下方，单击“输出”按钮，在弹出的列表框中选择“输出到文件”选项，弹出“输出到文件”对话框，在左侧窗口中选择 MPEG 选项，如图 15-14 所示，是指输出的格式为 MPEG2 基本流格式。

图 15-13　打开一个工程文件

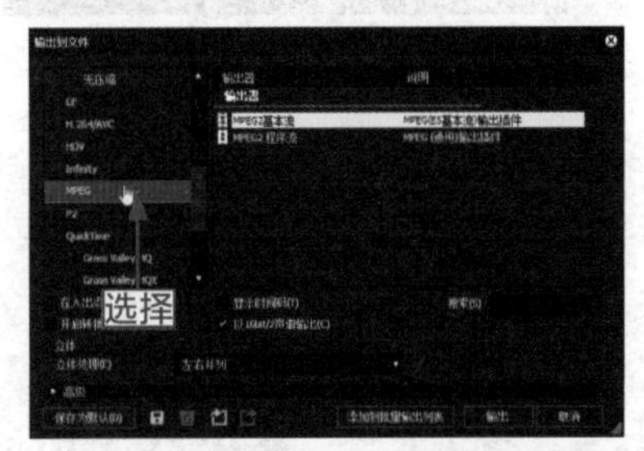

图 15-14　选择 MPEG 选项

步骤 03： 单击“输出”按钮，弹出“MPEG2 基本流”对话框，在“目标”选项区中单击“视频”右侧的“选择”按钮，如图 15-15 所示。

步骤 04： 执行操作后，弹出 Save As 对话框，在其中设置文件的保存名称和保存类型，如图 15-16 所示。

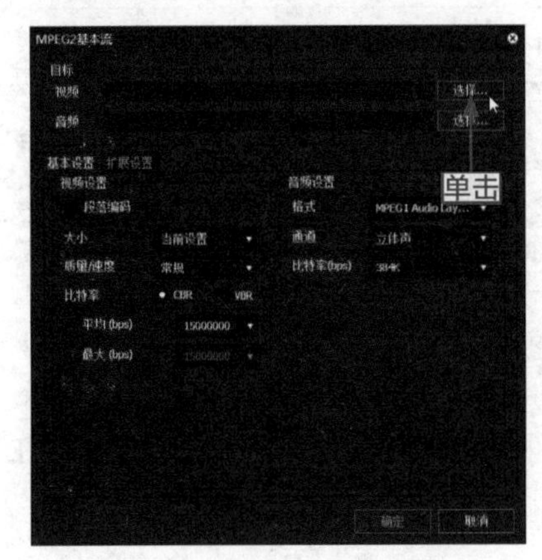

图 15-15　单击“选择”按钮

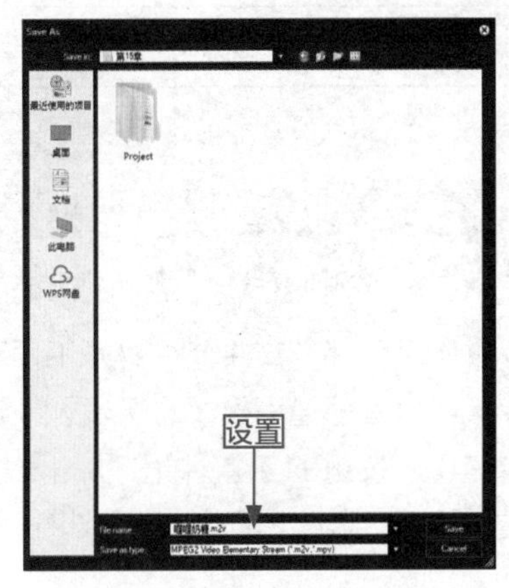

图 15-16　设置文件名与类型

步骤 05：单击 Save 按钮，返回“MPEG2 基本流”对话框，在“视频”右侧的文本框中显示了视频文件的输出路径。在“音频”右侧的文本框中也显示了音频文件的输出路径，如图 15-17 所示。

步骤 06：设置完成后，单击“确定”按钮，弹出“渲染”对话框，显示了视频文件的输出进度，如图 15-18 所示。

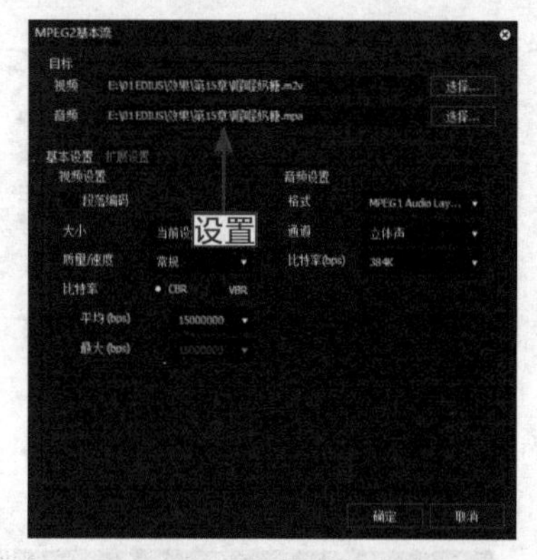

图 15-17　设置输出选项

图 15-18　显示输出进度

步骤 07：稍等片刻，待视频文件输出完成后，在“素材库”面板中，即可显示输出的视频文件与音频文件，如图 15-19 所示。

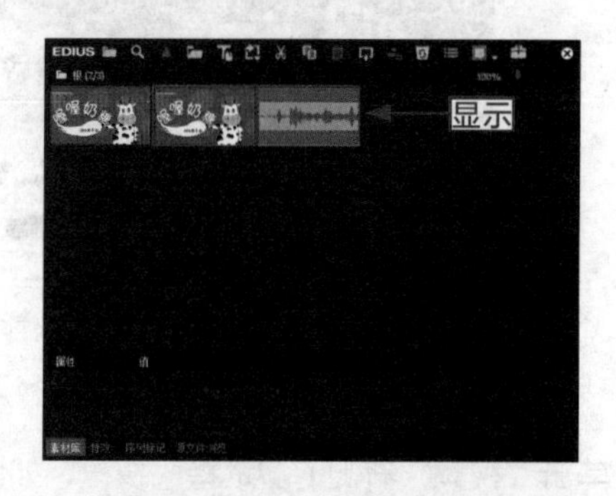

图 15-19　显示输出的视频文件与音频文件

15.1.4　实例——输出入 / 出点间视频

在 EDIUS 工作界面中，用户不仅可以输出不同格式的视频文件，还可以针对工程文件中入点与出点部分的视频区间进行单独输出。下面介绍输出入点与出点间视频的操作方法。

操练 + 视频　实例——输出入出点间视频

素材文件	素材 \ 第 15 章 \ 幸福情侣 .ezp	扫描封底文泉云盘的二维码获取资源
效果文件	效果 \ 第 15 章 \ 幸福情侣 .mov	
视频文件	视频 \ 第 15 章 \15.1.4　实例——输出入出点间视频 .mp4	

步骤 01：选择“文件”|“打开工程”命令，打开一个工程文件，如图 15-20 所示。

步骤 02：在轨道面板中的视频文件上创建入点与出点标记，如图 15-21 所示。

步骤 03：按【F11】键，弹出“输出到文件”对话框，在左侧窗口中选择 QuickTime 选项，在下方选中“在入 / 出点之间输出”复选框，如图 15-22 所示，单击“输出”按钮。

图 15-20　打开一个工程文件

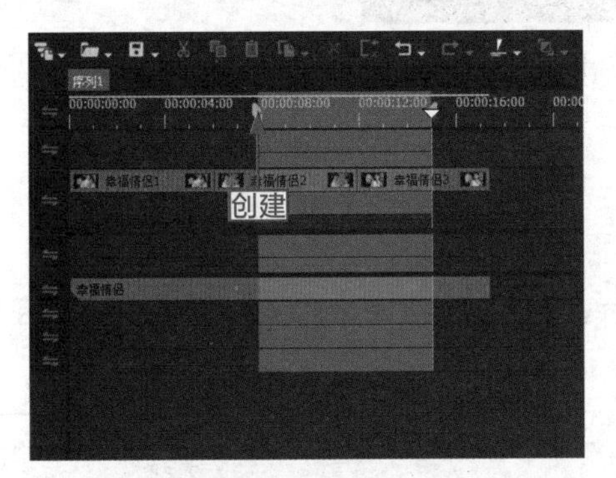

图 15-21　创建入点与出点标记

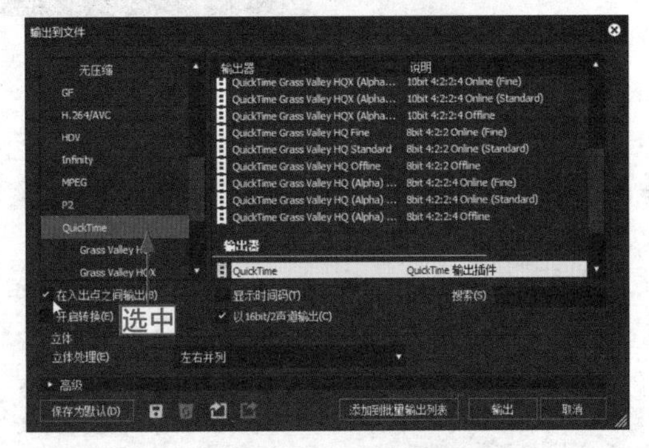

图 15-22　选中相应复选框

步骤 04：弹出 QuickTime 对话框，在其中设置视频的文件名，如图 15-23 所示。

步骤 05：单击 Save 按钮，弹出“渲染”对话框，渲染视频，如图 15-24 所示。

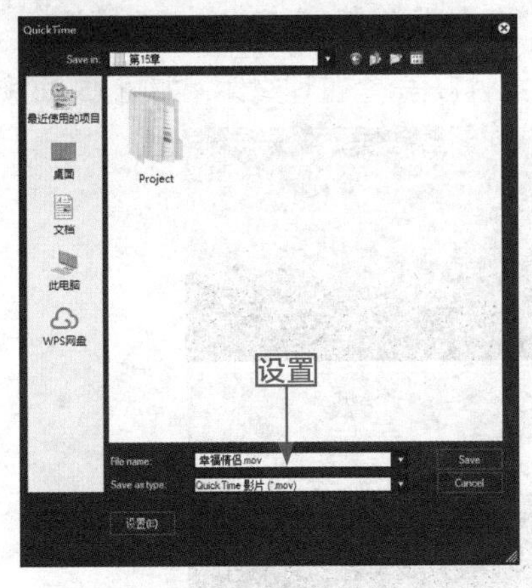

图 15-23　设置视频保存的文件名

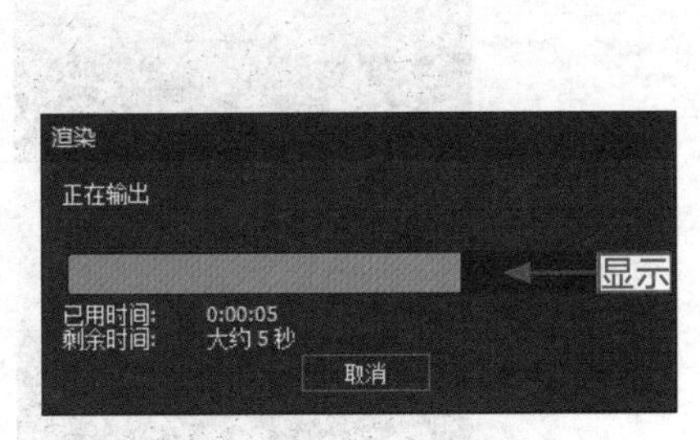

图 15-24　开始渲染视频

步骤 06：稍等片刻，待视频文件输出完成后，在“素材库”面板中，即可显示输出的入点与出点间的视频文件，如图 15-25 所示。

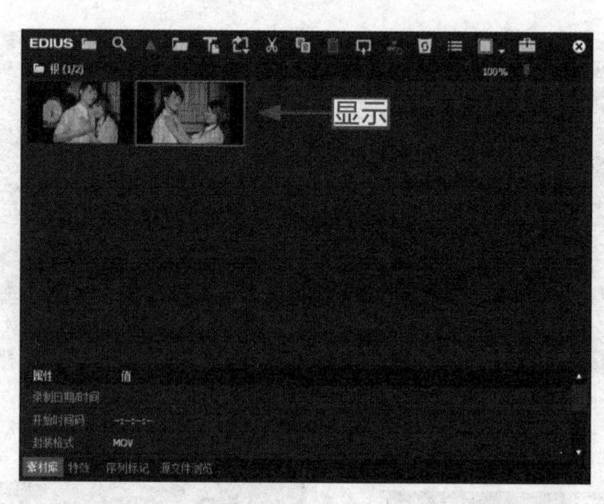

图 15-25　显示输出的入点与出点间的视频文件

15.1.5　实例——批量输出视频文件

在 EDIUS 9 中，用户不仅可以单独输出视频，还可以批量输出多段不同区间内的视频文件。下面介绍批量输出视频文件的操作方法。

操练 + 视频　实例——批量输出视频文件

素材文件	素材 \ 第 15 章 \ 武功山 .ezp	扫描封底文泉云盘的二维码获取资源
效果文件	无	
视频文件	视频 \ 第 15 章 \15.1.5　实例——批量输出视频文件 .mp4	

步骤 01：选择“文件”|“打开工程”命令，打开一个工程文件，如图 15-26 所示。

图 15-26　打开一个工程文件

步骤 02：在录制窗口下方单击“输出”按钮，在弹出的列表框中选择“批量输出”选项，弹出“批量输出”对话框，单击上方的“添加到批量输出列表”按钮，即可添加一个序列文件，如图 15-27 所示。

图 15-27　添加一个序列文件

步骤 03： 在“序列 1”文件的“入点”与“出点”时间码上，上下滚动鼠标，设置视频入点与出点的时间，如图 15-28 所示。

图 15-28　设置视频入点与出点的时间

步骤 04： 用与上同样的方法，再次创建两个不同的视频区间序列，如图 15-29 所示。

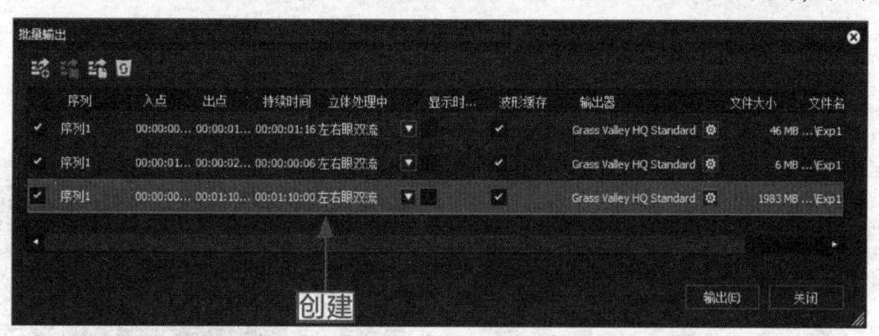

图 15-29　创建两个不同的视频区间序列

步骤 05： 创建完成后，单击“输出”按钮，即可开始批量输出视频区间，稍等片刻，待视频输出完成后，单击“关闭”按钮，退出“批量输出”对话框。在“素材库”面板中，显示了已批量输出的 3 个不同区间的视频片段，如图 15-30 所示。

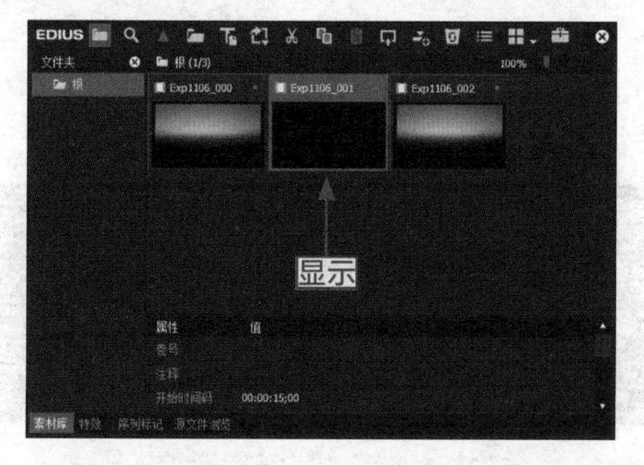

图 15-30　显示 3 个不同区间的视频片段

15.2 渲染视频文件

在 EDIUS 9 中，用户还可以对轨道面板中的视频文件进行快速渲染。本节主要介绍渲染视频文件的操作方法，包括渲染全部视频、渲染入 / 出点视频以及删除渲染文件等内容，希望读者可以熟练掌握。

15.2.1 实例——渲染全部视频

用户可以对整个轨道面板中的视频文件进行快速渲染，下面介绍渲染全部视频的操作方法。

操练 + 视频　实例——渲染全部视频

素材文件	素材 \ 第 15 章 \ 化妆品广告 .ezp	扫描封底文泉云盘的二维码获取资源
效果文件	无	
视频文件	视频 \ 第 15 章 \15.2.1 实例——渲染全部视频 .mp4	

步骤 01：选择“文件”|“打开工程”命令，打开一个工程文件，如图 15-31 所示。

步骤 02：在轨道面板上方单击“渲染入 / 出点间 - 过载区域”按钮右侧的下三角按钮，在弹出的列表框中选择“渲染全部”|“渲染满载区域”选项，如图 15-32 所示。

图 15-31　打开一个工程文件

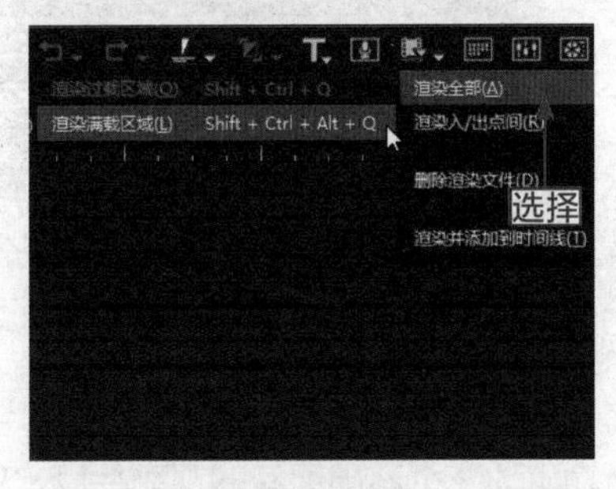

图 15-32　选择“渲染满载区域”选项

步骤 03：执行操作后，弹出“渲染 - 序列 1”对话框，即可对序列文件进行快速渲染操作，如图 15-33 所示，待渲染完成后即可。

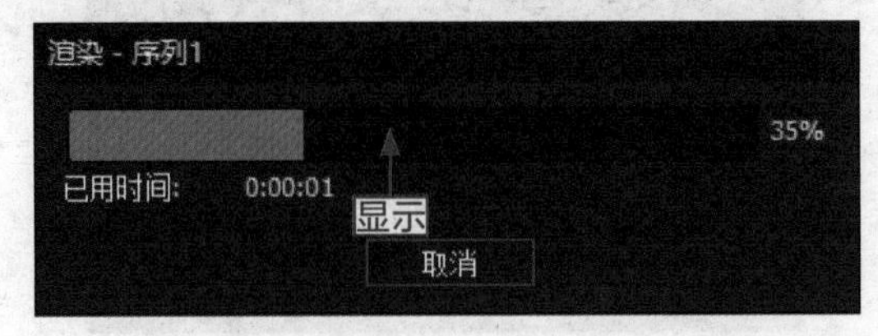

图 15-33　对序列文件进行快速渲染操作

专家指点	在 EDIUS 工作界面中按【Shift + Ctrl + Alt + Q】组合键，也可以快速渲染序列文件中的全部视频。

15.2.2　实例——渲染入 / 出点视频

在 EDIUS 9 中，用户可以对序列文件中的入点与出点之间的视频进行快速渲染操作。下面介绍渲染入点与出点间视频的操作方法。

操练 + 视频　实例——渲染入 / 出点视频

素材文件	素材 \ 第 15 章 \ 石柱 .ezp	扫描封底文泉云盘的二维码获取资源
效果文件	无	
视频文件	视频 \ 第 15 章 \15.2.2　实例——渲染入 / 出点视频 .mp4	

步骤 01：选择“文件”|“打开工程”命令，打开一个工程文件，如图 15-34 所示。

步骤 02：运用前面所学的知识，在轨道面板中标记视频的入点与出点部分，如图 15-35 所示。

图 15-34　打开一个工程文件

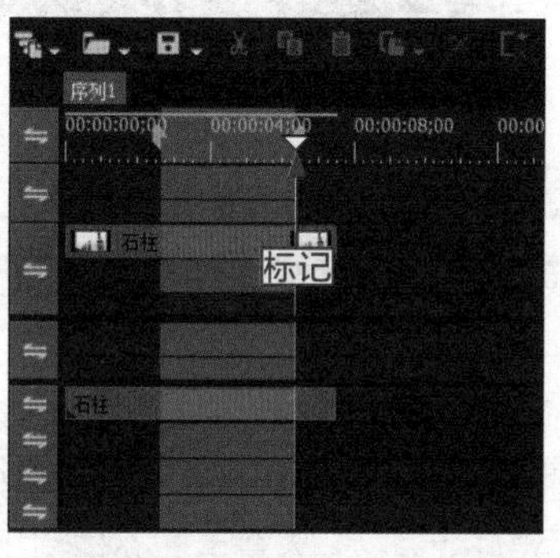

图 15-35　标记视频的入点与出点部分

步骤 03：在轨道面板上方单击“渲染入 / 出点间”按钮右侧的下三角按钮，在弹出的列表框中选择“渲染入 / 出点间”|“全部”选项，如图 15-36 所示。

步骤 04：执行操作后，弹出“渲染 - 序列 1”对话框，即可对入点与出点间的视频文件进行快速渲染操作，如图 15-37 所示，待渲染完成后即可。

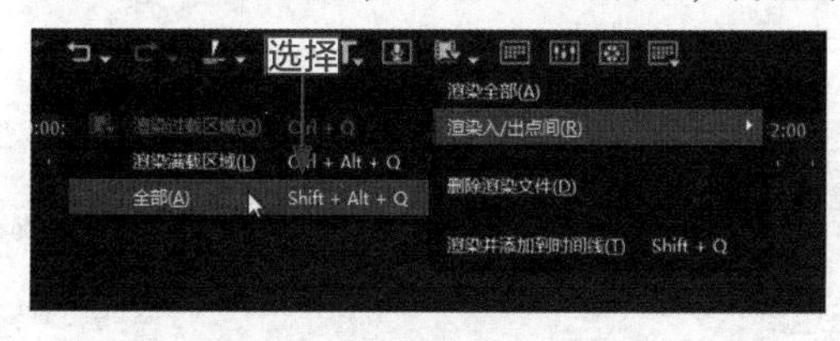

图 15-36　选择“全部”选项

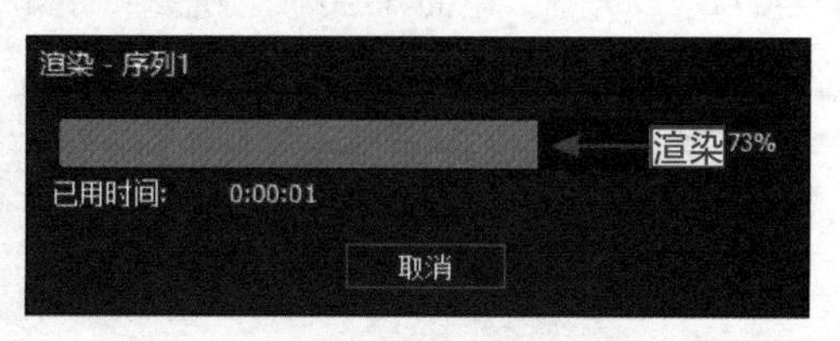

图 15-37　对入 / 出点间视频进行快速渲染操作

15.2.3 实例——删除渲染文件

在 EDIUS 工作界面中，如果渲染出来的文件达不到用户的要求，可以对渲染的文件进行删除操作。下面介绍删除渲染文件的操作方法。

操练 + 视频　实例——删除渲染文件

素材文件	无	扫描封底文泉云盘的二维码获取资源
效果文件	无	
视频文件	视频 \ 第 15 章 \15.2.3 实例——删除渲染文件 .mp4	

步骤 01：在轨道面板上方单击“渲染入 / 出点间”按钮右侧的下三角按钮，在弹出的列表框中选择“删除渲染文件”|“全部文件”选项，如图 15-38 所示。

步骤 02：弹出提示信息框，如图 15-39 所示，单击“是”按钮，即可删除文件。

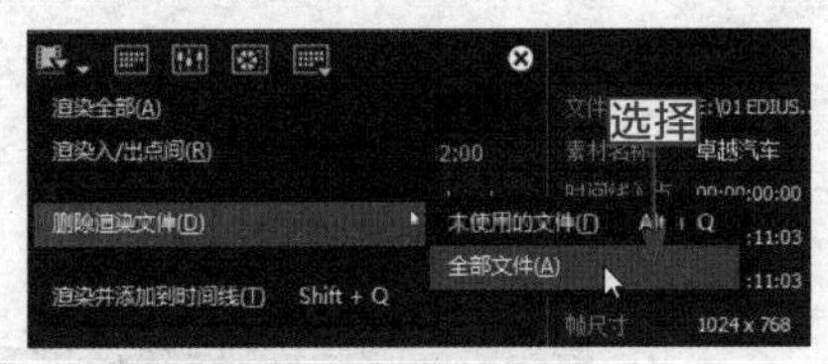

图 15-38　选择“全部文件”选项

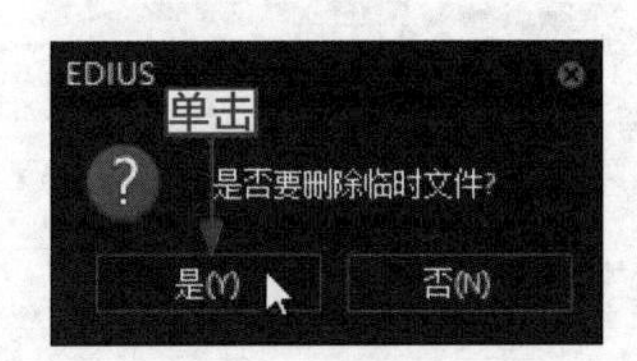

图 15-39　弹出提示信息框

15.3 刻录 DVD 光盘

视频编辑完成后，最后的工作就是刻录了，EDIUS 9 提供了多种刻录方式，以适合不同的需要。用户可在 EDIUS 9 中直接刻录视频，如刻录 DVD 或蓝光光盘，也可以使用专业的刻录软件进行光盘的刻录。本章主要介绍刻录 DVD 光盘的各种操作方法。

15.3.1 实例——刻前准备事项

刻录 DVD 光盘前，首先需要选择光盘的刻录类型，并设置好刻录属性，这样才能刻录出需要的 DVD 光盘。下面介绍刻录光盘前的准备工作。

操练 + 视频　实例——刻前准备事项

素材文件	无	扫描封底文泉云盘的二维码获取资源
效果文件	无	
视频文件	视频 \ 第 15 章 \15.3.1 实例——刻前准备事项 .mp4	

步骤 01：在录制窗口下方单击“输出”按钮，在弹出的列表框中选择“刻录光盘”选项，如图 15-40 所示。

步骤 02：执行操作后，弹出“刻录光盘”对话框，在“光盘”选项区中选中蓝光单选按钮；在“编解码器”选项区中选中 MPEG2 单选按钮；在“菜单”选项区中选中“使用菜单”单选按钮，如图 15-41 所示，完成刻录选项的设置。

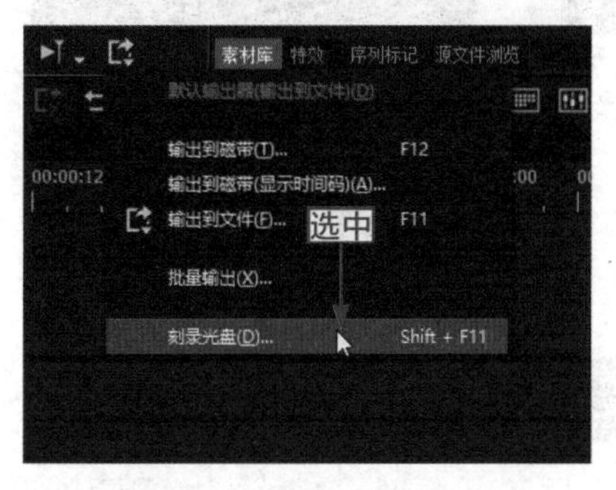

图 15-40　选择“刻录光盘”选项

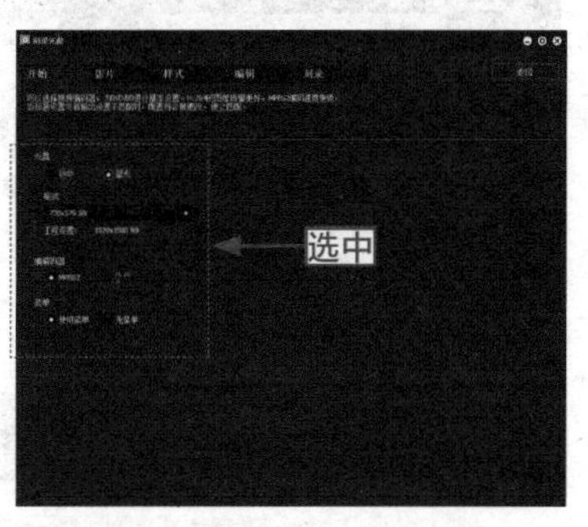

图 15-41　选中相应单选按钮

15.3.2　实例——导入影片素材

设置完刻录选项后，接下来在对话框中导入需要刻录的影片素材。下面介绍导入影片素材的操作方法。

操练 + 视频　实例——导入影片素材

素材文件	素材 \ 第 15 章 \ 城市风光 \ 彩虹初现 .mpg、五彩缤纷 .mpg、霞光漫天 . mpg、云卷云舒 .mpg	扫描封底文泉云盘的二维码获取资源
效果文件	无	
视频文件	视频 \ 第 15 章 \15.3.2　实例——导入影片素材 .mp4	

步骤 01：在“刻录光盘”对话框中单击“影片”标签，如图 15-42 所示，切换至“影片”选项卡。

步骤 02：删除现有的影片文件，然后单击“添加文件”按钮，如图 15-43 所示。

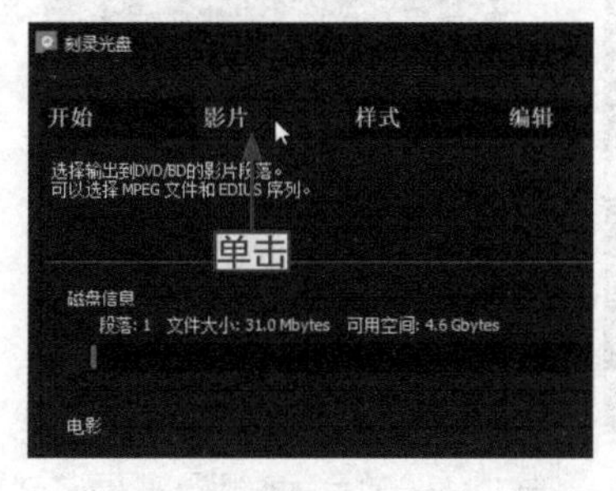

图 15-42　单击“影片”标签

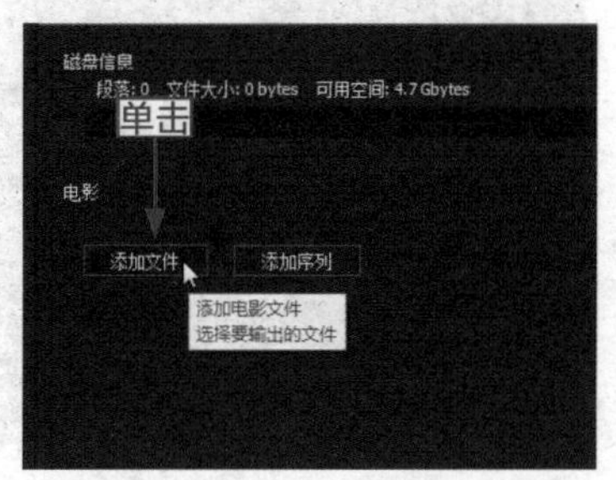

图 15-43　单击“添加文件”按钮

步骤 03：执行操作后，弹出“添加段落”对话框，在其中选择需要导入的影片文件，如图 15-44 所示。

步骤 04：单击 Open 按钮，即可将选择的影片文件导入“刻录光盘”对话框中，如图 15-45 所示。

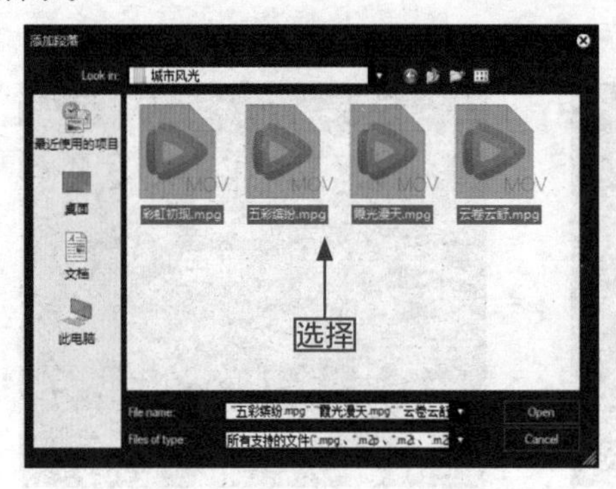

图 15-44　选择需要导入的影片文件

图 15-45　导入“刻录光盘”对话框

15.3.3　实例——设置画面样式

在“刻录光盘”对话框中导入需要刻录的影片文件后，接下来需要设置光盘刻录的画面样式，使刻录的视频界面更加美观。

操练 + 视频　实例——设置画面样式

素材文件	无	扫描封底文泉云盘的二维码获取资源
效果文件	无	
视频文件	视频 \ 第 15 章 \15.3.3 实例——设置画面样式 .mp4	

步骤 01：在“刻录光盘”对话框中单击“样式”标签，如图 15-46 所示。

步骤 02：执行操作后，切换至“样式”选项卡，在中间的预览窗口中显示了当前视频的界面样式，如图 15-47 所示。

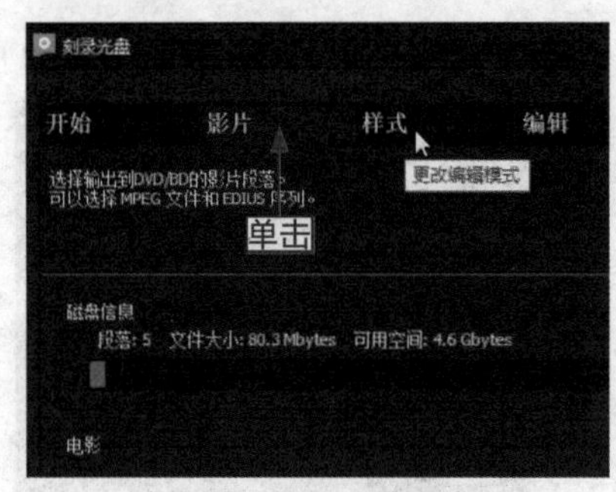

图 15-46　单击“样式”标签

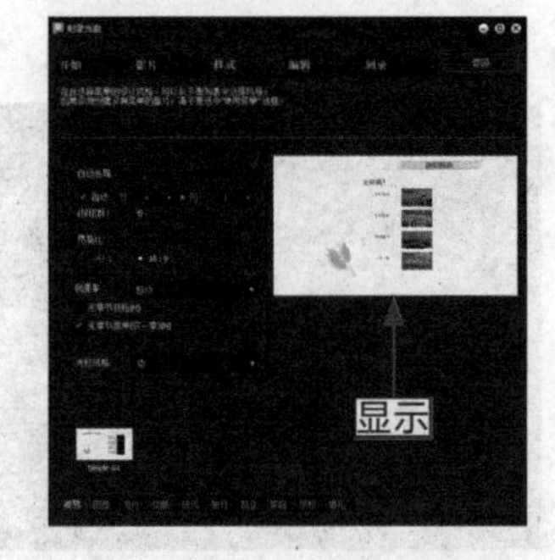

图 15-47　显示当前视频的界面样式

步骤 03：在对话框的下方单击"家庭"标签，切换至"家庭"选项卡，在其中选择家庭画面样式，如图 15-48 所示。

步骤 04：执行操作后，即可将界面样式设置为家庭样式，在预览窗口中可以预览样式效果，如图 15-49 所示，完成画面样式的设置。

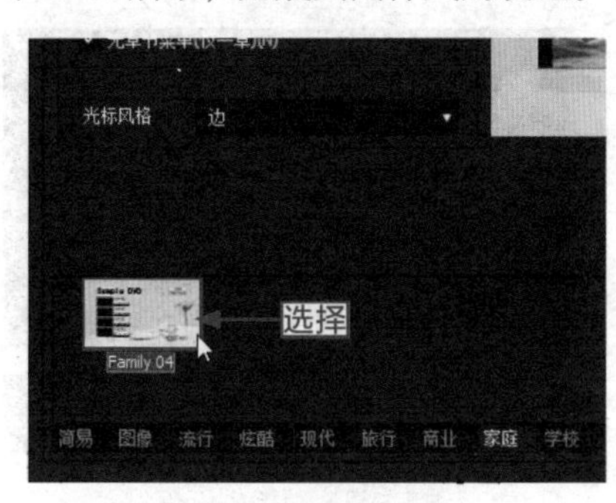

图 15-48　选择家庭画面样式

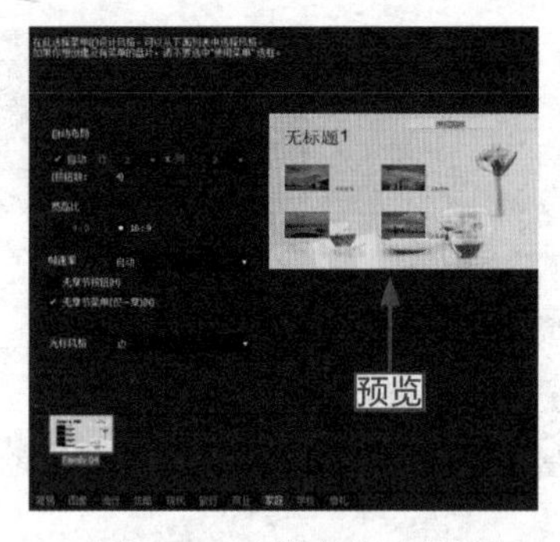

图 15-49　预览家庭样式效果

15.3.4　实例——编辑图像文本

如果画面样式中的文本信息无法满足用户的要求，此时用户可以编辑画面中的图像文本，使制作的视频效果更具吸引力。

操练 + 视频　实例——编辑图像文本

素材文件	无	扫描封底文泉云盘的二维码获取资源
效果文件	无	
视频文件	视频 \ 第 15 章 \15.3.4　实例——编辑图像文本 .mp4	

步骤 01：在"刻录光盘"对话框中单击"编辑"标签，如图 15-50 所示。

步骤 02：执行操作后，切换至"编辑"选项卡，在右侧窗格中显示了可以编辑的图像文本项目，如图 15-51 所示。

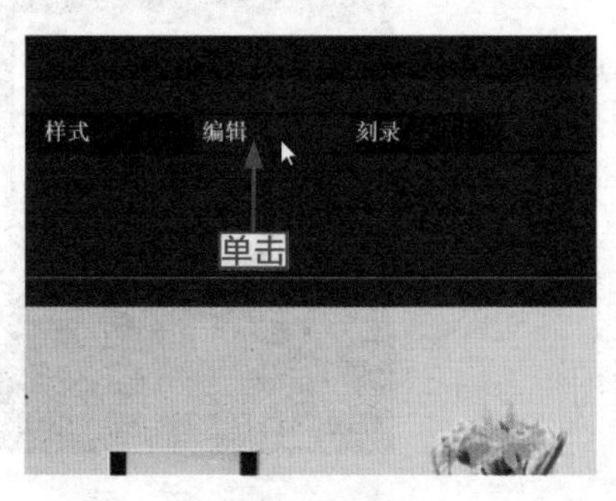

图 15-50　单击"编辑"标签

图 15-51　切换至"编辑"选项卡

步骤 03： 在窗格中选择“背景”选项，单击鼠标右键，在弹出的快捷菜单中选择“设置”命令，如图 15-52 所示。

步骤 04： 弹出“菜单项设置”对话框，单击“选择要打开的图像文件”按钮，如图 15-53 所示。

图 15-52　选择“设置”命令

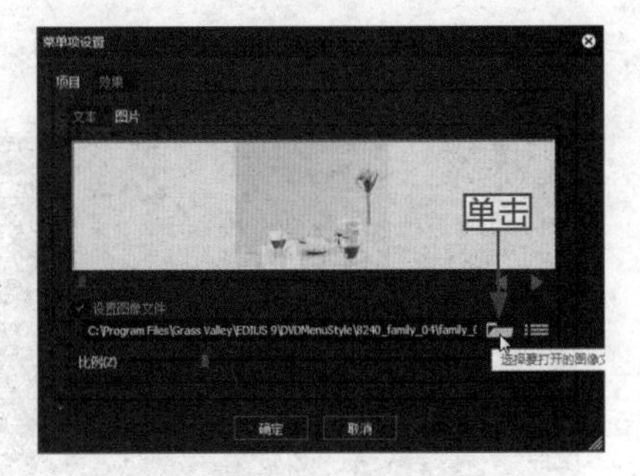

图 15-53　单击相应按钮

步骤 05： 弹出“打开图像”对话框，在其中选择背景图像文件，如图 15-54 所示。

步骤 06： 单击 Open 按钮，返回“菜单项设置”对话框，在中间的预览窗口中显示了当前视频的背景图像效果，如图 15-55 所示，并在下方显示了背景图像导入的路径信息。

图 15-54　选择背景图像文件

图 15-55　显示背景图像效果

步骤 07： 单击“确定”按钮，返回“刻录光盘”对话框，即可应用选择的背景图像，在预览窗口中可以预览背景图像效果，如图 15-56 所示。

步骤 08： 在预览窗口中选择“城市风光”文本内容，按住鼠标左键向右拖曳至合适位置后，释放鼠标左键，即可移动文本内容，如图 15-57 所示。

步骤 09： 用与上同样的方法，在预览窗口中通过鼠标拖曳的方式，移动图像与文本对象，并对图像与文本对象进行适当的缩放操作，使其更加符合画面需求，调整后的画面效果如图 15-58 所示。

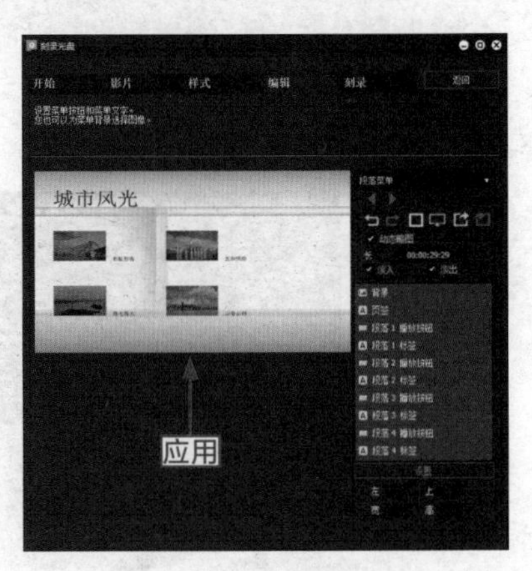

图 15-56　应用背景图像

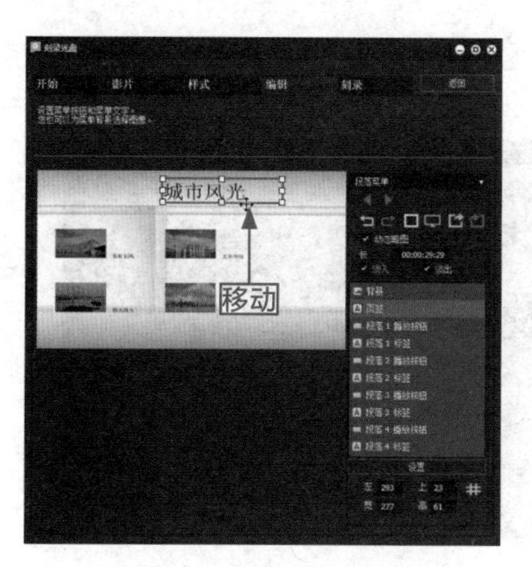

图 15-57　移动文本内容

图 15-58　调整图像与文本内容

15.3.5　实例——刻录 DVD 光盘

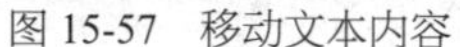

当用户编辑完视频画面效果后，即可开始刻录 DVD 光盘。下面介绍刻录 DVD 光盘的操作方法。

操练 + 视频　实例——刻录 DVD 光盘

素材文件	无	扫描封底文泉云盘的二维码获取资源
效果文件	无	
视频文件	视频 \ 第 15 章 \15.3.5　实例——刻录 DVD 光盘 .mp4	

步骤 01：在“刻录光盘”对话框中单击“刻录”标签，如图 15-59 所示。

步骤 02：执行操作后，切换至“刻录”选项卡，其中显示了相关的刻录属性供用户设置，如图 15-60 所示。

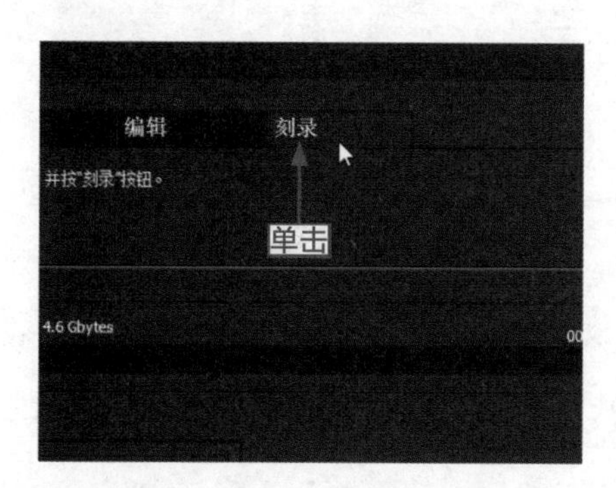

图 15-59　单击“刻录”标签

图 15-60　显示相关刻录属性

步骤 03：在“设置”选项区中设置“卷标号”为“城市风光”，如图 15-61 所示。

步骤 04：设置完成后，单击右下角的“刻录”按钮，如图 15-62 所示，即可开始刻录 DVD 光盘，待刻录完成后即可。

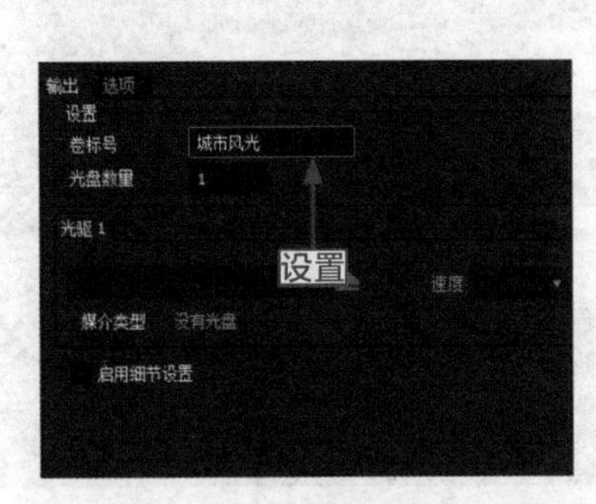

图 15-61 设置卷标号信息

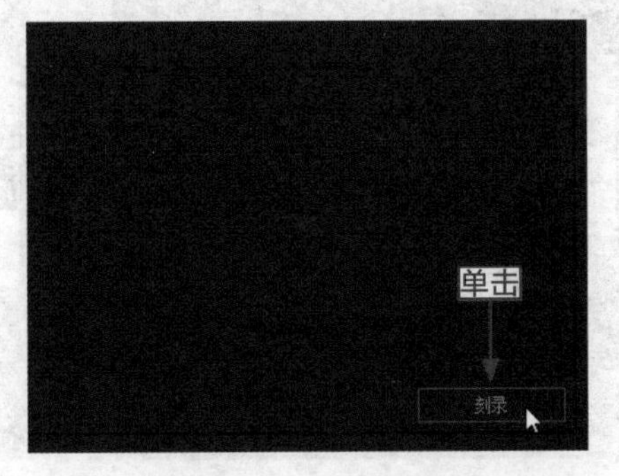

图 15-62 单击“刻录”按钮

专家指点

在 EDIUS 工作界面中按【Shift + F11】组合键，也可以快速弹出“刻录光盘”对话框。

15.4 本章小结

本章通过大量篇幅内容，向读者详细介绍了输出与渲染视频文件的各种操作方法，以及将视频文件刻录为 DVD 光盘的操作技巧，以满足观赏者的需要。通过本章的学习，相信读者对影片的输出与刻录有了一定的了解，并且能够熟练地将 EDIUS 9 中制作的工程文件刻录成影音光盘。

PART SIX 06 案例实战篇

CHAPTER 16

第 16 章　制作字幕特效——广告宣传

~ 学前提示 ~

影视中的字幕特效是一种专门为了服务特定议题的信息表现手法，常用于电影海报、节目片头以及电视广告中，宣传类字幕特效的作用是增强观众对影视节目的吸引力，用来吸引观众的眼球。本章主要向读者介绍制作字幕特效——“广告宣传”实例的操作方法，希望读者熟练掌握本章内容，并举一反三，制作出更多漂亮的标题字幕特效。

~ 本章重点 ~

- 制作视频画面效果
- 制作静态标题字幕
- 制作字幕运动效果
- 输出标题字幕文件

16.1　效果欣赏与技术提炼

在制作字幕特效之前，首先带领读者预览“广告宣传”字幕特效，并掌握项目技术提炼等内容，这样可以帮助读者理清字幕特效的制作思路。

16.1.1　效果赏析

本实例介绍“广告宣传”字幕特效的制作方法，效果如图 16-1 所示。

图 16-1　“广告宣传”字幕特效

16.1.2　技术提炼

首先进入 EDIUS 9 工作界面，在“素材库”面板中导入字幕背景素材，然后将其添加至视频轨道中，调整背景素材的区间长度，运用纵向文本工具在预览窗口中创建标题字幕，在“特效”面板中为字幕添加运动特效，最后输出字幕文件为 MPEG 格式。

16.2　字幕制作过程

本节主要介绍“广告宣传”字幕特效的制作过程，如导入字幕素材、制作视频画面效果以及制作字幕运动效果等内容，希望读者熟练掌握本节字幕的制作技巧。

16.2.1　导入字幕背景素材

标题字幕也需要背景画面的衬托，以体现出字幕的意义。下面主要介绍导入字幕背景素材的操作方法。

操练 + 视频　导入字幕背景素材

素材文件	素材 \ 第 16 章 \ 背景 .jpg	扫描封底文泉云盘的二维码获取资源
效果文件	无	
视频文件	视频 \ 第 16 章 \16.2.1　导入字幕背景素材 .mp4	

步骤 01：按【Ctrl + N】组合键，新建一个工程文件，在“素材库”面板中的空白位置上单击鼠标右键，在弹出的快捷菜单中选择“添加文件”命令，如图 16-2 所示。

步骤 02：弹出 Open 对话框，在其中选择需要导入的背景素材，如图 16-3 所示。

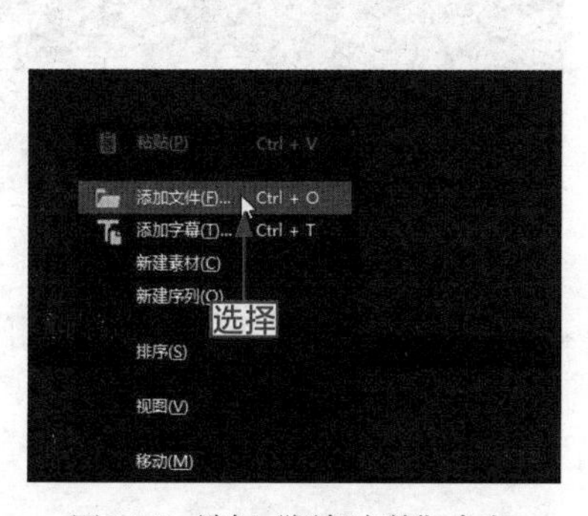

图 16-2　选择“添加文件”命令

图 16-3　选择需要导入的背景素材

步骤 03：单击 Open 按钮，将背景素材导入"素材库"面板中，如图 16-4 所示。

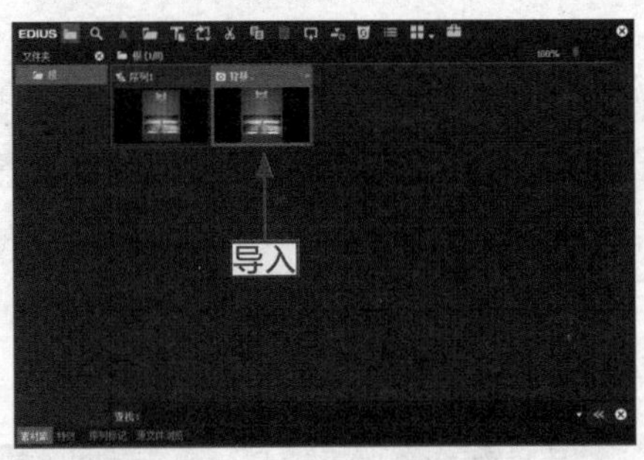

图 16-4　导入"素材库"面板中

16.2.2　制作视频画面效果

将背景素材导入"素材库"面板后，接下来在轨道面板中制作字幕的背景画面效果。下面介绍制作视频画面效果的方法。

操练 + 视频　制作视频画面效果

素材文件	无	扫描封底文泉云盘的二维码获取资源
效果文件	无	
视频文件	视频 \ 第 16 章 \16.2.2　制作视频画面效果 .mp4	

步骤 01：在"素材库"面板中选择背景素材，如图 16-5 所示。

步骤 02：按住鼠标左键，将其拖曳至视频轨中的开始位置，如图 16-6 所示。

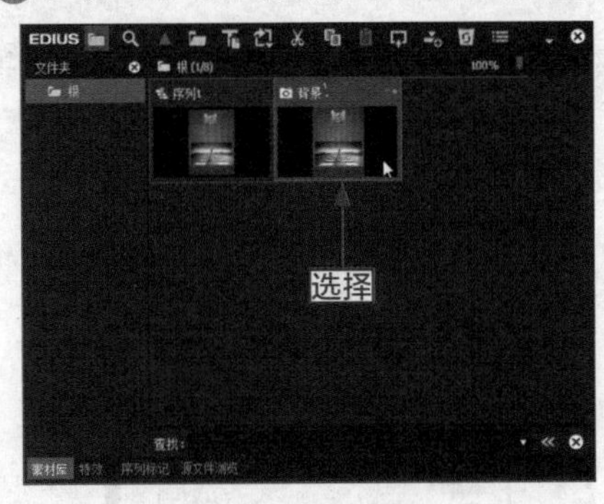

图 16-5　选择背景素材

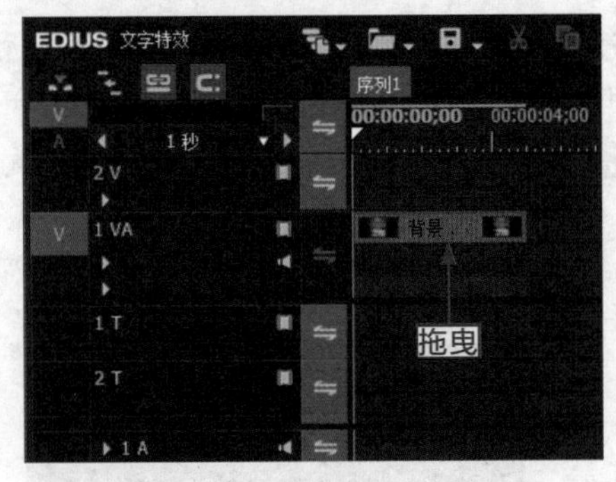

图 16-6　拖曳至视频轨中

步骤 03：在背景素材上单击鼠标右键，在弹出的快捷菜单中选择"持续时间"命令，如图 16-7 所示。

步骤 04：执行操作后，弹出"持续时间"对话框，在"持续时间"数值框中重新输入 00:00:12；29，如图 16-8 所示。

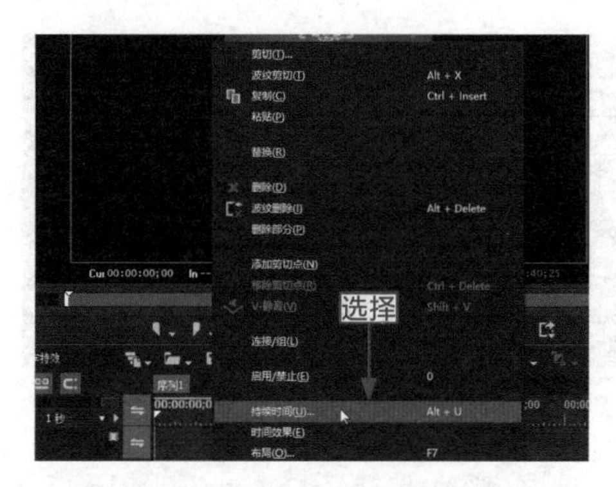

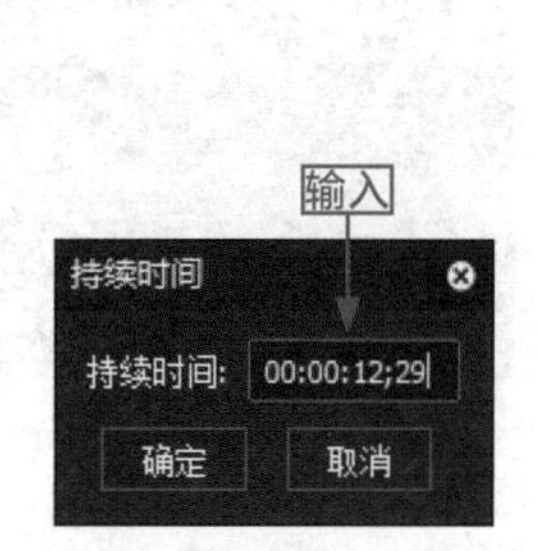

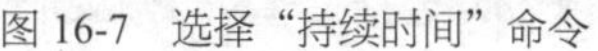

图 16-7　选择“持续时间”命令　　　图 16-8　重新输入持续时间

步骤 05：单击“确定”按钮，即可更改背景素材的持续时间，在视频轨中可以看到更改持续时间后的素材区间长度发生变化，如图 16-9 所示。

步骤 06：在录制窗口中，可以预览背景素材画面效果，如图 16-10 所示。

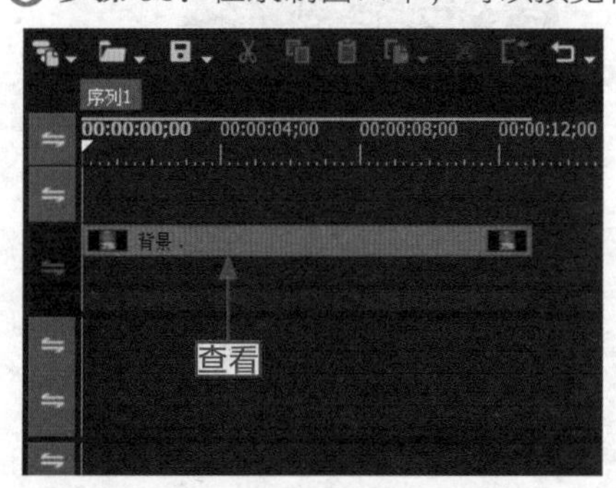

图 16-9　素材区间长度将发生变化　　　图 16-10　预览背景素材画面效果

16.2.3　制作静态字幕效果

运用横向或纵向文本工具，可以在字幕窗口中创建横向或纵向文本内容。

操练 + 视频　制作静态字幕效果

素材文件	无	扫描封底文泉云盘的二维码获取资源
效果文件	无	
视频文件	视频 \ 第 16 章 \16.2.3 制作静态字幕效果 .mp4	

步骤 01：在“素材库”面板中的空白位置上单击鼠标右键，在弹出的快捷菜单中选择“添加字幕”命令，如图 16-11 所示。

步骤 02：打开字幕窗口，在左侧工具箱中选取横向文本工具，如图 16-12 所示。

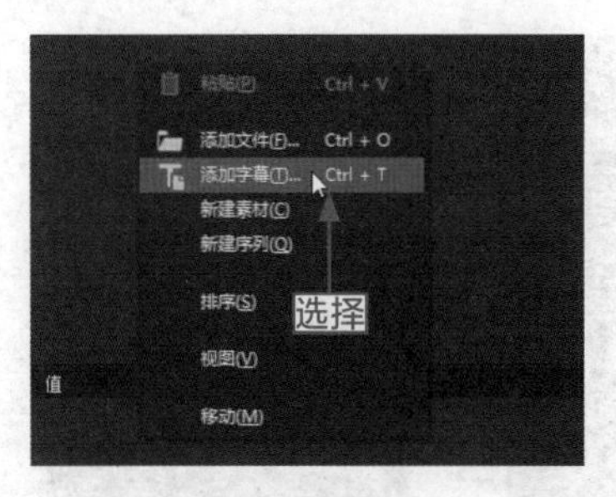

图 16-11 选择“添加字幕”命令

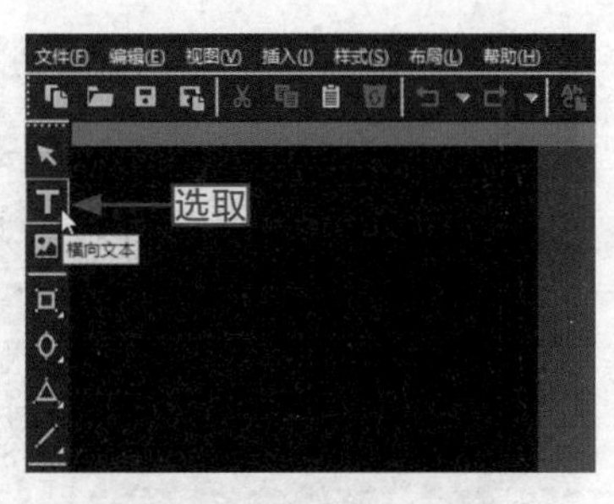

图 16-12 选取横向文本工具

步骤 03：在预览窗口中输入相应文字内容，选择文本对象，如图 16-13 所示。

步骤 04：在“文本属性”面板和“变换”选项区中，设置 X 为 1411、Y 为 602、“宽度”为 1213、“高度”为 142、“字距”为 16；“字体”为“黑体”、“字号”为 72，如图 16-14 所示。

图 16-13 选择文本对象

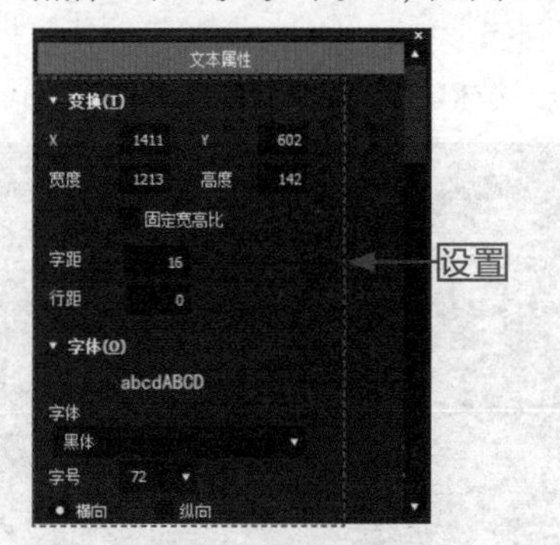

图 16-14 设置参数

步骤 05：在“填充颜色”选项区中，设置“方向”为 309.19、“颜色”为 1，单击下方第 1 个色块，如图 16-15 所示。

步骤 06：弹出“色彩选择 -709”对话框，在其中设置“红”为 255、“绿”为 255、“蓝”为 255，如图 16-16 所示，单击“确定”按钮，设置第 1 个色块的颜色。

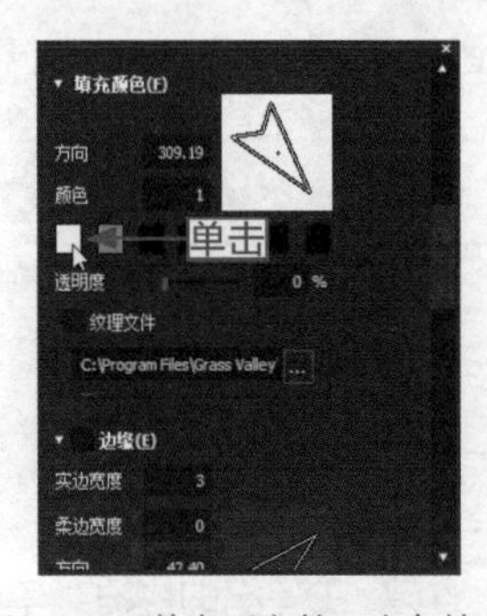

图 16-15 单击下方第 1 个色块

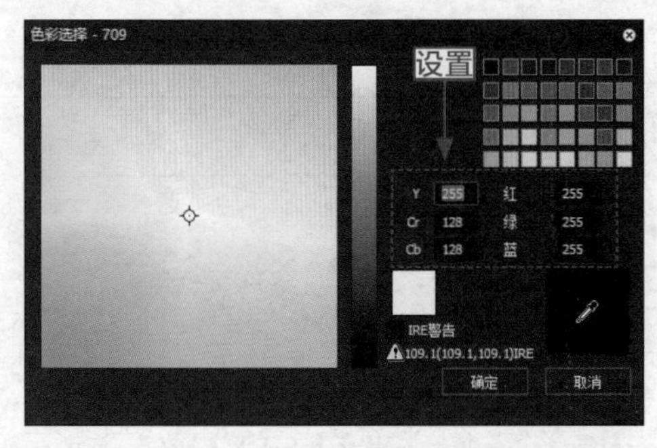

图 16-16 设置颜色参数

步骤 07：在预览窗口中，通过鼠标拖曳的方式，调整横向文本内容的摆放位置，如图 16-17 所示。

步骤 08：单击“保存”按钮，退出字幕窗口。在“素材库”面板中，显示了创建的字幕文本对象，如图 16-18 所示。

图 16-17　调整文本摆放位置

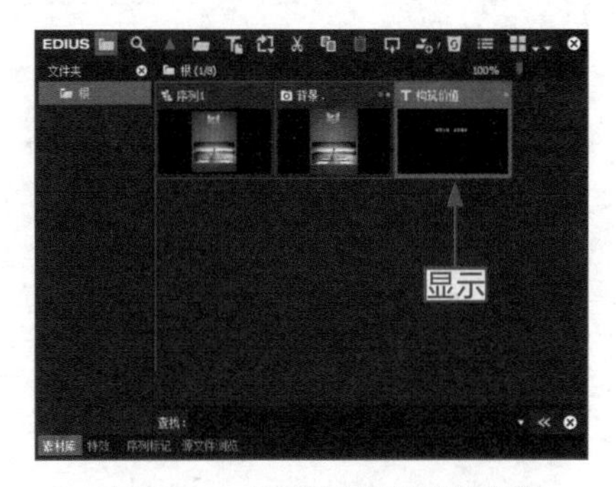

图 16-18　显示了创建的字幕文件

步骤 09：在选择的字幕文本上按住鼠标左键，将其拖曳至 1T 字幕轨道中的开始位置，如图 16-19 所示。

步骤 10：在轨道中的字幕文件上单击鼠标右键，在弹出的快捷菜单中选择“持续时间”命令，如图 16-20 所示。

图 16-19　拖曳字幕至开始位置

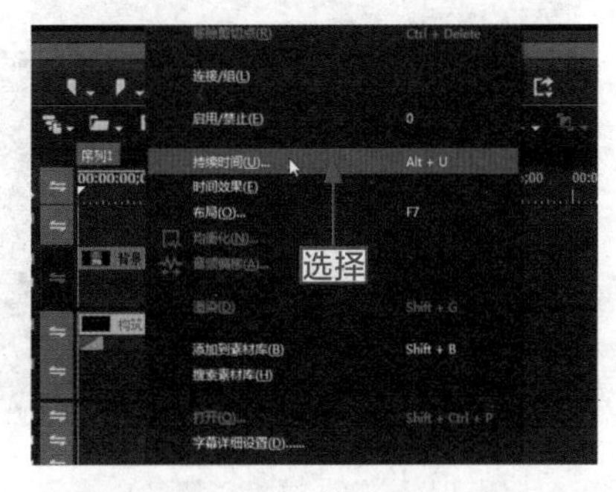

图 16-20　选择“持续时间”命令

步骤 11：执行操作后，弹出“持续时间”对话框，在其中设置“持续时间”为 00:00:12;29，如图 16-21 所示。

步骤 12：单击“确定”按钮，即可调整字幕文件的区间长度，如图 16-22 所示。

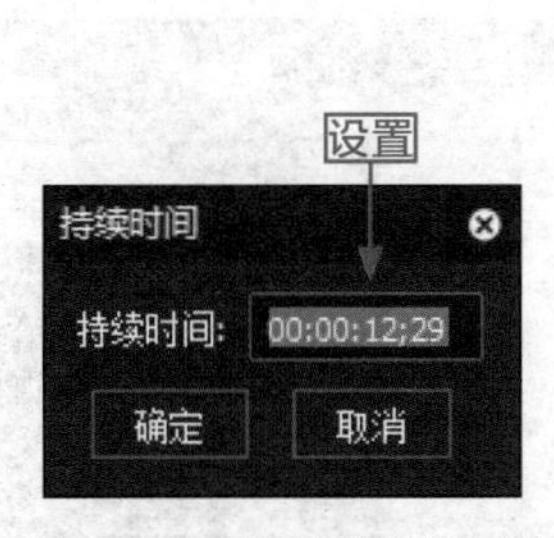

图 16-21　设置字幕持续时间

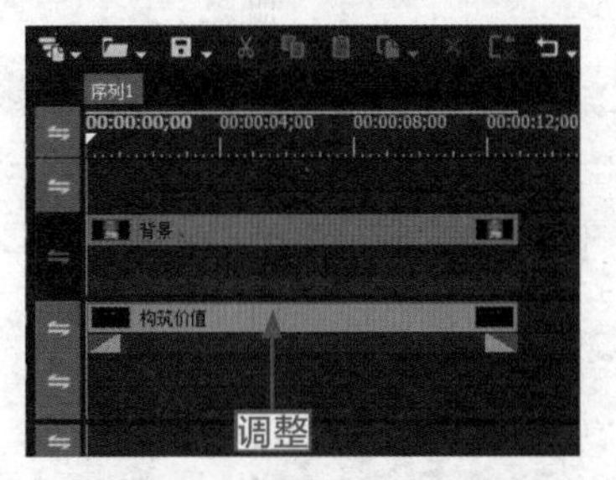

图 16-22　调整字幕长度

步骤 13：在“素材库”面板中的空白位置上单击鼠标右键，在弹出的快捷菜单中选择

“添加字幕”命令，如图 16-23 所示。

步骤 14： 打开字幕窗口，在左侧工具箱中选取横向文本工具，如图 16-24 所示。

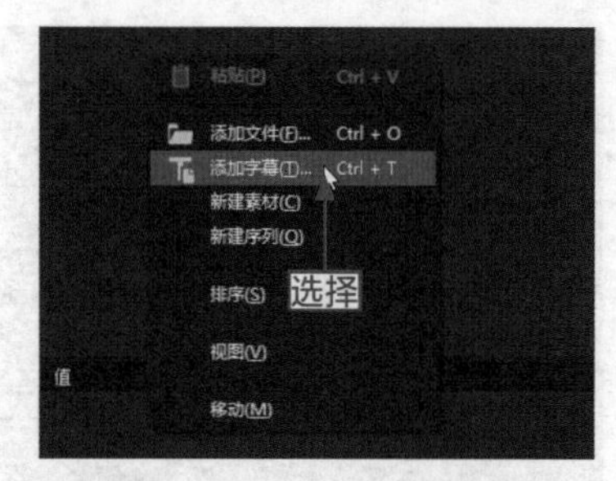

图 16-23　选择“添加字幕”命令

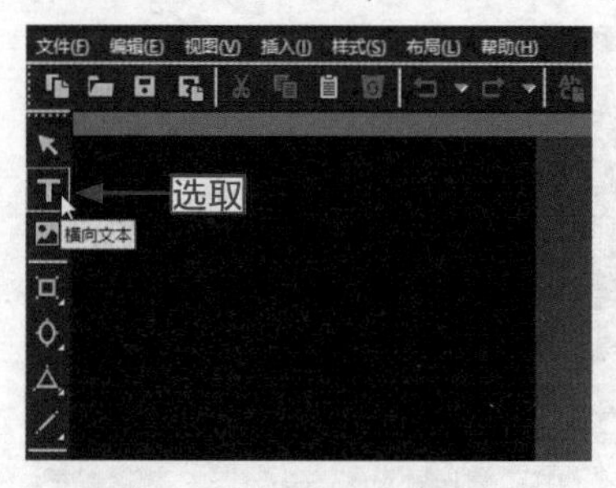

图 16-24　选取横向文本工具

步骤 15： 在预览窗口中输入相应文字内容，选择文本对象，如图 16-25 所示。

步骤 16： 在“文本属性”面板的“变换”选项区中，设置 X 为 1543、Y 为 819、“宽度”为 969、“高度”为 73，“字距”为 20；“字体”为“楷体”，“字号”为 80，如图 16-26 所示。

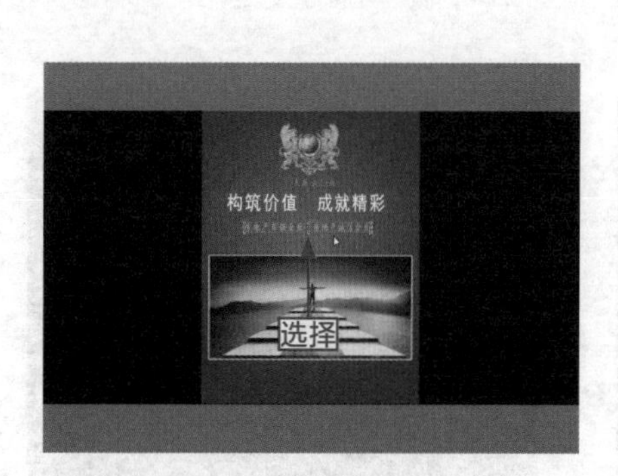

图 16-25　选择文本对象

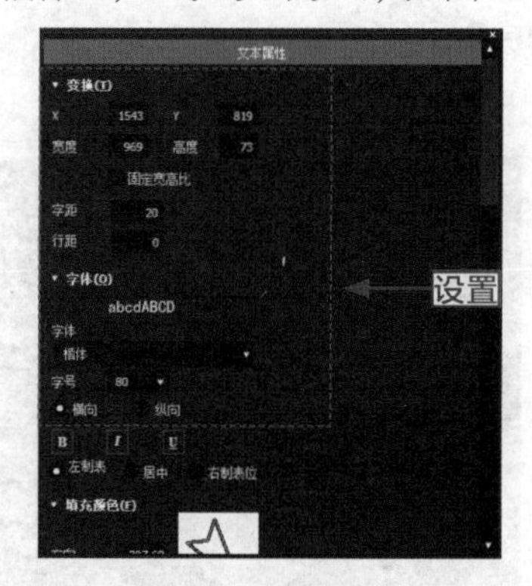

图 16-26　设置参数

步骤 17： 在“填充颜色”选项区中，设置“方向”为 307.69、“颜色”为 1，单击下方第 1 个色块，如图 16-27 所示。

步骤 18： 弹出“色彩选择 -709”对话框，在其中设置“红”为 255、“绿”为 255、“蓝”为 255，如图 16-28 所示，单击“确定”按钮，设置第 1 个色块的颜色。

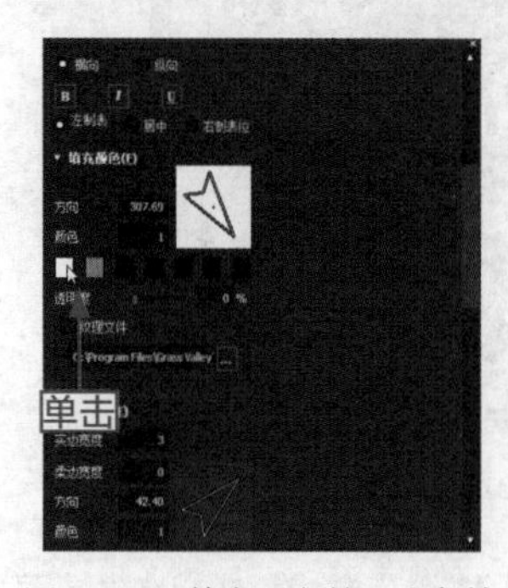

图 16-27　单击下方第 1 个色块

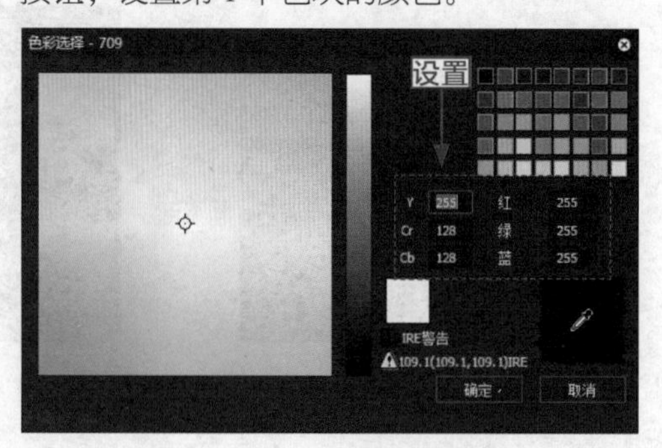

图 16-28　设置色块的颜色

步骤 19：在预览窗口中，通过鼠标拖曳的方式，调整文本的摆放位置，如图 16-29 所示。

步骤 20：单击“保存”按钮，退出字幕窗口，在“素材库”面板中显示了创建的字幕文本对象，如图 16-30 所示。

图 16-29　调整文本摆放位置

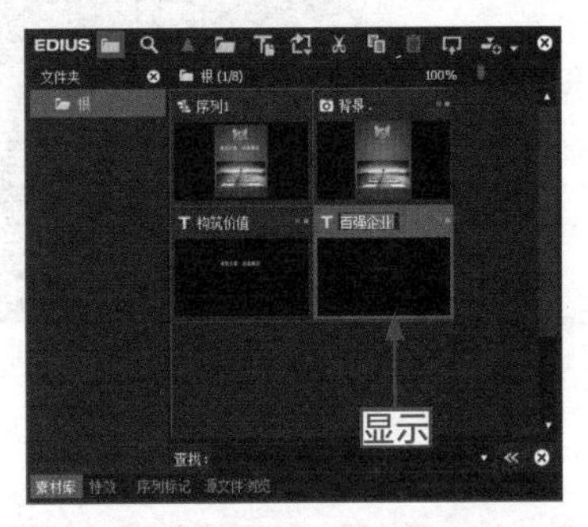

图 16-30　显示了创建的字幕文本

步骤 21：调整时间线至 00:00:03:06 的位置处，在选择的字幕文本上按住鼠标左键，将其拖曳至 2T 字幕轨道中的时间线位置处，如图 16-31 所示。

步骤 22：在轨道中的字幕文件上单击鼠标右键，在弹出的快捷菜单中选择“持续时间”命令，如图 16-32 所示。

图 16-31　拖曳至 1T 字幕轨道中

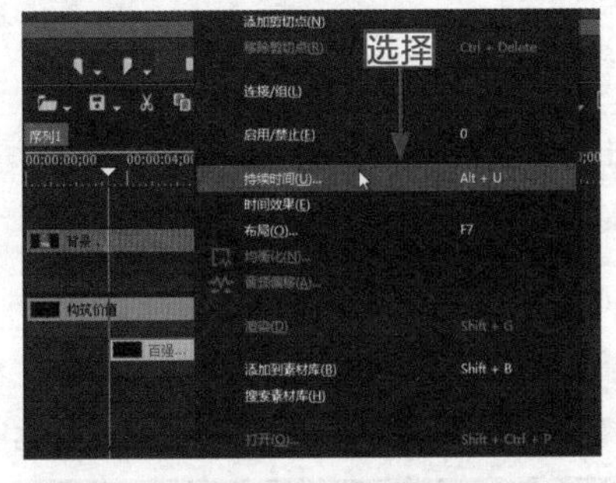

图 16-32　选择“持续时间”命令

步骤 23：执行操作后，弹出“持续时间”对话框，在其中设置“持续时间”为 00:00:09; 21，如图 16-33 所示。

步骤 24：单击“确定”按钮，即可调整字幕文件的区间长度，如图 16-34 所示。

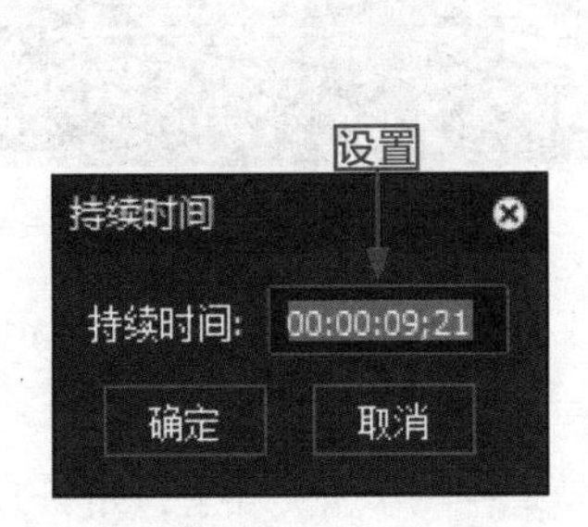

图 16-33　设置字幕持续时间

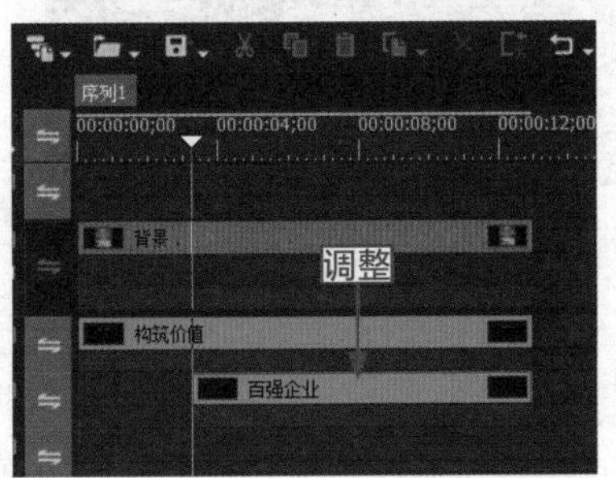

图 16-34　调整字幕长度

步骤 25： 用与上文同样的操作方法，制作其他字幕效果，并将制作的字幕文件添加到视频轨的适当位置处，设置字幕文件的持续时间为 00:00:06;10 和 00:00:02;10，效果如图 16-35 所示。

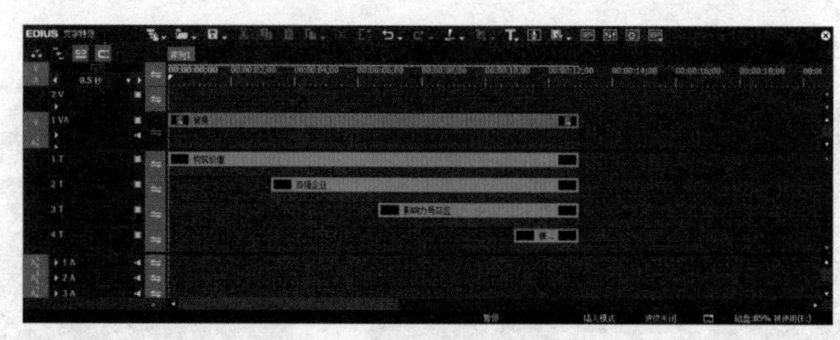

图 16-35　调整字幕长度

16.2.4　制作字幕运动效果

在 EDIUS 工作界面中，用户可以为制作的静态字幕添加运动效果。

操练 + 视频　制作字幕运动效果

素材文件	无	扫描封底文泉云盘的二维码获取资源
效果文件	无	
视频文件	视频 \ 第 16 章 \16.2.4 制作字幕运动效果 .mp4	

步骤 01： 展开“字幕混合”特效组，在“软划像”特效组中选择“向右软划像”特效，如图 16-36 所示。

步骤 02： 按住鼠标左键，将其拖曳至 1T 字幕轨道中的字幕文件上，如图 16-37 所示，释放鼠标左键，即可添加“向右软划像”字幕特效。

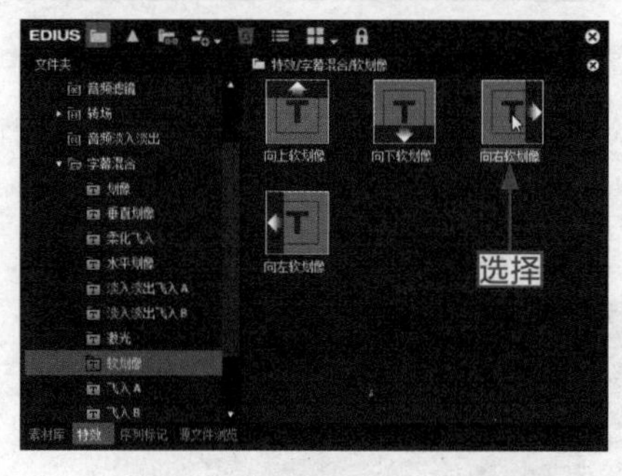

图 16-36　选择“向右软划像”特效

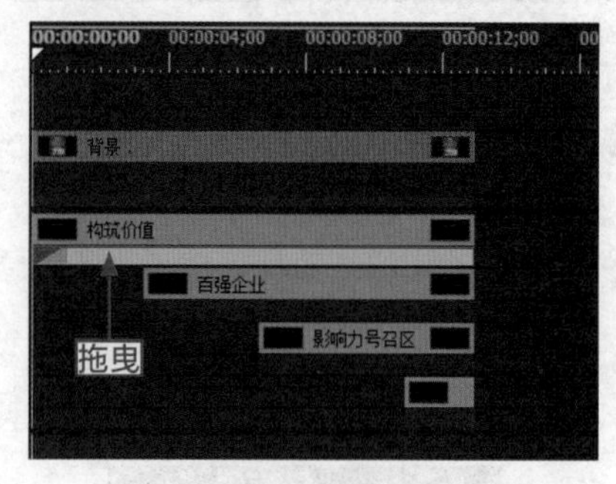

图 16-37　拖曳至字幕文件上

步骤 03： 展开“字幕混合”特效组，在“柔化飞入”特效组中选择“向右软划像”特效，如图 16-38 所示。

步骤 04： 按住鼠标左键，将其拖曳至 2T 字幕轨道中的字幕文件上，如图 16-39 所示，释放鼠标左键，即可添加“向右软划像”字幕特效。

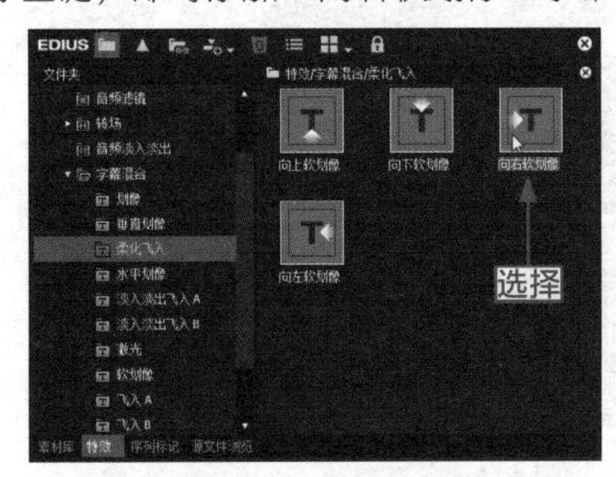

图 16-38　选择“向右软划像”特效

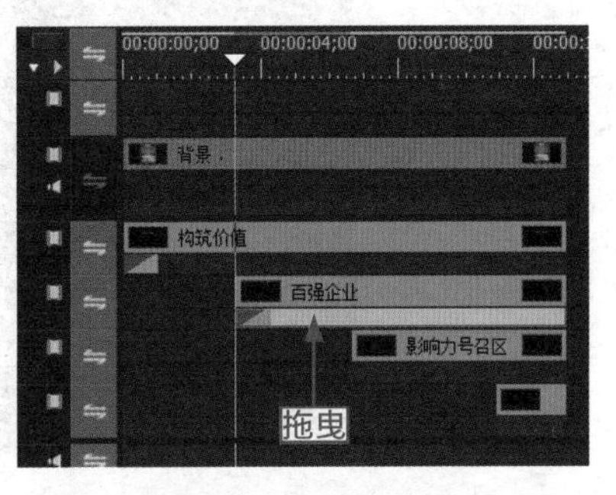

图 16-39　拖曳至字幕文件上

步骤 05： 展开“字幕混合”特效组，在“柔化飞入”特效组中选择“向右软划像”特效，如图 16-40 所示。

步骤 06： 按住鼠标左键，将其拖曳至 3T 字幕轨道中的字幕文件上，如图 16-41 所示，释放鼠标左键，即可添加“向右软划像”字幕特效。

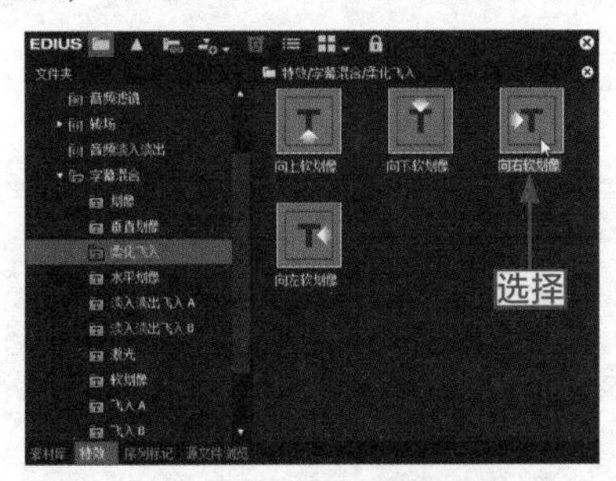

图 16-40　选择“向右软划像”特效

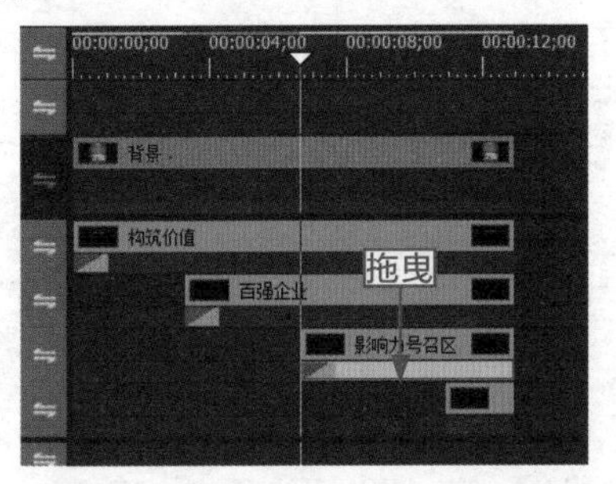

图 16-41　拖曳至字幕文件上

步骤 07： 展开“字幕混合”特效组，在“划像”特效组中选择“向右划像”特效，如图 16-42 所示。

步骤 08： 按住鼠标左键，将其拖曳至 4T 字幕轨道中的字幕文件上，如图 16-43 所示，释放鼠标左键，即可添加“向右划像”字幕特效。

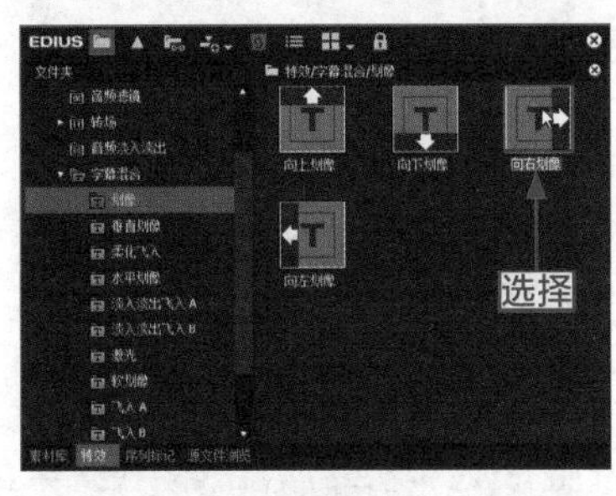

图 16-42　选择“向右软划像”特效

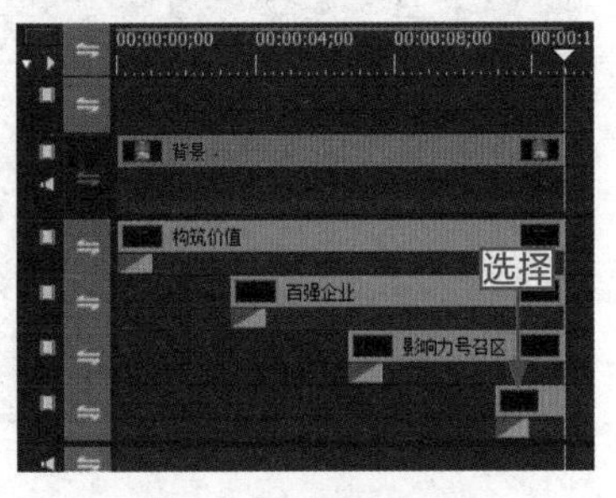

图 16-43　拖曳至字幕文件上

步骤 09： 单击录制窗口下方的“播放”按钮，预览添加特效后的字幕运动效果，如图 16-44 所示。

图 16-44 预览字幕运动效果

16.2.5 输出标题字幕文件

当用户制作完开场片头后，接下来为视频添加背景音乐，对文件进行输出操作。下面介绍输出的操作方法。

操练 + 视频 输出标题字幕文件

素材文件	素材 \ 第 16 章 \ 音乐 .wav	扫描封底文泉云盘的二维码获取资源
效果文件	效果 \ 第 16 章 \ 文字特效 .mpg	
视频文件	视频 \ 第 16 章 \16.2.5 输出标题字幕文件 .mp4	

步骤 01：在“素材库”面板中的空白位置单击鼠标右键，在弹出的快捷菜单中选择“添加文件”命令，如图 16-45 所示。

步骤 02：弹出 Open 对话框，选择需要添加的背景音乐，如图 16-46 所示。

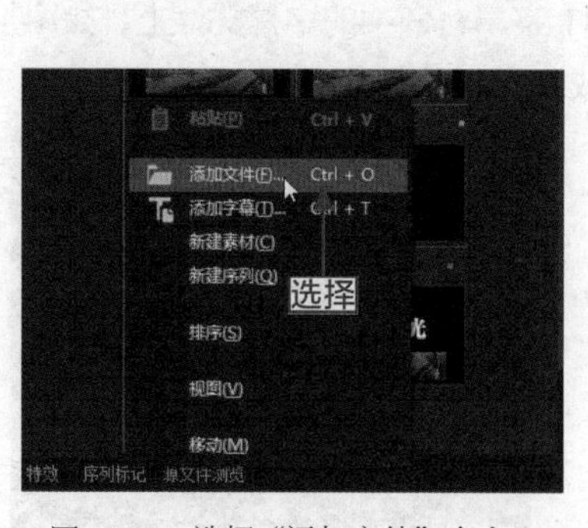

图 16-45 选择“添加文件”命令

图 16-46 选择需要添加的背景音乐

步骤 03：单击 Open 按钮，将音乐导入“素材库”面板中，如图 16-47 所示。

步骤 04：按住鼠标左键，将其拖曳到视频轨中 1A 的开始位置处，如图 16-48 所示。

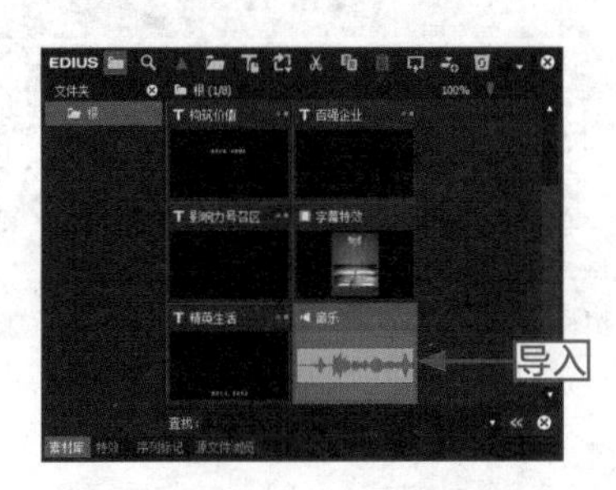

图 16-47　将音乐导入“素材库”中

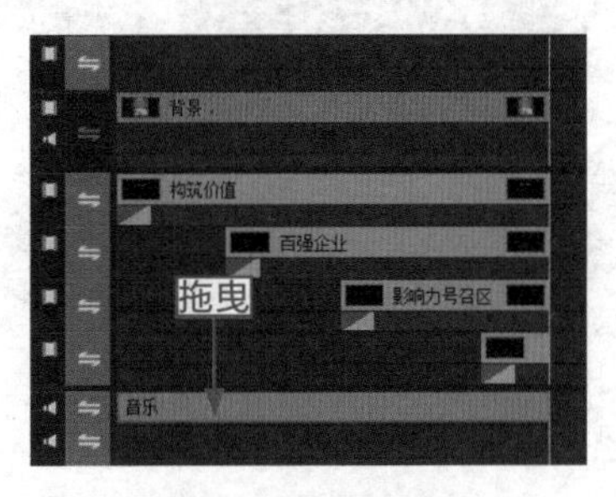

图 16-48　拖曳音乐素材

步骤 05: 按【F11】键，弹出“输出到文件”对话框，在其中选择 MPEG 输出方式，如图 16-49 所示。

步骤 06: 单击“输出”按钮，弹出“MPEG2 程序流”对话框，在其中设置视频的保存名称与输出路径，如图 16-50 所示。

步骤 07: 设置完成后，单击 Save 按钮，弹出“渲染”对话框，显示输出进度，如图 16-51 所示，待视频渲染完成后即可。在录制窗口下方单击“播放”按钮，预览渲染后的视频文件效果。

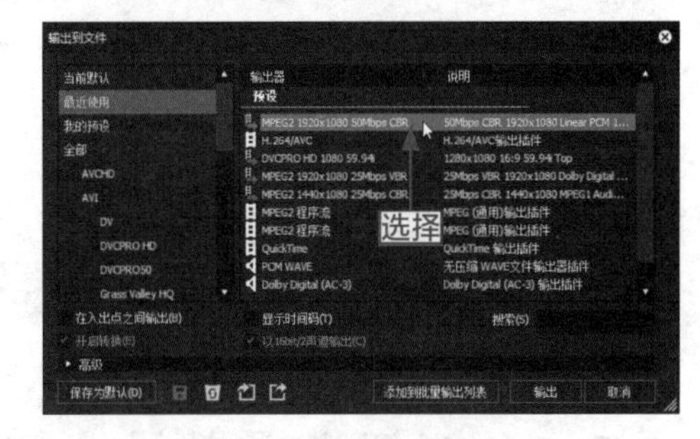

图 16-49　选择 MPEG 输出方式

图 16-50　设置视频输出属性

图 16-51　显示输出进度

16.3　本章小节

本章通过制作“广告宣传”字幕特效，详细讲解了静态字幕、动态字幕以及字幕特效的制作方法，动态字幕主要是通过添加“字幕混合”特效组中的运动特效制作出来的，主要增强了字幕效果的感染力与吸引力。通过本章的学习，相信读者已经熟练掌握了字幕特效的制作方法。

CHAPTER 17

第 17 章 制作延时视频——湘江风光

~ 学前提示 ~

延时视频是一种比较特别的视频类型，众所周知，延时视频的拍摄过程很费时间，但在观看时却只要区区几十秒就可以预览完整个视频，节约了观看者的时间，因此延时视频的用途也比较广泛，如用在影视、风光宣传片等。本章就来介绍延时视频的制作方法。

~ 本章重点 ~

- 导入延时视频素材
- 制作开场拉伸片头
- 制作视频标题字幕
- 输出延时视频文件

17.1 效果欣赏与技术提炼

在制作延时视频之前，首先带领读者浏览“湘江风光”视频的画面效果，并掌握项目技术提炼等内容，这样可以帮助读者理清延时视频的设计思路。

17.1.1 效果赏析

本实例介绍“湘江风光”延时视频的制作方法，效果如图 17-1 所示。

图 17-1 “湘江风光”视频效果

图 17-1　“湘江风光”视频效果（续）

17.1.2　技术提炼

首先进入 EDIUS 9 工作界面，在素材库中插入相应的视频素材和声音素材，然后将视频素材按顺序依次添加至视频轨道中，接下来运用“视频布局”对话框，制作可见度运动特效，然后将声音素材插入声音轨道中，最后输出视频文件等操作。

17.2　视频制作过程

本节主要介绍“湘江风光”视频文件的制作过程，包括导入延时视频素材、制作视频字幕效果、制作音频文件以及导出视频文件等内容。

17.2.1　导入延时视频素材

在制作延时视频之前，首先需要将视频素材导入“素材库”面板中。下面介绍导入延时视频素材的操作方法。

操练 + 视频　导入延时视频素材

素材文件	素材 \ 第 17 章 \ 湘江风光	扫描封底文泉云盘的二维码获取资源
效果文件	无	
视频文件	视频 \ 第 17 章 \17.2.1　导入延时视频素材 .mp4	

步骤 01：按【Ctrl＋N】组合键，新建一个工程文件，在“素材库”面板中的空白位置上单击鼠标右键，在弹出的快捷菜单中选择“添加文件”命令，如图 17-2 所示。

步骤 02：弹出 Open 对话框，在其中选择素材文件夹，如图 17-3 所示。

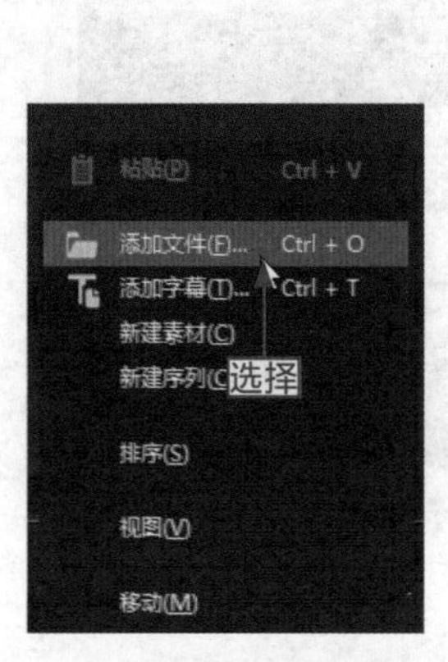

图 17-2 选择“添加文件”命令

图 17-3 选择素材文件夹

步骤 03：打开文件夹，在里面选择第一张素材照片，选中“序列素材”前面的复选框，单击 Open 按钮，如图 17-4 所示。

步骤 04：执行操作后，即可将文件夹里面的所有照片全部导入“素材库”中，如图 17-5 所示。

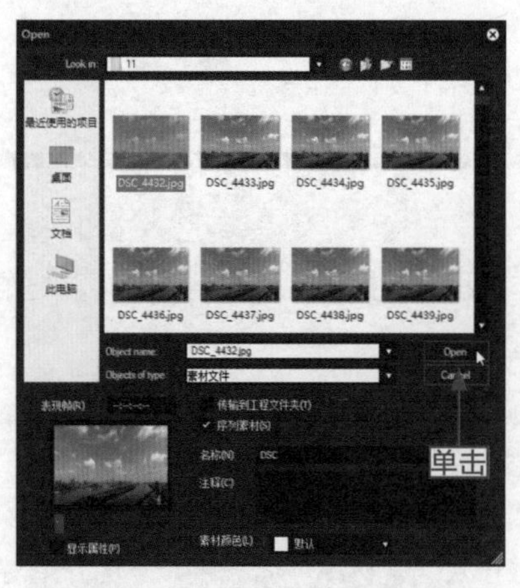

图 17-4 单击 Open 按钮

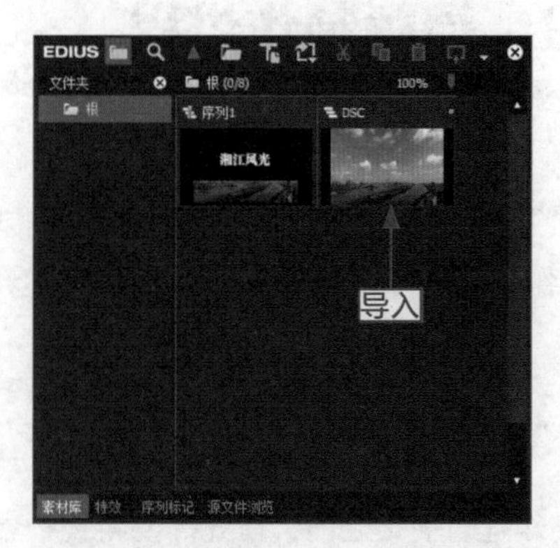

图 17-5 将素材导入“素材库”中

17.2.2 制作视频标题字幕

运用横向或纵向文本工具，可以在字幕窗口中创建横向或纵向文本内容。

操练 + 视频　制作视频标题字幕

素材文件	无	扫描封底文泉云盘的二维码获取资源
效果文件	无	
视频文件	视频 \ 第 17 章 \17.2.2 制作视频标题字幕 .mp4	

步骤 01： 在视频轨中，将时间线移动到 00:00:01:14 的位置处，将素材库中的视频素材拖曳至 2V 轨道的时间线后面，如图 17-6 所示。

步骤 02： 选择 2V 轨道上的素材，单击鼠标右键，在弹出的快捷菜单中选择“时间效果”|“速度”命令，如图 17-7 所示。

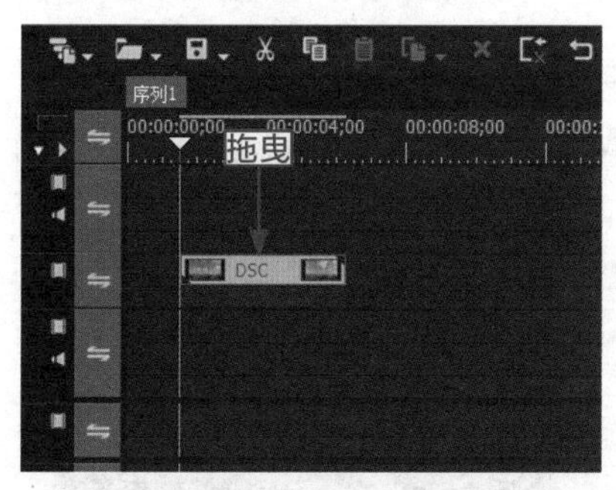

图 17-6　拖曳视频素材

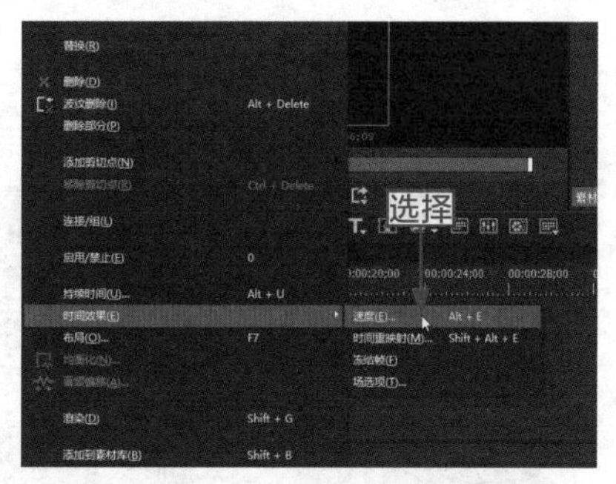

图 17-7　选择“速度”命令

步骤 03： 弹出“素材速度”对话框，设置“比率”为 75%，如图 17-8 所示。

步骤 04： 设置完成后，单击“确定”按钮，可以看到素材的时间长度发生改变，如图 17-9 所示。

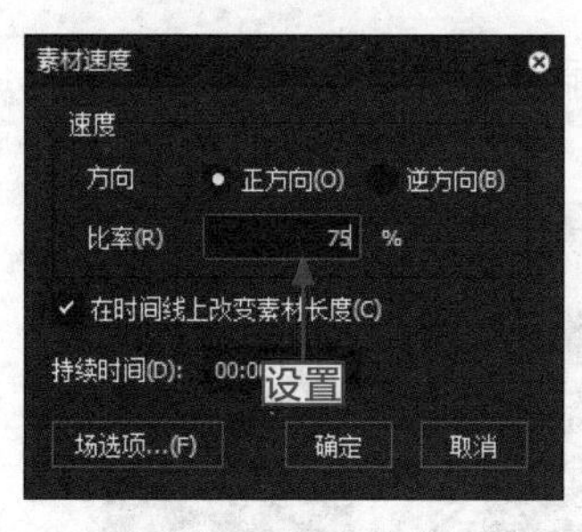

图 17-8　设置“比率”为 75%

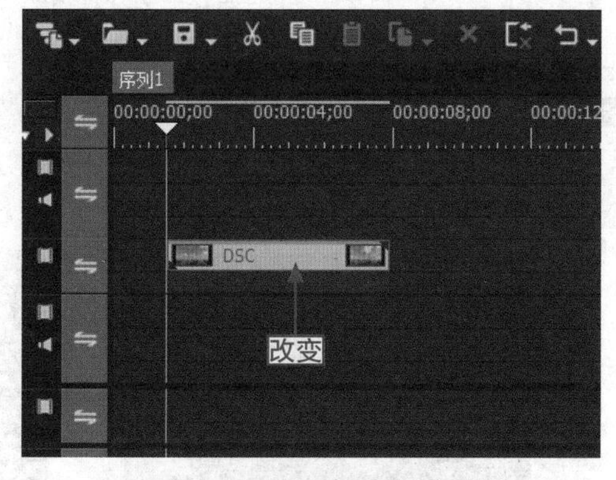

图 17-9　素材的时间长度发生改变

步骤 05： 在“素材库”中单击鼠标右键，在弹出的快捷菜单中选择“添加字幕”命令，如图 17-10 所示。

步骤 06： 执行操作后，弹出字幕窗口，如图 17-11 所示。

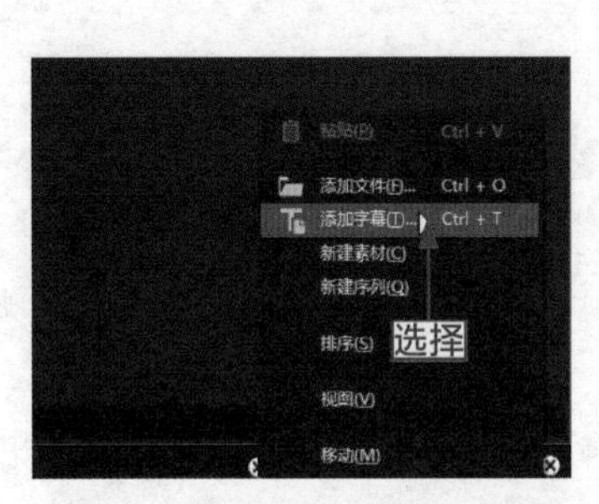

图 17-10　选择“添加字幕”命令

图 17-11　弹出字幕窗口

步骤 07：在左侧工具箱中选取横向文本工具，如图 17-12 所示。

步骤 08：在预览窗口中输入文本“湘江风光”，选择文本对象，如图 17-13 所示。

图 17-12　选取横向文本工具

图 17-13　选择文本对象

步骤 09：打开“文本属性”面板，在“变换”选项区中设置 X 为 1217、Y 为 631、“宽度”为 1594、“高度”为 487；在“字体”选项区中，设置“字体”为相应字体、“字号”为 55，如图 17-14 所示。

步骤 10：在“填充颜色”选项区中，设置“方向”为 307.69、“颜色”为 1，单击下方第 1 个色块，如图 17-15 所示。

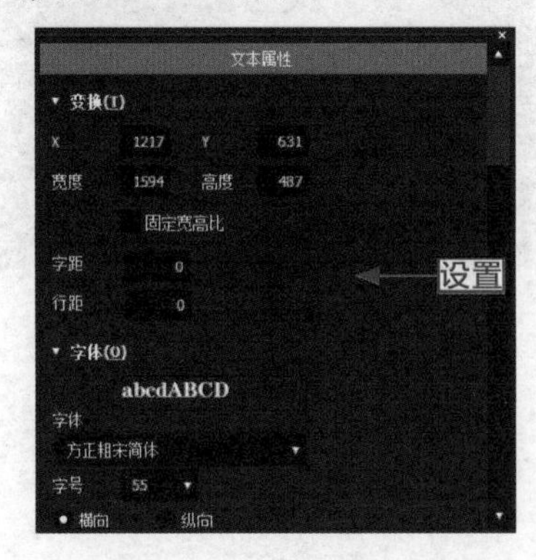

图 17-14　设置文字属性

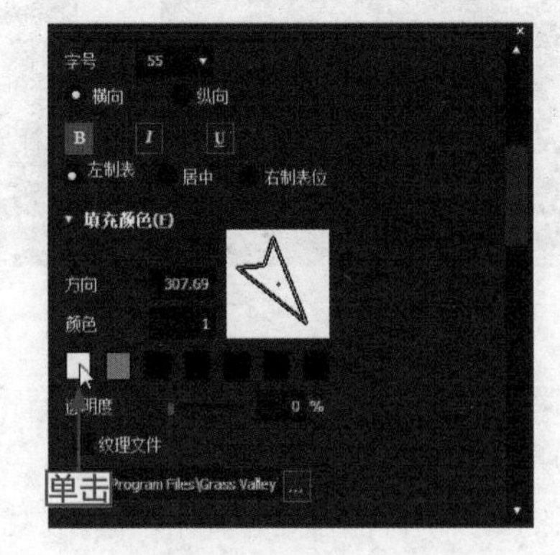

图 17-15　单击第一个色块

步骤 11：弹出“色彩选择 -709”对话框，在其中设置“红”为 255、“绿”为 255、“蓝”为 255，如图 17-16 所示，单击“确定”按钮，设置第 1 个色块的颜色。

步骤 12：在“文本属性”面板中，取消选中“边缘”复选框，如图 17-17 所示。

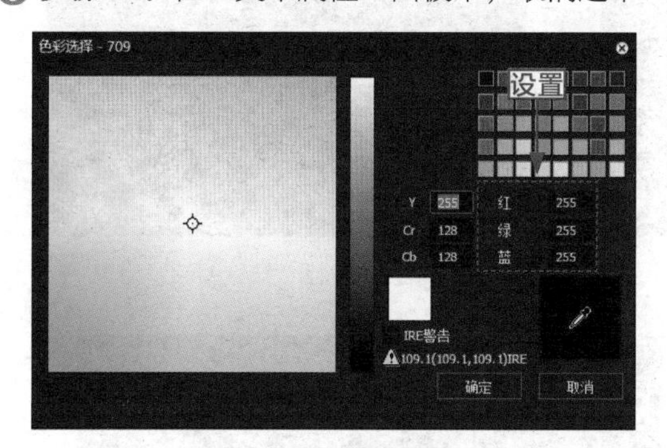

图 17-16　设置颜色参数

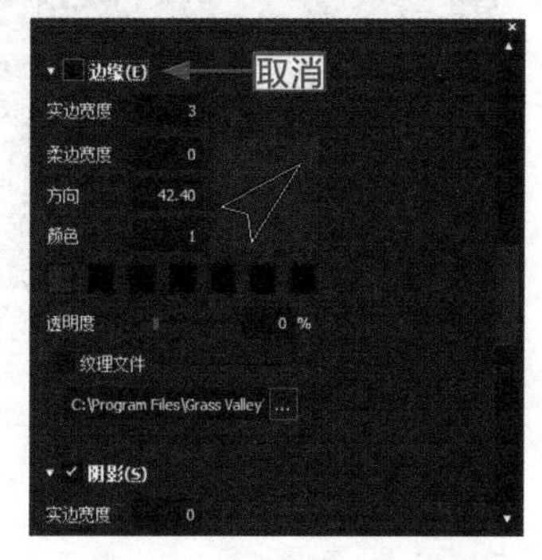

图 17-17　取消“边缘”复选框

步骤 13：在预览窗口中，通过鼠标拖曳的方式，调整横向文本内容的摆放位置，如图 17-18 所示。

步骤 14：单击“保存”按钮，退出字幕窗口，在“素材库”面板中，显示了创建的字幕文本对象，如图 17-19 所示。

图 17-18　调整文本内容的摆放位置

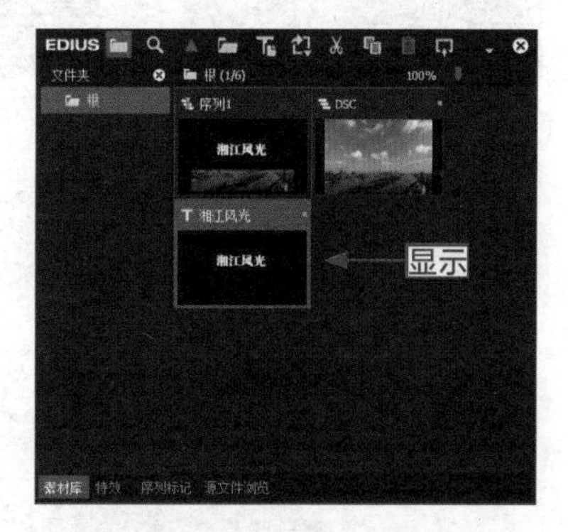

图 17-19　显示了创建的字幕文本对象

步骤 15：在选择的字幕文本上按住鼠标左键，将其拖曳至 1V 轨道中的时间线后面，如图 17-20 所示。

步骤 16：在轨道中的字幕文件上单击鼠标右键，在弹出的快捷菜单中选择“持续时间”命令，如图 17-21 所示。

步骤 17：执行操作后，弹出“持续时间”对话框，在其中设置“持续时间”为 00:00:02;20，如图 17-22 所示。

步骤 18：单击“确定”按钮，即可调整字幕文件的区间长度，如图 17-23 所示。

步骤 19：在录制窗口下方单击“播放”按钮▶，预览制作的标题字幕效果，如图 17-24 所示。

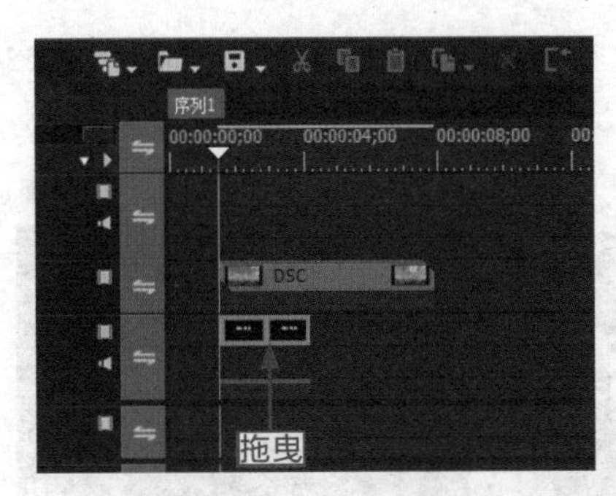

图 17-20　拖曳至 1V 字幕轨道中

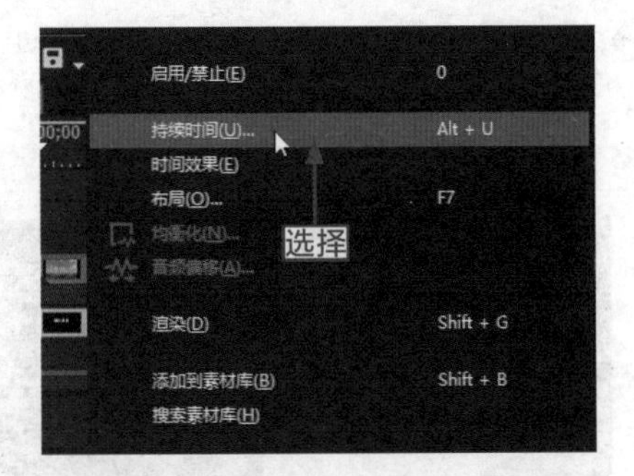

图 17-21　选择“持续时间”命令

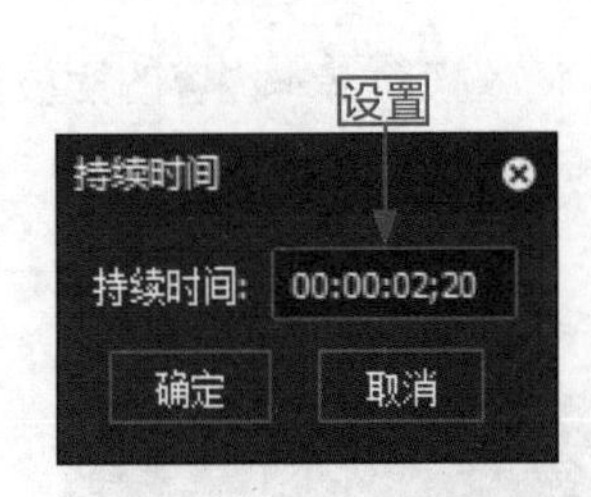

图 17-22　设置字幕持续时间

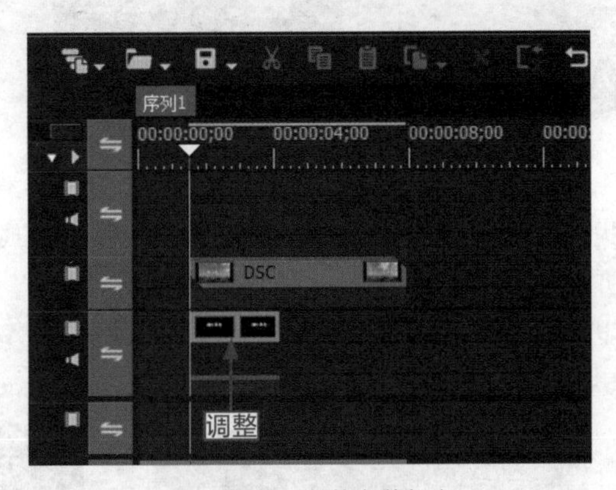

图 17-23　调整字幕长度

图 17-24　预览制作的标题字幕效果

17.2.3　制作开场拉伸片头

开场片头是视频的点睛之处，因此制作一个吸引眼球的片头是至关重要的，下面介绍直接延时视频的开场片头的操作方法。

操练 + 视频　制作开场拉伸片头

素材文件	无	扫描封底文泉云盘的二维码获取资源
效果文件	无	
视频文件	视频 \ 第 17 章 \17.2.3 制作开场拉伸片头 .mp4	

步骤 01：在视频轨中，选择 1V 轨道上的视频素材，如图 17-25 所示。

步骤 02：展开“特效”面板，在“键”滤镜组中选择“轨道遮罩”滤镜效果，如图 17-26 所示。

图 17-25　选择 2V 轨道上的视频素材

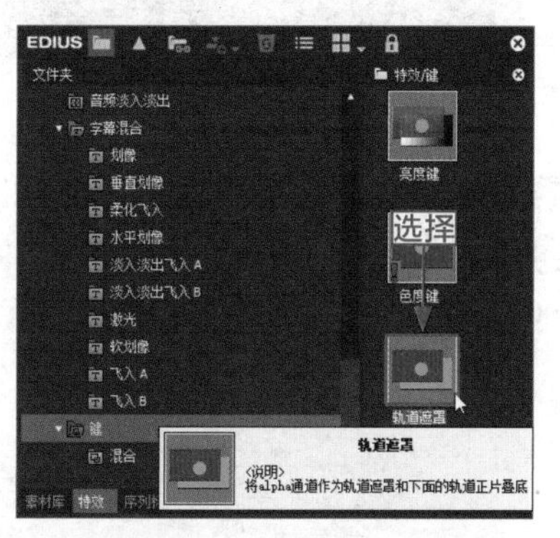

图 17-26　选择“轨道遮罩”滤镜效果

步骤 03：在选择的滤镜效果上按住鼠标左键将其拖曳至 1V 轨道中的字幕文件上，如图 17-27 所示，释放鼠标左键，即可添加“轨道遮罩”滤镜效果。

步骤 04：展开“信息”面板，双击“视频布局”选项，如图 17-28 所示。

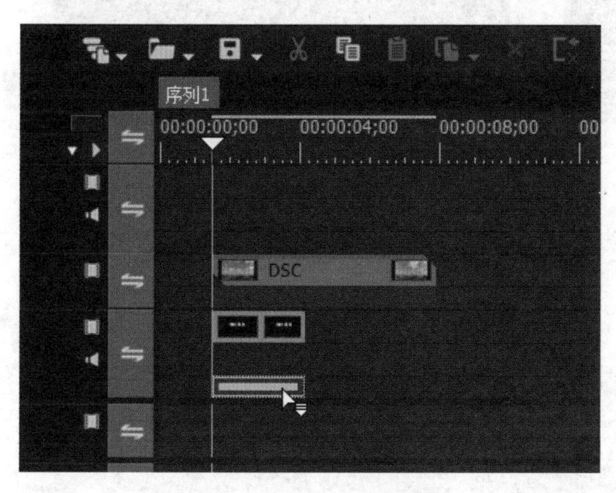

图 17-27　拖曳滤镜效果

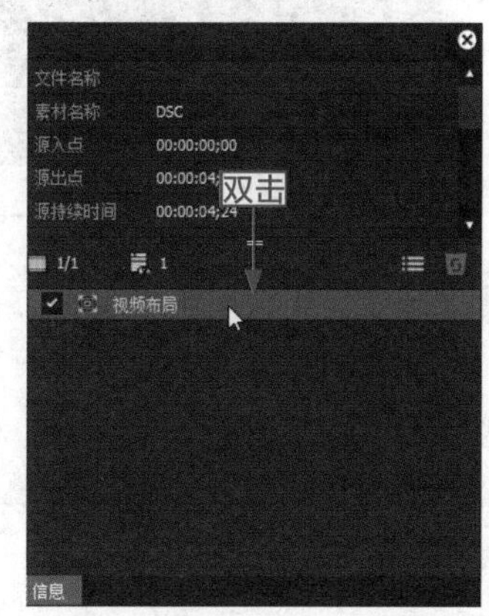

图 17-28　双击“视频布局”

步骤 05：打开“视频布局”对话框，单击“裁剪”按钮，如图 17-29 所示。

步骤 06：将时间线移动到 00:00:00:18 的位置处，选中“视频布局”前面的复选框，如图 17-30 所示，添加第一组关键帧。

图 17-29　单击“裁剪”按钮

图 17-30　添加关键帧（1）

步骤 07： 在“源素材裁剪”选项区中，设置“顶”为 69.40%，如图 17-31 所示。

步骤 08： 将时间线移动到 00:00:00:28 的位置处，在“源素材裁剪”选项区中设置“顶”为 32.90%，如图 17-32 所示，添加第二组关键帧。

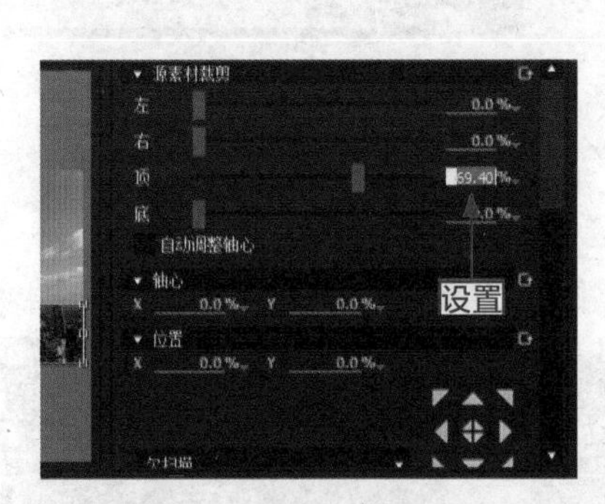

图 17-31　设置“顶”为 69.40%

图 17-32　添加关键帧（2）

步骤 09： 将时间线移动到 00:00:01:05 的位置处，在“源素材裁剪”选项区中设置“顶”为 14.10%，如图 17-33 所示，添加第三组关键帧。

步骤 10： 将时间线移动到 00:00:01:14 的位置处，在“源素材裁剪”选项区中设置“顶”为 0.00，如图 17-34 所示，添加第四组关键帧。

步骤 11： 设置完成后，单击“确定”按钮，关闭“视频布局”对话框；调整时间线至视频素材的前方，选择“素材”|“创建静帧”命令，如图 17-35 所示。

步骤 12： 执行操作后，素材库中会出现一个静帧图像，如图 17-36 所示。

步骤 13： 将静帧图像拖曳到视频轨中的 1V 轨道上，并设置持续时间为 00:00:01;15，如图 17-37 所示。

步骤 14： 单击“确定”按钮，将静帧图像拖曳到字幕文件的前面，如图 17-38 所示。

图 17-33　添加关键帧（3）

图 17-34　添加关键帧（4）

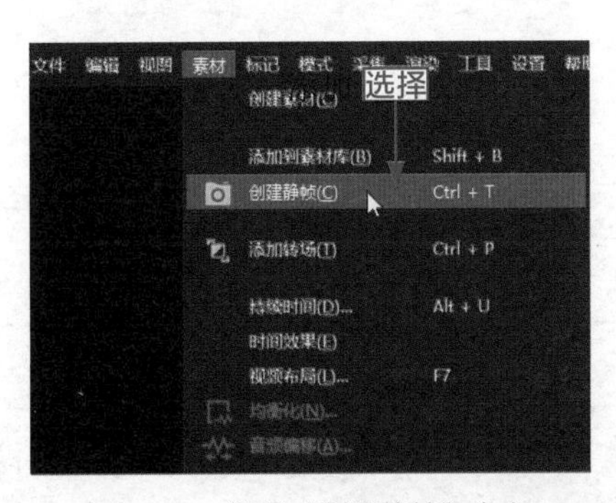

图 17-35　选择“创建静帧”命令

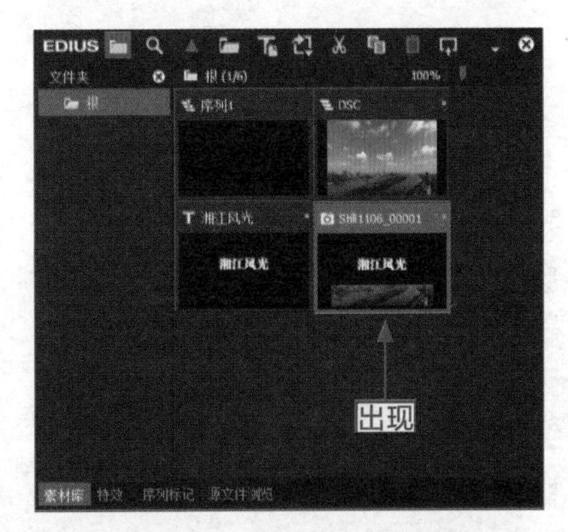

图 17-36　出现一个静帧图像

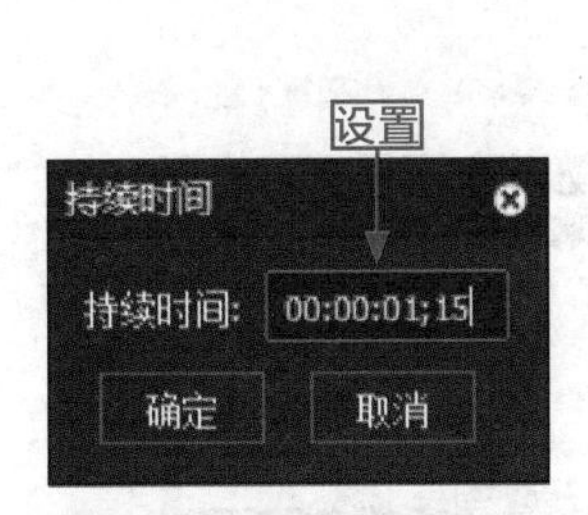

图 17-37　设置持续时间

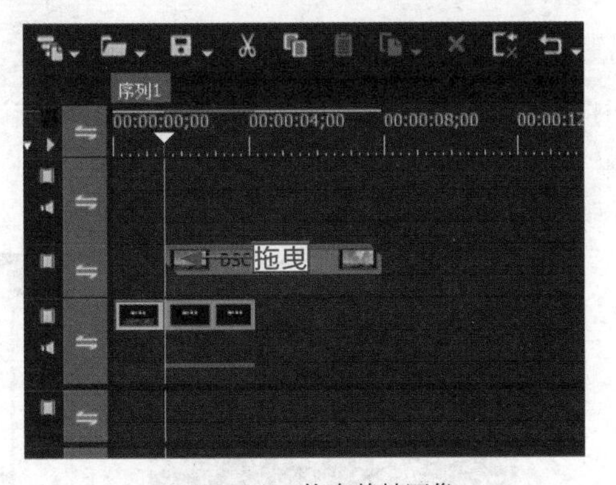

图 17-38　拖曳静帧图像

步骤 15： 制作完成后，预览延时视频的开场拉伸效果，如图 17-39 所示。

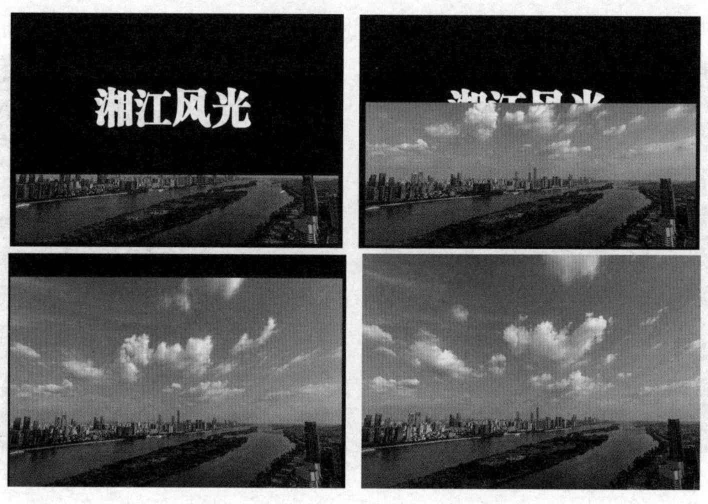

图 17-39　预览延时视频的拉伸效果

17.2.4　输出延时视频文件

当用户制作完开场片头后，接下来为视频添加背景音乐，对文件进行输出操作。下面介绍输出的操作方法。

操练 + 视频　输出延时视频文件

素材文件	素材 \ 第 17 章 \ 延时音乐 .wav	扫描封底文泉云盘的二维码获取资源
效果文件	效果 \ 第 17 章 \ 湘江风光 .mpg	
视频文件	视频 \ 第 17 章 \17.2.4　输出延时视频文件 .mp4	

步骤 01: 在“素材库”面板中的空白位置上单击鼠标右键，在弹出的快捷菜单中选择“添加文件”命令，如图 17-40 所示。

步骤 02: 弹出 Open 对话框，选择需要添加的背景音乐，如图 17-41 所示。

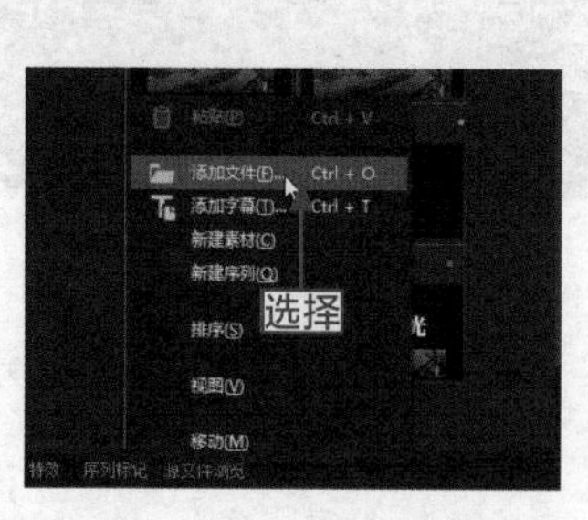

图 17-40　选择“添加文件”命令

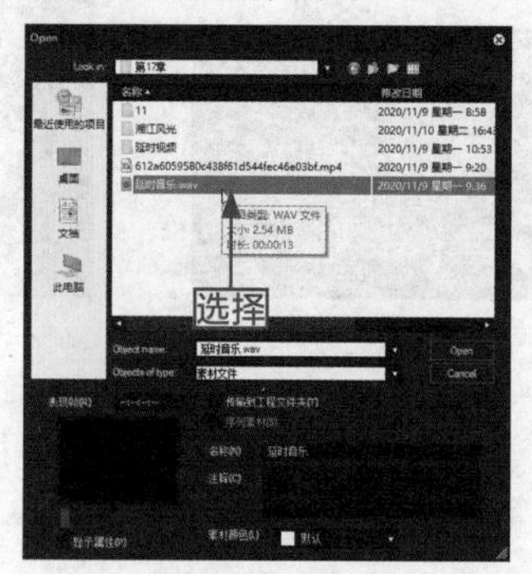

图 17-41　选择需要添加的背景音乐

步骤 03： 单击 Open 按钮，将声音导入“素材库”面板中，如图 17-42 所示。

步骤 04： 按住鼠标左键将其拖曳到视频轨中，将时间线移动到 00:00:08;00 的位置处，如图 17-43 所示。

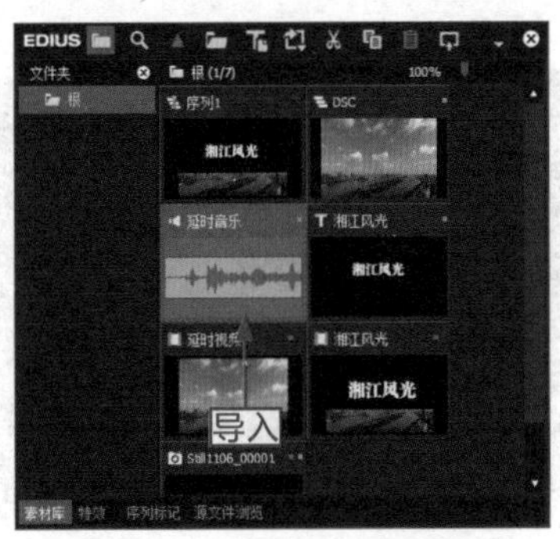

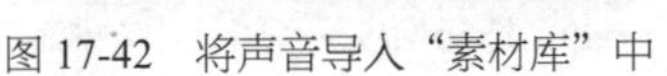
图 17-42　将声音导入“素材库”中

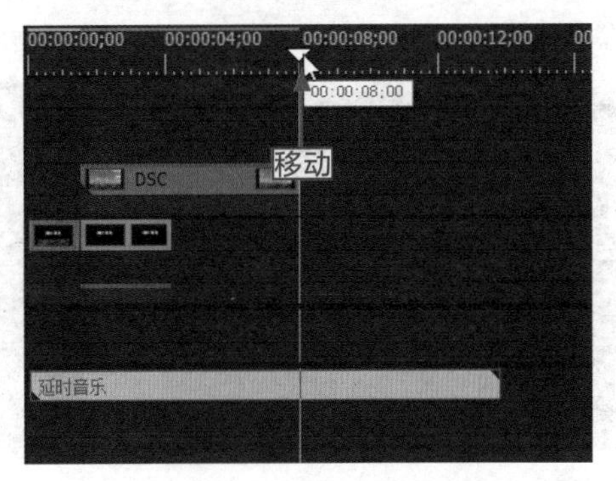

图 17-43　移动时间线

步骤 05： 选中视频轨中的音频素材，选择“编辑”|“添加剪切点”|“选定轨道”命令，如图 17-44 所示。

步骤 06： 执行操作后，1A 轨道上的音乐素材被分成两段，如图 17-45 所示。

图 17-44　选择“选定轨道”命令

图 17-45　音乐素材被分成两段

步骤 07： 选择被分割后的第二段音频素材，如图 17-46 所示。

步骤 08： 按【Delete】键，删除多余的音频素材，如图 17-47 所示。

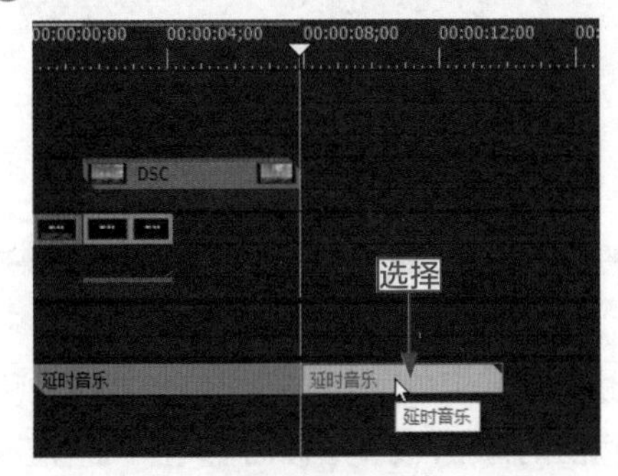

图 17-46　选择第二段音频素材

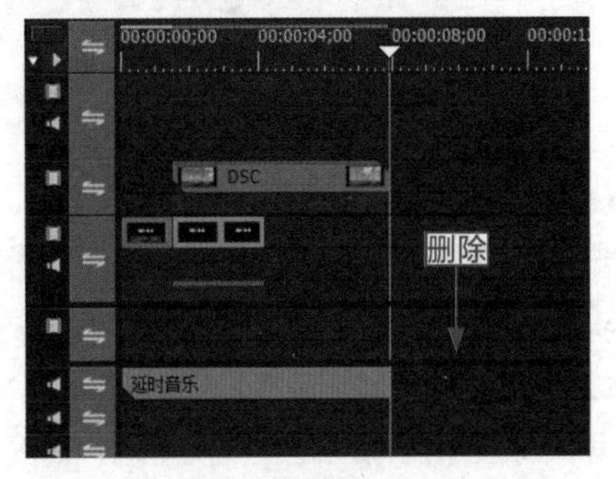

图 17-47　删除多余的音频素材

步骤 09: 在录制窗口下方单击“输出”按钮，在弹出的列表框中选择“输出到文件”选项，如图 17-48 所示。

步骤 10: 执行操作后，弹出“输出到文件”对话框，在左侧窗口中选择“最近使用”选项，在右侧窗口中选择相应的预设输出方式，如图 17-49 所示。

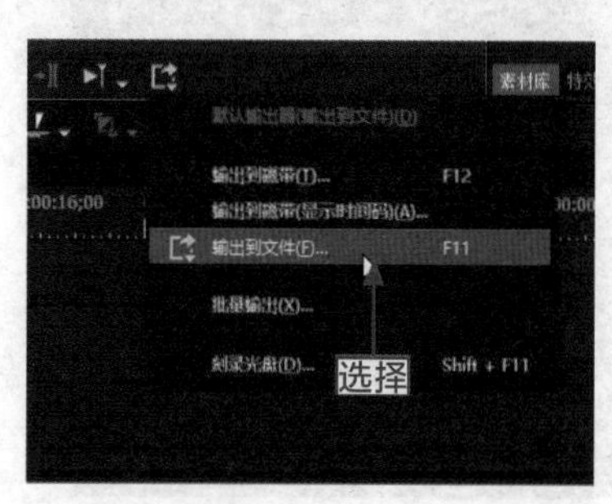

图 17-48　选择“输出到文件”选项

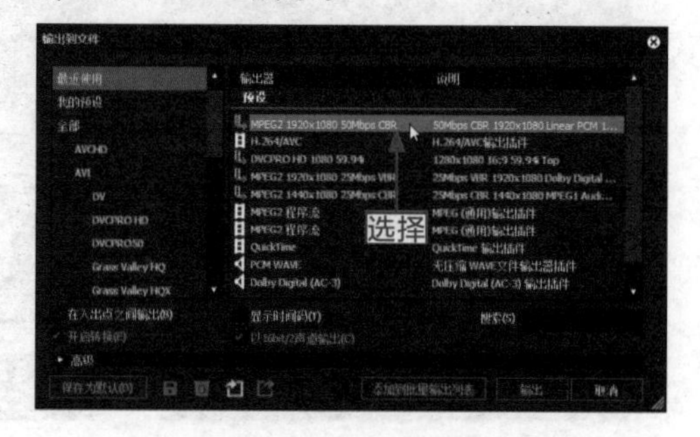

图 17-49　选择相应的预设输出方式

步骤 11: 单击“输出”按钮，弹出相应对话框，在其中设置视频文件的输出路径，在 File name（文件名）右侧的文本框中输入视频的保存名称，如图 17-50 所示。

步骤 12: 单击 Save 按钮，弹出“渲染”对话框，显示视频渲染进度，如图 17-51 所示。待视频渲染完成后，在“素材库”面板中即可显示输出后的视频文件，单击“播放”按钮，预览渲染的视频效果。

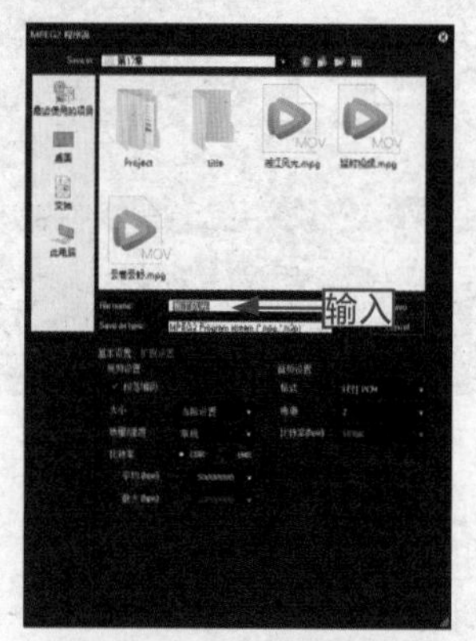

图 17-50　输入视频的保存名称

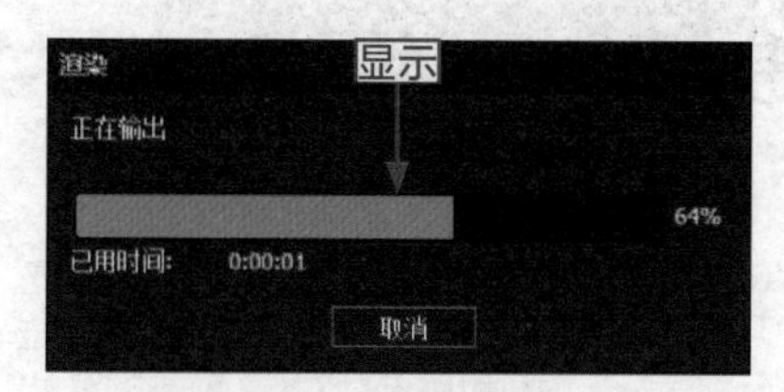

图 17-51　显示渲染进度

17.3　本章小结

本章通过制作“湘江风光”延时视频，详细讲解了视频布局中可见度运动特效的制作，形成了一种类似视频画面拉伸的影视特效，再配合优质的背景音乐，增强了影视画面的感染力和吸引力，丰富了后期剪辑之外的创作空间。通过本章的学习，相信读者已经熟练掌握了片头特效的制作方法。

CHAPTER 18

第 18 章 制作卡点视频——儿童相册

~ 学前提示 ~

卡点视频是节奏感非常强的一种视频，一般以富有节奏感的音乐配上照片或视频为主，卡点视频对音乐的选择是颇为重要的，如果选择的音乐节奏感不是很强烈，那么制作出来的视频可能就会平淡无奇，没有爆点，因此在制作的过程中，尽量选择节奏感强的音乐作为视频的背景音乐。本章就以 20 张照片为例，教大家如何制作卡点视频。

~ 本章重点 ~

- 导入卡点视频素材
- 设置素材时间长度
- 添加视频背景音乐
- 输出卡点视频文件

18.1 效果欣赏与技术提炼

在制作卡点视频之前，首先预览“儿童相册”视频的画面效果，并掌握项目技术提炼等内容，这样可以帮助读者更好地学习卡点视频的制作方法。

18.1.1 效果赏析

本实例介绍“儿童相册”卡点视频的制作方法，效果如图 18-1 所示。

图 18-1 “儿童相册”视频效果

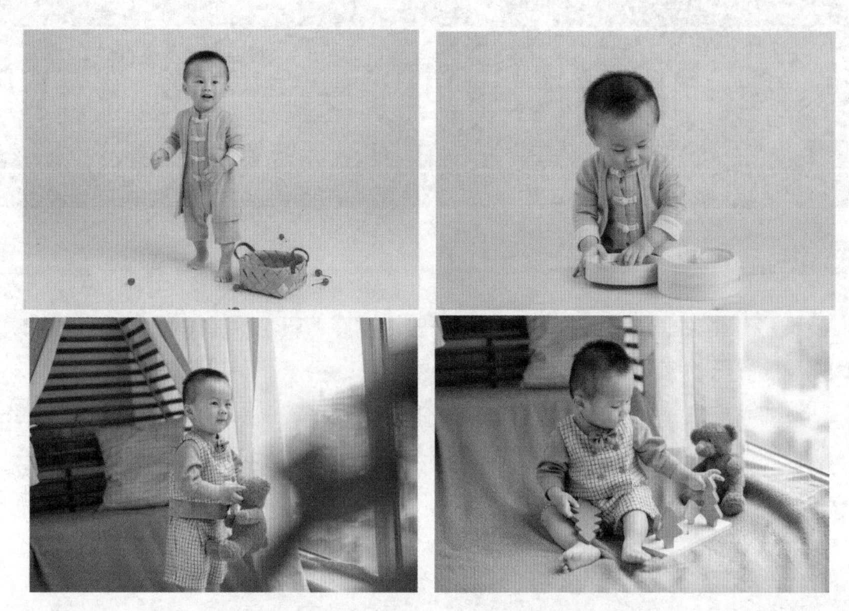

图 18-1　“儿童相册”视频效果（续）

18.1.2　技术提炼

首先进入 EDIUS 9 工作界面，在“素材库”面板中导入卡点视频素材，然后将导入的素材添加至视频轨道中，调整视频素材的区间长度，接下来添加背景音乐，最后输出视频。

18.2　视频制作过程

本节主要介绍“儿童相册”视频文件的制作过程，包括导入卡点视频素材、调整卡点视频的时间节奏以及导出视频文件等内容。

18.2.1　导入卡点视频素材

在制作汽车电视广告之前，首先需要将汽车素材导入 EDIUS 工作界面中。下面介绍导入汽车广告素材的操作方法。

步骤 01: 按【Ctrl+ N】组合键，新建一个工程文件，在“素材库”面板中单击鼠标右键，在弹出的快捷菜单中选择“添加文件”选项，如图 18-2 所示。

步骤 02: 弹出 Open 对话框，选择需要导入的素材，如图 18-3 所示。

操练 + 视频　导入卡点视频素材

素材文件	素材 \ 第 18 章 \ 卡点素材	扫描封底文泉云盘的二维码获取资源
效果文件	无	
视频文件	视频 \ 第 18 章 \18.2.1 导入卡点视频素材 .mp4	

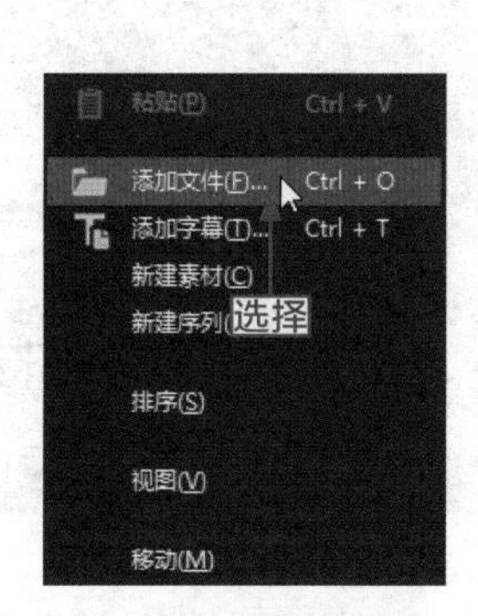

图 18-2　选择“添加文件”选项

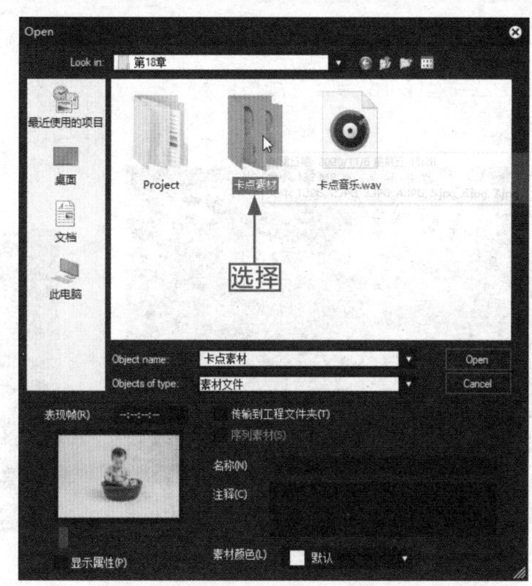

图 18-3　选择需要导入的素材

步骤 03： 单击 Open 按钮，即可将素材导入“素材库”面板中，如图 18-4 所示。

图 18-4　将素材导入“素材库”面板中

18.2.2　设置素材时间长度

为了更好地让素材卡准音乐，需要设置素材的时间长度。下面介绍设置素材时间长度的操作方法。

操练 + 视频 设置素材时间长度

素材文件	无	扫描封底文泉云盘的二维码获取资源
效果文件	无	
视频文件	视频 \ 第 18 章 \18.2.2 设置素材时间长度 .mp4	

步骤 01：将“素材库”中的素材 1 拖曳到视频轨中的开始位置，如图 18-5 所示。

步骤 02：选择 1V 轨道上的素材，单击鼠标右键，在弹出的快捷菜单中选择“持续时间”命令，如图 18-6 所示。

图 18-5　拖曳素材到视频轨中

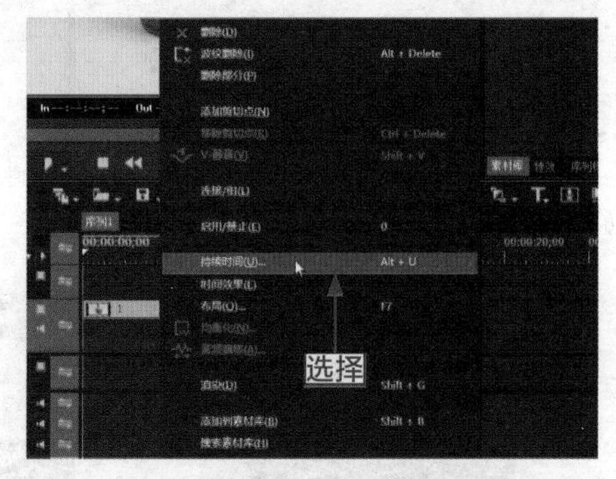

图 18-6　选择“持续时间”命令

步骤 03：弹出“持续时间”对话框，在其中设置素材的持续时间为 00:00:00;15，如图 18-7 所示。

步骤 04：单击“确定”按钮，视频轨中的素材长度发生改变，如图 18-8 所示。

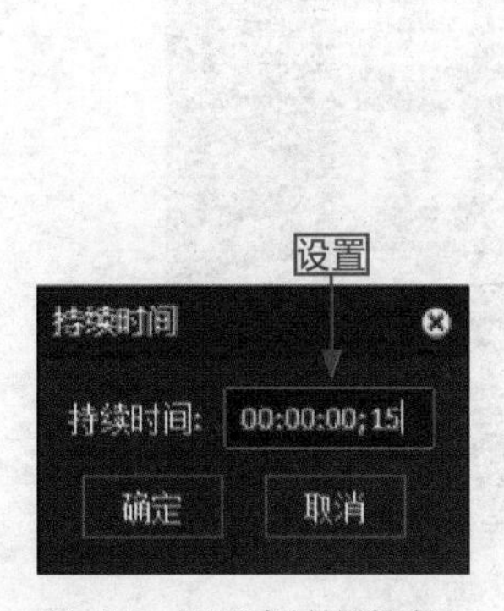

图 18-7　设置素材持续时间

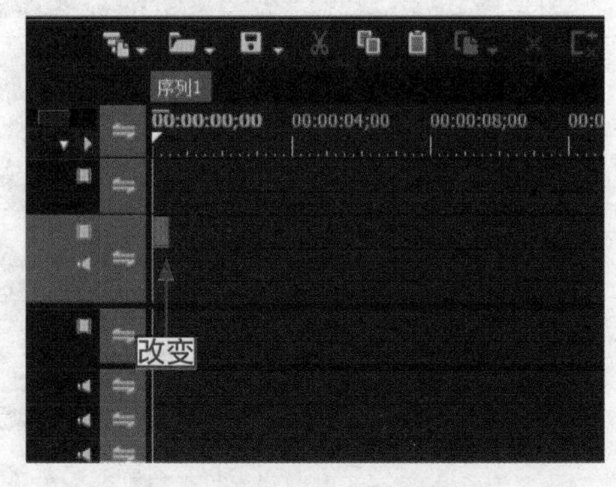

图 18-8　素材长度发生改变

步骤 05：将“素材库”中的“素材 2”拖曳到视频轨中的“素材 1”的后面，如图 18-9 所示。

步骤 06：选择“素材 2”，单击鼠标右键，在弹出的快捷菜单中选择“持续时间”命令，如图 18-10 所示。

步骤 07：弹出“持续时间”对话框，在其中设置素材的持续时间为 00:00:00;15，如图 18-11 所示。

步骤 08：单击“确定”按钮，“素材 2”的时间长度发生改变，如图 18-12 所示。

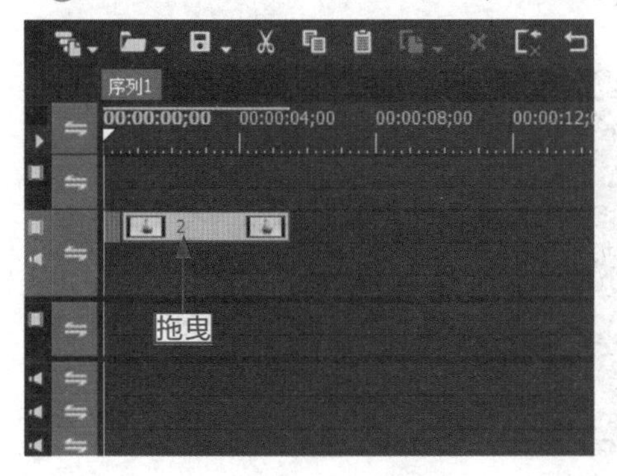

图 18-9　拖曳素材到视频轨中

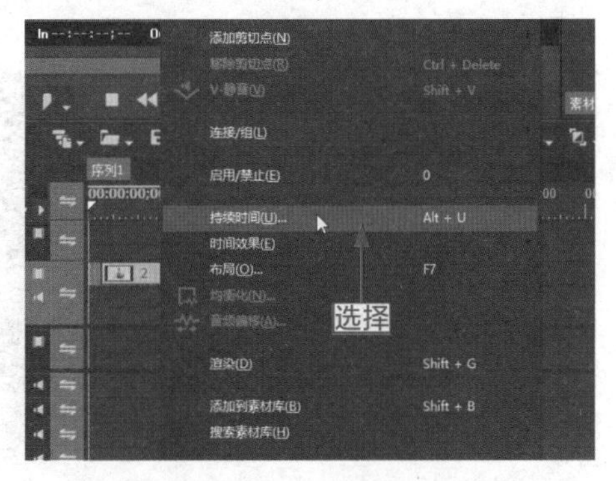

图 18-10　选择“持续时间”命令

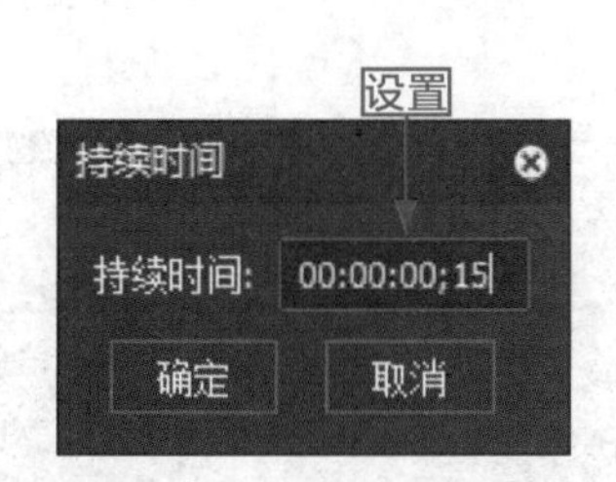

图 18-11　设置素材持续时间

图 18-12　素材长度发生改变

步骤 09：将“素材库”中的“素材 3”拖曳到视频轨中“素材 2”的后面，如图 18-13 所示。

步骤 10：选择“素材 3”，单击鼠标右键，在弹出的快捷菜单中选择“持续时间”命令，如图 18-14 所示。

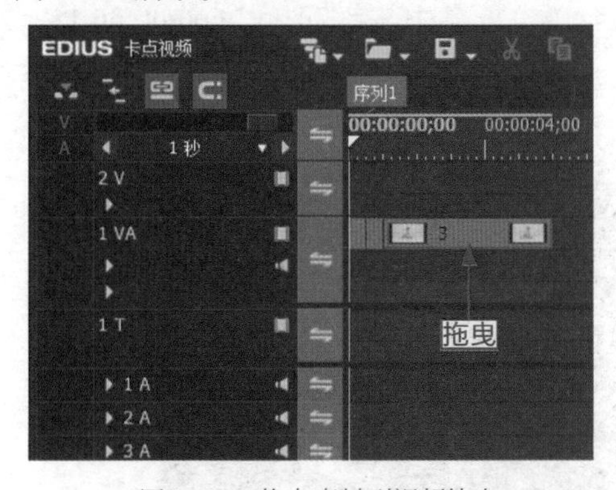

图 18-13　拖曳素材到视频轨中

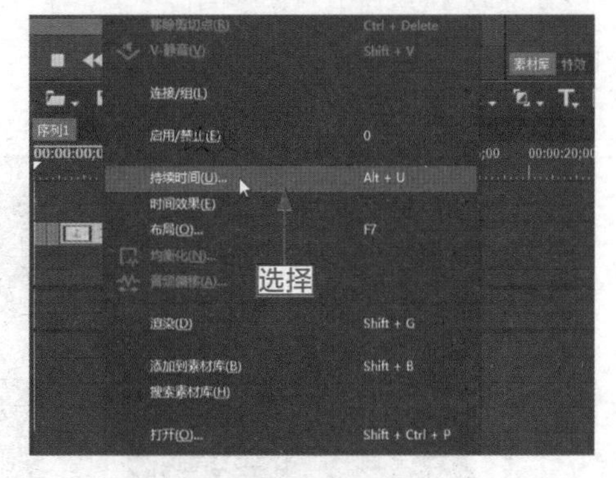

图 18-14　选择“持续时间”命令

步骤 11：弹出“持续时间”对话框，在其中设置素材的持续时间为 00:00:00;15，如

图 18-15 所示。

步骤 12：单击“确定”按钮，“素材 3”的时间长度发生改变，如图 18-16 所示。

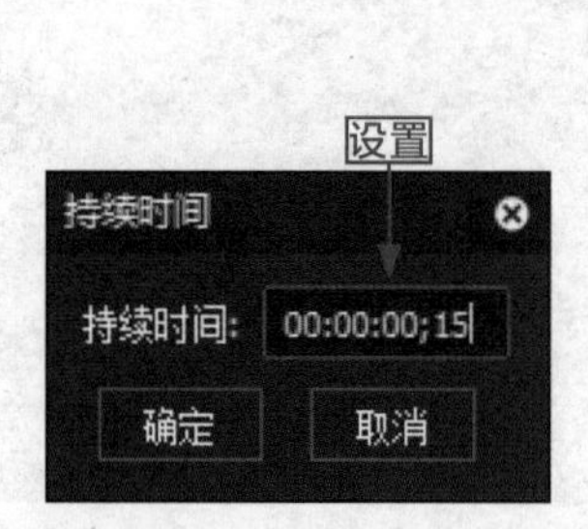

图 18-15　设置素材持续时间

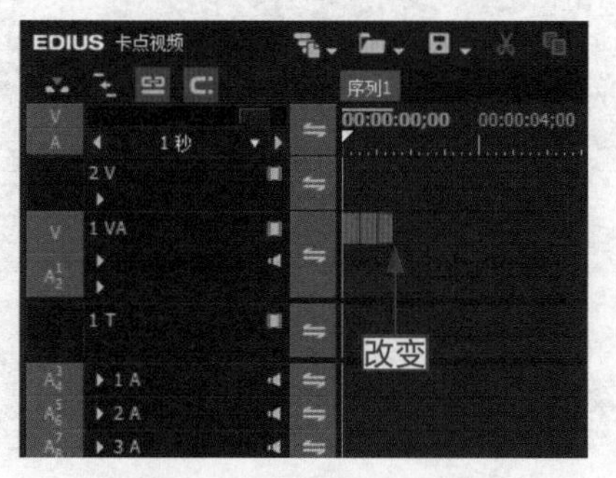

图 18-16　素材长度发生改变

步骤 13：将“素材库”中的“素材 4”拖曳到视频轨中的“素材 3”的后面，如图 18-17 所示。

步骤 14：选择“素材 4”，单击鼠标右键，在弹出的快捷菜单中选择“持续时间”命令，如图 18-18 所示。

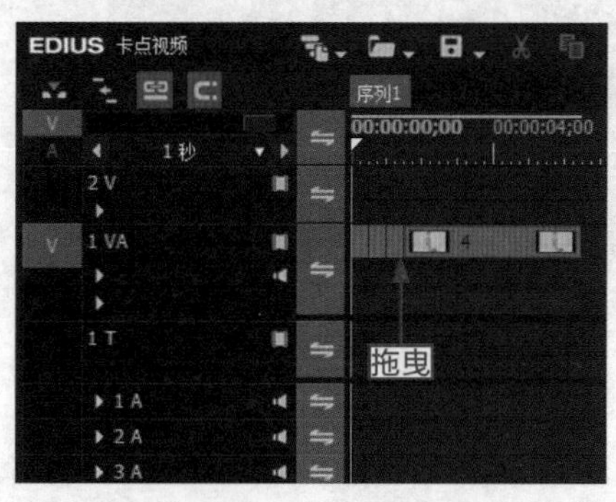

图 18-17　拖曳素材到视频轨中

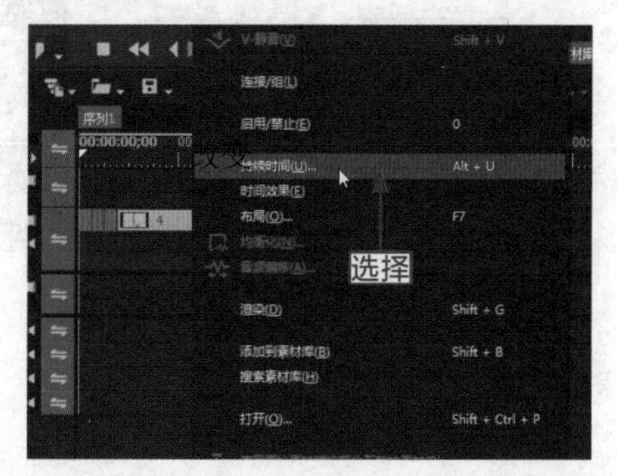

图 18-18　选择“持续时间”命令

步骤 15：弹出“持续时间”对话框，在其中设置素材的持续时间为 00:00:00;15，如图 18-19 所示。

步骤 16：单击“确定”按钮，“素材 4”的时间长度发生改变，如图 18-20 所示。

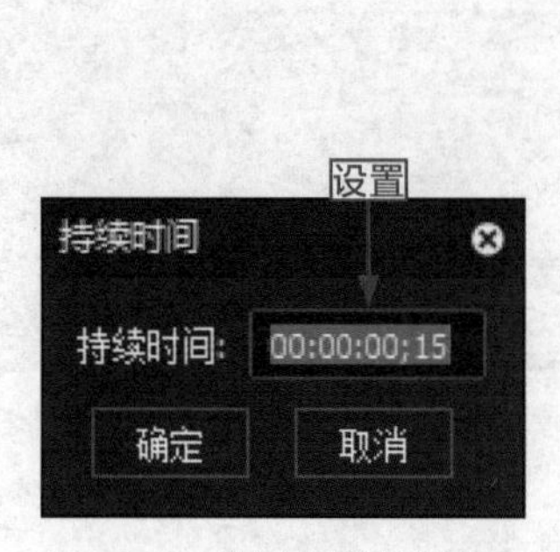

图 18-19　设置素材持续时间

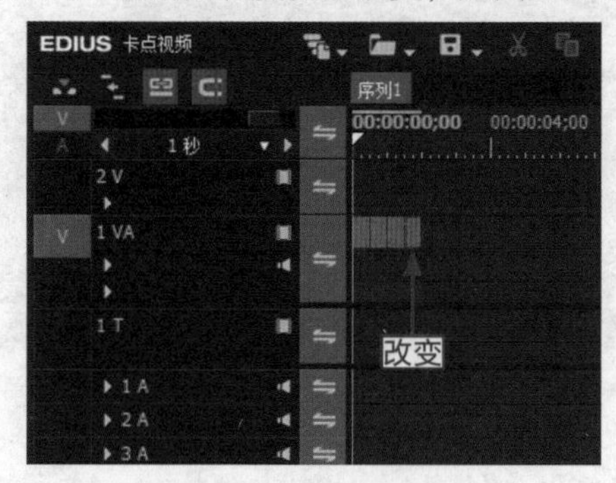

图 18-20　素材长度发生改变

步骤 17： 拖曳“素材 5”到视频轨中“素材 4”的后面，如图 18-21 所示。

步骤 18： 选择“素材 5”，单击鼠标右键，在弹出的快捷菜单中选择“持续时间”命令，如图 18-22 所示。

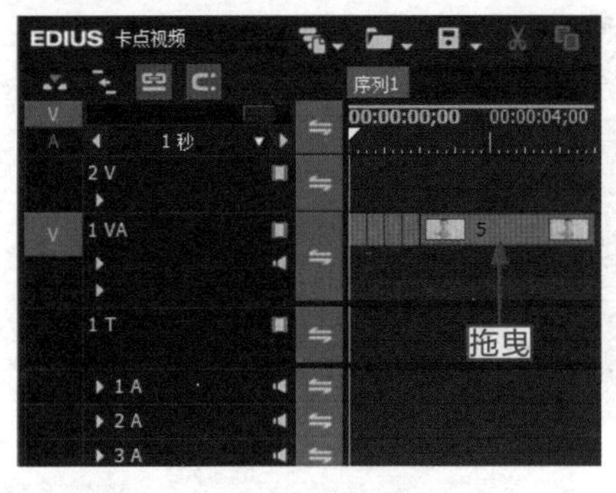

图 18-21　拖曳素材到视频轨中

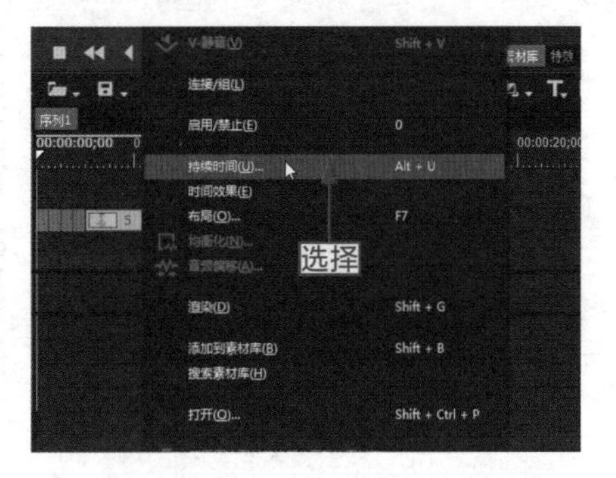

图 18-22　选择“持续时间”命令

步骤 19： 弹出“持续时间”对话框，在其中设置素材的持续时间为 00:00:00;15，如图 18-23 所示。

步骤 20： 单击“确定”按钮，“素材 5”的时间长度发生改变，如图 18-24 所示。

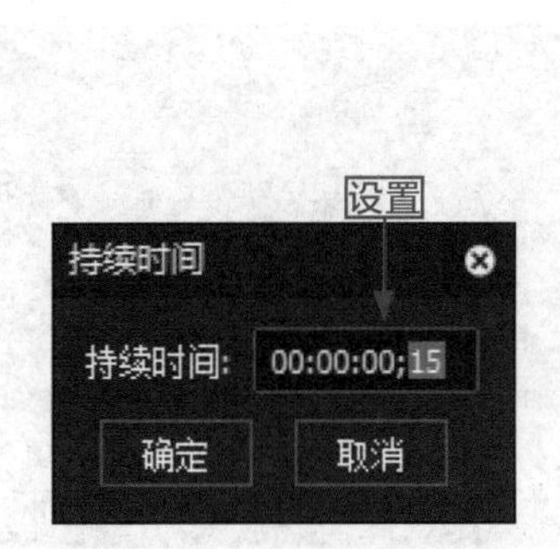

图 18-23　设置素材持续时间

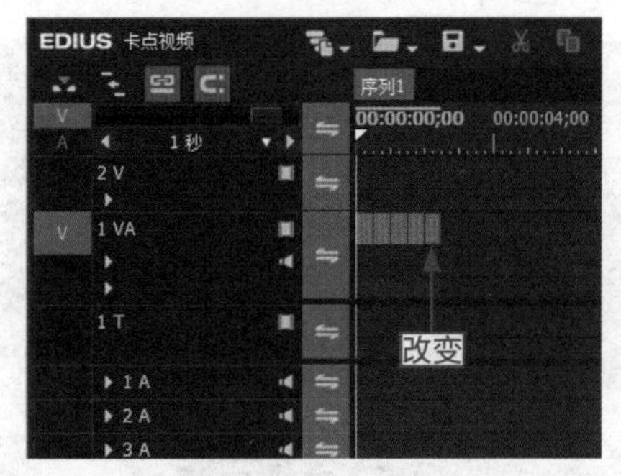

图 18-24　素材长度发生改变

步骤 21： 将“素材库”中的“素材 6”拖曳到视频轨中“素材 5”的后面，如图 18-25 所示。

步骤 22： 选择“素材 6”，单击鼠标右键，在弹出的快捷菜单中选择“持续时间”命令，如图 18-26 所示。

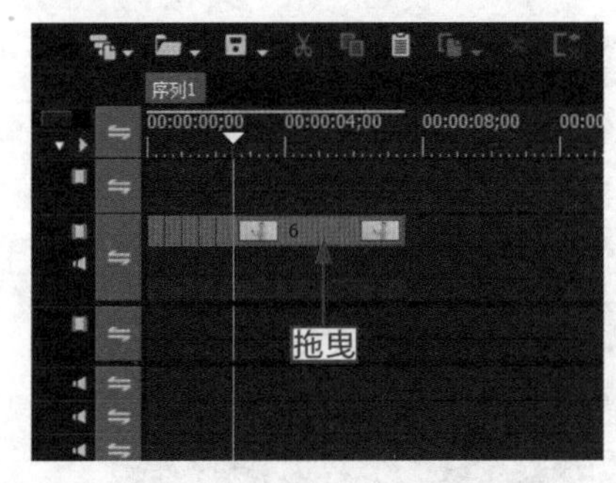

图 18-25　拖曳素材到视频轨中

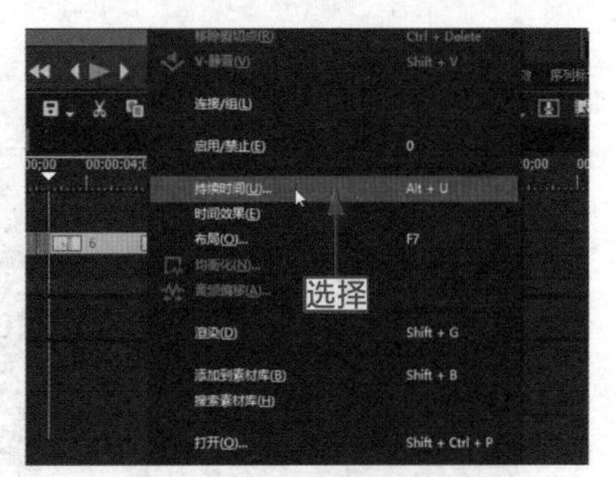

图 18-26　选择“持续时间”命令

步骤 23：弹出“持续时间”对话框，在其中设置素材的持续时间为 00:00:00;15，如图 18-27 所示。

步骤 24：单击“确定”按钮，视频轨中的“素材 6”长度发生改变，如图 18-28 所示。

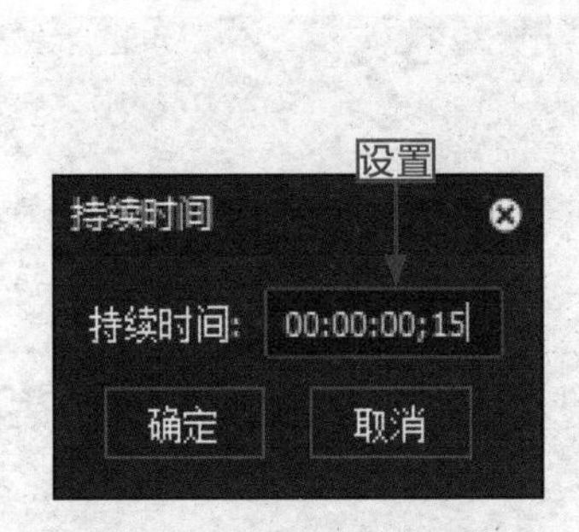

图 18-27 设置素材持续时间

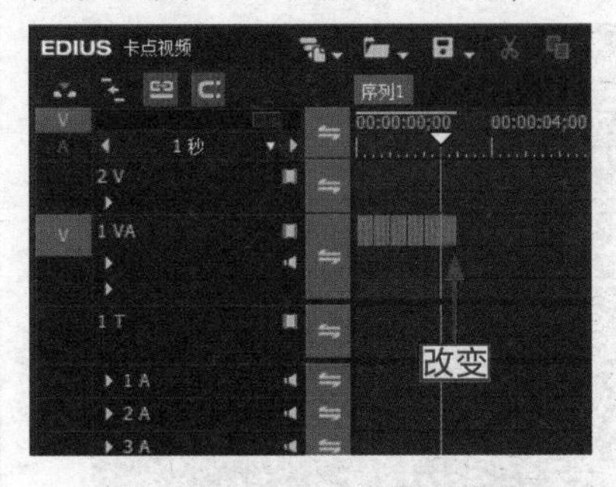

图 18-28 素材长度发生改变

步骤 25：将“素材库”中的“素材 7”拖曳到视频轨中“素材 6”的后面，如图 18-29 所示。

步骤 26：选择 1V 轨道上的素材，单击鼠标右键，在弹出的快捷菜单中选择“持续时间”命令，如图 18-30 所示。

图 18-29 拖曳素材到视频轨中

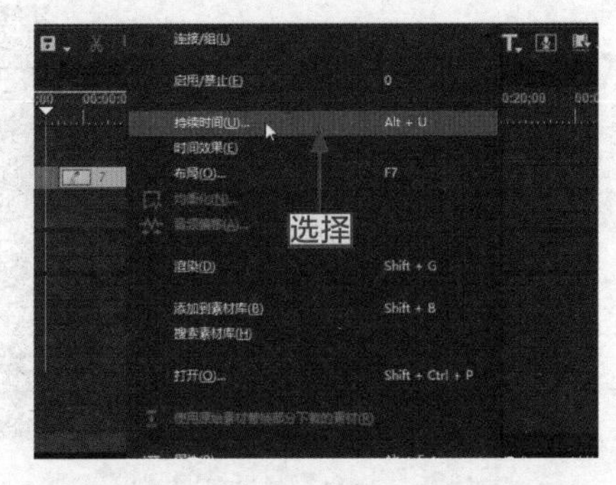

图 18-30 选择“持续时间”命令

步骤 27：弹出“持续时间”对话框，在其中设置素材的持续时间为 00:00:00;15，如图 18-31 所示。

步骤 28：单击“确定”按钮，视频轨中的“素材 7”长度发生改变，如图 18-32 所示。

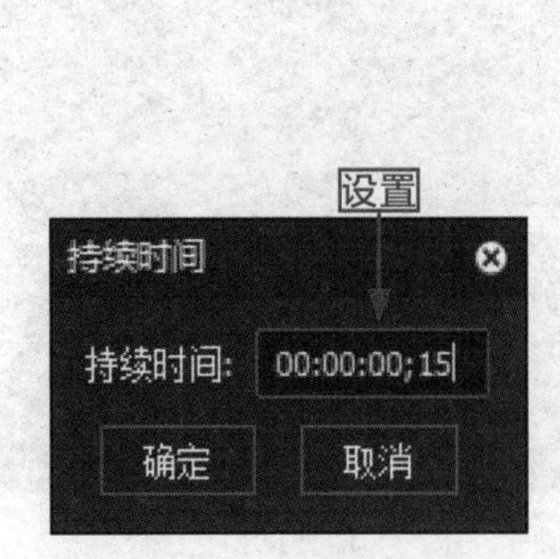

图 18-31 设置素材持续时间

图 18-32 素材长度发生改变

步骤 29：用与上文同样的方法，将“素材库”中剩下的素材依次添加到视频轨的适当位置处，并设置素材的时间长度，效果如图 18-33 所示。

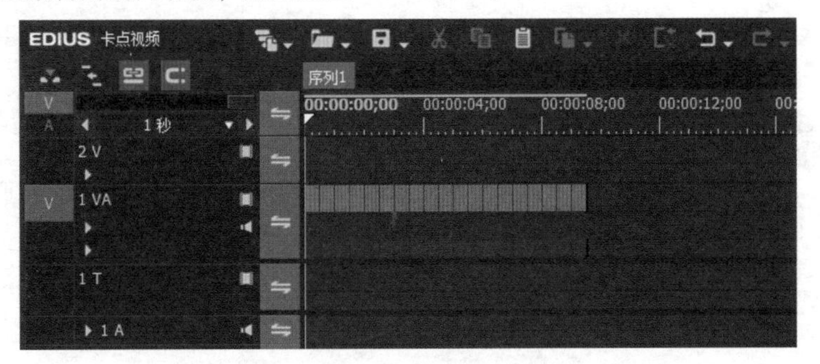

图 18-33　选择需要导入的媒体素材

步骤 30：将时间线移至轨道面板中的开始位置，单击“播放”按钮，预览设置时间长度后的素材效果，如图 18-34 所示。

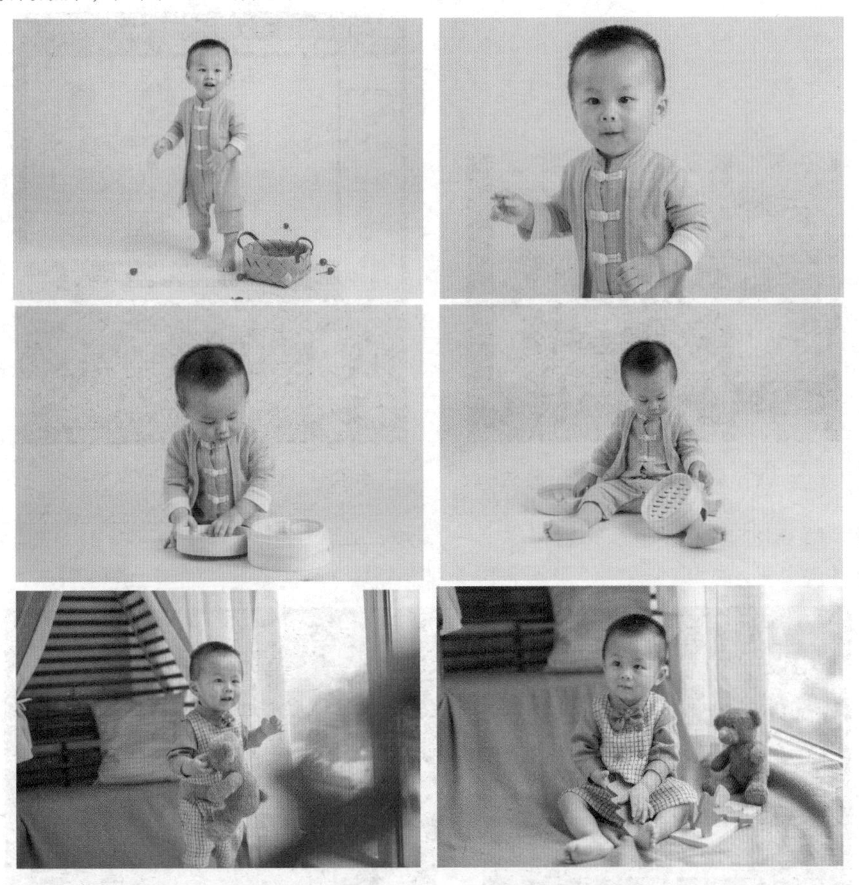

图 18-34　预览设置时间长度后的素材效果

18.2.3 添加视频背景音乐

当用户设置完素材的长度后，接下来为视频添加背景音乐，下面介绍添加背景音乐的操作方法。

操练 + 视频 添加视频背景音乐

素材文件	素材 \ 第 18 章 \ 卡点音乐 .wav	扫描封底文泉云盘的二维码获取资源
效果文件	效果 \ 第 18 章 \ 卡点视频 .mpg	
视频文件	视频 \ 第 18 章 \18.2.3 添加视频背景音乐 .mp4	

步骤 01：在“素材库”面板中的空白位置上单击鼠标右键，在弹出的快捷菜单中选择“添加文件”命令，如图 18-35 所示。

步骤 02：弹出 Open 对话框，选择需要添加的背景音乐，如图 18-36 所示。

图 18-35 选择“添加文件”命令

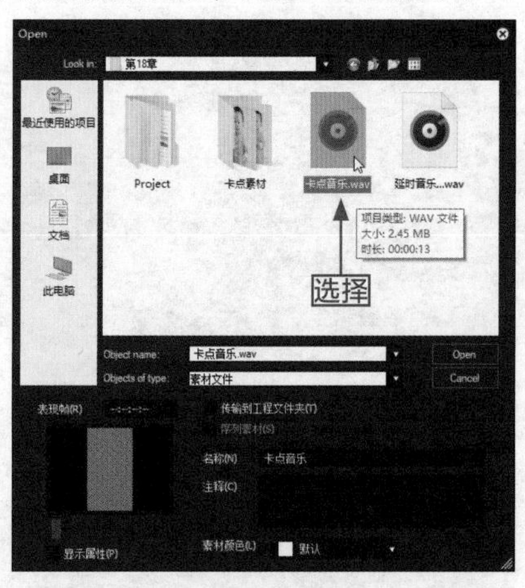

图 18-36 选择需要添加的背景音乐

步骤 03：单击 Open 按钮，将背景音乐导入“素材库”面板中，如图 18-37 所示。

步骤 04：按住鼠标左键，将其拖曳至视频轨中 1A 轨道上，如图 18-38 所示。

图 18-37 导入“素材库”中

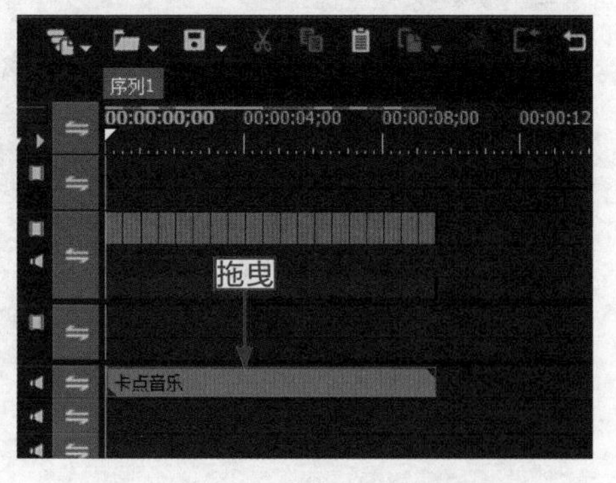

图 18-38 拖曳音频素材至视频轨中

步骤 05：展开“特效”面板，在“音频滤镜”特效组中选择“参数平衡器”特效，如图 18-39 所示。

步骤 06：在选择的特效上按住鼠标左键，将其拖曳至 1A 轨道中的音频素材上，如图 18-40 所示。

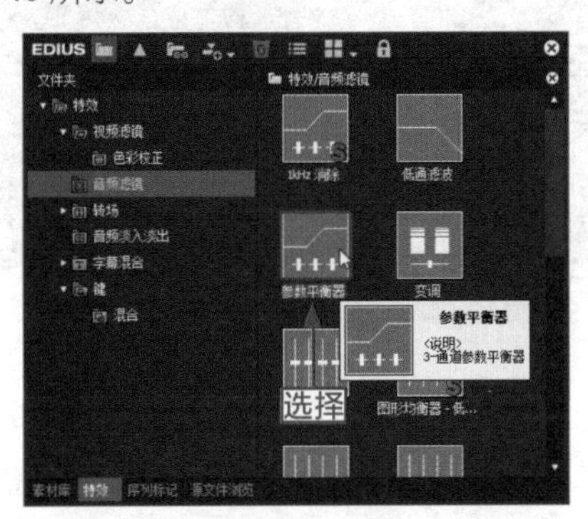

图 18-39　选择“参数平衡器”特效

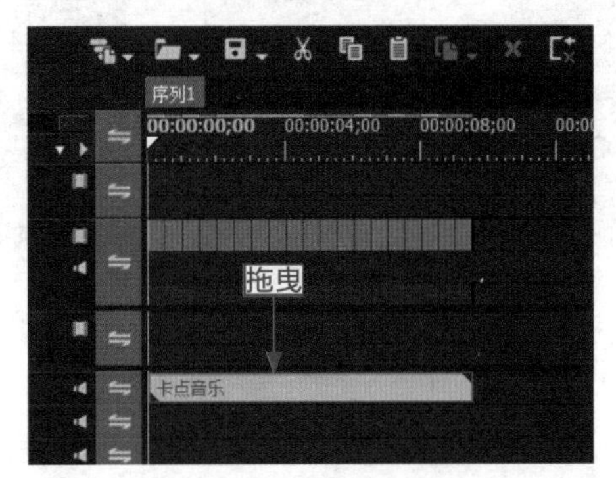

图 18-40　拖曳音频特效

18.2.4　输出卡点视频文件

制作好视频的背景音乐后，接下来介绍输出卡点视频文件的操作方法，将视频输出为 MPG 格式的文件。

操练 + 视频　输出卡点视频文件

素材文件	无	扫描封底文泉云盘的二维码获取资源
效果文件	效果 \ 第 18 章 \ 卡点视频 .mpg	
视频文件	视频 \ 第 18 章 \18.2.4　输出卡点视频文件 .mp4	

步骤 01：在录制窗口下方单击“输出”按钮，在弹出的列表框中选择“输出到文件”选项，如图 18-41 所示。

步骤 02：执行操作后，弹出“输出到文件”对话框，在左侧窗口中选择“最近使用”选项，在右侧窗口中选择相应的预设输出方式，如图 18-42 所示。

步骤 03：单击“输出”按钮，弹出相应对话框，在其中设置视频文件的输出路径，在 File name（文件名）右侧的文本框中输入视频的保存名称，如图 18-43 所示。

步骤 04：单击 Save（保存）按钮，弹出“渲染”对话框，显示视频渲染进度，如图 18-44 所示。待视频渲染完成后，在“素材库”面板中即可显示输出后的视频文件，单击“播放”按钮，预览渲染的视频效果。

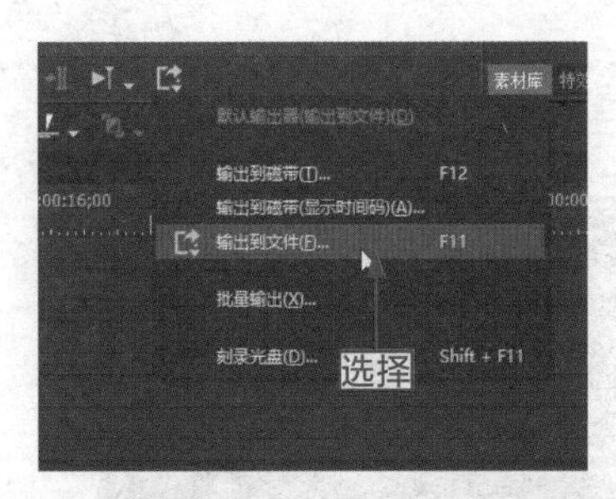

图 18-41 选择“输出到文件”选项

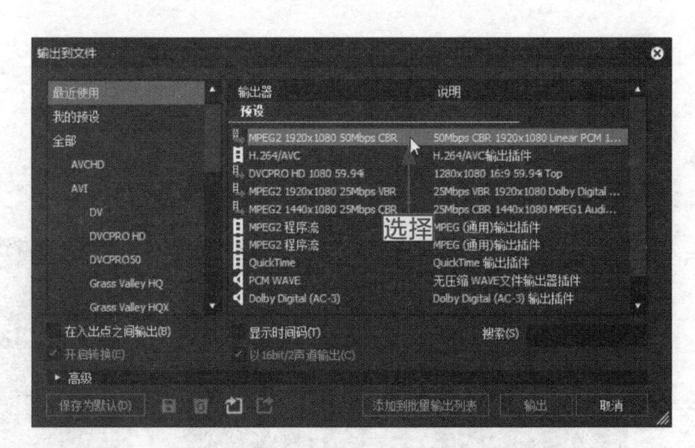

图 18-42 选择相应的预设输出方式

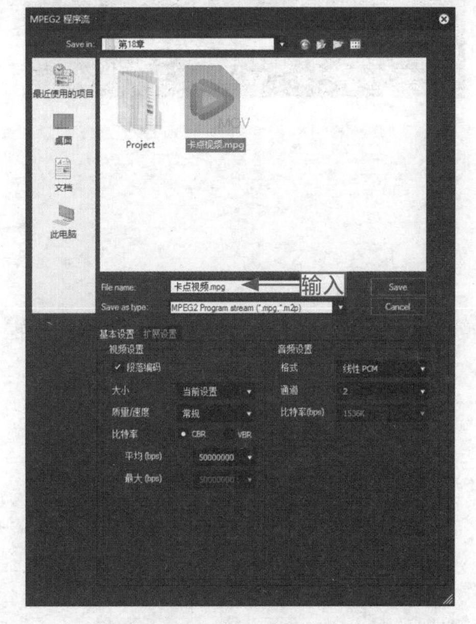

图 18-43 输入视频的保存名称

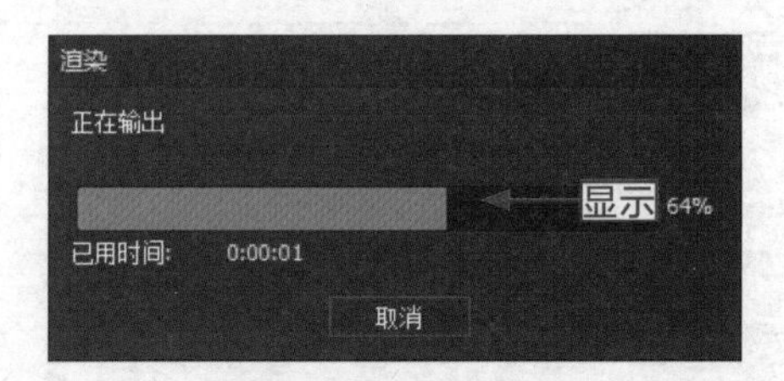

图 18-44 显示渲染进度

18.3 本章小结

本章通过制作“儿童相册”延时视频，详细讲解了素材时间长度的设置方法，通过调整素材的时间长度，更准确地卡准了音乐的节奏点，再配合有节奏感的背景音乐，增强了视频画面的冲击力。通过本章的学习，相信读者已经熟练掌握了卡点视频的制作方法。

CHAPTER 19

第 19 章 制作宣传视频——大美长沙

~ 学前提示 ~

影片“大美长沙”是有关长沙航拍风景记录的短片，长沙作为全国十大幸福城市之一，风景优美，小吃多多，还有被誉为“千年学府”的岳麓书院，因此可以说长沙简直是一个绝佳的旅游胜地。本章将以长沙为例制作城市风光宣传视频，向用户呈现影片的精彩片段，希望读者熟练掌握宣传视频的制作。

~ 本章重点 ~

- 导入宣传视频素材
- 制作视频片头效果
- 设置视频播放速度
- 制作视频字幕效果

19.1 效果欣赏与技术提炼

在制作宣传视频之前，首先带领读者浏览宣传视频的画面效果，并掌握项目技术提炼等内容，这样可以帮助读者更好地学习宣传的制作方法。

19.1.1 效果赏析

本实例介绍“大美长沙”宣传视频的制作方法，效果如图 19-1 所示。

图 19-1 “大美长沙”视频效果

图 19-1 “大美长沙”视频效果（续）

19.1.2 技术提炼

首先导入宣传视频素材，并对素材进行剪辑和精修操作，设置视频播放速度，然后制作视频片头效果和制作视频字幕效果，最后制作视频背景音乐，并输出宣传视频文件。

19.2 视频制作过程

本节主要介绍宣传视频的制作过程，主要包括导入宣传视频素材、制作宣传视频片头效果、制作宣传视频字幕效果以及制作宣传视频片尾效果等具体内容，希望读者可以熟练掌握。

19.2.1 导入宣传视频素材

在制作宣传视频之前，首先需要将宣传视频的素材导入 EDIUS 工作界面中。下面介绍导入音乐 MTV 素材的操作方法。

操练 + 视频 导入宣传视频素材

素材文件	素材 \ 第 19 章 \ 大美长沙	扫描封底文泉云盘的二维码获取资源
效果文件	无	
视频文件	视频 \ 第 19 章 \19.2.1 导入宣传视频素材 .mp4	

步骤 01：在“素材库”面板中的空白位置上单击鼠标右键，在弹出的快捷菜单中选择“添加文件”命令，如图 19-2 所示。

步骤 02：弹出 Open 对话框，在其中选择需要添加的视频素材，如图 19-3 所示。

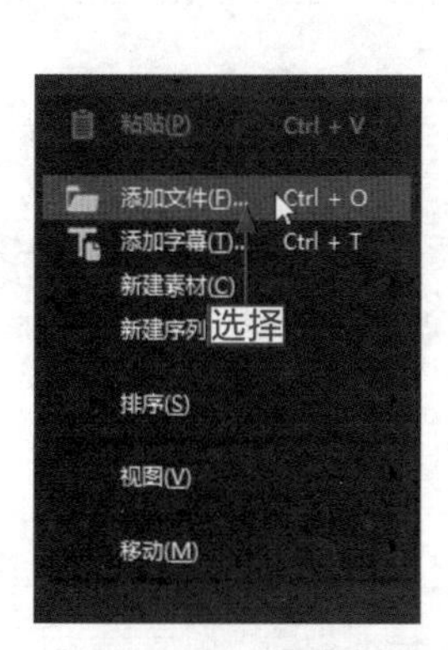

图 19-2　选择“添加文件”命令

图 19-3　选择需要添加的视频素材

步骤 03：单击 Open 按钮，即可将视频导入“素材库”面板中，如图 19-4 所示。

图 19-4　将视频导入“素材库”面板中

步骤 04：在“素材库”面板中双击导入的视频素材，即可在播放窗口中预览导入的视频画面，如图 19-5 所示。

图 19-5　在播放窗口中预览导入的视频画面

19.2.2 设置视频播放速度

有时视频的时间长度可能太长，影响用户的体验感，那么可以通过调整视频的播放速度达到一个更好的观感，下面介绍设置视频播放速度的操作方法。

操练 + 视频 设置视频播放速度

素材文件	无	扫描封底文泉云盘的二维码获取资源
效果文件	无	
视频文件	视频 \ 第 19 章 \19.2.2 设置视频播放速度 .mp4	

步骤 01：在“素材库”面板中选择第 1 段视频素材，将其拖曳至视频轨中 1V 轨道的开始位置，如图 19-6 所示。

步骤 02：选择第 1 段视频素材，单击鼠标右键，在弹出的快捷的菜单中选择“连接 / 组”|“解锁”命令，如图 19-7 所示，执行操作后，即可将视频与音频分离。

图 19-6 拖曳视频素材至视频轨中

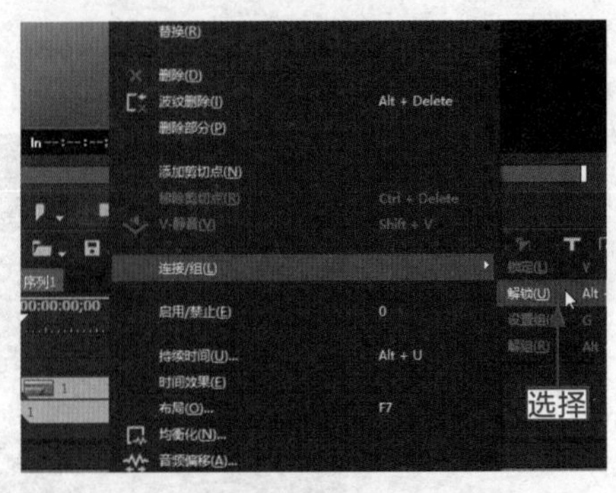

图 19-7 选择“解锁”命令

步骤 03：选择分离后的音频素材，单击鼠标右键，在弹出的快捷菜单中选择“删除”命令，如图 19-8 所示，即可将分离的音频删除。

步骤 04：选择分离后的视频素材，单击鼠标右键，在弹出的快捷菜单中选择“时间效果”|“速度”命令，如图 19-9 所示。

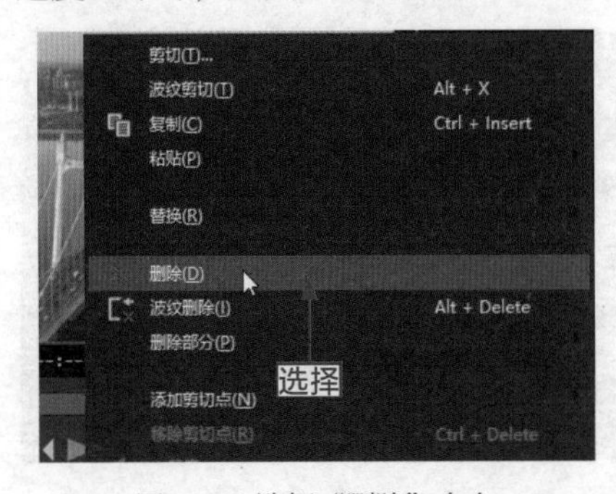

图 19-8 选择“删除”命令

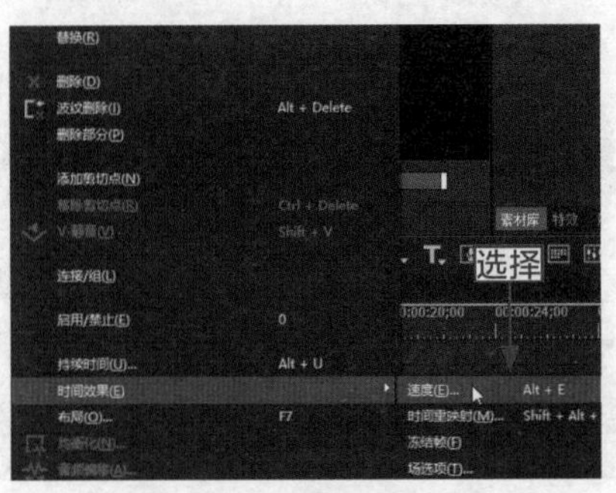

图 19-9 选择“速度”命令

步骤 05：弹出“素材时间”对话框，在其中设置“比率”为 125.04%，如图 19-10 所示。

步骤 06：单击“确定”按钮，关闭对话框，视频轨中的素材时间长度发生变化，如图 19-11 所示。

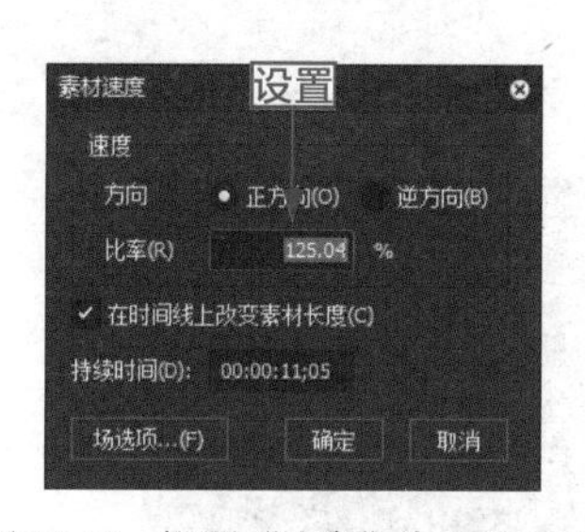

图 19-10　设置“比率”为 125.04%

图 19-11　素材时间长度发生变化

步骤 07：调整时间线至 00:00:11;05 的位置处，选择“素材库”中第 2 段视频素材，将其拖曳至时间线的后面，如图 19-12 所示。

步骤 08：选择第 2 段视频素材，单击鼠标右键，在弹出的快捷的菜单中选择“连接/组”|“解锁”命令，如图 19-13 所示，将视频与音频分离。

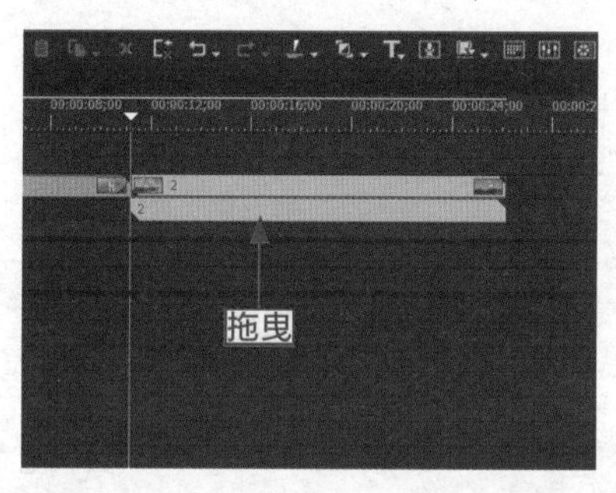

图 19-12　拖曳视频素材至时间线的后面

图 19-13　选择“解锁”命令

步骤 09：选择分离后的音频素材，按【Delete】键，删除分离的音频，设置第 2 段视频素材的“比率”为 200.22%，如图 19-14 所示。

步骤 10：设置完成后，第 2 段视频的时间长度发生变化，如图 19-15 所示。

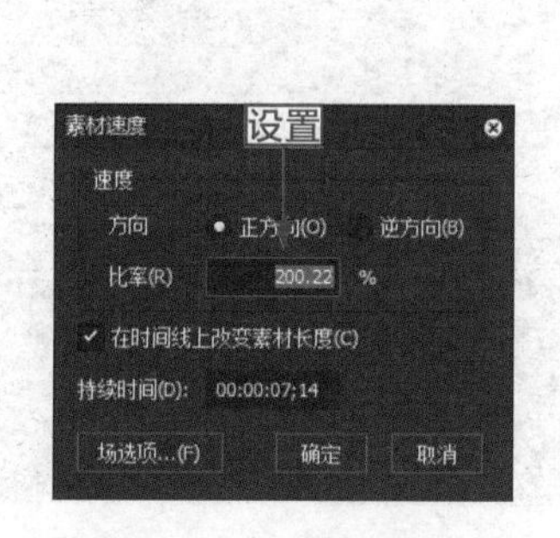

图 19-14　设置播放速度

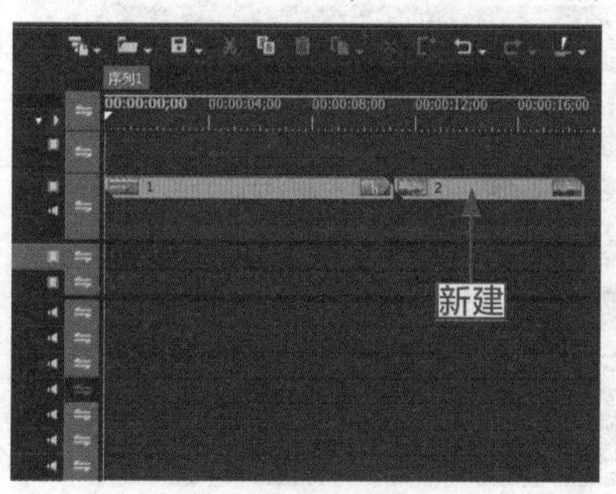

图 19-15　第 2 段视频的时间长度发生变化

步骤 11：用与上文同样的方法，将剩下的视频素材拖曳至视频轨中的合适位置，分离并删除多余的音频；分别设置其播放速度为 400.71%、150.09%、100%、125.17% 和 60.05%，设置完成的效果，如图 19-16 所示。

> **专家指点** 在 EDIUS 9 工作界面中，除了用上述的方法可打开“素材速度”对话框之外，还可以按组合键【Alt +E】，快速打开“素材速度”对话框。

图 19-16　设置其他素材的播放速度

19.2.3　制作视频片头效果

在视频画面中，可以运用“视频布局”功能制作视频的拉伸效果，再为视频添加滤镜特效，便能制作出视频的片头效果了。

操练 + 视频　制作视频片头效果

素材文件	无	扫描封底文泉云盘的二维码获取资源
效果文件	无	
视频文件	视频 \ 第 19 章 \19.2.3　制作视频片头效果 .mp4	

步骤 01：在“素材库”面板中选择“粒子”素材，如图 19-17 所示。

步骤 02：按住鼠标左键，将其拖曳至视频轨中的 2V 轨道上，如图 19-18 所示。

图 19-17　选择“粒子”素材

图 19-18　拖曳至 2V 轨道上

步骤 03：选择"粒子"素材，单击鼠标右键，在弹出的快捷菜单中选择"连接 / 组"|"解组"命令，如图 19-19 所示，选择分离后的音频素材，按【Delete】键，删除分离的音频。

步骤 04：选择分离后的视频素材，单击鼠标右键，在弹出的快捷菜单中选择"持续时间"命令，如图 19-20 所示。

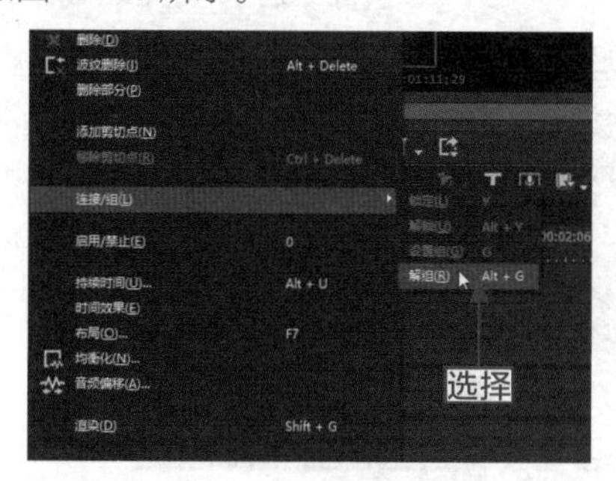

图 19-19　选择"解组"命令

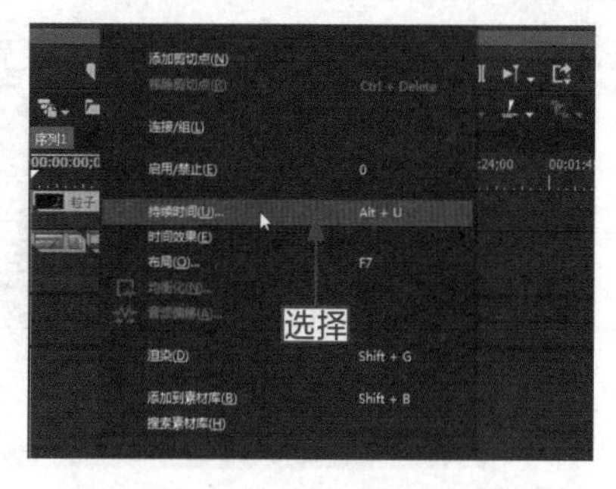

图 19-20　选择"持续时间"命令

步骤 05：弹出"持续时间"对话框，设置持续时间为 00:00:04;02，如图 19-21 所示。

步骤 06：展开"特效"面板，在"混合"滤镜组中选择"柔光模式"特效，如图 19-22 所示。

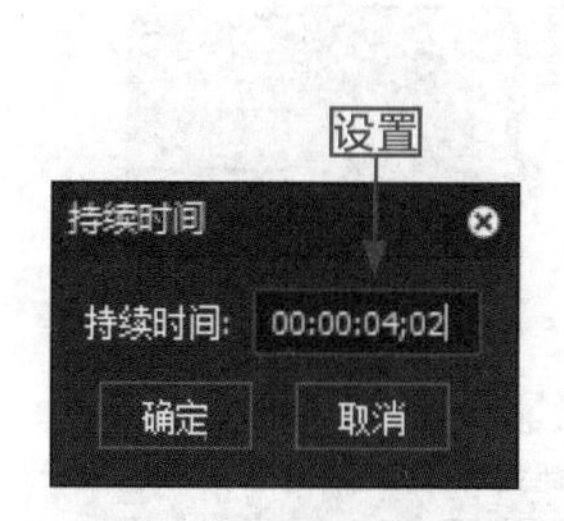

图 19-21　设置持续时间

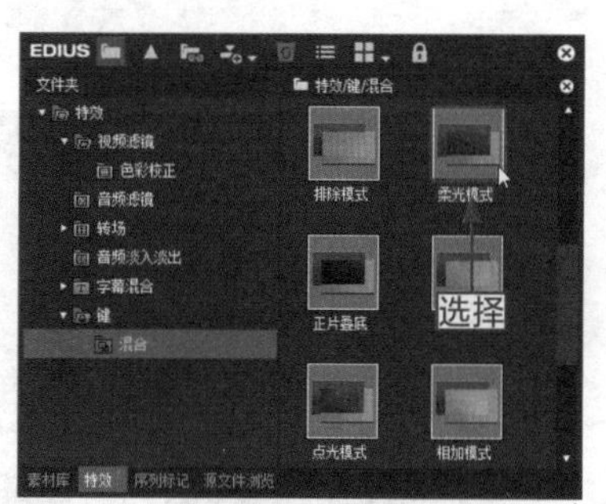

图 19-22　选择"柔光模式"特效

步骤 07：在选择的特效上按住鼠标左键，将其拖曳至视频轨中的"粒子"素材上，如图 19-23 所示，释放鼠标左键，即可成功添加视频效果。

步骤 08：在"素材库"空白处单击鼠标右键，在弹出的快捷菜单中选择"添加字幕"命令，如图 19-24 所示。

图 19-23　添加"柔光模式"特效

图 19-24　选择"添加字幕"命令

步骤09：打开字幕窗口，运用横向文本工具，在预览窗口中的适当位置输入相应标题内容，如图19-25所示。

步骤10：展开“文本属性”面板，在“变换”选项区中，设置X为1345、Y为498、“宽度”为1627、“高度”为452；“字体”为相应字体、“字号”为72，如图19-26所示。

图19-25　输入标题内容

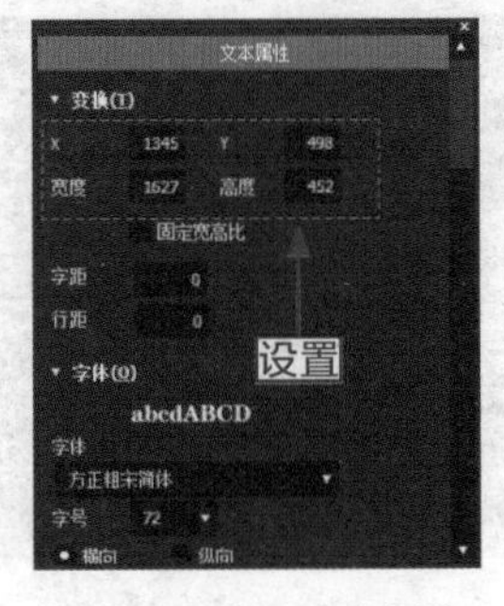

图19-26　设置文字属性

步骤11：在“填充颜色”选项区中，设置“方向”为26.57、“颜色”为2，单击“颜色”下方的第一个色块，如图19-27所示。

步骤12：弹出“色彩选择-709”对话框，设置“红”“绿”“蓝”均为255，如图19-28所示。

图19-27　单击第一个色块

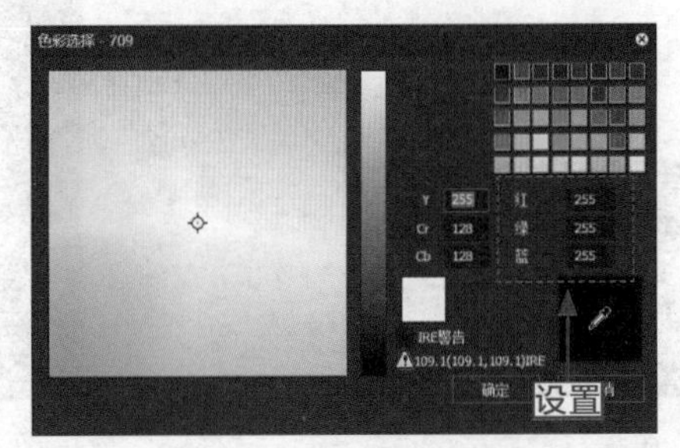

图19-28　设置颜色参数

步骤13：单击“确定”按钮，返回字幕窗口，单击“颜色”下方的第二个色块，如图19-29所示。

步骤14：弹出“色彩选择-709”对话框，设置“红”“绿”“蓝”分别为254、237和22，如图19-30所示。

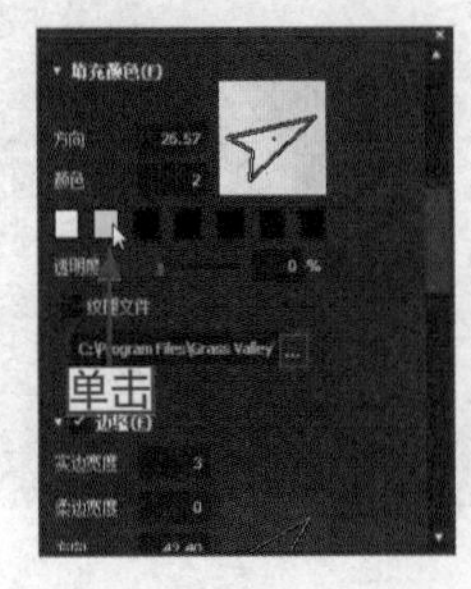

图19-29　单击第二个色块

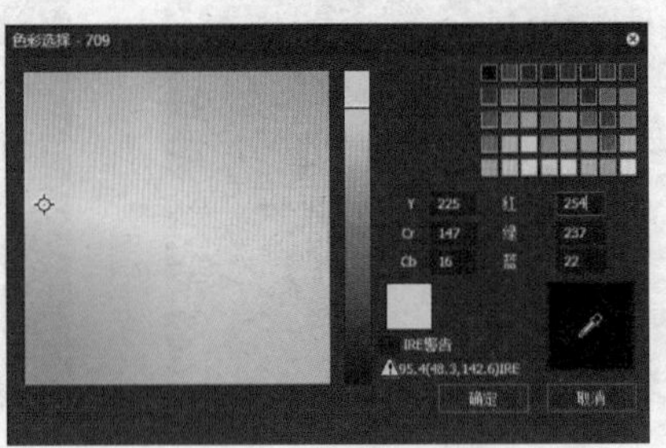

图19-30　设置颜色参数

步骤 15: 单击“确定”按钮，返回字幕窗口，单击“保存”按钮，如图 19-31 所示。

步骤 16: 执行操作后，制作好的字幕将自动保存到“素材库”中，如图 19-32 所示。

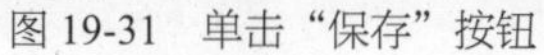

图 19-31　单击“保存”按钮　　图 19-32　字幕保存到“素材库”中

步骤 17: 将字幕文件拖曳至视频轨中的 2T 轨道上，移动鼠标到字幕的末尾位置，鼠标指针呈双向箭头形状，如图 19-33 所示。

步骤 18: 按住鼠标左键并向左拖曳字幕文件，直至与“粒子”素材的时间长度一致，如图 19-34 所示。

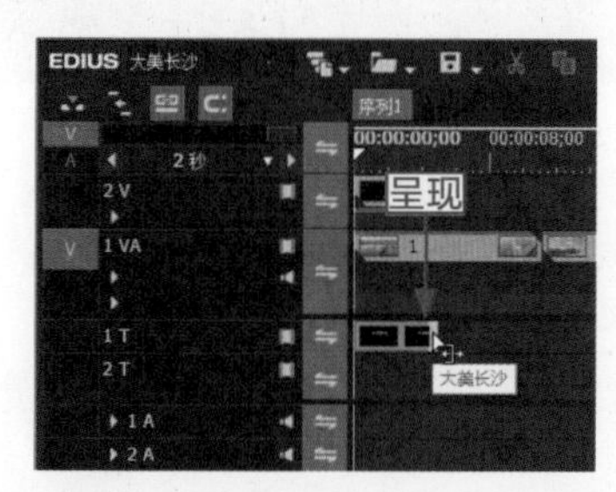

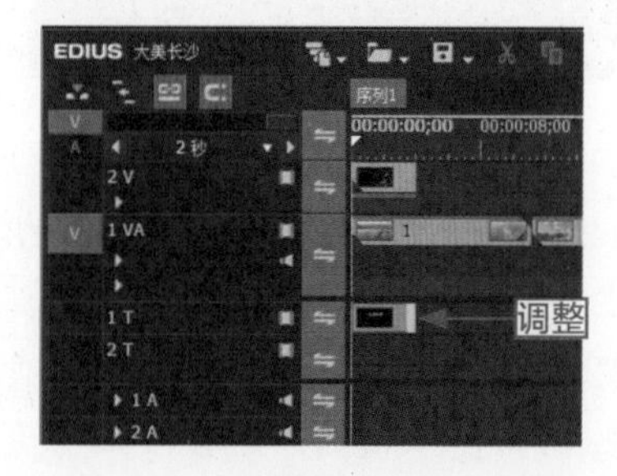

图 19-33　鼠标指针呈双向箭头形状　　图 19-34　调整字幕文件的时间长度

步骤 19: 选择视频轨中的第 1 段视频素材，切换至“信息”面板，双击“视频布局”，如图 19-35 所示。

步骤 20: 弹出“视频布局”对话框，单击“裁剪”按钮，如图 19-36 所示，切换至“裁剪”选项区。

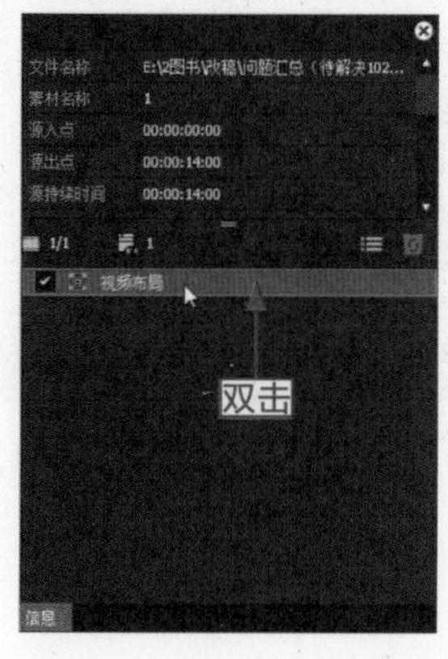

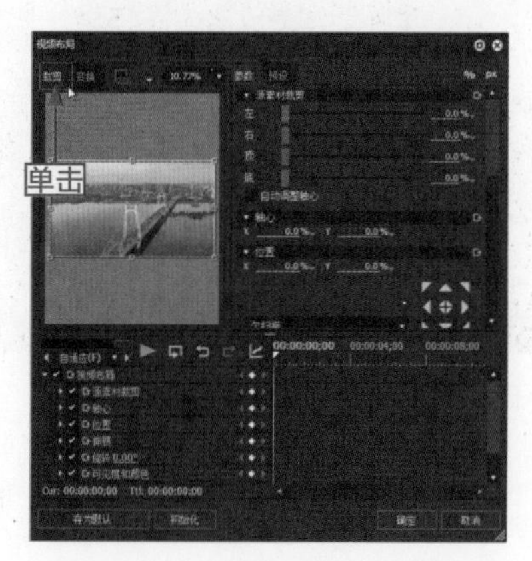

图 19-35　双击“视频布局”　　图 19-36　单击“裁剪”按钮

步骤 21： 选中“视频布局”前面的复选框，单击“添加 / 移除关键帧”按钮，添加第一组关键帧，如图 19-37 所示。

步骤 22： 调整时间线至 00:00:00;26 的位置处，在“源素材裁剪”选项区设置“顶”和“底”均为 18.80%，添加第二组关键帧，如图 19-38 所示。

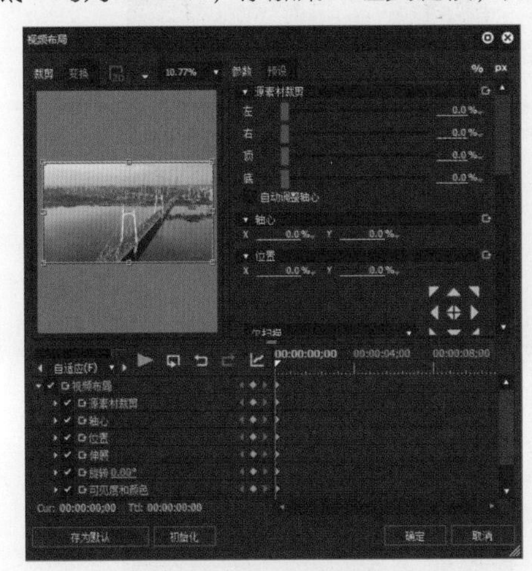

图 19-37 添加关键帧（1）

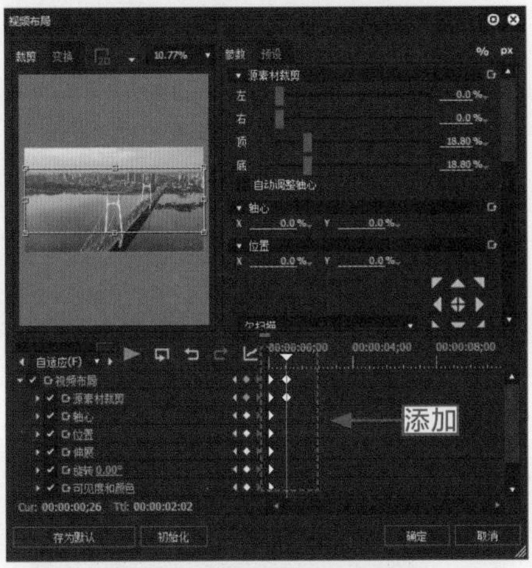

图 19-38 添加关键帧（2）

步骤 23： 调整时间线至 00:00:02:02 的位置处，在“源素材裁剪”选项区设置“顶”为 12.90%、“底”为 13.50%，添加第三组关键帧，如图 19-39 所示。

步骤 24： 调整时间线至 00:00:02:26 的位置处，在“源素材裁剪”选项区设置“顶”和“底”均为 0.00，添加第四组关键帧，如图 19-40 所示。

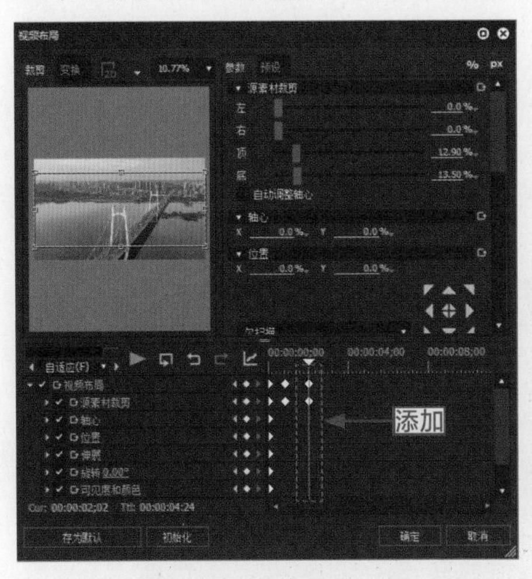

图 19-39 添加关键帧（3）

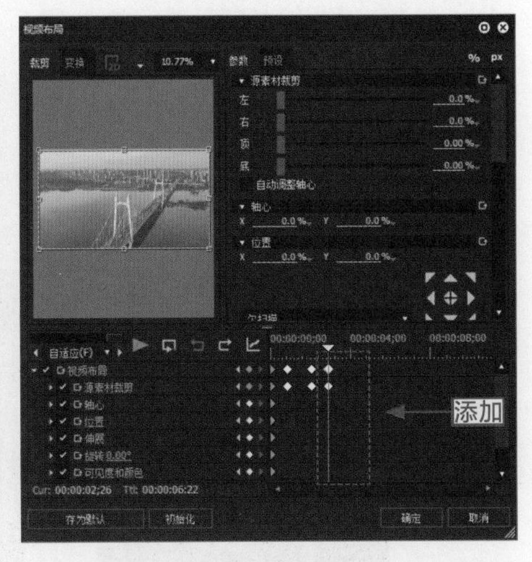

图 19-40 添加关键帧（4）

步骤 25： 单击“播放”按钮，在播放窗口中预览制作的宣传视频片头效果，如图 19-41 所示。

图 19-41　在播放窗口中预览制作的片头效果

19.2.4　制作视频字幕效果

字幕是影视画面中画龙点睛的重要部分，漂亮的字幕可以增加影片的趣味性，吸引观众的眼球。下面介绍制作宣传视频字幕的动画效果。

操练 + 视频　制作视频字幕效果

素材文件	无	扫描封底文泉云盘的二维码获取资源
效果文件	无	
视频文件	视频 \ 第 19 章 \19.2.4　制作视频字幕效果 .mp4	

步骤 01：在“素材库”面板中的空白位置单击鼠标右键，在弹出的快捷菜单中选择“添加字幕”命令，如图 19-42 所示。

步骤 02：打开字幕窗口，运用横向文本工具，在预览窗口中的适当位置输入相应文本内容，如图 19-43 所示。

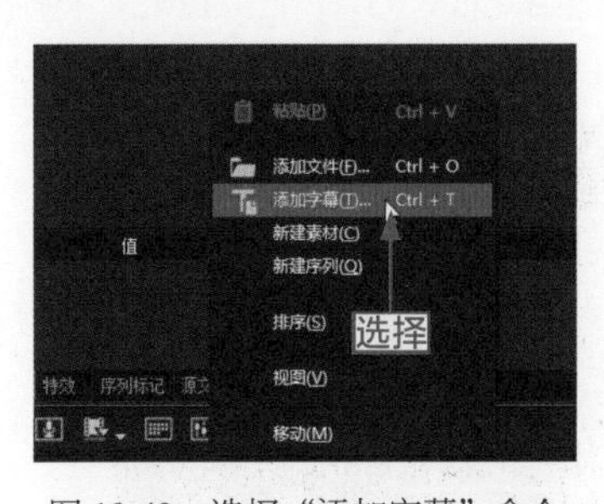

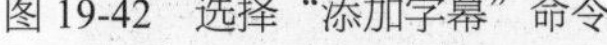
图 19-42　选择“添加字幕”命令

图 19-43　输入相应标题内容

步骤 03：展开“文本属性”面板，在“变换”选项区中，设置 X 为 277、Y 为 268、“宽度”为 2276、“高度”为 303；“字体”为“黑体”、“字号”为 90，如图 19-44 所示。

步骤 04：在“填充颜色”选项区中，设置“方向”为 282.26、“颜色”为 2，如图 19-45 所示。

图 19-44　设置字体属性

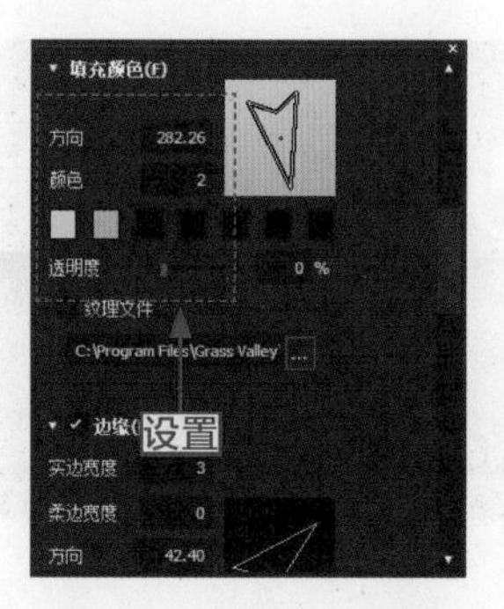

图 19-45　设置颜色属性

步骤 05：单击“颜色”下方的第一个色块，弹出“色彩选择 -709”对话框，设置“红”“绿”“蓝”分别为 255、237 和 23，如图 19-46 所示。

步骤 06：单击“确定”按钮，单击“颜色”下方的第二个色块，弹出“色彩选择 -709”对话框，设置“红”“绿”“蓝”分别为 255、197 和 0，如图 19-47 所示。

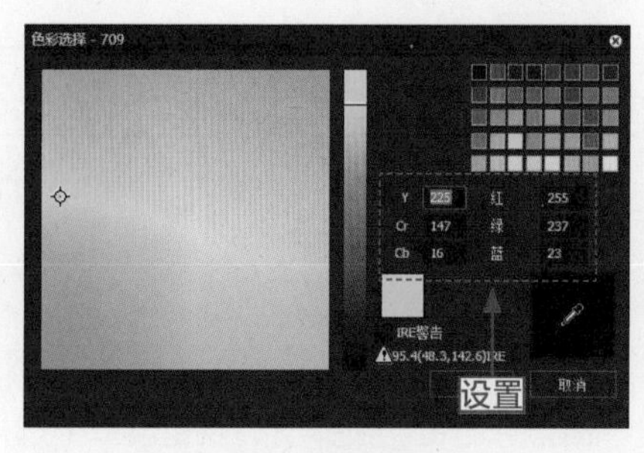

图 19-46　设置颜色参数（1）

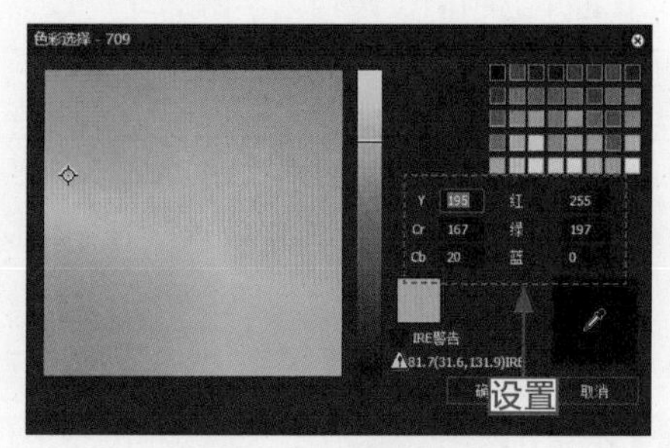

图 19-47　设置颜色参数（2）

步骤 07：选中“边缘”复选框，在“边缘”选项区中设置“实边宽度”为 3、“方向”为 42.40、“颜色”为 1，色块颜色为黑色，如图 19-48 所示。

步骤 08：单击“保存”按钮，将时间线调整至 00:00:03;27 的位置处，将制作好的字幕文件拖曳至时间线的位置，如图 19-49 所示。

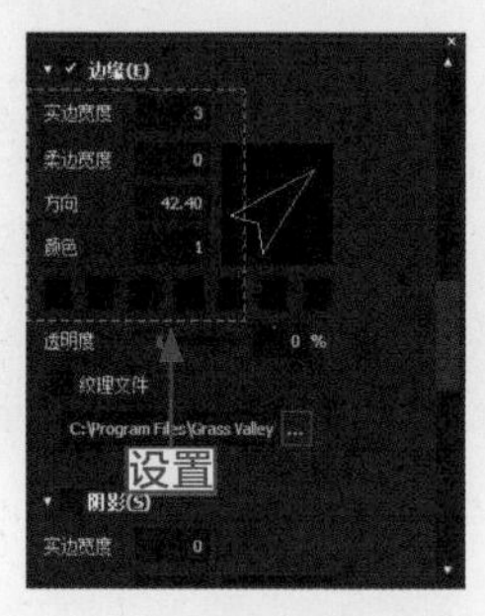

图 19-48　设置边缘的属性

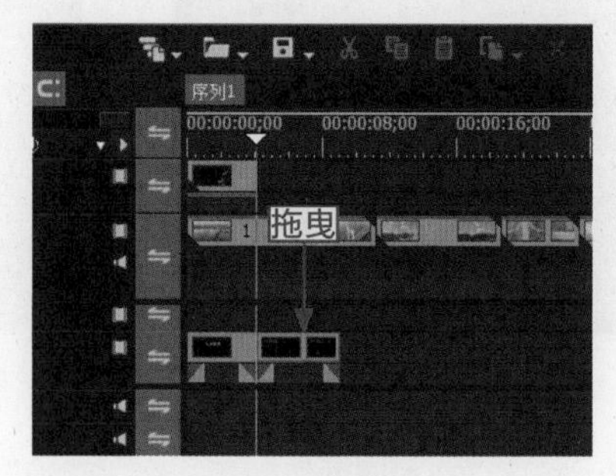

图 19-49　拖曳字幕文件

步骤 09：选择 2T 轨道上的第二个字幕文件，设置持续时间为 00:00:06;10，如图 19-50 所示。

步骤 10：在“素材库”面板中的空白位置上单击鼠标右键，在弹出的快捷菜单中选择“添加字幕”命令，如图 19-51 所示。

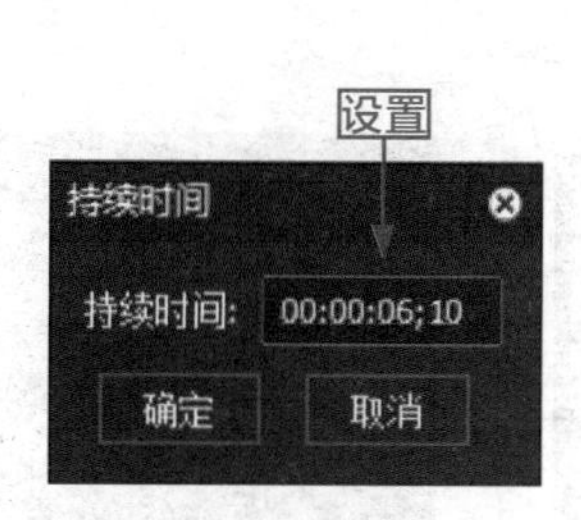

图 19-50　设置持续时间

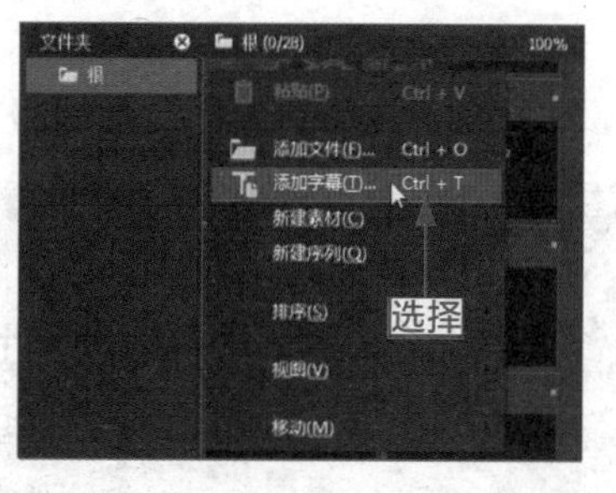

图 19-51　选择“添加字幕”命令

步骤 11：打开字幕窗口，运用横向文本工具，在预览窗口中的适当位置输入相应文本内容，如图 19-52 所示。

步骤 12：展开“文本属性”面板，在“变换”选项区中，设置 X 为 259、Y 为 137、“宽度”为 2276、“高度”为 303；“字体”为“黑体”、“字号”为 90，如图 19-53 所示。

图 19-52　输入相应文字

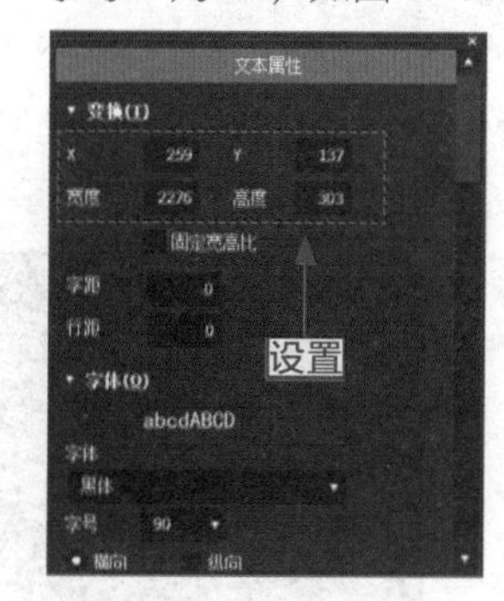

图 19-53　设置文字属性

步骤 13：在“填充颜色”选项区中，设置“方向”为 259.29、“颜色”为 2，如图 19-54 所示。

步骤 14：单击“颜色”下方的第一个色块，弹出“色彩选择 -709”对话框，设置“红”“绿”“蓝”分别为 255、237 和 23，如图 19-55 所示。

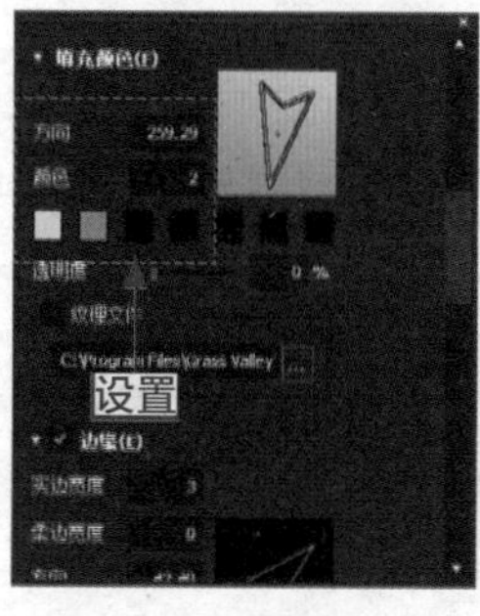

图 19-54　设置颜色属性

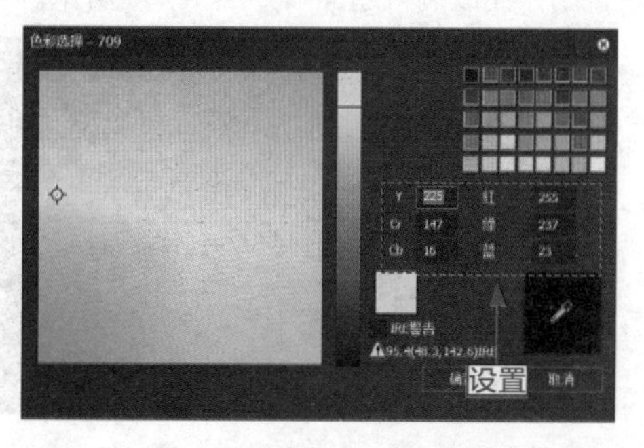

图 19-55　设置第一个色块的参数

步骤 15: 单击“确定”按钮，单击“颜色”下方的第二个色块，弹出“色彩选择 -709”对话框，设置“红”“绿”“蓝”分别为 255、154 和 0，如图 19-56 所示。

步骤 16: 选中“边缘”复选框，在“边缘”选项区中设置“实边宽度”为 3、“方向”为 42.40、“颜色”为 1，色块颜色为黑色，如图 19-57 所示。

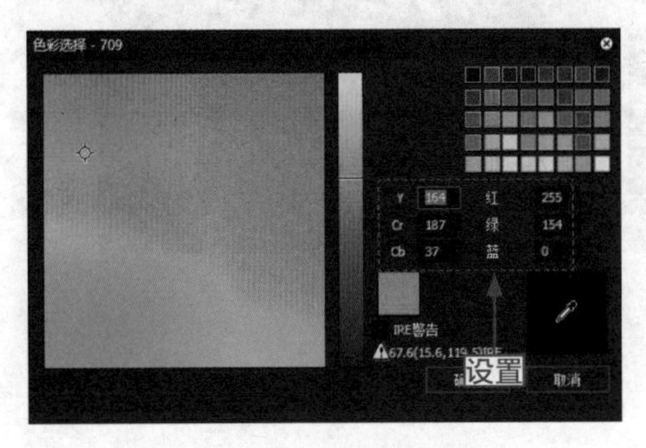

图 19-56 设置第二个色块的参数

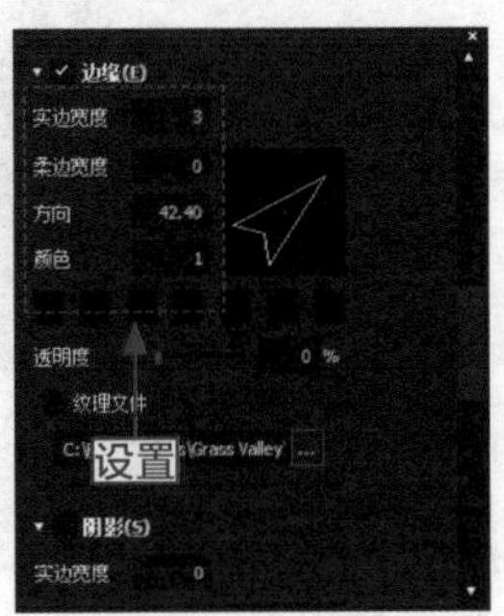

图 19-57 设置边缘参数

步骤 17: 单击“保存”按钮，将时间线调整至 00:00:10;10 的位置处，将制作好的字幕文件拖曳至时间线的位置，如图 19-58 所示。

步骤 18: 选择 2T 轨道上的第三个字幕文件，设置持续时间为 00:00:04;19，如图 19-59 所示。

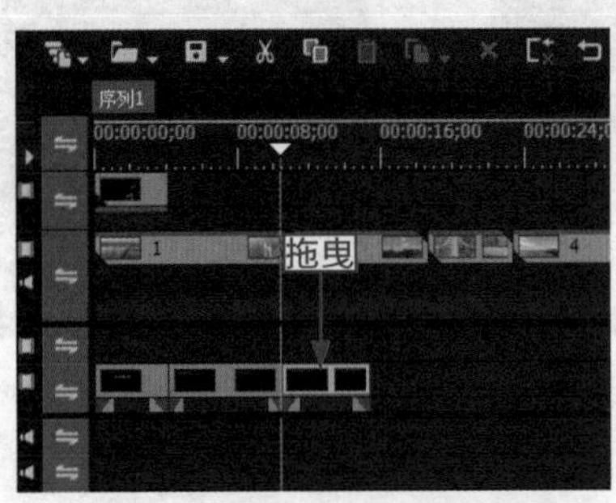

图 19-58 拖曳制作完成的字幕文件

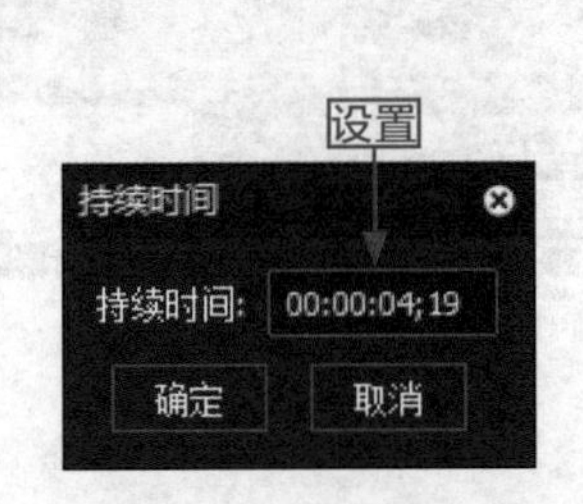

图 19-59 设置持续时间

步骤 19: 用与上文同样的方法，制作其他的字幕文件，并设置字幕文件的持续时间与字幕运动特效，制作完成的轨道面板如图 19-60 所示。

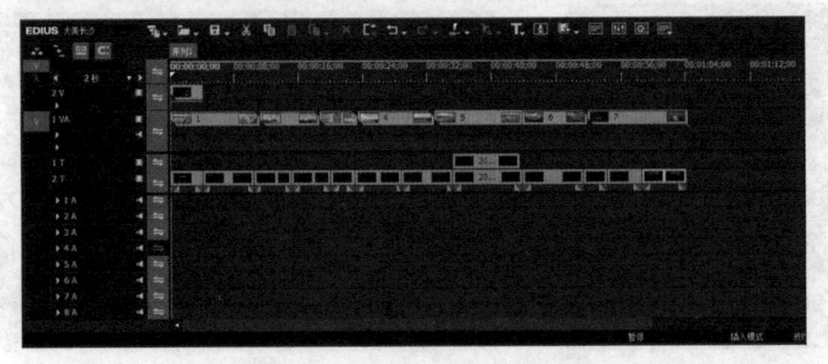

图 19-60 其他字幕文件的效果

专家指点	制作好的字幕文件会自动保存在一个文件夹中，如果用户觉得逐个制作太麻烦，可以将素材文件夹制作完成的字幕直接导入进来，调整到相应位置即可。

步骤 20：单击“播放”按钮，在播放窗口中预览制作的宣传视频字幕效果，如图 19-61 所示。

图 19-61　在播放窗口中预览制作的字幕效果

19.3　后期编辑与输出

当用户制作好宣传视频字幕特效后，接下来介绍插入背景音乐与输出宣传视频文件的操作方法，希望读者可以熟练掌握。

19.3.1　添加视频背景音乐

用户可以将电脑中的音乐直接插入声音轨道中，然后试听背景音乐的声效。

操练 + 视频　添加视频背景音乐

素材文件	素材 \ 第 19 章 \ 背景音乐 .mp3	扫描封底文泉云盘的二维码获取资源
效果文件	无	
视频文件	视频 \ 第 19 章 \19.3.1　添加视频背景音乐 .mp4	

步骤 01：在“素材库”面板的空白位置处单击鼠标右键，在弹出的快捷菜单中选择“添

加文件”命令，如图 19-62 所示。

步骤 02： 执行操作后，弹出 Open 对话框，在其中选择需要导入的背景音乐素材，如图 19-63 所示。

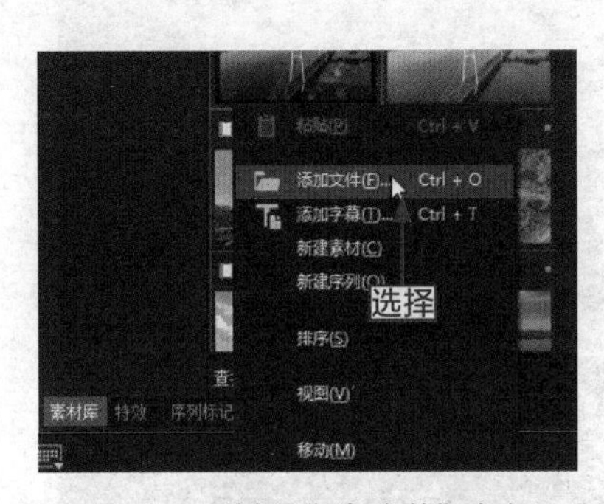

图 19-62　选择“添加文件”命令

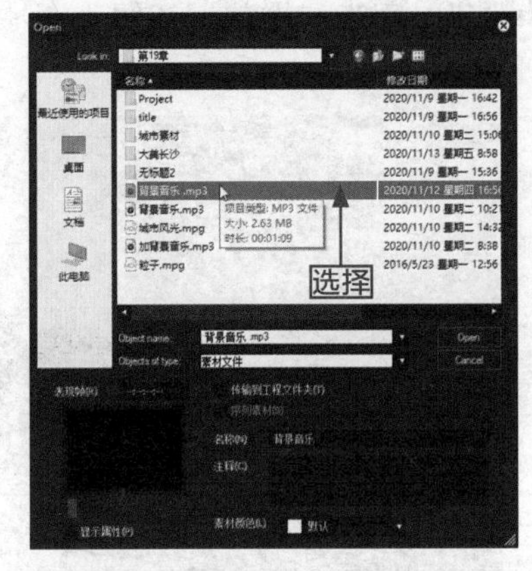

图 19-63　选择需要导入的背景音乐素材

步骤 03： 单击 Open 按钮，将选择的背景音乐导入 1A 音频轨道中，如图 19-64 所示，单击“播放”按钮，即可试听导入的背景音乐效果。

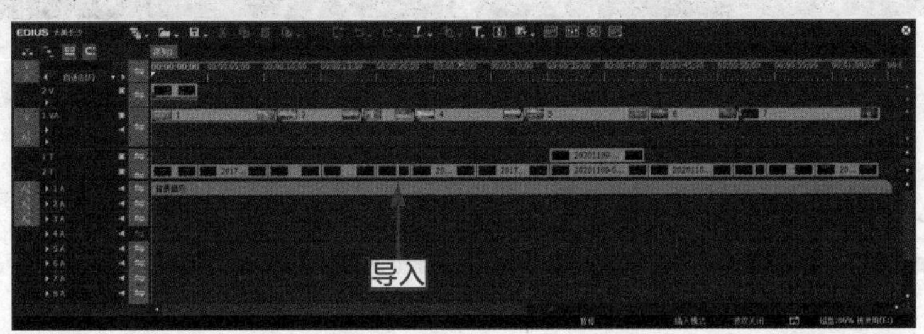

图 19-64　将音乐导入 1A 音频轨道中

19.3.2　输出宣传视频文件

制作好宣传视频后，最后一步为输出宣传视频文件，下面介绍输出宣传视频文件的操作方法。

操练 + 视频　输出宣传视频文件

素材文件	无	扫描封底文泉云盘的二维码获取资源
效果文件	效果 \ 第 19 章 \ 大美长沙 .mpg	
视频文件	视频 \ 第 19 章 \19.3.2 输出宣传视频文件 .mp4	

步骤 01： 选择“文件”|“输出”|“输出到文件”命令，如图 19-65 所示。

步骤 02：执行操作后，弹出“输出到文件”对话框，在左侧窗口中选择“最近使用”选项，在右侧窗口中选择相应的预设输出方式，如图 19-66 所示。

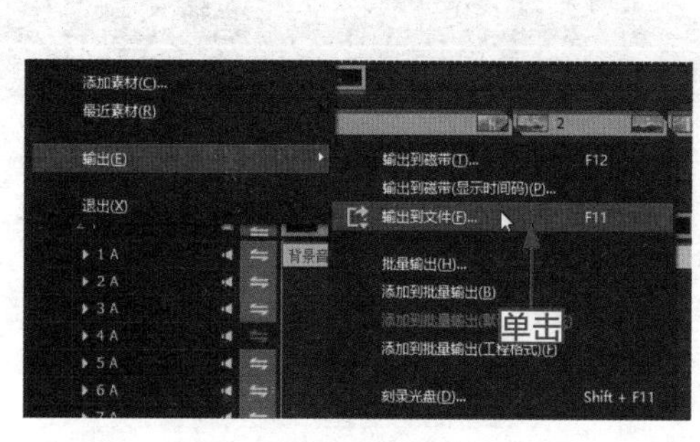

图 19-65　选择“输出到文件”命令

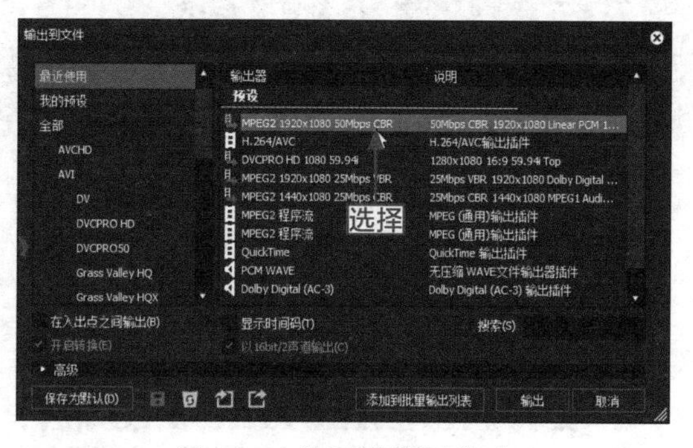

图 19-66　选择预设输出方式

步骤 03：单击“输出”按钮，弹出相应对话框，在其中设置视频文件的输出路径，在 File name（文件名）右侧的文本框中输入视频的保存名称，如图 19-67 所示。

步骤 04：单击 Save 按钮，弹出“渲染”对话框，显示视频渲染进度，如图 19-68 所示，待视频渲染完成后即可。

图 19-67　输入文件名称

图 19-68　显示视频渲染进度

19.4　本章小节

“大美长沙”是关于城市宣传的风光视频，通过用无人机航拍的角度记录下了长沙湘江的全景风光，让人一览无余，再配上经过朗诵播报的背景音乐，在观看时更是给人一种身临其境的感觉。本章详细向读者介绍了“大美长沙”宣传视频的制作方法，相信读者已经熟练掌握了宣传视频的制作方法，希望读者学后可以举一反三，制作出更多精彩的风光宣传视频。

APPENDIX A

附录 A　EDIUS 插件的安装与使用

下面主要以 NewBlueTitlerPro 字幕插件为例，向读者介绍在 EDIUS 9 中安装与使用插件的方法。

一、安装 NewBlueTitlerPro 插件

下面介绍在 EDIUS 9 软件中插件的通用安装方法。

步骤 01：从网上下载字幕插件，在下载的字幕插件应用程序上单击鼠标右键，在弹出的快捷菜单中选择“打开”选项，如图 A-1 所示。

步骤 02：执行操作后，弹出插件安装对话框，显示插件安装信息，如图 A-2 所示。

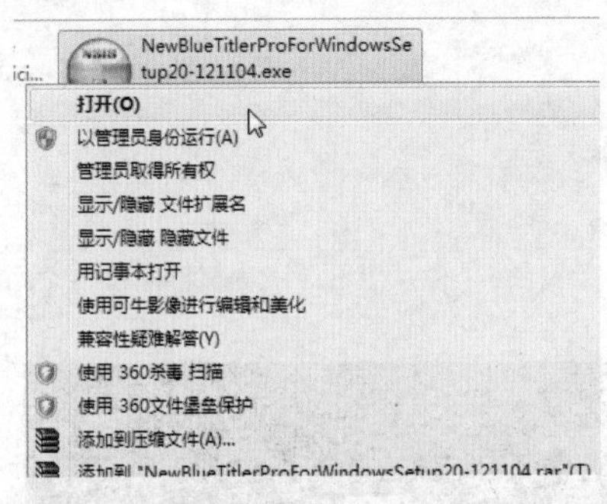

图 A-1　选择“打开”选项

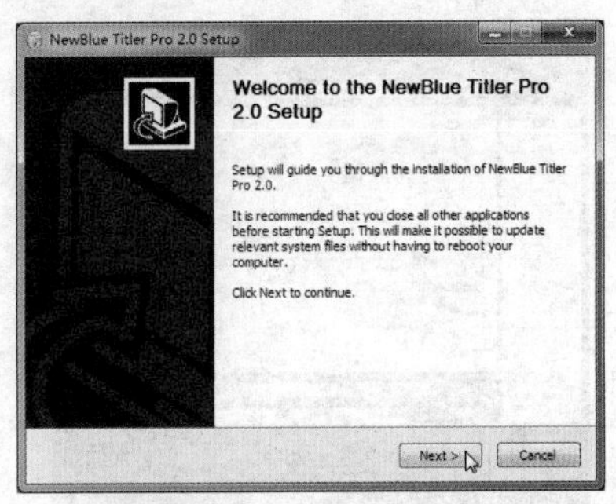

图 A-2　插件安装信息

步骤 03：单击 Next 按钮，进入下一个界面，在列表框中选中 Grass Valley EDIUS 6.5 复选框，如图 A-3 所示。

步骤 04：单击 Next 按钮，进入下一个界面，在其中输入用户名和邮箱等信息，如图 A-4 所示。

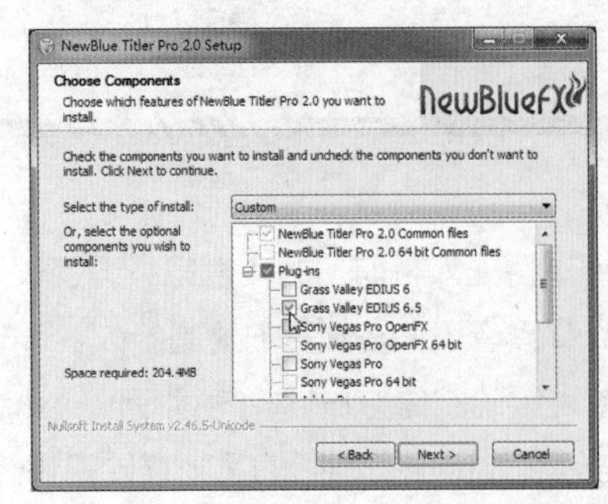

图 A-3　选择 Grass Valley EDIUS 6.5

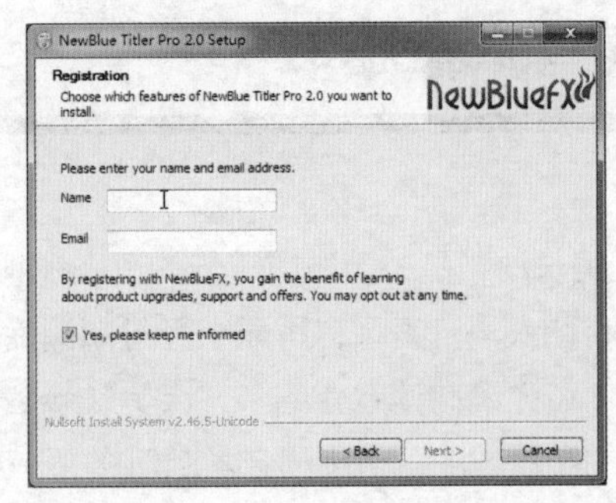

图 A-4　输入用户名和邮箱等信息

步骤 05：输入完成后单击 Next 按钮，弹出相应对话框，显示程序信息，如图 A-5 所示。

步骤 06：稍等片刻，显示相应提示信息，单击“确定”按钮，如图 A-6 所示。

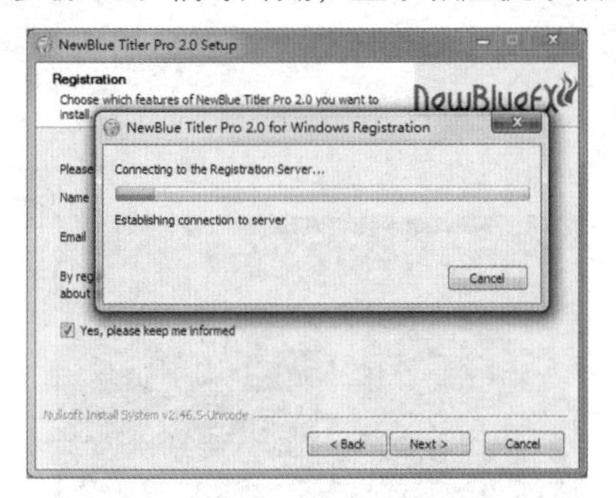

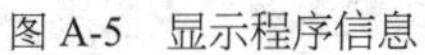
图 A-5　显示程序信息

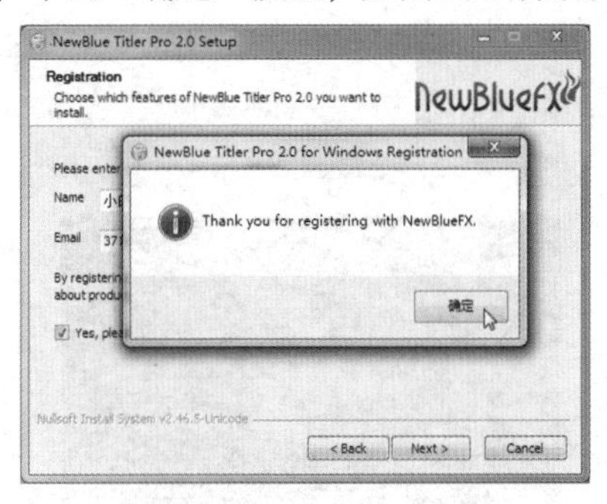

图 A-6　单击“确定”按钮

步骤 07：进入 License Agreement 界面，单击 I Agree 按钮，如图 A-7 所示。

步骤 08：进入 Choose Install Location 界面，显示插件安装路径，如图 A-8 所示。

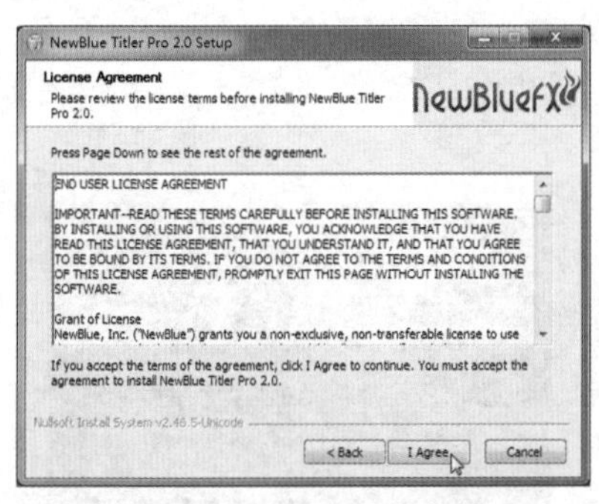

图 A-7　单击 I Agree 按钮

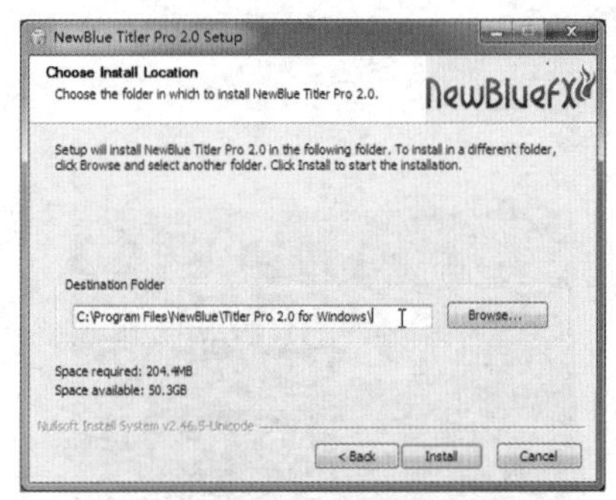

图 A-8　显示插件安装路径

步骤 09：单击 Install 按钮，即可开始安装字幕插件，并显示安装进度，如图 A-9 所示。

步骤 10：待插件安装完成后，进入完成界面，单击 Finish 按钮，如图 A-10 所示，即可完成 EDIUS 中字幕插件的安装操作。

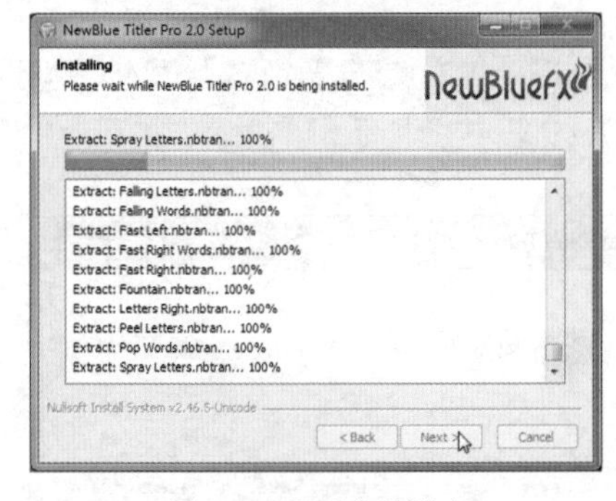

图 A-9　显示安装进度

图 A-10　单击 Finish 按钮

二、使用 NewBlueTitlerPro 插件

步骤 01：进入 EDIUS 工作界面，单击“创建字幕”按钮，在弹出的列表框中选择 NewBlue Titler Pro 2.0 选项（刚安装的字幕插件），如图 A-11 所示。

步骤 02：执行操作后，打开 NewBlue Titler Pro 2.0 字幕窗口，如图 A-12 所示。

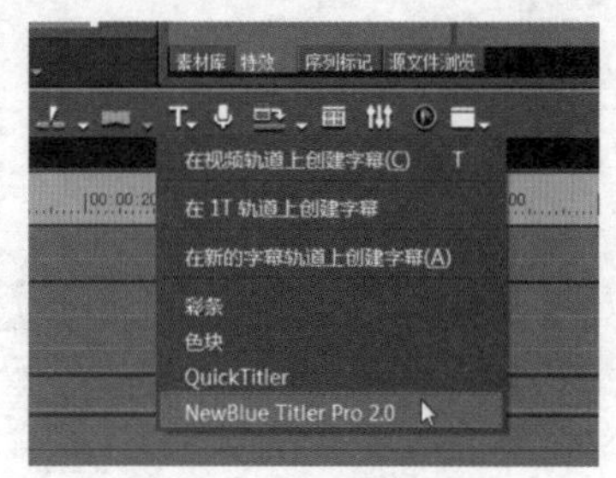

图 A-11　选择 NewBlue Titler Pro 2.0 选项

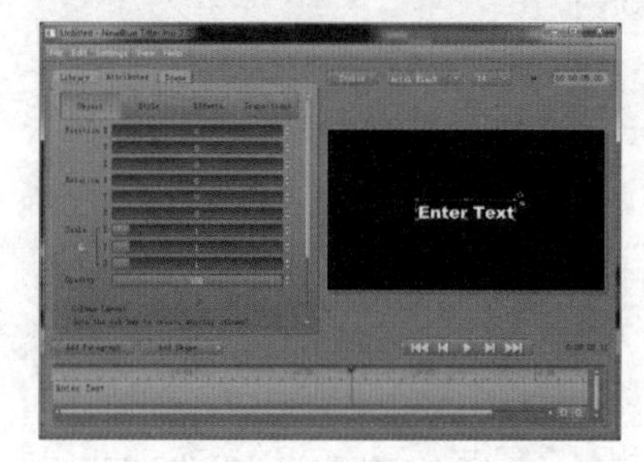

图 A-12　打开 NewBlue Titler Pro 2.0 字幕窗口

步骤 03：在窗口上方单击 Library 标签，如图 A-13 所示。

步骤 04：切换至 Library 选项卡，选择 Styles 选项，在列表框中选择相应的字幕样式，如图 A-14 所示。

图 A-13　单击 Library 标签

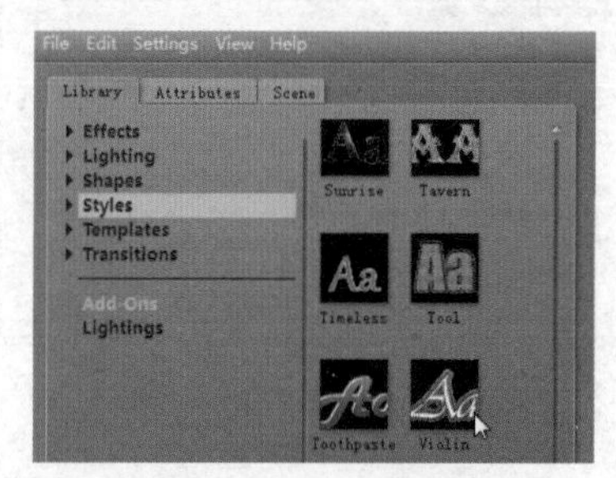

图 A-14　选择相应的字幕样式

步骤 05：在选择的字幕样式上双击鼠标，即可应用字幕样式，在右侧的预览窗口中，更改字幕的内容为“开心剧场”，如图 A-15 所示。

步骤 06：字幕创建完成后，单击 NewBlue Titler Pro 2.0 字幕窗口右上角的“关闭”按钮，关闭字幕窗口，弹出提示信息框，单击 Save 按钮，如图 A-16 所示。

图 A-15　更改字幕的内容

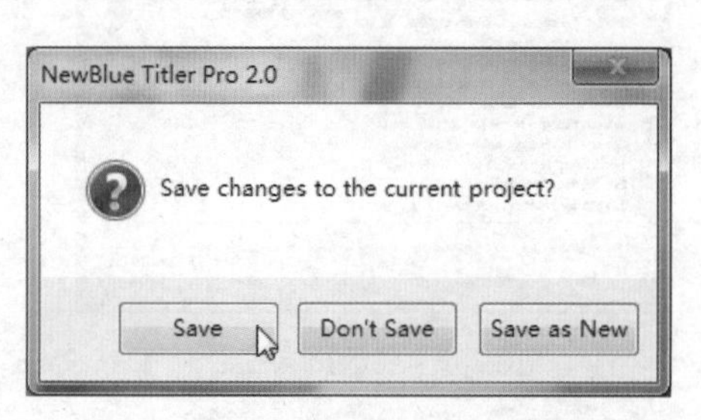

图 A-16　单击 Save 按钮

步骤 07：此时，运用 NewBlue Titler Pro 2.0 插件创建的字幕即可显示在 EDIUS 9 应用软件的视频轨道中，如图 A-17 所示。

步骤 08：在录制窗口中，即可预览创建的字幕效果，如图 A-18 所示。至此，字幕插件使用完毕。

图 A-17　字幕显示在视频轨道中

图 A-18　预览字幕效果

APPENDIX B

附录 B EDIUS 快捷键速查

项 目 名 称	快 捷 键	项 目 名 称	快 捷 键
新建工程	【Ctrl + N】	删除音频声相	【Ctrl + Alt + H】
新建序列	【Shift + Ctrl + N】	删除选定素材间隙	【Backspace】
打开工程	【Ctrl + O】	在选定轨道添加剪切点	【C】
保存工程	【Ctrl + S】	在所有轨道添加剪切点	【Shift + C】
另存为	【Shift + Ctrl + S】	在入 / 出点间范围添加剪切点	【Alt + C】
撤销	【Ctrl + Z】	去除剪切点	【Ctrl + Delete】
恢复	【Ctrl + Y】	选择选定轨道	【Ctrl + A】
播放 / 暂停	【Space】、【Enter】	选择所有轨道	【Shift + A】
波纹剪切	【Alt + X】	显示 / 隐藏素材库	【B】
复制	【Ctrl + Insert】	显示 / 隐藏所有面板	【H】
粘贴指针位置	【Ctrl + V】	显示常规窗口布局	【Shift + Alt + L】
波纹删除	【Alt + Delete】	显示 / 隐藏安全区域	【Ctrl + H】
波纹删除入 / 出点间内容	【Ctrl + D】	显示 / 隐藏中央十字线	【Shift + H】
移动到上一编辑点	【A】	显示 / 隐藏屏幕状态	【Ctrl + G】
移动到下一编辑点	【S】	添加到素材库	【Shift + B】
去除剪切点	【Ctrl + Delete】	创建静帧	【Ctrl + T】
替换全部	【Ctrl + R】	添加转场	【Ctrl + P】
替换滤镜	【Alt + R】	持续时间	【Alt + U】
替换混合器	【Shift + Ctrl + R】	视频布局	【F7】
替换素材	【Shift + R】	时间效果速度	【Alt + E】
替换素材和滤镜	【Shift + Alt + R】	时间重映射	【Shift + Alt + E】
删除所有转场	【Alt + T】	连接 / 组	【Y】
删除素材转场	【Shift + Alt + T】	解除连接	【Alt + Y】
删除音频淡入淡出	【Ctrl + Shift + T】	设置组	【G】
删除键	【Ctrl + Alt + G】	解组	【Alt + G】
删除透明度	【Shift + Ctrl + Alt + G】	匹配帧	【F】
删除所有滤镜	【Shift + Ctrl + Alt + F】	显示源素材	【Alt + F】
删除视频滤镜	【Shift + Alt + F】	搜索录制窗口	【Shift + F】
删除音频滤镜	【Ctrl + Alt + F】	搜索播放窗口	【Shift + Ctrl + F】
删除音频音量	【Shift + Alt + H】	在播放窗口显示	【Shift + Y】

续表

项 目 名 称	快 捷 键	项 目 名 称	快 捷 键
打开素材	【Shift + Ctrl + P】	跳转至上一个序列标记	【Shift + Page up】
编辑素材	【Shift + Ctrl + E】	跳转至下一个序列标记	【Shift + Page down】
查看素材属性	【Alt + Enter】	常规模式	【F5】
设置入点	【I】	剪辑模式	【F6】
设置出点	【O】	多机位模式	【F8】
设置音频入点	【U】	采集	【F9】
设置音频出点	【P】	批量采集	【F10】
为选定的素材设置入 / 出点	【Z】	渲染序列红色区域	【Shift + Ctrl + Q】
清除入点	【Alt + I】	渲染序列橙色区域	【Shift + Ctrl + Alt + Q】
清除出点	【Alt + O】	渲染入 / 出点间红色区域	【Ctrl + Q】
清除入 / 出点	【X】	渲染入 / 出点间橙色区域	【Ctrl + Alt + Q】
跳转至入点	【Q】	渲染入 / 出点间所有内容	【Shift + Alt + Q】
跳转至出点	【W】	删除临时渲染文件	【Alt + Q】
添加标记	【V】	添加文件	【Ctrl + O】
清除所有标记	【Shift + Alt + V】	添加字幕	【Ctrl + T】

APPENDIX C

附录 C

50 个 EDIUS 常见问题解答

1．在自己电脑上所保存的工程文件，在其他电脑可以打开吗？

答：可以打开，前提是其他电脑也安装了与你同样版本的软件以及插件。如果该工程文件还包含了视频、图片或音频素材，就必须将整个目录文件夹一起拷贝。

2．插入 EDIUS 界面中的图片颜色怎么变了？

答：如果图片的模式是 CMYK，导入到 EDIUS 视频轨中，图片的颜色就会有变化，可以先将 CMYK 的图片导入 Photoshop 中，将模式改为 RGB 模式，再调入 EDIUS 界面中，颜色就会正常了。

3．使用 EDIUS 编辑时，录制 / 播放窗口由于误操作而消失或修改分辨率后，录制 / 播放窗口超出了显示区域怎么办？

答：按【Shift ＋ Alt ＋ L】组合键，显示常规窗口布局模式即可。

4．在 EDIUS 中做亮度键抠像时，可否设定一个范围？

答：使用亮度键时，在窗口下方选中“矩形选择有效”，即可画定一个矩形，矩形内部按照亮键抠像的效果显示，外部全透明。

5．安装的 EDIUS 插件不能直接在 EDIUS 9 中使用怎么办？

答：在 EDIUS 9 中使用的插件，都必须是最新版本的，否则 EDIUS 9 将无法识别，也就会调用失败。

6．EDIUS 软件安装完成后，打开 EDIUS 时，突然出现“内存不能为 Read”报错提示，导致软件不能正常打开怎么办？

答：这是 Windows 系统的原因，一般在改变桌面主题后有上述现象，可以尝试再将 Windows 主题改回来，可以解决该问题。

7．同时安装 EDIUS 与金山快译，EDIUS 报错，无法启动怎么办？

答：金山快译与 EDIUS 会产生冲突，卸载金山快译后系统会恢复正常。

8．EDIUS 中的“帧匹配跳转”功能有时不起作用怎么办？

答：该功能和视频文件内的时间码有关，如果文件内不记录时间码或时间码不正确则无法使用此功能。已测可以使用的文件格式有 Canopus DV AVI、Canopus HQ AVI、MS DV AVI、MOV；不能使用的文件格式有 MPEG1、MPEG2 PS、MPEG2 TS、WMV。

9．视频为什么要渲染？渲染和输出有什么区别？

答：在播放时间线上的素材、特技等，不能实时预览时，需要渲染，这样就可以观看效果了。输出是在时间线上输出一个完整的视频文件。

10．波纹模式可在什么情况下使用？有什么作用呢？

答：当在一个轨道上进行片段的波纹删除或拉伸等操作时，其他轨道上的素材会一起自动跟进，这个时候需要使用波纹模式剪辑。

11．在 EDIUS 中如何进行音量调节？

答：在 V1 下有 2 个下拉箭头，选择第一个箭头，会看到一个灰色 VOL 选项，单击打开它，素材上有一条红色音频线，上下拉动该线就可以调节音量大小了。

12．原来的工程打不开，EDIUS 出现无响应怎么办？

答：新建工程，看在新建工程下是否能够打开该工程，如果不行，可读取最近保存的工程，或者在新建工程下合并原先想要打开的工程。

13．在 EDIUS 中打不开特技窗口，如何解决？

答：用快捷键【H】，如果还是不行，到布局中选择常规布局就可以了。

14．在时间线上无法实时回放，在播放的时候出现停止怎么办？

答：查看是不是做了 3D 特效，如果有，删除特技效果。如果一定要用这个特技效果，渲染一下，还是不行的话，加入点出点，重新生成一个 AVI 就可以了。

15．为什么有时候图片加到视频中输出后是颤抖的？

答：应该是场序的问题，另外输出到监视器看是否有抖动，如果是好的，那应该没多大关系，如果也是抖动的，那就是场序上的问题，调节一下即可，另外如果对图片做了移动效果的话，也会有抖动，这是正常现象。

16．在轨道面板中，如何一次拖动多个素材？

答：选择要移动的多个素材后，先按【Shift + Alt】，在最前面的素材上，鼠标会变模样，然后拖动序列即可。

17．是否可以将 EDIUS 中的特效多次快速复制到其他素材上？

答：可以复制，只需在“信息”面板中选择相应的特效文件，按住【Ctrl】键的同时，将特效拖曳至其他素材上即可。

18．在 EDIUS 中如何添加多条轨道？

答：在轨道名称上单击鼠标右键，在弹出的快捷菜单中选择“添加”选项，在弹出的子菜单中选择相应的选项，即可添加相应的轨道数量。

19．文字在做上滚字幕的最后如何定格？

答：做一个静帧放在字幕第 2 轨上就可以了，关键是要对准，现在雷特出的传奇字幕里有可以将字幕上滚之后保持停留的设置。

20．在 EDIUS 界面中，如何对多个视频画面进行预览和编辑？

答：可以使用多机位模式对多条视频轨道中的视频画面进行预览和编辑。

21．将音乐文件添加到轨道中，听不见声音是怎么回事？

答：可能是在调音台中将轨道设置为静音了，只需在调音台中将静音取消，即可听得见音频轨道中的声音了。

22．怎样把轨道后面的素材整体同步向前移动？移动后面的素材接前面的，怎样才能不把前面的素材顶少了？

答：在EDIUS中，使用删除素材间隙功能，将中间的间隙删除，即可接上前面的素材。

23．在轨道面板中，如何隐藏暂停不需要编辑的轨道画面？

答：可以在轨道面板中单击“视频静音”按钮，将视频画面进行暂时隐藏。

24．如何在视频开始和结尾处添加淡入淡出特效？

答：可以在“视频布局”对话框中，通过在视频的开始和结尾处添加“可见度和颜色”关键帧，在0～100%调整参数，制作关键帧运动特效，即可实现视频的淡入淡出特效。

25．其他软件制作的多声道文件是否可以调入EDIUS中？

答：使用其他的音频软件制作的多声道文件，在EDIUS软件中可以调用，并且可以分别对各个声道进行调节。具体方法是在音频轨上要分别设置非立体声1、2、3、4……有多少个声道，就要建多少个音频轨。另外在“素材库”面板中能够看到，所调用的音频文件是多少个声道的。

26．在EDIUS中能否使用板卡带的接口进行同步录音功能？

答：在EDIUS中使用同步录音功能，只能在声卡中进行输入，不能使用板卡音频输入。

27．在EDIUS时间线上，原本带透明通道的素材，渲染后透明通道消失了，是怎么回事？

答：正确的渲染方法是播放视频时在素材前后打上入、出点，然后按【Q】键，或从渲染按钮中选择渲染全部。如果是在时间线素材上单击右键选择“渲染”，则通道会消失。

28．如何在EDIUS下做字幕的放大缩小功能？

答：将字幕文件添加到视频轨道中，然后进入“视频布局”对话框，在其中可通过关键帧制作放大缩小的运动特效。

29．如何在TITLEMOTION做单个字符的运动方式？

答：在字幕做好之后，选择按照单个字符进行运动设置，再进入动画模式，可以对每个字加关键帧，创建每个字不同的运动方式。

30．使用Flash输出的swf格式的文件，可否导入EDIUS界面中？

答：swf格式的动画文件不能导入EDIUS界面中使用。

31．在EDIUS中导入EDL表时，音频轨道为空，没有音频怎么办？

答：在导入EDL表之前，将音频轨道设置为立体声1、2。另外需注意，如果导入/导出EDL表为AVID或Premiere软件所用，在EDL表的设置中将导出格式设置为模式2。

32．在EDIUS中是否可以批量输出多段处入/出点间的视频？

答：可以输出多段入/出点间的视频，在录制窗口下方单击“输出”按钮，在弹出的列表框中选择“批量输出”选项，在弹出的对话框中，设置多处入 / 出点区间，输出即可。

33．装好 EDIUS 软件之后，发现采集没有信号，另外在输出项目工程中也看不到 NHX-E1 的设备，如何解决?

答：检查设备管理器中是否识别到 CANOPUS 的硬件，如果有，重新安装一下 HX-E1 的驱动就可以了；如果安装之后还是没有，建议卸载软件，重新安装一遍就可以了。

34．EDIUS 合并工程并保存退出后，再次打开工程时提示素材离线，指向原素材恢复时告知素材信息不符，无法恢复，这是怎么回事?

答：取消恢复离线素材。用优化工程工具，将“复制使用的文件到工程文件夹”项勾选，优化后工程离线素材恢复。

35．在 EDIUS 中已正确设置了采集时分割文件的选项，但 NX 使用 DV 采集时画面仍被分割多段，怎么办?

答：必须保证磁带时间码的连续性，或录制前预铺时间码（AJ-455MC 使用 SET+REC 可以重置时码）。

36．TM 在使用过程中出现“程序运行不稳定被 WINDOWS 关闭”的提示怎么办?

答：这是由于在安装 TM 时没有安装完全造成，重新安装即可解决。

37．Sony 光盘摄像机的文件如何采集?

答：Sony 光盘摄像机可以用光盘采集成 .m2p 文件，但是采集后的文件在 EDIUS 中调用的时候会引起 EDIUS 死机（高配置机器能调上去，但是回放会丢帧）。可以用 Procoder 直接进行格式转换后再用，或是直接打开光盘里的文件转换。

38．SP 无法输入，DV 模拟都用过了，没有信号，如何解决?

答：按照步骤，我们先确定工程项目的设置，选择 SHX-E1，选择 DVPAL，编码选择 DVPAL，然后输入源直接连板卡 DV 输入，选择输入选项为 DV PAL，最终问题解决。

39．在 EDIUS 中只要在时间线上导入一个 SD 的 TGA 序列（没带通道），时间线显示就不能实时，是否正常?

答：TGA 序列文件本身比较大，实时效果不是很好，最好将文件转换成 AVI 之后再进行编辑。

40．DVCPRO 25M 通过数字采集花屏，监视器上也出现花屏，并无法回录怎么办?

答：因为 25M 素材是 4∶1∶1 的编码格式，因此目前来说，所有的非编系统都没法很好地支持它，唯一解决的办法只能通过模拟来进行采集和回录。

41．EDIUS 下生成输出 VCD 后，到电视机上画面变小了，是什么问题?

答：可能是压缩软件上的问题，重新安装压缩软件试试，新建一个工程重新做一下，可以解决问题。

42．在 EDIUS 中采集下来的 AVI 文件是有声音，但拉到时间线上却没有声音输出，时间线播放窗口也没有声音波形，输出到监视器上也没有声音，怎么办?

答：判断工程项目设置是否正确，如果按照以上说法，可能是软件上的问题，建议还是重新安装 EDIUS 软件。

43．用 EDIUS 怎样输出 IBP 文件？

答：在自定义设置中，将默认静帧格式设置为 IBP，然后输出为静帧即可。

44．HDV 格式文件压缩 DVD 需要多长时间？

答：理论时间比在 1∶2 以上，具体还要进行更详细的测试。

45．在 EDIUS 中，高清工程向标清工程变换时字幕位置和字形变换会出问题，怎么解决？

答：必须用 QUICKTITLER 软件，必须放在视频轨上，不能放在字幕轨上，TITLEMOTION 软件不行，肯定要变位置的。

46．在 EDIUS 软件中，打不开 JPG 格式文件，tga 格式的可以打开，怎么解决？

答：（1）卸载带 QUICKTIME 编码库的软件，比如暴风影音等（保证计算机中没有高版本的 QUICKTIME 编码库，否则新的安装不上去）；（2）安装暴风影音，组件选择的时候将“我已安装 QUICKTIME 程序”勾选，然后安装过程中会提示“是否安装 QUICKTIME 解码库”，选“否”。（为了光盘采集安装的，没有这个需要可以跳过这一步）；（3）安装盘里有一个 QUICKTIME 播放器，安装上（安装 QUICKTIME 组件）。

47．EDIUS 输出的 TGA 图片序列在 AE 下调用，无论使用 N 制、P 制工程，都显示为 30 帧 / 秒，时间变短了是怎么回事？

答：在 AE 中将 Perfermence->import->Sequnce footage 设置为 25（默认为 30）。

48．同一磁带既记录高清信号又记录标清信号，在进行软件设置后有信号输入，但走带一会后忽然无信号输入，此时进行正确工程设置也无信号输入，怎么办？

答：将 EDIUS 重新设置为与当前信号相同的工程后，将连接非编的 1394 线重新连接即可解决问题。对于 Sony 设备，如 Z1C、FX1E 或 M10C 等，可使用 i-LINK 下变换的功能，将高清记录信号强制为标清输出。

49．在 EDIUS 中如何生成左右声道分离效果？

答：用“音频电位平衡器”滤镜分离左右声道时有时分不干净，需要配合工程设置中的音频通道表来分配 1A、2A 分别是左还是右声道（将 1A 全设为左声道，2A 全设为右声道），将 1A、2A 轨分别设为非立体声通道 1 和非立体声通道 2。调入素材后，左、右声道会自动分别放置在 1A 和 2A 轨上。

50．刻出来的 DVD 光盘在电视上看有拉丝现象，在电脑上看没有问题，是怎么回事？

答：压缩好之后直接将 M2P 文件放在时间线上，输出到监视器上看看会不会有拉丝现象，如果是好的，说明压缩好的文件是没有问题的，问题可能出在刻录的时候，重新选择一个刻录软件再试一下，如果还是有问题，可能是刻录机的问题了。